U0644969

零基础案例学 Java

——编程实践 365 例

王翠萍　编著

清华大学出版社

北　京

内 容 简 介

本书为希望在人工智能浪潮中打下坚实编程基础的读者而写。书中以"案例驱动+实战演练"为核心，将抽象的编程概念转化为一个个生动、实用的实战案例，帮助读者深入理解 Java 开发的精髓。

本书全面覆盖 Java 开发岗位所需的核心知识点。全书共 18 章，主要内容包括 认识 Java，走进 Java 世界，Java 基本语法，控制语句，操作字符串，数组，类和对象，继承与多态，抽象类、接口和各种类，异常处理，使用集合存储数据，泛型和反射，常用类库与正则表达式，I/O 流编程，GUI 编程，多线程，网络编程，以及数据库编程等。本书坚持"从做中学"，采用知识讲解→范例导学→编程实战→综合实战的学习路线，确保每一步都有代码可练，让读者在动手实践中系统掌握 Java 开发技术。

本书可作为 Java 开发入门者的自学用书，也可作为高等院校计算机、软件开发、人工智能等相关专业的教学参考用书。

本书封面贴有清华大学出版社防伪标签，无标签者不得销售。

版权所有，侵权必究。举报：010-62782989，beiqinquan@tup.tsinghua.edu.cn。

图书在版编目（CIP）数据

零基础案例学 Java：编程实践 365 例 / 王翠萍编著.

北京：清华大学出版社，2025.8. -- ISBN 978-7-302-70021-0

Ⅰ. TP312.8

中国国家版本馆 CIP 数据核字第 202580NA29 号

责任编辑：贾小红
封面设计：秦　丽
版式设计：楠竹文化
责任校对：范文芳
责任印制：杨　艳

出版发行：清华大学出版社
　　　　网　　　址：https://www.tup.com.cn，https://www.wqxuetang.com
　　　　地　　　址：北京清华大学学研大厦 A 座　　　　邮　　编：100084
　　　　社 总 机：010-83470000　　　　　　　　　　　邮　　购：010-62786544
　　　　投稿与读者服务：010-62776969，c-service@tup.tsinghua.edu.cn
　　　　质量反馈：010-62772015，zhiliang@tup.tsinghua.edu.cn
印 装 者：河北鹏润印刷有限公司
经　　销：全国新华书店
开　　本：203mm×260mm　　　**印　张**：25.5　　　**字　数**：612 千字
版　　次：2025 年 10 月第 1 版　　　　　　　　　　**印　次**：2025 年 10 月第 1 次印刷
定　　价：89.80 元

产品编号：071969-01

前　言

我们正处在一个由人工智能驱动的技术变革时代。从智能助手到自动驾驶，从大数据分析到机器学习，AI 已经渗透到各行各业，成为推动创新的核心力量。而在这些令人惊叹的 AI 应用背后，往往离不开一门强大、稳定且生态丰富的编程语言——Java。

Java 不仅是企业级应用开发的基石，更是大数据平台（如 Hadoop、Spark）、人工智能框架（如 Deeplearning4j）以及高并发分布式系统的首选语言之一。在 AI 基础设施层，Java 凭借其跨平台、高性能、高可靠性的特点，持续发挥着不可替代的作用。因此，学习 Java，不仅能学会一门编程语言，更是掌握了打开 AI 时代核心技术大门的钥匙。

本书正是为希望在人工智能浪潮中打下坚实编程基础的读者而写。书中以"案例驱动+实战演练"为核心，将抽象的编程概念转化为一个个生动、实用的实战案例，帮助读者在动手实践中理解 Java 开发的精髓。

本书特色

1. 零基础友好，循序渐进

本书不仅讲解 Java 语法，更注重培养读者的编程思维和实战能力。本书坚持"从做中学"，每一步都有代码可练，让读者在动手实践中建立学习信心。无论你是完全没有编程经验的新手，还是希望巩固基础的开发者，本书都能带你系统性地掌握 Java。

2. 案例丰富+有趣，有效提升学习兴趣

编程没有捷径可走，唯一的秘诀就是大量练习，在实战中成长。本书提供了 500 多个实战案例，而且摒弃了传统编程图书枯燥的理论堆砌，代之以贴近生活、富有趣味性的案例，以最大程度地提升读者的学习兴趣。同时，针对 Java 核心知识，采用"知识讲解→范例导学→编程实战→综合实战"的学习路线，对开发技能进行多方位的训练，确保零基础读者也能真正融会贯通，并做到举一反三。

3. 配套资源丰富，支持持续学习

除了书中的代码示例，我们还提供同步教学微课、配套源码、实战项目、教学大纲、PPT 课件、AIGC 高效编程手册等配套学习资源。

- ❏ 同步教学微课：共计 110 集教学视频，总时长 14 小时。
- ❏ 配套源码：本书中 175 个范例导学、337 个实战案例、18 个综合实战，均配有源码。
- ❏ 实战项目：附赠"机房管理系统"实战项目，提供完整的项目开发过程及源码。
- ❏ 教学资源：附赠教学大纲、PPT 课件等教学资源。
- ❏ AIGC 高效编程手册：介绍 AI 编程助手的常见功能，以及辅助 Java 进行高效、自动化开发的常见技巧。

读者扫描图书封底的"文泉云盘"二维码，或登录清华大学出版社网站（www.tup.com.cn），可在

对应图书页面下查阅各类学习资源的获取方式。

4. 互助交流，扫清学习障碍

购买本书后，读者可加入专属学习社区，与作者团队及众多 Java 爱好者交流互动。我们定期组织线上分享，让你切身体会和众多志同道合的朋友们一起学习编程是一件快乐的事情，保持学习动力与技术敏感度。

本书内容

全书共 18 章，覆盖 Java 基础语法、面向对象编程、集合框架、I/O 流、多线程、网络编程、数据库连接等核心内容。各章包含的学习内容如下表所示。

本书内容	范例导学	实战案例	综合实战	视频讲解
第 1 章 认识 Java			1	3
第 2 章 走进 Java 世界	1	4	1	4
第 3 章 Java 基本语法	19	41	1	8
第 4 章 控制语句	18	35	1	7
第 5 章 操作字符串	12	31	1	4
第 6 章 数组	8	20	1	4
第 7 章 类和对象	11	22	1	11
第 8 章 继承与多态	12	21	1	7
第 9 章 抽象类、接口和各种类	9	22	1	7
第 10 章 异常处理	5	10	1	5
第 11 章 使用集合存储数据	13	22	1	9
第 12 章 泛型和反射	5	10	1	6
第 13 章 常用类库与正则表达式	14	24	1	6
第 14 章 I/O 流编程	18	26	1	8
第 15 章 GUI 编程	12	24	1	8
第 16 章 多线程	13	18	1	7
第 17 章 网络编程	4	5	1	3
第 18 章 数据库编程	1	2	1	3
合计	175 个	337 个	18 个	110 集

本书读者对象

- ❑ 高校计算机、软件开发、人工智能等相关专业的学生，希望夯实编程基础。
- ❑ 希望进入编程世界，并有意向软件开发、人工智能方向发展的初学者。
- ❑ 从事测试、运维等岗位，希望转型 Java 开发或 AI 工程方向的人员。
- ❑ 已有其他语言基础，想系统学习 Java 的开发者。
- ❑ 对 AI 感兴趣，但缺乏编程实践基础的爱好者。

致谢

　　感谢我的家人在我写作过程中的鼎力支持，感谢清华大学出版社编辑团队的耐心与专业。同时也感谢所有为 Java 技术发展贡献智慧的开发者们。

　　由于时间与水平有限，书中难免存在疏漏之处，恳请读者朋友们批评指正，提出修改建议，以使本书更臻完善。

　　最后感谢购买本书的读者，希望本书能成为您编程路上的领航者，祝学习快乐！

作　者

2025 年 9 月

目 录

VIII

第 1 章　认识 Java

当今，每个年轻人都应该庆幸自己成长在这样一个时代，幸运地见证了无数次新技术、新产品的诞生和迭代。这也是一个大多数年轻人热衷于接受新鲜事物的时代，科技界的每一次突破都会带来无数的追捧。都说程序员的最大悲哀是需要不断地学习新技术，只有这样才能不被淘汰。新技术确实带来了科技的进步，但是有一门编程语言一直能够十分冷静地看着这个时代的技术进步，因为它是这个时代最受欢迎的开发语言之一，这门编程语言就是 Java。本章将简要介绍 Java 语言，具体的知识架构如下。

1.1　Java 概述

尽管新的编程语言不断涌现，但是在编程语言的用户使用量榜单中，Java 长期稳居前列，是最常用的编程语言之一。

1.1.1　编程语言社区排行榜（TIOBE）

编程语言社区排行榜是编程领域的权威统计机构，是人们统计编程语言流行趋势的一个重要指标，此榜单每月更新一次，具有极高的权威性。表 1-1 是 2024 年 3 月 TIOBE 发布的编程语言使用率统计表。

表 1-1　2024 年 3 月 TIOBE 发布的编程语言流行度指数排行

Mar 2024	Mar 2023	Programming Language	Ratings/%	Change/%
4	3	Java	8.95	-4.61
2	2	C	11.17	-3.56
1	1	Python	15.63	+0.80
3	4	C++	10.70	-2.59

TIOBE 只是反映某门编程语言的热门程度，并不能说明一门编程语言好不好，或者一门语言所编写的代码数量。这个排行榜的主要作用是帮助人们考察自己的编程技能是否与时俱进，也可以为开发者在开发新系统时提供选择依据。Java 语言的强大功能是被大家所公认的，其主要应用领域如下。

- ❑ 服务器：Java 在服务器编程方面功能强大，拥有很多其他语言所没有的优势。
- ❑ 移动设备：Java 在手机领域的应用比较广泛，手机 Java 游戏也比较常见，当前人们熟悉的 Android 系统也支持 Java。
- ❑ 桌面应用：Java 和 C++、.NET 等一样，可以开发出功能强大的桌面程序。
- ❑ Web 开发：Java Web 有着巨大的优势，无论是开发工具还是开发框架都是开源的，并且安全性更强。

1.1.2　Java 语言的发展历程

Java 是由 Sun Microsystems 公司于 1995 年 5 月推出的 Java 程序设计语言（以下简称 Java 语言）和 Java 平台的总称。在推出伊始，用 Java 实现的 HotJava 浏览器（支持 Java Applet）向大家展示了 Java 语言的魅力：跨平台、动态的 Web 和 Internet 计算。从那以后，Java 便被开发者和企业用户广泛使用，成为最受欢迎的编程语言之一。

Java 语言最早诞生于 1991 年，起初被称为 OAK 语言，是 Sun 公司为一些消费性电子产品而设计的一个通用环境。Sun 公司的最初目的是开发一种独立于平台的软件技术，而且在网络出现之前 OAK 是默默无闻的，甚至差一点夭折。但是网络的出现彻底改变了 OAK 的命运。在 Java 出现以前，互联网上的信息内容都是一些乏味死板的 HTML 文档。这对于那些习惯于 Web 浏览的人们来说是不可容忍的。他们迫切希望能在 Web 中看到一些交互式的内容，开发人员也极希望能够在 Web 上创建一类无须考虑软硬件平台就可以执行的应用程序，当然这些程序还要有极大的安全保障。对于用户的这种要求，传统的编程语言显得无能为力。Sun Microsystems 公司的工程师敏锐地察觉到了这一点，从 1994 年起，他们开始将 OAK 技术应用于 Web，并且开发出了 HotJava 的第一个版本。最终在 1995 年，他们将 Java 技术展现在世人面前。2009 年 4 月 20 日，Oracle（甲骨文公司）宣布成功收购 Sun Microsystems 公司。

经过多年的发展，Java 已经从 Java 1.1x 发展到 Java 22，目前业内常用的版本为 Java 17，本书将基于 Java 17 进行讲解。

1.1.3　Java 语言的特点

1. 简单

Java 是一门简单、高效的编程语言，主要表现如下。

- ❑ Java 语言的语法简单明了，易于掌握。在语法规则上和 C++类似，从某种意义上来说，可以理解为 Java 是由 C 和 C++演变而来的。
- ❑ Java 语言对 C++进行了简化和提高。例如，Java 使用接口取代多重继承，取消了指针，因为指针和多重继承往往使程序变得复杂。
- ❑ Java 实现了垃圾的自动收集，大大简化了编程人员的资源释放管理工作，使得内存管理变得更为简单。

❑ Java 还提供了丰富的类库、API 文档以及第三方开发包，还有大量的 Java 开源项目。开发者可以使用这些类库、第三方开发包和开源项目开发自己的程序，提高了开发效率。

2. 面向对象

Java 语言的最大优点是面向对象，这同时也是 Java 语言的最大特点。在具体学习 Java 语言之前，必须先弄清楚什么是面向对象，领悟面向对象思想是学好 Java 语言的前提。

究竟什么是面向对象呢？这要从软件开发的方法说起。目前的软件开发领域有两种主流的开发方法，分别是面向过程的结构化开发方法和面向对象开发方法。早期的编程语言如 C、BASIC、Pascal 等都是结构化编程语言，随着软件开发技术的逐渐发展，人们发现面向对象可以提供更好的可重用性、可扩展性和可维护性，于是催生了大量的面向对象的编程语言，例如 C++、Java、C#和 Ruby 等。面向对象程序设计即 OOP，是 object oriented programming 的缩写。

Java 是一门完全面向对象的编程语言，那什么是面向过程，什么又是面向对象呢？

面向过程主要表现为步骤化，其特征如下。

❑ 概念：面向过程就是分析出实现需求所需要的步骤，通过函数一步一步实现这些步骤，随后依次调用即可。

❑ 优点：性能上它是优于面向对象的。

❑ 缺点：不易维护、复用、扩展。

❑ 用途：单片机、嵌入式开发、Linux/Unix 等对性能要求较高的领域。

面向对象主要表现为行为化，其特征如下。

❑ 概念：面向对象是把整个需求按照特点、功能划分，将存在共性的部分封装成对象。创建对象不是为了完成某一个步骤，而是描述某个事物在解决问题的步骤中的行为。

❑ 优点：易维护、易复用、易扩展，由于面向对象有封装、继承、多态性的特性，因而可以设计出低耦合的系统，使系统更加灵活、更加易于维护。

❑ 缺点：性能比面向过程低，因为类在调用的时候需要实例化，开销较大。

📣 **注意**：低耦合，简单地理解就是，模块与模块之间尽可能地独立，两者之间的关系尽可能简单，尽量使其独立地完成一些子功能，这避免了牵一发而动全身的问题。

3. 跨平台（可移植性）

所谓的跨平台性，是指软件可以不受计算机硬件和操作系统的约束，而在多个计算机环境下正常运行。这是软件发展的趋势和编程人员追求的目标。之所以这样说，是因为计算机硬件的种类繁多，操作系统也各不相同，不同的用户和公司有自己不同的计算机环境偏好，而软件为了能在这些不同的环境里正常运行，就需要独立于这些平台。

Java 语言自带的虚拟机很好地实现了跨平台性。Java 源程序经过编译后生成的二进制字节码是与平台无关的，它是一种可被 Java 虚拟机识别的机器码指令。Java 虚拟机提供了一个字节码到底层硬件平台及操作系统的屏障，使得 Java 语言具备了跨平台性。

4. 安全可靠

安全可靠可以分为 4 个层面，即语言级安全性、编译时安全性、运行时安全性、可执行代码安全

4

性。语言级的安全性是指 Java 的数据结构是完整的对象，这些封装过的数据类型具有安全性。编译时要进行 Java 语言和语义的检查，保证每个变量对应一个相应的值，编译后生成 Java 类。运行时，Java 类需要用类加载器载入，并经由字节码校验器校验之后才可以运行。Java 类在网络上使用时，对它的权限进行了设置，保证了被访问用户的安全性。

5. 多线程

多线程在操作系统中已得到了非常成功的应用。多线程是指允许一个应用程序同时存在两个或两个以上的线程，用于支持事务并发和多任务处理。Java 除了内置的多线程技术，还定义了一些类、方法等来建立和管理用户定义的多线程。

6. 动态性

Java 语言的设计目标之一是使它适合于一个不断发展的环境。在类库中可以自由地加入新的方法和实例变量而不会影响用户程序的执行，并且 Java 通过接口支持多重继承，使之比严格的类继承具有更灵活的方式和扩展性。

1.2　如何学好 Java

为了帮助大家更好地学习本书的内容，更加高效地学好 Java 语言，接下来将介绍学习 Java 语言的方法。

1.2.1　学好基础，反复演练

Java 语言博大精深，能够应用于多个领域。正因如此，Java 语言一直深受广大开发者的喜爱。作为一名 Java 初学者，在学习过程中肯定会产生很多疑问和困惑。现在"一个月打造高级程序员"之类的口号层出不穷，以"Java 学习捷径""21 天学通 Java"等词汇命名的 Java 自学类图书受到广泛关注。但看完这些书，初学者往往一无所获，甚至会学到很多错误的观念。有些不爱钻研的初学者，甚至连一个集成开发环境十分之一的功能都没有用到。这是一种非常不好的学习状况，应该改变。其实再复杂的集成开发环境也不过是一个工具软件，如果连开发工具本身都用不好，那又谈何开发应用程序？

作为一名初学者，在学习伊始，务必要好好体会 Java 语言在风格、算法与数据结构、设计与实现、界面、排错、测试、性能、可移植性等方面的特色。如果基础打不牢，学习再多的技巧也是无任何用处的。学习编程语言不能急功近利，必须稳扎稳打。一定要记住，基础是学好 Java 的根本。

学习编程的过程是枯燥的，初学者需要把学习 Java 当成是自己的乐趣，只有做到持之以恒才能有机会学好。另外编程最注重实践，最害怕闭门造车。每一个语法、每一个知识点，都要反复用实例来演练，这样才能加深对知识的理解，并且要做到举一反三，只有这样才能做到对知识的深入理解。

1.2.2　充分利用 Java API 文档

Java API 文档是官方为广大开发者提供的一份福利，里面详细列出了类、方法和变量的解释说明。

如果开发人员对正在使用的类不熟悉，想了解类里面定义的变量或者方法，就可以打开 Java API 文档进行查看。Java 17 API 文档的官方网址如下。

https://docs.oracle.com/en/java/javase/17/docs/api/index.html

另外为了方便广大读者离线查阅 Java 语法信息，在本书的赠送资料中提供了一份 ".chm" 格式的 Java API 文档，路径是"赠送资料\JDK API 文档"。

1.3　综合实战——学习 Java API

范例功能

登录 Java 官方网站，练习查阅 Java API。

学习目标

了解 Java API 的特色和各版本 Java 的新特性，掌握使用 API 的方法，在遇到和语法相关的问题时可以快速找到官方资料。

具体实现

本书基于 JDK 17 写作，官方 API 网址为 https://docs.oracle.com/en/java/javase/17/，读者可以通过该网址查阅 JDK 17 的相关特性。

第 2 章　走进 Java 世界

经过第 1 章的学习，读者已经了解了 Java 语言的重要性，并对面向对象编程思想有了基本的认识。本章将和大家一起探讨 Java 开发环境的搭建和开发工具的使用，并通过一段实例程序介绍运行 Java 代码的方法。本章的核心知识架构如下。

```
                              ┌─ 下载并安装JDK
                   搭建Java开发环境 ─┤
                              └─ 配置开发环境——Windows 10 /11
                              ┌─ 编写Java程序
                              ├─ 编译Java程序
                   Java程序开发步骤 ─┤
                              ├─ 运行Java代码
                              └─ 从Java 11开始简化的编译运行方式
走进Java世界 ─┤
                              ┌─ 安装Eclipse
                   第三方IDE工具——Eclipse ─┤ 第一个Eclipse项目
                              └─ 使用Eclipse打开项目
                              ┌─ 安装Intelli JIDEA
                              ├─ 新建Java工程
                   使用IntelliJ IDEA ─┤
                              ├─ 运行Java程序
                              └─ 打开已有工程
```

2.1　搭建 Java 开发环境

JDK（Java development kit）是运行 Java 程序必须具备的环境，用户必须先安装 JDK，并且进行相应的配置，才能够在自己的计算机系统中运行 Java 程序。

2.1.1　下载并安装 JDK

JDK 是整个 Java 的核心，它包含 Java 运行环境、Java 工具和 Java 基础类库，是开发和运行 Java 程序的基础。当用户对 Java 程序进行编译时，必须先获得对应操作系统下的 JDK。下载并安装 JDK 的具体步骤如下。

（1）进入 Oracle 网站的 Java 主页，如图 2-1 所示，其网址为 https://www.oracle.com/java/。本书使用的是 JDK 17（Java SE 17）。

📢**注意**：虽然 Java 语言是 Sun 公司发明的，但是现在 Sun 公司已经被 Oracle 公司收购，所以安装 JDK需要从 Oracle 中文网站找到相关的下载页面。

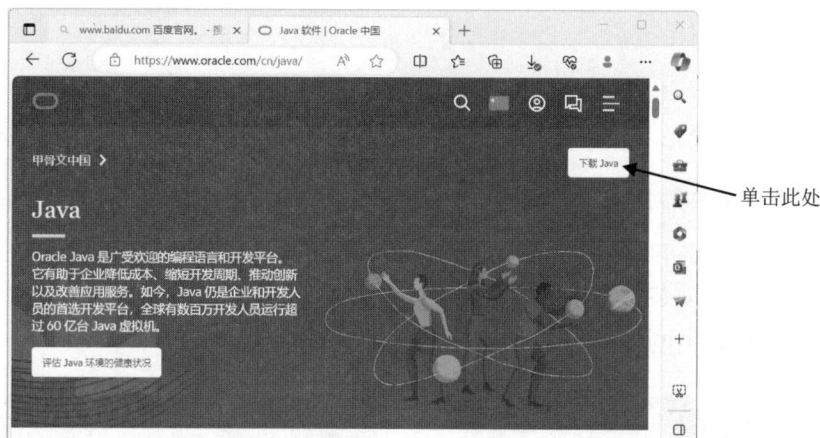

图 2-1　Oracle 网站的主页

（2）单击右上角的"下载 Java"，在弹出的页面中选择 JDK 17，如图 2-2 所示。

（3）在页面下方列出了 JDK 17 针对不同操作系统的安装包，如图 2-2 所示，读者可以根据自己所用的操作系统下载相应的版本。下面对各版本对应的操作系统进行简要说明。

❑　Linux：基于 64 位 Linux 系统，网站提供了多种类型的安装包。

❑　macOS：基于 64 位苹果操作系统，网站提供了多种类型的安装包。

❑　Windows：基于 64 位 Windows 系统，网站提供了多种类型的安装包。

笔者的操作系统是 64 位 Windows 系统，所以单击 x64 MSI Installer 后面的链接进行下载，如图 2-2所示。

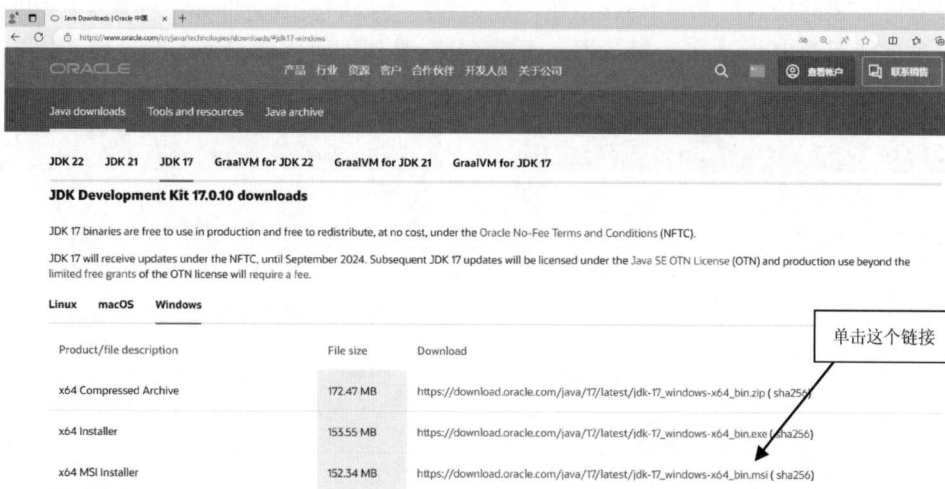

图 2-2　JDK 下载界面

（4）下载过程如图 2-3 所示，并显示下载进度。

（5）下载完成后会得到一个.msi 格式的可安装文件 dk-17_windows-x64_bin.msi，如图 2-4 所示。

图 2-3　下载进度对话框

图 2-4　下载的安装文件 dk-17_windows-x64_bin.msi

（6）下载完成后，双击下载后的.msi 文件，这将弹出 Setup 对话框，开始安装。如图 2-5 所示。

（7）单击 Next 按钮，安装程序弹出设置安装路径对话框。可以在此选择 JDK 的安装路径，笔者设置的是 C:\Program Files\Java\jdk-17\，如图 2-6 所示。

图 2-5　Setup 对话框

图 2-6　设置安装路径

（8）设置好安装路径后，单击 Next 按钮，安装程序会提取安装文件并进行安装，如图 2-7 所示。

（9）安装完成后弹出 Complete 对话框，单击 Close 按钮即可完成整个安装过程，如图 2-8 所示。

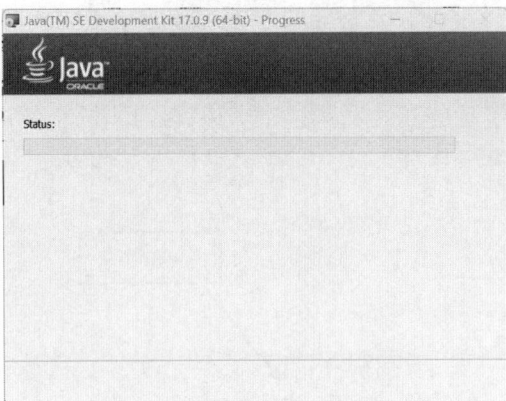

图 2-7　提取安装文件并进行安装

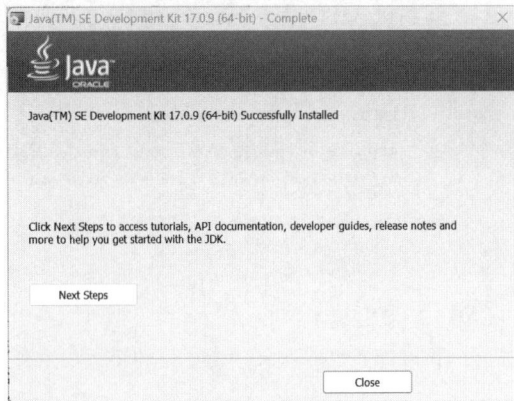

图 2-8　完成安装

（10）检测 JDK 是否真的安装成功，打开"命令提示符"窗口，输入 java -version 命令，如果显示图 2-9 所示的提示信息，则说明安装成功。注意，java -version 中，在 java 和-之间有一个空格。

图 2-9 "命令提示符"窗口

2.1.2 配置开发环境——Windows 10/11

如果在"命令提示符"窗口中输入 java -version 命令后提示出错信息，表明 JDK 并没有完全安装成功。这时读者无须紧张，只需将其目录的绝对路径添加到系统变量 Path 中即可。以下是该解决办法的操作步骤。

（1）鼠标右击"此电脑"，在弹出的快捷菜单中选择"属性"命令，在弹出的窗口中单击"高级系统设置"命令，随后在弹出的"系统属性"对话框中单击"环境变量"按钮，如图 2-10 所示。

（2）弹出"环境变量"对话框，选中下方"系统变量"中的 Path 变量并单击"编辑"按钮后，会弹出"编辑环境变量"对话框，如图 2-11 所示。单击右侧的"新建"按钮，即可添加 JDK 所在的绝对路径。例如，笔者的安装目录是 C:\Program Files\Java\jdk-17\bin，所以需要添加如下变量值。

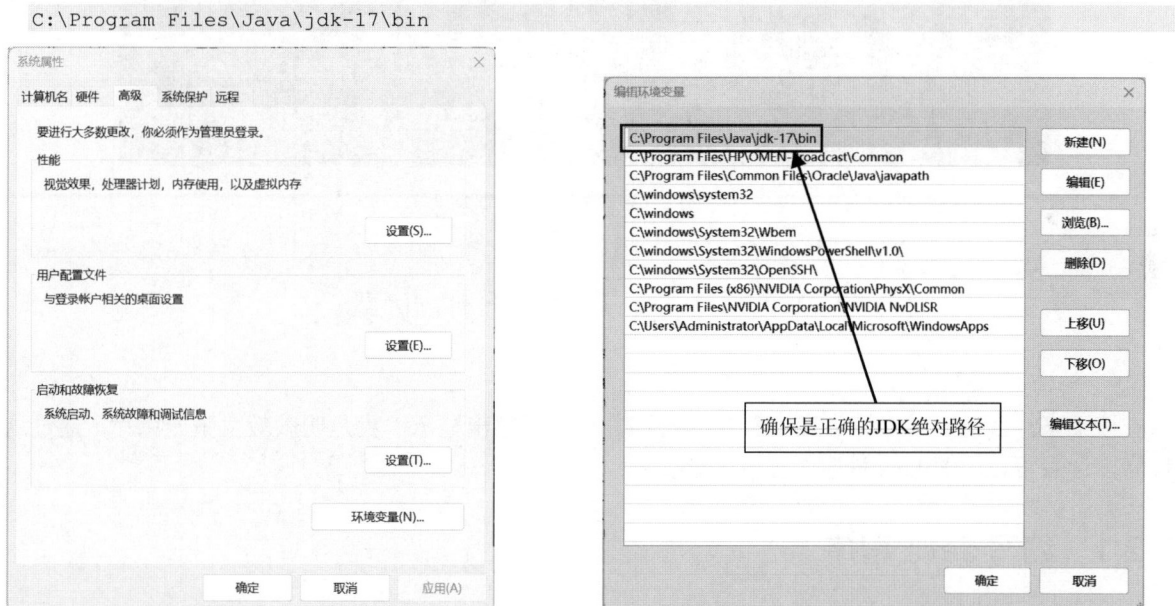

```
C:\Program Files\Java\jdk-17\bin
```

图 2-10 单击"环境变量"按钮

图 2-11 添加 JDK 绝对路径的变量值

完成上述操作后，打开"命令提示符"窗口，输入 java -version 命令就会看到如图 2-12 所示的提示信息，输入 javac 命令就会看到如图 2-13 所示的提示信息，这就说明 JDK 17 已经安装成功。

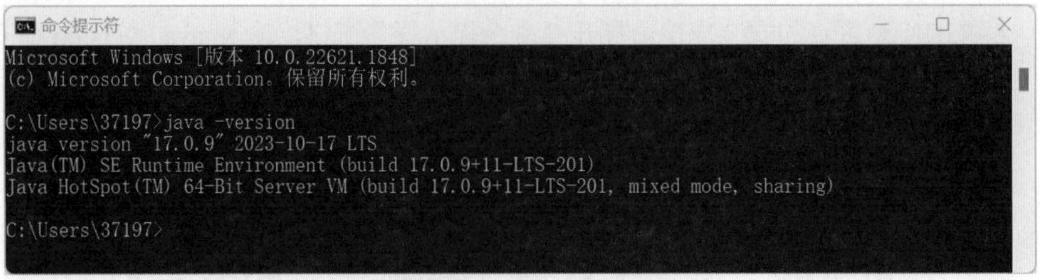

图 2-12　输入 java -version 命令

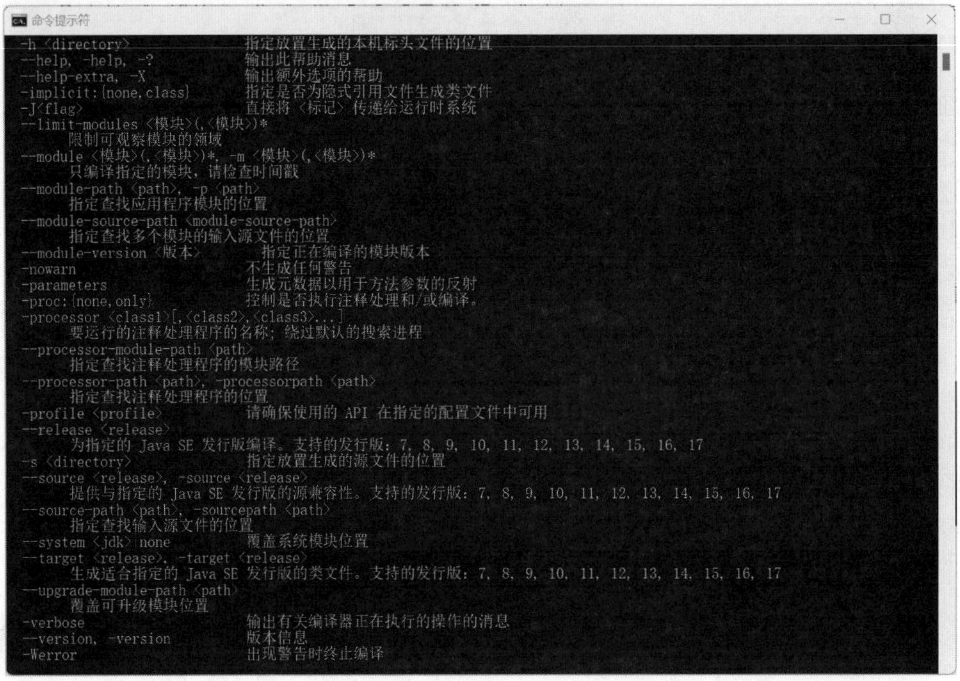

图 2-13　输入 javac 命令

2.2　Java 程序开发步骤

接下来，在记事本中编写第一个 Java 程序，运行后输出显示"我是明教教主张无忌！"，通过这个程序，读者可以了解 Java 程序的开发步骤。

2.2.1　编写 Java 程序

范例导学

范例 2-1：输出显示"我是明教教主张无忌！"（范例文件：daima\2\2-1\...\First.java）。

打开记事本，在里面编写如下代码。

```
public class First{                          //这是一个类，First 是类名，每个 Java 源程序至少会有一个类
    public static void main(String [] args){ //这是一个 main()方法，该方法是 Java 程序的入口
        System.out.println("我是明教教主张无忌！");  //输出显示双引号中的内容
    }
}
```

然后，将记事本文件保存为 Java 文件 First.java。切记，文件后缀名是.java，如图 2-14 所示。

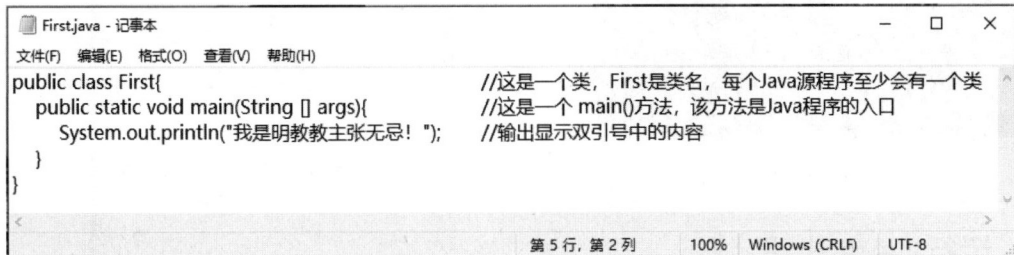

图 2-14　记事本文件 First.java

编程实战

实战案例 2-1-01：打印一行文字"我是汝阳王郡主赵敏"　参照范例 2-1，在记事本中编写一个 Java 程序，运行后打印输出"我是汝阳王郡主赵敏"。

实战案例 2-1-02：打印自我介绍　编写一个关于自我介绍的有趣草稿，然后尝试用 Java 程序打印出来。

实战案例 2-1-03：分 3 行打印输出赵敏、周芷若和小昭的年龄　在记事本中编写一个 Java 程序，运行后分 3 行打印输出赵敏、周芷若和小昭的年龄。

实战案例 2-1-04：打印某大一新生的高考成绩　在记事本中编写一个 Java 程序，运行后分别打印输出一名大一新生的名字和高考成绩。

2.2.2　编译 Java 程序

因为前面已经把 javac 命令所在的路径添加到了系统的 Path 环境变量中，所以现在可以使用 javac 命令来编译 Java 程序。如果直接在命令行窗口输入 javac，后面不加任何选项和参数，系统将会输出大量信息来提示 javac 命令的具体用法，读者可以参考该提示信息来使用 javac 命令。对于初学者来说，建议先掌握 javac 命令的如下用法。

```
javac source_files
```

命令参数 source_files 表示 Java 源程序文件所在的位置，此位置既可以是绝对路径，也可以是相对路径。通常是将编译生成的字节码文件放在当前路径下，当前路径可以用点"."来表示。

假设文件 First.java 所在的路径为"E:\daima\2"，则整个编译过程在命令提示符界面中的结果如图 2-15 所示。

在图 2-15 中，cd 命令的功能是进入某一个指定的子目录，例如 cd daima 命令就是表示进入 E 盘的 daima 文件夹。运行上述命令后会在该路径下生成一个 First.class 文件（字节码文件），如图 2-16 所示。

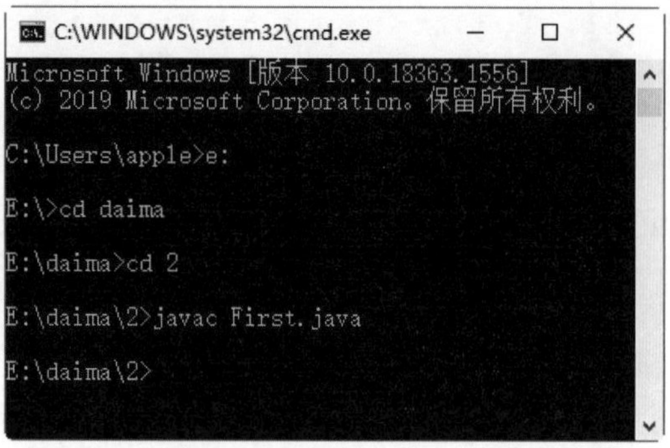

图 2-15　编译过程

图 2-16　生成文件 First.class

2.2.3　运行 Java 代码

编译之后需要使用 java 命令运行 Java 程序，启动命令行窗口进入 First.class 所在的位置，在命令行窗口直接输入不带任何参数或选项的 java 命令后，可以看到系统输出的提示信息，这些信息告诉开发者如何使用 java 命令。使用 java 命令的语法格式如下。

```
java Java 程序中的类名
```

在使用上述格式时一定要注意，java 命令后的参数是 Java 程序的类名，既不是字节码文件的文件名，也不是 Java 程序文件的名字。例如，可以通过命令行窗口进入 First.class 所在的路径，输入命令如下。

```
java First
```

运行上面的命令，将输出如下结果。

```
我是明教教主张无忌!
```

◀))注意：初学者经常容易忘记 Java 是一门区分大小写的语言。例如，若在下面的命令中错误地将 First 写成 first，就会造成运行异常。

```
java first
```

2.2.4　从 Java 11 开始简化的编译运行方式

从 Java 11 开始新增了一个特性：启动单一文件的源代码程序，单一文件程序是指整个程序只有一个源码文件。这时只需在控制台中使用如下格式即可运行 Java 文件，从而省去上面介绍的编译环节。

```
java Java 文件名
```

以 Java 文件 First.java 为例，在运行之前先不编译它，而是希望 Java 启动器能直接运行文件 First.java。此时只需使用控制台命令定位到当前程序的所在目录，然后运行以下命令即可。

```
java First.java
```

假设文件 First.java 位于本地计算机的 "H:\eclipse-workspace\qiantao\src" 目录下，则上述直接运行方式在控制台中的完整过程如下。

```
C:\Users\apple>h:
```

```
H:\>cd H:\eclipse-workspace\qiantao\src

H:\eclipse-workspace\qiantao\src>java First.java
我是明教教主张无忌！
```

这是运行文件 First.java 的结果，省去前述方式中的编译环节

2.3　第三方 IDE 工具——Eclipse

都说"工欲善其事，必先利其器"，学习 Java 开发离不开一款好的开发工具。在前面体验 Java 程序开发步骤的过程中，发现编写、编译、运行程序的过程非常烦琐。为了提高开发效率，可以使用第三方集成开发环境（integrated development environment，IDE）Eclipse 高效开发 Java 程序。

2.3.1　安装 Eclipse

Eclipse 是一个开放源的、基于 Java 的可扩展开发平台。它附带了一个标准的插件集，里面包含 Java 开发工具（java development tools，JDT）。Eclipse 专注于为高度集成的工具开发提供一个全功能的、具有商业品质的工业平台。

（1）打开浏览器，输入网址 http://www.eclipse.org/，进入 Eclipse 网站首页，然后单击右上角的 Download 按钮，如图 2-17 所示。

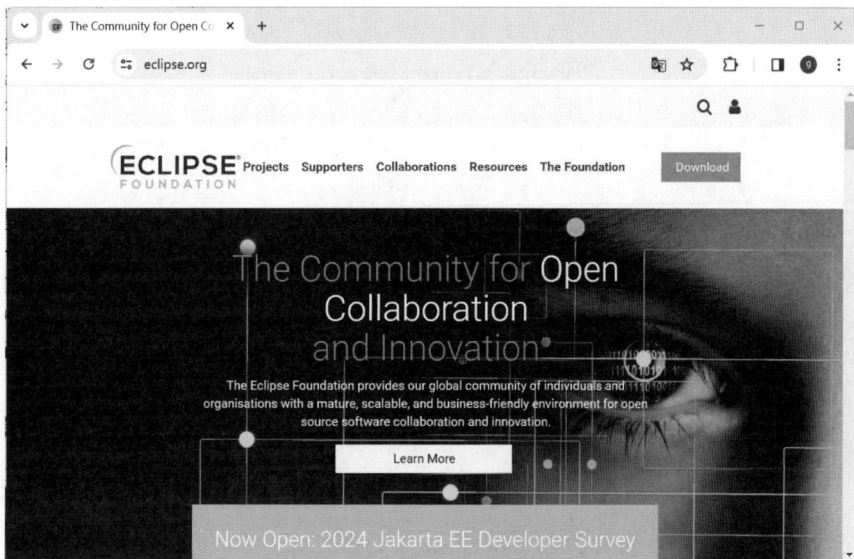

图 2-17　Eclipse 网站首页

（2）Eclipse 网站会自动检测用户当前计算机的操作系统，并提供对应版本的下载链接。例如，笔者的计算机是 64 位 Windows 系统，所以会自动显示对应的 64 位 Eclipse 的下载按钮，如图 2-18 所示。

（3）单击 Download x86_64 按钮之后，会弹出一个新的页面，如图 2-19 所示。继续单击 Select Another Mirror 选项后，会在下方看到许多镜像下载地址。

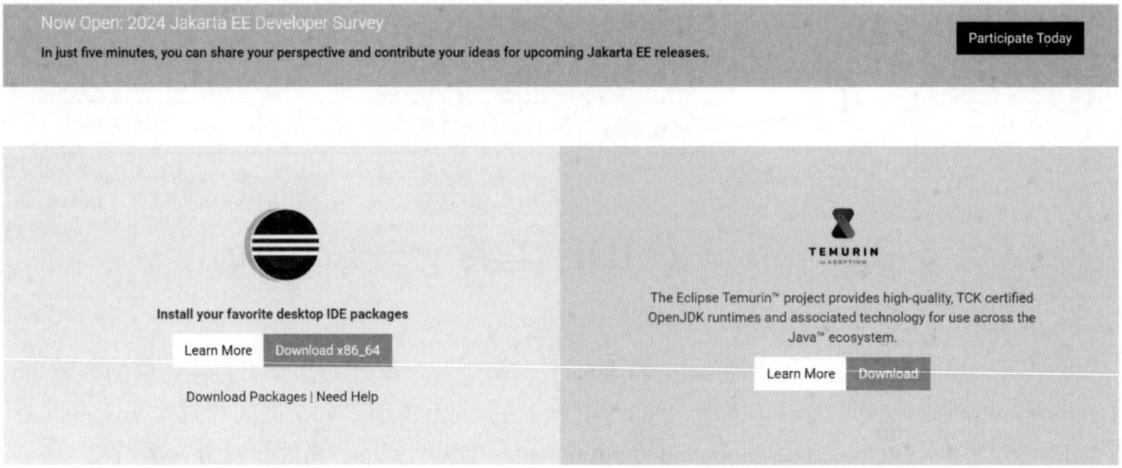

图 2-18　自动提供对应的 64 位 Eclipse 的下载链接

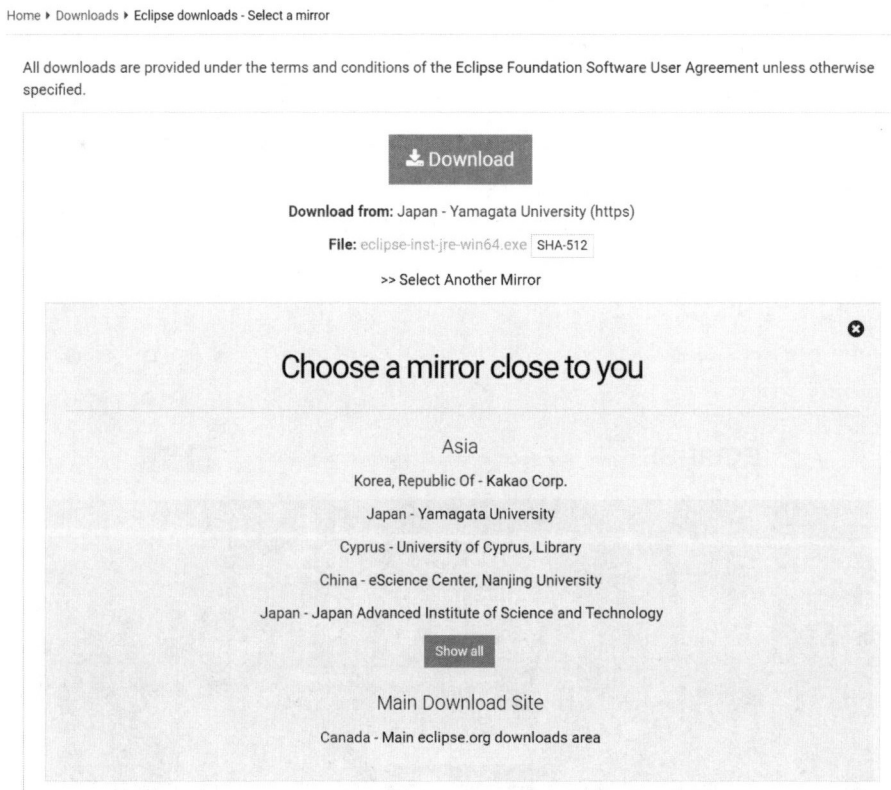

图 2-19　下载页面

（4）读者既可以根据自身的情况选择一个镜像下载地址，也可以直接单击上方的 Download 按钮进行下载。下载完成后会得到一个.exe 格式的可运行文件，双击这个文件即可安装 Eclipse。安装程序首先会弹出一个欢迎界面，如图 2-20 所示。

（5）安装程序会显示一个选择列表框，其中显示了不同版本的 Eclipse，在此读者需要根据自己的情况选择要下载的版本，如图 2-21 所示。

图 2-20 Eclipse 欢迎界面

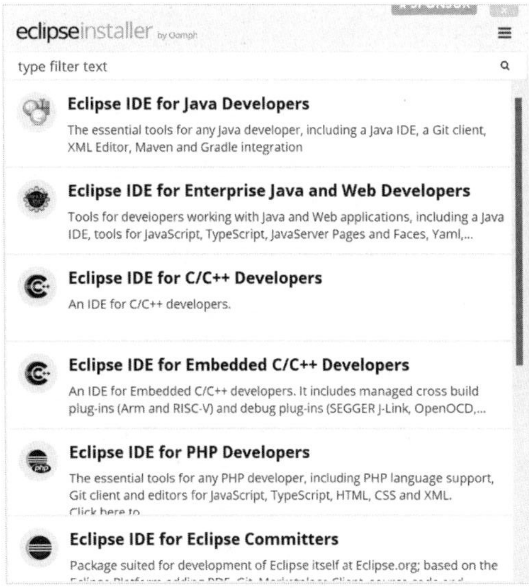

图 2-21 不同版本的 Eclipse

（6）因为本书将使用 Eclipse 开发 Java 项目，所以只需选择第一项 Eclipse IDE for Java Developers。接下来，单击 Eclipse IDE for Java Developers，安装程序会弹出安装目录对话框，可以在此设置 Eclipse 的安装路径，并设置要使用的 Java 运行环境：JDK 17，如图 2-22 所示。

（7）设置好路径后，单击 INSTALL 按钮，安装程序会首先弹出协议对话框，单击下方的 Accept Now 按钮继续安装即可，如图 2-23 所示。

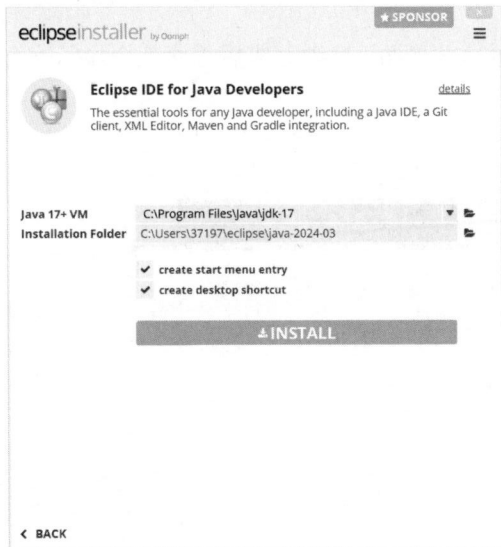

图 2-22 设置 Eclipse 的安装目录

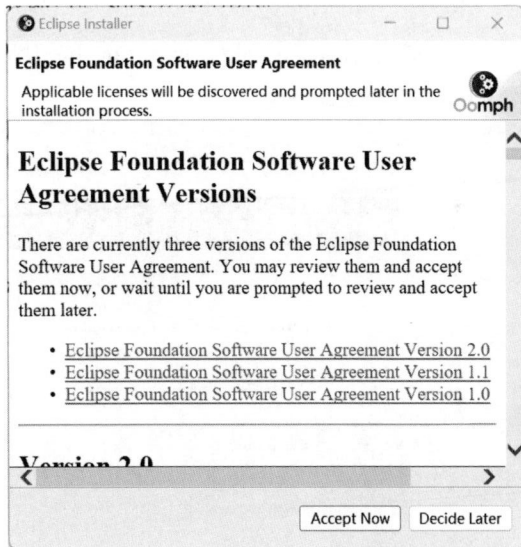

图 2-23 单击 Accept Now 按钮

（8）此时会看到一个安装进度条，说明开始正式安装 Eclipse 了，如图 2-24 所示。安装过程通常会比较慢，需要用户耐心等待。

（9）完成上述安装进度之后，安装程序会在其下方显示 LAUNCH 按钮，如图 2-25 所示。

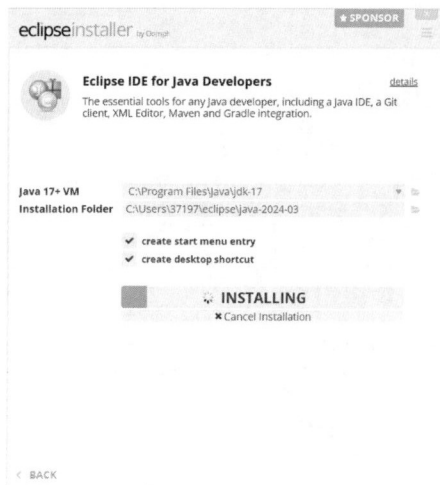

图 2-24 安装进度条

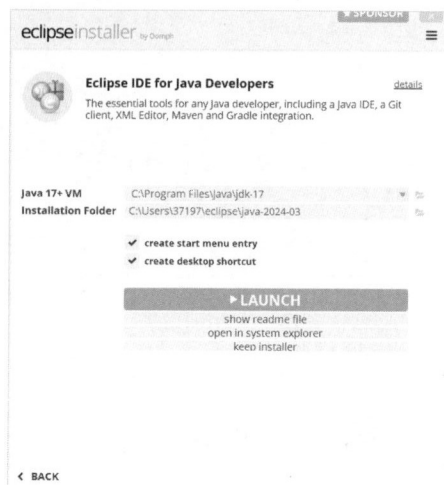

图 2-25 显示一个 LAUNCH 按钮

（10）单击 LAUNCH 按钮，即可启动安装成功的 Eclipse。Eclipse 在首次运行时会弹出一个设置 workspace（工作空间）的对话框，在此可以设置一个自己常用的本地路径。

📢注意：workspace 通常被翻译为工作区，用于保存 Java 程序文件。workspace 是 Eclipse 的硬性规定，每次启动 Eclipse 的时候，都要将 workspace 路径下的所有 Java 项目加载到 Eclipse 中。如果没有设置 workspace，Eclipse 会弹出设置界面，只有设置一个 workspace 路径后才能正常启动 Eclipse。设置一个本地目录 workspace 后，会在这个目录中自动创建一个子目录.metadata，其中会自动生成一些文件夹和文件。

（11）完成 workspace 设置，单击 OK 按钮即可显示启动界面。启动完成后程序就会显示一个默认的启动界面，如图 2-26 所示。

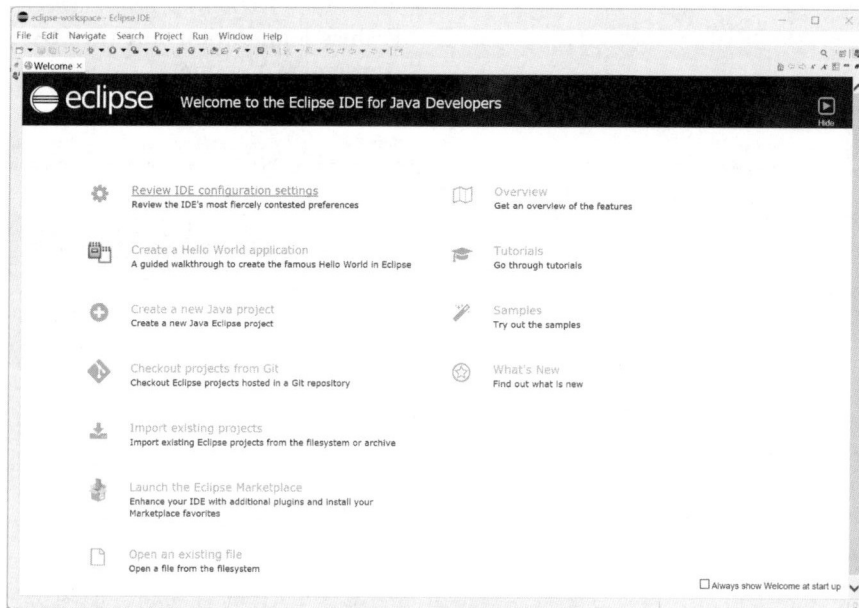

图 2-26 默认的启动界面

2.3.2　第一个 Eclipse 项目

（1）打开 Eclipse，在顶部菜单栏中依次选择 File→New→Java Project 命令新建一个项目，如图 2-27 所示。

（2）弹出 New Java Project 对话框，在 Project name 文本框中输入项目名称，例如输入 one，其他选项使用默认设置即可，单击 Finish 按钮，如图 2-28 所示。

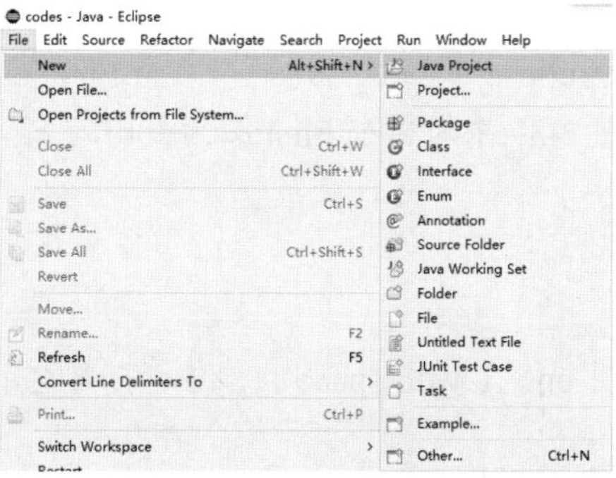

图 2-27　选择命令

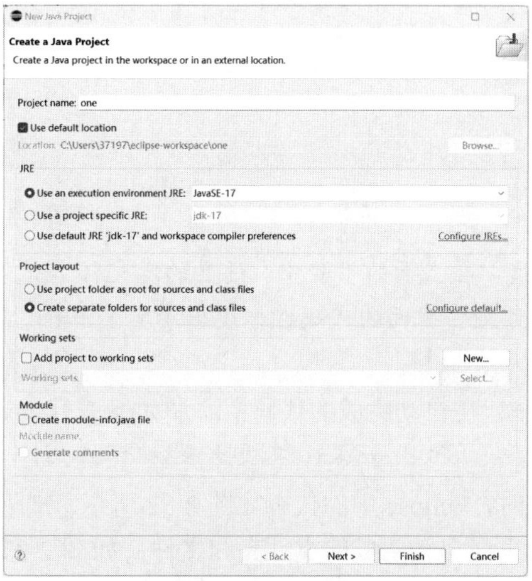

图 2-28　新建项目

（3）在 Eclipse 左侧的 Package Explorer 面板中，鼠标右击工程名称 one，在弹出的快捷菜单中依次选择 New→Class 命令，如图 2-29 所示。

（4）弹出 New Java Class 对话框，在 Name 文本框中输入类名，如 First，然后分别勾选 public static void main(String[] args)和 Inherited abstract methods 复选框，如图 2-30 所示。

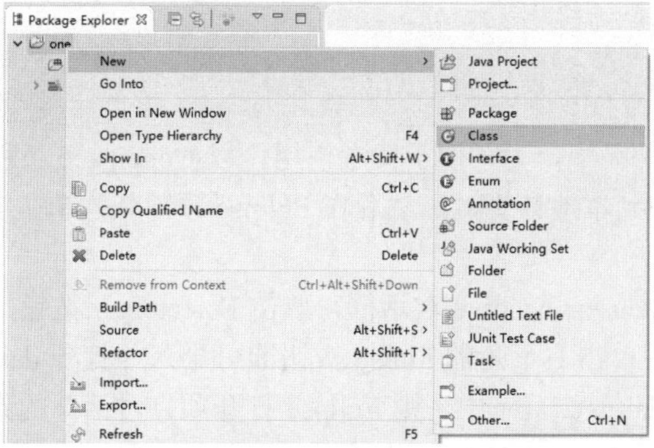

图 2-29　依次选择 New→Class 命令

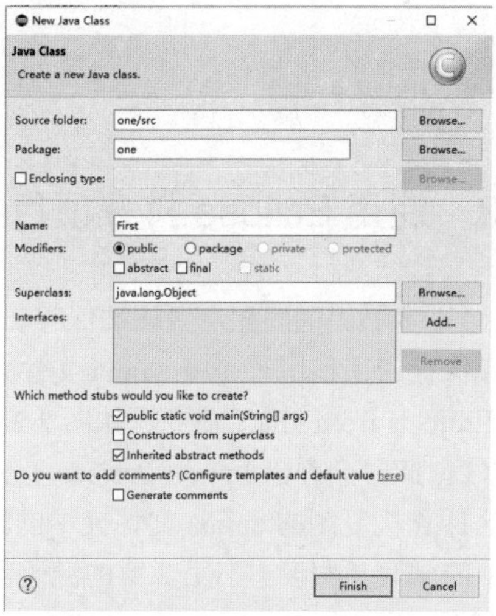

图 2-30　New Java Class 对话框

（5）单击 Finish 按钮，Eclipse 会自动打开刚刚创建的类文件 First.java，如图 2-31 所示。此时会发现 Eclipse 自动创建了一些 Java 代码，这样可以提高开发效率。

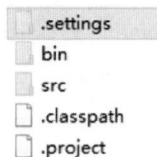

图 2-31 输入代码

注意：在上面的步骤中，设置的类文件名是 First，会在 Eclipse 工程中创建一个名为 First.java 的文件，并且文件里面的代码也体现出了类名 First。图 2-30 和图 2-31 中的 3 个 First 必须大小写完全一致，否则程序会出错。

（6）在自动生成的代码中添加如下一行 Java 代码。

```
System.out.println("我是明教教主张无忌！");
```

此时，Eclipse 中的代码如图 2-32 所示。刚刚创建的项目 one 在 workspace 目录中，打开这个目录，会看到里面自动生成的文件夹和文件，如图 2-33 所示。

（7）单击 Eclipse 顶部的 ◎ 按钮后将编译并运行文件 First.java，然后在 Eclipse 底部的控制台中输出显示运行结果，如图 2-34 所示。

图 2-32 添加一行代码   图 2-33 项目 one 的文件夹和文件   图 2-34 运行结果

2.3.3 使用 Eclipse 打开项目

（1）本书提供的配套源码被保存在 daima 文件夹中，为了便于读者使用，以 workspace 工程的样式进行保存。在使用时先将 daima 文件夹整体复制到本地计算机，然后在 Eclipse 顶部依次单击 File→Open Projects from File…命令，如图 2-35 所示。

（2）此时会弹出 Import Projects from File System or Archive 对话框，单击 Directory…按钮，找到在本地计算机复制的 daima 文件夹中的源码，然后单击右下角的 Finish 按钮即可导入并打开 daima 文件夹中的源码。假设本书第 2 章的源码保存在 E:\daima\2 目录中，则 Eclipse 打开项目对话框的界面如图 2-36 所示。

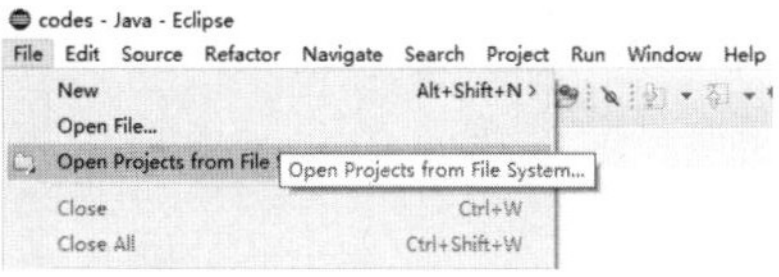

图 2-35　依次单击命令

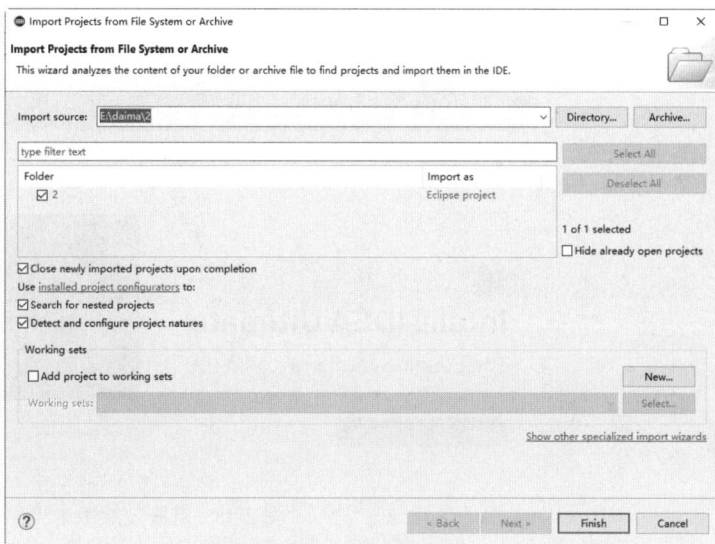

图 2-36　导入程序源码

2.4　使用 IntelliJ IDEA

IntelliJ IDEA 是一款流行的 Java 程序开发集成环境，是业界公认的最好的专业级 Java 开发工具之一。IDEA 是 JetBrains 公司的产品，旗舰版本还支持 HTML、CSS、PHP、MySQL、Python 等，免费版只支持 Java 等少数语言。本节将详细介绍如何使用 IntelliJ IDEA 开发 Java 程序。

2.4.1　安装 IntelliJ IDEA

（1）打开 IntelliJ IDEA 的网站首页，如图 2-37 所示，网址是 https://www.jetbrains.com/idea/。

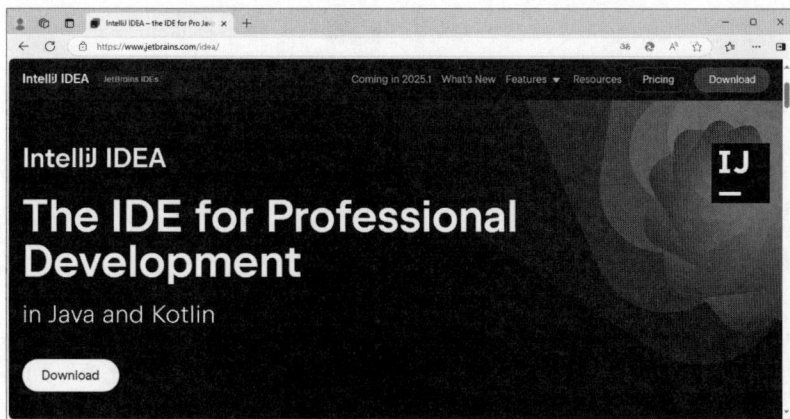

图 2-37　IntelliJ IDEA 的网站首页

（2）单击左下方的 Download 按钮，弹出选择安装版本界面，如图 2-38 所示。

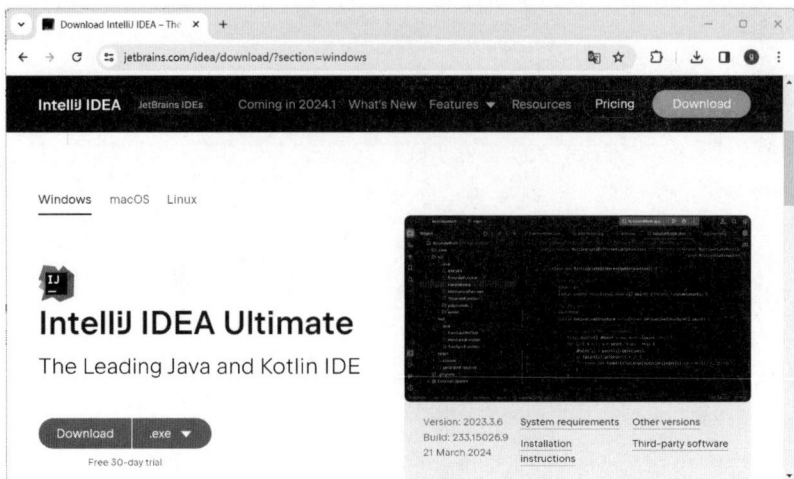

图 2-38 选择安装版本界面

（3）根据自己计算机的操作系统选择合适的版本，例如笔者选择的是 Windows 系统下的 Ultimate 版本，单击此版本下面的 Download 按钮开始下载。下载完成后得到一个.exe 格式的安装文件。鼠标右击这个文件，在弹出菜单中选择"以管理员身份运行"。

（4）开始正式安装，首先弹出"欢迎使用……"界面，如图 2-39 所示。

（5）单击"下一步"按钮后来到"选择安装位置"界面，使用默认设置即可，如图 2-40 所示。

（6）单击"下一步"按钮后来到"安装选项"界面，此处建议分别勾选"IntelliJ IDEA"和"添加"bin"文件夹到 PATH"复选框，如图 2-41 所示。

图 2-39 "欢迎使用……"界面

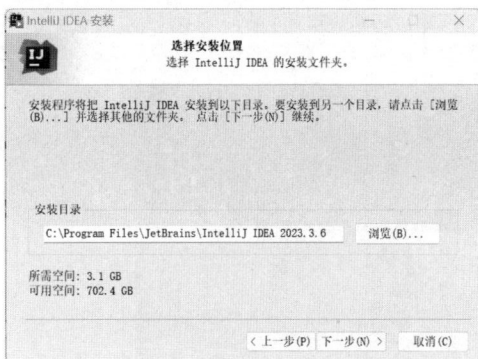

图 2-40 "选择安装位置"界面

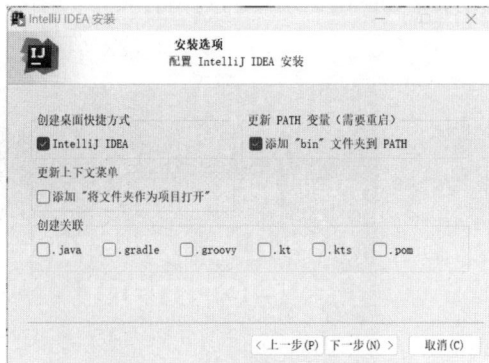

图 2-41 "安装选项"界面

（7）单击"下一步"按钮，来到"选择开始菜单目录"界面，如图 2-42 所示。

（8）单击"安装"按钮，弹出"安装中"界面，如图 2-43 所示，安装进度条完成即完成整个安装过程。

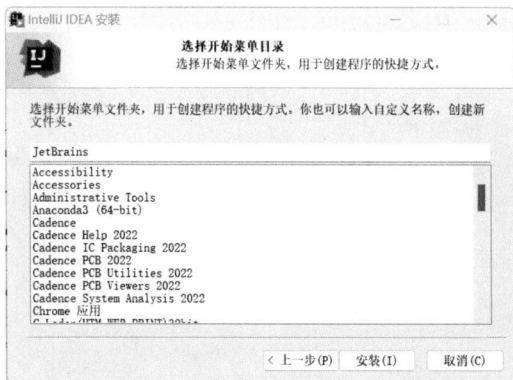

图 2-42 "选择开始菜单目录"界面

图 2-43 "安装中"界面

2.4.2 新建 Java 工程

（1）打开 IntelliJ IDEA 的安装目录，双击 bin 目录下的 idea64.exe 打开 IntelliJ IDEA，如图 2-44 所示。

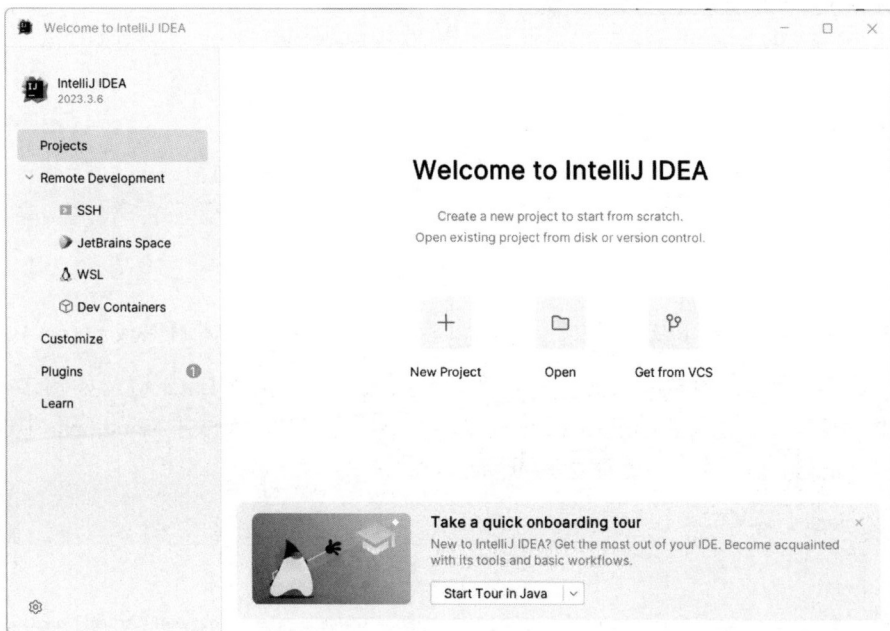

图 2-44 打开 IntelliJ IDEA

（2）单击 New Project 选项弹出 New Project 对话框，在右侧模板中设置工程名为 two，设置保存目录为 F:\daima\2，选择编程语言为 Java，设置 Java 运行环境为 JDK 17，最后单击 Create 按钮，如图 2-45 所示。

（3）此时会成功创建一个空的 Java 工程，如图 2-46 所示。

（4）将鼠标放在左侧 src 目录上并右击，在弹出的菜单中依次选择 New→Java Class 命令，如图 2-47 所示。

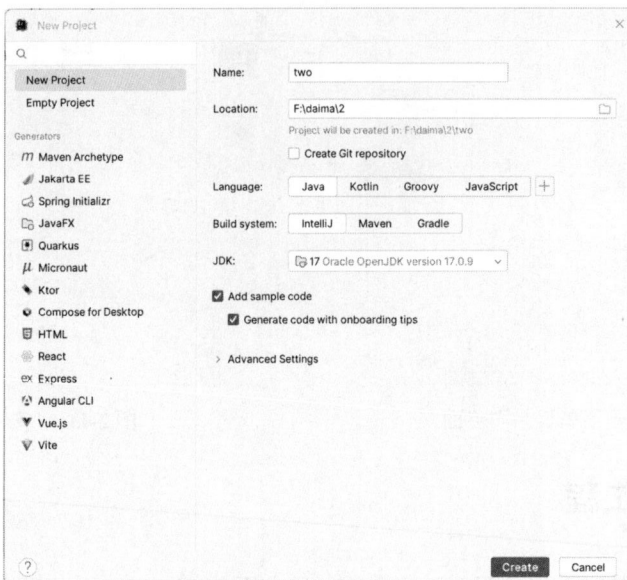

图 2-45　New Project 对话框

图 2-46　空的 Java 工程

图 2-47　依次选择 New→Java Class 命令

（5）在弹出的对话框中设置程序文件名，例如设置为 First，按下 Enter 键，如图 2-48 所示。

（6）此时会创建一个名为 First.java 的 Java 文件，将范例 2-1 源码文件 First.java 中的代码复制到刚刚新建的这个 First.java 文件中，如图 2-49 所示。

图 2-48　设置程序文件名

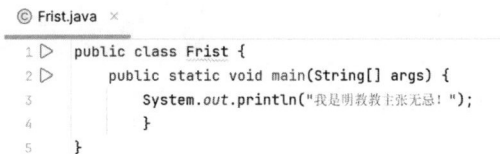

图 2-49　新建的 Java 文件 First.java

2.4.3　运行 Java 程序

（1）打开上面刚刚新建的 Java 工程，在要运行的 Java 文件上面（如 First.java 上面）右击，在弹出菜单中选择 Run First.main()命令运行文件 First.java。

（2）程序运行成功后会在 IntelliJ IDEA 底部显示运行结果。

2.4.4　打开已有工程

使用 Eclipse 创建的工程和使用 IntelliJ IDEA 创建的工程是完全兼容的，也就是说，在使用 Eclipse 创建 Java 工程后，完全可以使用 IntelliJ IDEA 打开，并且完成调试工作。使用 IntelliJ IDEA 打开已有工程的方法非常简单，与 Eclipse 十分相似。假设本书第 2 章范例的工程源码保存在 E:\daima\2 目录中，依次单击 IntelliJ IDEA 工具栏中的 File→Open 命令，选择目录 E:\daima\2 即可打开对应的 Java 工程。

2.5　综合实战——复制并运行网络中的 Java 代码

范例功能

从网络中寻找一个完整的 Java 程序代码，复制并保存起来，然后用 Eclipse 运行这个程序。

学习目标

掌握使用 Eclipse 工具调试、运行 Java 程序的方法，提高程序调试、运行的熟练度。

具体实现

登录菜鸟教程网（www.runoob.com）寻找 Java 教程，将教程中的某段代码复制到记事本文件中，保存为.java 文件。使用 Eclipse 新建一个 Java 工程，调试这个程序文件。

第3章 Java 基本语法

和学习其他编程语言一样，学习 Java 语言也需要首先掌握其基本的语法知识。本章将详细讲解 Java 语言的基本语法知识，主要包括变量、常量、数据类型、标识符、关键字、运算符、表达式、字符串和注释等方面的知识。本章内容的核心知识架构如下。

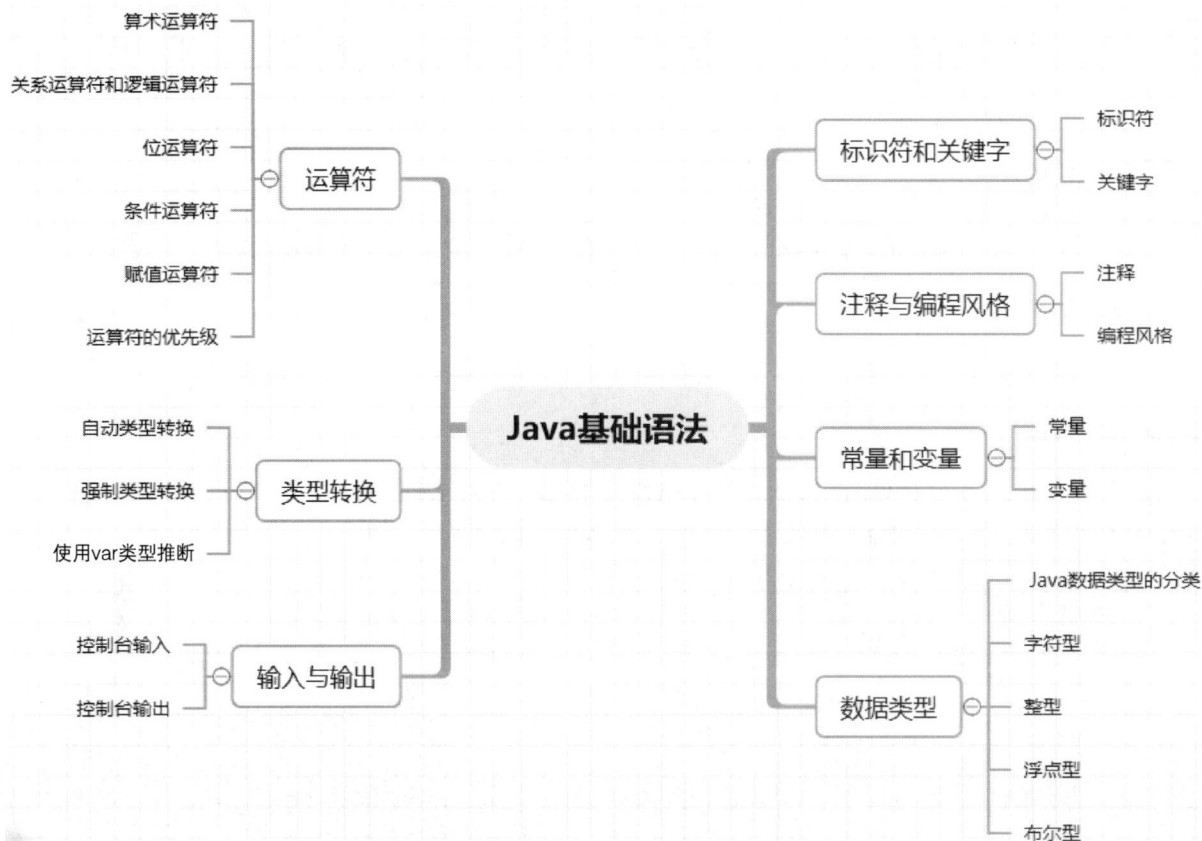

```
算术运算符 ─┐
关系运算符和逻辑运算符 ─┤
位运算符 ─┤
条件运算符 ─┤──○ 运算符 ─┐
赋值运算符 ─┤          │
运算符的优先级 ─┘          │
                         │
自动类型转换 ─┐          │
强制类型转换 ─┤──○ 类型转换 ─┤── Java基础语法
使用var类型推断 ─┘          │
                         │
控制台输入 ─┐          │
控制台输出 ─┤──○ 输入与输出 ─┘
```

标识符和关键字 ─┬ 标识符
              └ 关键字

注释与编程风格 ─┬ 注释
              └ 编程风格

常量和变量 ─┬ 常量
           └ 变量

数据类型 ─┬ Java数据类型的分类
          ├ 字符型
          ├ 整型
          ├ 浮点型
          └ 布尔型

3.1 标识符和关键字

标识符和关键字都是一种具有某种意义的标记和称谓。在本书前面的演示代码中，已经多次用到标识符和关键字。例如 int 和 double 就是关键字，只要在程序中看到用 int 定义的变量就知道这个变量是一个整数。在 Java 程序中，使用的变量名、函数名、标号等被统称为标识符。除了库函数的函数名由系统定义，其余都是由用户自定义的。

3.1.1　标识符

标识符是赋给类、方法或变量的名称，在 Java 语言中，用标识符来识别类名、变量名、方法名、类型名、数组名和文件名等。Java 语言规定，标识符由大小写字母、数字、下画线（_）、美元符号（$）组成，但不能以数字开头，没有最大长度限制，例如下面都是合法的标识符。

```
Chongqin_$
D3Tf
T w o
$67.55
```

要想判断标识符是否合法，可以参考下面 3 条规则。

- ❑　标识符不能以数字开头。
- ❑　标识符中不能出现规定以外的字符。
- ❑　标识符中不能出现空格。

标识符中的字母是严格区分大小写的。在 Java 中，no 和 No 是完全不同的。此外还需要注意的是，虽然使用$符号在语法上是被允许的，但编码规范中规定尽量不要使用它，因为它容易被混淆。

3.1.2　关键字

关键字是 Java 系统保留使用的标识符，也就是说只有 Java 系统才能使用，程序员不能使用这样的标识符。到目前为止，Java 语言的关键字如表 3-1 所示。

表 3-1　Java 关键字

abstract	boolean	break	byte	case	catch	char	class	const	continue
default	do	double	else	extends	final	finally	float	for	goto
if	implements	import	instanceof	int	interface	long	native	new	package
private	protected	public	return	short	static	strictfp	super	switch	synchronized
this	throw	throws	transient	try	void	volatile	while	assert	auto

在表 3-1 中，goto 和 const 是两个保留字（reserved word），保留字的意思是 Java 现在还未使用这两个标识符作为关键字，但可能在未来的 Java 版本中使用这两个标识符作为关键字。另外，true、false 和 null 都是在 Java 中定义的特殊值，虽然它们不是关键字，但是也不能作为类名、方法名和变量名等。

3.2　注释与编程风格

在一个程序中，注释与编程风格是两个十分重要的构成元素。本节将详细讲解 Java 程序的注释与编程风格方面的知识。

3.2.1 注释

注释是对程序语言的说明，有助于开发者和用户之间的交流，方便理解程序。因为注释不是编程语句，所以被编译器忽略。也就是说，在编译运行一个 Java 程序时，注释不会被编译运行。Java 语言支持 3 种注释方式，具体说明如下。

1. 单行注释

单行注释以双斜杠"//"标识，只能注释一行内容，用在注释信息内容较少的地方。下面的代码演示了在 Java 程序中使用单行注释的过程。

```
public class First{
    public static void main(String [] args){           //这是一个main()方法
        System.out.println("我是明教教主张无忌! ");       //输出显示双引号中的内容
    }
}
```

在上述代码中，加粗斜体部分就是单行注释，运行后会输出下面的内容，这说明注释不会影响程序的运行结果。

```
我是明教教主张无忌!
```

2. 多行注释

多行注释包含在"/*"和"*/"之间，可以含有很多行注释内容。为了实现较好的可读性，一般不在首行和尾行写注释信息（这样也比较美观好看）。下面的代码演示了在 Java 程序中使用多行注释的过程。

```
public class First{
    /*
     *这是一个main()方法
     *main()是 Java 程序的入口
     */
    public static void main(String [] args){
        System.out.println("我是明教教主张无忌! ");       //输出显示双引号中的内容
    }
}
```

在上述代码中，加粗斜体部分就是多行注释。注意，多行注释可以嵌套单行注释，但是不能嵌套多行注释和文档注释。

3. 文档注释

文档注释包含在"/**"和"*/"之间，也能含有多行注释内容，一般用在类、方法和变量上面，用来描述其作用。注释后，鼠标放在类和变量上面会自动显示出注释的内容。下面的代码演示了在 Java 程序中使用文档注释的过程。

```
/**
 *类名: First
 *注意 First 中字母的大小写
 *注意 First 必须和当前文件名一致
 */
public class First{
    public static void main(String [] args){
        System.out.println("我是明教教主张无忌! ");
    }
}
```

在上述代码中，加粗斜体部分就是文档注释。注意，文档注释能嵌套单行注释，但不能嵌套多行注释和文档注释，一般首行和尾行也不写注释信息。

3.2.2　编程风格

遵守一门语言的编程风格是非常重要的，如果一个很大的项目由多名程序员分别完成，每个人都用自己所喜欢的方式去书写代码，最后会发现这样的代码看上去杂乱无章，难以阅读。这样会给后期的维护带来诸多不便。在编写 Java 程序时，有两种流行的编程风格，分别为 Allmans 风格和 Kernighan 风格。

1. Allmans 风格

Allmans 风格也称"独行"风格，即左、右大括号各自独占一行，如下列代码所示。

```
public class Allmans
{
    public static void main(String[] args)
{

    }
}
```

Allmans 风格适用于代码量比较少的时候，整个代码布局显得十分清晰，可读性强。

2. Kernighan 风格

Kernighan 风格也称"行尾"风格，即左大括号在上一行的行尾，而右大括号独占一行，如下列代码所示。

```
public class Kernighan {
public static void main(String[] args) {

    }
}
```

3.3　常量和变量

在 Java 语言中，变量的值随着程序的运行可能发生变化，而常量的值一旦定义后就固定不变。

3.3.1　常量

📚 知识讲解

在 Java 语言中，可以将基本的数据类型分为两种：常量和变量。在程序执行过程中，其值不发生变化的数据类型被称为常量，其值可以变化的被称为变量。由此可见，常量和变量的区别如下。

❑　常量的"意志"比较坚定，一旦定义一个值后就永远不会变。

❑　　变量的"立场"不坚定，在程序的运行过程中可能会发生变化。

在 Java 中使用关键字 final 定义常量，并且经常用全大写字母表示常量名。例如，在下面的代码中，定义了一个名为 EAT 的常量。

```
final String EAT = "麦当劳";
```

通过上述代码，将常量 EAT 的值设置为"麦当劳"，并且在整个程序中，"麦当劳"这个值是一直固定不变的。再看下面的例子，通过变量设置了小菜最爱的食品。

范例导学

范例 3-1：小菜最爱的食品是麦当劳（范例文件：daima\3\3-1\...\Chang.java）。

本实例定义了一个常量 NAME，用于表示食品的名字，代码如下。

```
public class Chang {
    public static void main(String[] args) {
        final String NAME = "麦当劳";                          //①
        System.out.println("小菜最爱的食品是" + NAME);          //②
    }
}
```

☑　　代码①定义了 String 类型的常量 NAME，常量值是"麦当劳"。

☑　　代码②输出常量的值。

输出结果如下。

```
小菜最爱的食品是麦当劳
```

在 Java 语言中，String 是一种表示文本字符串的数据类型。有关数据类型的知识，将在本章后面的内容中进行详细介绍。

编程实战

实战案例 3-1-01：打印输出本班优秀学生的名字和年龄　创建两个常量，值分别是"娜娜"和 19，然后打印输出"本班优秀学生的名字是娜娜，年龄 19"。

实战案例 3-1-02：打印优秀程序员的年龄　定义常量并设置一个初始值，用于表示某优秀程序员的年龄，然后打印输出该优秀程序员的年龄。

3.3.2　变量

在 Java 程序中，将值可以变化的量称为变量，声明变量时必须为其分配一个数据类型。在声明变量的时候，无论是什么样的数据类型，它们都有一个默认的值。例如，int 类型变量的默认值是 0，char 类型变量的默认值是 null，byte 类型变量的默认值是 0。在 Java 程序中，声明变量的格式如下。

```
typeSpencifier varName = value;
```

上述格式和声明常量的格式类似，区别是在声明变量时没有关键字 final。在上述格式中，typeSpencifier 表示数据类型，可以是 Java 语言中任意合法的数据类型，这和常量是一样的。varName 表示变量的名字。Java 语言中的变量分为两种，局部变量和全局变量。

1. 局部变量

知识讲解

局部变量也称内部变量，是指在一个方法、构造方法或代码块内定义的变量。局部变量只在一个定义它的方法、构造方法或代码块内部起作用。如果超过这个范围，它将没有任何作用。对于局部变量，可以在定义它的方法、构造方法或代码块内部对它进行使用、修改。例如，下面的实例演示了局部变量在实际开发中的使用。

范例导学

范例 3-2：输出显示麦当劳品牌简介（范例文件：daima\3\3-2\...\PassTest.java）。

本实例在方法 main() 中定义了一个 int 类型的变量 age，然后对其进行使用、修改、再次使用，代码如下。

```java
public class PassTest{
    public static void main(String args[]){
        int age = 1910;                                              //定义局部变量age
        System.out.println("麦当劳是全球大型跨国连锁餐厅，它是" + age + "年创立的吗? ");
                                                                     //使用局部变量age，打印输出
        age = 1955;                                                  //修改局部变量age的值
        System.out.println("不! 它是" + age + "年创立于美国芝加哥! ");  //再次使用局部变量age，打印输出
    }
}
```

上述代码先在方法 main() 中定义了一个 int 类型的变量 age，设置变量值是 1910。这个变量 age 是在方法 main() 内部定义的，只在方法 main() 内部起作用，是一个局部变量。随后，又在方法 main() 内部将变量 age 的值修改为 1955。运行结果如下。

```
麦当劳是全球大型跨国连锁餐厅，它是 1910 年创立的吗?
不! 它是 1955 年创立于美国芝加哥!
```

编程实战

实战案例 3-2-01：输出显示今日全家桶的销量　创建两个不同类型的变量，分别表示全家桶和销量，然后用 "+" 将这两个变量连接并打印输出。

实战案例 3-2-02：计算长方形和三角形的面积　使用变量分别表示长方形的长、宽以及三角形的底、高，然后分别用长方形和三角形的面积计算公式计算出面积。

2. 全局变量

知识讲解

在 Java 中，全局变量也被称为成员变量，它在类体中定义，但定义在类的方法或代码块之外，且一般在类的任何方法或代码块之前定义。全局变量在整个类中都有效，如果权限允许，在类的外部也可以被访问。全局变量又可以分为两种，即实例变量和静态变量。定义全局变量时，如果在类型关键字前面加上关键字 static，这样的全局变量就被称为静态变量，否则即为实例变量。静态变量的有效范围可以跨类，甚至可以到达整个应用程序之内。在 Java 程序中，可以修改全局变量的值。例如，在下

面的实例中，首先使用全局变量给出了肯德基品牌的错误的创建时间，然后又将其修改为正确的时间。

范例导学

范例 3-3：输出显示肯德基品牌简介（范例文件：daima\3\3-3\...\Quan.java）。

本实例定义了 int 类型的全局变量 z，用于表示肯德基的成立时间，代码如下。

```java
public class Quan {
    static int z = 1950;                                    //定义全局变量 z，设置其初始值是 1950
    public static void main(String[] args){
        System.out.println(z + "年，KFC 由哈兰·山德士(Colonel Harland Sanders)创建? ");
        z = 1952;                                           //将全局变量 z 的值修改为 1952
        System.out.println("不! KFC 是"+ z + "年，创建的，创始人是哈兰·山德士(Colonel Harland Sanders)。");
    }
}
```

输出结果如下。

```
1950 年，KFC 由创始人哈兰·山德士(Colonel Harland Sanders)创建?
不! KFC 是 1952 年创建的，创始人是哈兰·山德士(Colonel Harland Sanders)。
```

注意：在某个方法中定义局部变量时，其变量名可以与全局变量相同，此时全局变量将被隐藏，即这个全局变量在此方法中失效。

编程实战

实战案例 3-3-01：猜一猜张三的年龄是多少　创建一个 String 类型的变量 a，然后用 "+" 将 a 的值和其他文本连接，最后打印输出连接后的内容。

实战案例 3-3-02：输出显示公司前台的基本信息　分别用变量表示公司前台的姓名和编号，然后打印输出前台的信息。

3.4　数　据　类　型

数据类型的内容枯燥难懂。为什么有这么多的数据类型？难道不能只用一种数据类型吗？这需要从生活中常见的数据分类说起。例如，在麦当劳餐厅中，菜单设计得十分人性化，套餐被放在顶部区域，而汉堡、烤翅等单品系列也被分类放在一个区域。这样将各类单品集中放置，起到了很好的对比作用，可以让消费者快速完成点餐。在 Java 语言中，设计多种数据类型的目的也是对编程中用到的大量数据实现类似的分类效果。

3.4.1　Java 数据类型的分类

Java 中的数据类型可以分为基本数据类型和引用数据类型两种。基本数据类型包括整数类型、浮点类型、字符类型和布尔类型。引用数据类型是由基本数据类型组成的，是用户根据自己的需要而定义的数据类型，如类、接口、数组等。Java 数据类型的具体分类如图 3-1 所示。

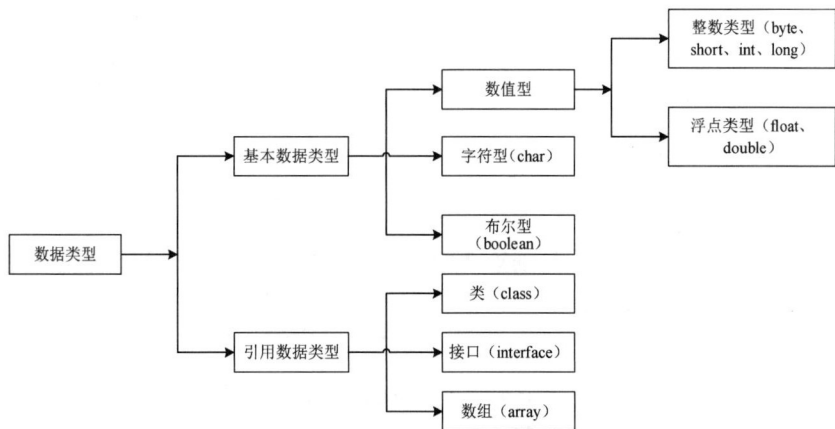

图 3-1 Java 数据类型的分类

◀))**注意**：实际上，Java 中还存在另外一种基本类型 void，它也有对应的包装类 java.lang.Void，不过无法直接对它们进行操作。

3.4.2 字符型

知识讲解

在 Java 程序中，存储字符的数据类型是字符型，用关键字 char 定义。字符型通常用于表示单个的字符，字符常量必须使用单引号括起来。Java 使用 Unicode 编码来表示字符，Unicode 是一种国际字符编码标准，它定义了当今世界每一个字符的唯一的 16 位编码值，所以 Java 支持各种语言的字符，包括中文字符。在 Java 语言中，有如下 3 种表示字符型常量的形式。

- ❑ 直接通过单个字符指定字符常量，如'A'、'9'和'0'等。
- ❑ 通过转义字符表示特殊字符常量，如'\n'、'\f'等。
- ❑ 直接使用 Unicode 值表示字符常量，格式为'\uXXXX'，其中 XXXX 代表一个十六进制的整数。Unicode 字符集的基本平面部分共包含 65536 个字符，对应的十进制整数是 0～65536，对应的十六进制整数为 0x0000～0xffff。

范例导学

范例 3-4：模拟麦当劳点餐系统（范例文件：daima\3\3-4\...\Zifu.java）。

麦当劳柜员使用收银机实现点餐服务，为了提高点餐效率，设置使用 3 个按键快速点 3 种热销商品。请编写一个 Java 程序，使用 3 个符号表示收银机的 3 个按键。本实例定义了 3 个字符变量 ch1、ch2 和 ch3，分别用于表示收银机的 3 个按键，代码如下。

```java
public class Zifu {
  public static void main(String args[]){
    char ch1 = '\u0001';                        //定义字符变量 ch1 并赋值，显示为一个空格
    char ch2 = '\u0394';                        //定义字符变量 ch2 并赋值，显示为一个三角形
    char ch3 = '\uffff';                        //定义字符变量 ch3 并赋值，显示为一个问号
    System.out.println("如果选择经典套餐，请按下按键: " + ch1);
    System.out.println("如果选择汉堡，请按下按键: " + ch2);
```

```
        System.out.println("如果选择饮料, 请按下按键: " + ch3);
    }
}
```

输出结果如下。

```
如果选择经典套餐, 请按下按键:
如果选择汉堡, 请按下按键: Δ
如果选择饮料, 请按下按键: ?
```

上述实例代码中, 使用 Unicode 值分别给 3 个字符变量赋值, 执行结果显示了对应的图形。

读者需要注意的是, Java 还提供一种特殊的字符, 即转义字符。它是以反斜杠 "\" 开头的字符序列, 用于表示非打印字符或者那些已经被分配了特殊含义的字符。常用的转义字符如表 3-2 所示。

表 3-2　Java 转义字符

转义字符	描　　述	转义字符	描　　述
\ddd	八进制字符	\uxxxx	十六进制 Unicode 字符
\'	单引号字符	\"	双引号字符
\\	反斜杠字符	\r	回车
\n	换行	\f	换页
\t	垂直制表符	\b	退格

例如, 下面的代码执行后会显示两行换行。

```
System.out.println("\n\n ");
```

再如, 下面的代码执行后会显示一个单引号。

```
System.out.println("\'");
```

与字符类型相对应, Java 中更常用的是字符串类型。例如, 可以在 Java 程序中输出显示 "麦当劳" 和 "肯德基" 之类的汉字, 这一功能可以通过字符串实现。在 Java 程序中, 定义一个字符串的最简单的方法是用双引号把它包括起来。例如, 在下面的代码中创建了一个名为 str 的字符串变量, 变量值是 "Hello 赵敏"。

```
String str="Hello 赵敏";
```

注意: 有关字符串类型的详细知识, 可参阅本书第 5 章中的内容。

编程实战

实战案例 3-4-01: 打印字母 A 在 Unicode 集当中的顺序位置　使用字符型变量, 获取大写字母 A 在 Unicode 集当中的顺序位置。

实战案例 3-4-02: 输出显示北京和上海的字母全拼　使用字符串变量, 输出显示北京和上海的字母全拼。

3.4.3　整型

知识讲解

整型就是整数类型, 在 Java 语言中常用如下 4 种整数类型。

❑ int：这是 Java 中最常用的整数类型，是 32 位、有符号的以二进制补码表示的整数，最小值是 -2147483648（-2^{31}），最大值是 2147483647（$2^{31}-1$）。例如以下语句。

```
int a = 100000;
```

❑ short：是 16 位、有符号的以二进制补码表示的整数，最小值是 -32768（-2^{15}），最大值是 32767（$2^{15}-1$）。例如以下语句。

```
short s = 1000;
```

❑ long：是 64 位、有符号的以二进制补码表示的整数，最小值是 -9223372036854775808（-2^{63}），最大值是 9223372036854775807（$2^{63}-1$）。例如以下语句。

```
long a = 100000L;
```

❑ byte：是 8 位、有符号的以二进制补码表示的整数，最小值是 -128（-2^7），最大值是 127（2^7-1）。例如以下语句。

```
byte a = 100;
```

在通常情况下，Java 程序中的整数常量默认为 int 类型。假设要统计某麦当劳店中某一天麦乐鸡和薯条的销量（这个销量肯定是整数），可以通过下面的实例实现。

范例导学

范例 3-5：统计麦乐鸡和薯条的当日销量（范例文件：daima\3\3-5\...\Zheng.java）。

本实例使用 int 定义了两个整型变量 b 和 l，代码如下。

```
public class Zheng{                                  //定义类 Zheng
    public static void main(String args[]){
        int b = 1000;                                //定义整型变量b，初始值是1000
        int l = 2 * b;                               //定义整型变量l，初始值是b的两倍，也就是2000
        System.out.println("今日麦乐鸡的销量是：" + b + "份");
        System.out.println("今日薯条的销量是：" + l + "份");
    }
}
```

输出结果如下。

```
今日麦乐鸡的销量是：1000 份
今日薯条的销量是：2000 份
```

编程实战

实战案例 3-5-01：查看某产品的销量　创建一个整数类型变量表示某产品的销量，然后打印输出这个变量的值。

实战案例 3-5-02：输出显示两首歌曲的点播次数　用两个变量表示两首歌曲的点播次数，先创建第一个整型变量并赋值，然后创建第二个整型变量并赋值为第一个变量的 2 倍，最后打印输出。

3.4.4　浮点型

知识讲解

前面介绍的整数类型有很大的局限性，只能表示整数。如果想使用小数表示某首歌曲的点播率，该如何实现呢？使用整型数据肯定不行，这时就需要使用浮点型数据。浮点型数据表示有小数部分的数值。Java 语言中的浮点型数据有如下两种表示形式。

❑ 十进制数形式：就是平常使用的表示含小数部分的数值的形式，如 5.12，512.0，0.512。浮点型数据必须包含一个小数点，否则会被当成整数类型处理。

❑ 科学记数法形式：用于表示大数值或小数值的一种方法，把一个数表示成一个小于 10 的数和 10 的 n 次幂相乘的形式。在 Java 中，用 E 或 e 表示指数符号，指数符号左侧是小于 10 的数，右侧是指数 n。例如，1.23E4 表示 1.23 乘以 10 的 4 次幂，即 123000；1.2e-3 表示 1.2 乘以 10 的负 3 次幂，即 0.0012。

在 Java 语言中，共有两种浮点型数据：单精度浮点型（float）和双精度浮点型（double），具体如下。

❑ float：单精度浮点型占用 32 位存储空间（4 字节），取值范围是 1.4E-45～3.4028235E38。在编程过程中，当需要小数部分且对精度要求不高时，一般使用单精度浮点型，这种数据类型很少使用。

❑ double：双精度浮点类型占用 64 位存储空间（8 字节），取值范围是 4.9E-324～1.7976931 348623157E308。编程过程中经常使用，它能够保证数值的准确性。

Java 语言的浮点型默认是 double 型，如果希望把一个浮点型值当成 float 型处理，应该在这个浮点型值后面紧跟 f 或 F。例如，5.12 代表的是一个 double 型的常量，5.12f 或 5.12F 才表示一个 float 型的常量。当然，也可以在一个浮点数后添加 d 或 D，强制指定是 double 类型，但是通常没必要这样做。由于 Java 使用二进制的科学记数法表示浮点数，因此可能不能精确表示一个浮点数。例如，把 5.2345556f 值赋给一个 float 型的变量，接着输出这个变量，会发现这个变量的值发生了改变。double 型浮点数则比 float 型浮点数更加精确，但如果浮点数的精度太高（小数点后的数字很多），依然可能发生前述情况。如果开发者需要精确保存一个浮点数，可以考虑使用 BigDecimal 类。

范例导学

范例 3-6：麦乐鸡和薯条的今日销量百分比（范例文件：daima\3\3-6\...\Percent.java）。

本实例定义了两个整型变量 b 和 l，还定义了一个 float 型变量 zong，代码如下。

```java
public class Percent{
    public static void main(String args[]) {
        int b = 1000;                                    //定义整型变量b，初始值是1000
        int l = 2 * b;                                   //定义整型变量1，初始值是2000
        float zong = 9999.000F;                          //定义浮点型变量b，初始值是9999.000
        System.out.println("麦乐鸡的今日销量百分比是: " + (b / zong) * 100 + "%");
        System.out.println("薯条的今日销量百分比是: " + (l / zong) * 100 + "%");
    }
}
```

执行程序后会输出下面的结果，这说明当整数和浮点数混合运算时，执行结果是浮点数。

```
麦乐鸡的今日销量百分比是: 10.001%
薯条的今日销量百分比是: 20.002%
```

编程实战

实战案例 3-6-01：每个新手都会遇到的问题 分别在 System.out.println() 中直接打印输出 0.05+0.01、1.0-0.42、4.015*100 和 123.3/100 的结果，并思考为什么是这些结果。

实战案例 3-6-02：解决新手的这个问题　编写一个 Java 程序，解决实战案例 3-6-01 中的问题。

3.4.5　布尔型

📚 知识讲解

布尔类型是一种表示逻辑值的简单类型，用于表示逻辑上的"真"或"假"，它是所有诸如 a < b 之类的关系运算的返回值类型。Java 中用关键字 boolean 定义布尔类型，其值只能是 true 或 false 中的一个，true 表示"真"，false 表示"假"。布尔类型在控制语句的条件表达式中比较常见，如 if 条件控制语句、while 循环控制语句、do…while 循环控制语句等。例如，在下面的实例中，演示了使用布尔型比较麦乐鸡和薯条谁的销量更多的方法。

🖋 范例导学

范例 3-7：比较麦乐鸡和薯条销量（范例文件：daima\3\3-7\...\Bugu.java）。

本实例定义了两个 boolean 类型变量 shutiao 和 maileji，并设置这两个变量的初始值分别是 true 和 false，代码如下。

```java
public class Bugu{                                        //定义类
    public static void main(String args[]) {
        boolean shutiao;                                 //定义 shutiao
        shutiao = true;                                  //赋值
        System.out.println("薯条是今日的销量冠军吗? " + shutiao);
        boolean maileji = false;                         //定义 maileji 并赋值
        System.out.println("麦乐鸡是今日的销量冠军吗? ? " + maileji);
        System.out.println("麦乐鸡的今日销量是 1000，薯条的今日销量是 2000，麦乐鸡是今日的销量冠军吗? " +
        (1000 > 2000));
    }
}
```

输出结果如下。

```
薯条是今日的销量冠军吗? true
麦乐鸡是今日的销量冠军吗? ? false
麦乐鸡的今日销量是 1000，薯条的今日销量是 2000，麦乐鸡是今日的销量冠军吗? false
```

📚 编程实战

实战案例 3-7-01：根据布尔值打印不同的天气信息　声明两个布尔类型的变量 isRaining 和 isSunny，并分别赋初始值，然后使用条件语句根据这两个布尔变量的值来打印不同的天气信息。

实战案例 3-7-02：一个常见的错误　创建一个字符串类型的变量，然后尝试将这个变量直接变成 boolean 类型的值，看看会发生什么。

3.5　运　算　符

运算符是 Java 程序重要的构成元素之一，数据计算、大小比较、关系判断等都离不开运算符。运算符可以细分为算术运算符、关系运算符、逻辑运算符、位运算符、条件运算符、赋值运算符等。

3.5.1 算术运算符

算术运算符（arithmetic operator）就是用来处理数学运算的符号，是最简单的运算符号，也是最常用的运算符号。例如，算式 35 ÷ 5 = 7 中，除号就是运算符，整个式子就是一个表达式。算术运算符可以分为四则运算符、取余运算符、自增或自减运算符等几大类。具体说明如表 3-3 所示。

表 3-3　算术运算符

类　　型	运　算　符	说　　明	举例或注释
四则运算符	+	加法	10 + 10 = 20
	−	减法	10 − 10 = 0
	*	乘法	10 * 10 = 100
	/	除法	10 / 10 = 1
取余运算符	%	取余	10 % 3 = 1
自增或自减运算符	++	自增	作用是使变量增 1
	−−	自减	作用是使变量减 1

1．四则运算符

知识讲解

在 Java 程序中，四则运算符是使用最广泛的一种运算符。下面的实例演示了使用四则运算符模拟计算兼职生过去一个月在麦当劳兼职收入的情况。

范例导学

范例 3-8：工资计算器（范例文件：daima\3\3-8\...\Money.java）。

麦当劳兼职生薪水待遇和小菜上月的出勤情况。

☑　工作 20 天，每天 3 个小时，一个小时 15 元。

☑　请假 4 天，每天扣除 30 元。

☑　交通补助每天 5 元，每月按照实际出勤天数计算。

本实例定义了 7 个整型变量来计算工资收入，代码如下。

```java
public class Money {
    public static void main(String args[])    {
        int m = 3;                                    //表示每天 3 小时
        int b = 15;                                   //表示一小时 15 元
        int a = 20;                                   //表示工作 20 天
        int l = 4;                                    //表示请假 4 天
        int c = 30;                                   //表示每请假一天扣工资 30 元
        int jiao = 5 * 20;                            //表示 20 天的交通补助
        int zong = m * b * a;                         //表示上月的工资总数
        System.out.println("上月工资收入: " + zong + "元");
        System.out.println("上月交通补助收入: " + jiao + "元");
        int f = zong + jiao - l * c;                  //计算扣除请假后的最终到手收入
        System.out.println("扣除请假后的最终到手收入是: " + f + "元");
    }
}
```

输出结果如下。

```
上月工资收入：900 元
上月交通补助收入：100 元
扣除请假后的最终到手收入是：880 元
```

编程实战

实战案例 3-8-01：计算 4 名学生的年龄信息　用 4 个整型变量分别表示 4 个学生的年龄，然后分别计算 4 个学生的总年龄和平均年龄。

实战案例 3-8-02：实现乘法和加法的混合运算　分别创建 3 个整型变量，然后实现乘法和加法的混合运算。

2. 求余运算符

知识讲解

在 Java 程序中，求余运算的功能是使用第一个运算数除以第二个运算数，将得到的余数作为结果。例如，$19 \div 3 = 6$ 余 1，这里的 1 就是一个余数。读者需要注意的是，使用求余运算符的两个运算数不但可以为正，而且还可以为负；不但可以是整型数，而且还可以是浮点数。在进行求余运算时，计算结果的正负号取决于第一个运算数的正负。例如，下面演示了求余运算符的基本用法。

```
int K = -49 % -3;                    //结果是-1
int Q = 49 % -3;                     //结果是 1
int J = -49 % 3;                     //结果是-1
```

范例导学

范例 3-9：货物搬运计算器（范例文件：**daima\3\3-9\...\Yushu.java**）。

今天老板安排小菜去搬运货物，货物是 100 kg 鸡翅，300 kg 土豆，200 kg 可乐，店里有一辆小推车，每次可以拉 80 kg 货物，计算小菜需要跑几趟，最后一次需要拉多少质量的货物。

本实例定义了 7 个整型变量来实现求余运算，代码如下。

```java
public class Yushu {
    public static void main(String[] args) {
        int A = 100;                        //变量 A 表示鸡翅的质量
        int K = 300;                        //变量 K 表示土豆的质量
        int Q = 200;                        //变量 Q 表示可乐的质量
        int J = 80;                         //变量 J 表示小推车的载重
        int zong = A + K + Q;               //变量 zong 表示货物总质量
        int la1 = zong / J + 1;             //变量 la1 表示需要跑几趟，记住后面加 1 才是正确的结果
        int la2 = zong % J;                 //变量 la2 计算余数，这个余数就是最后一次需要拉的货物质量
        System.out.println("搬运货物的总质量是" + zong + "kg, ");
        System.out.println("小推车每次可以拉 80kg 货物,需要跑" + la1 + "趟运完所有货物, ");
        System.out.println("最后一次需要拉" + la2 + "kg 货物。");
    }
}
```

输出结果如下。

```
搬运货物的总质量是 600kg,
小推车每次可以拉 80kg 货物,需要跑 8 趟运完所有货物,
最后一次需要拉 40kg 货物。
```

◀»注意：如果使用求余运算的两个运算数都是整数，则第二个运算数不能是 0，否则将引发异常。如果两个数中有 1 个或者 2 个是浮点数，则允许第二个运算数是 0 或 0.0，只是求余运算的结果是非数：NaN。0 或 0.0 对 0 以外的任何数求余都将得到 0 或 0.0。

编程实战

实战案例 3-9-01：比较除法运算和求余运算　使用多组整数（每组两个数，不限于正负）分别进行除法运算和求余运算，并输出结果，比较除法运算和求余运算的不同。

实战案例 3-9-02：余数的正负问题　使用 4 组整数（每组两个数，分别是同正、前正后负、同负、前负后正）分别进行求余运算，并输出结果，比较分析余数的正负情况。

实战案例 3-9-03：判断输入的数字是奇数还是偶数　通过 Scanner 获取用户输入的数字，然后判断输入的这个数字是奇数还是偶数。

3. 自增或自减运算符

知识讲解

自增和自减运算符分别是指"++"和"--"，每执行一次，变量会增加 1 或者减少 1。例如，a = 5，执行"a++"后，a 将变为 6。自增或自减运算符可以放在变量的前面，也可以放在变量的后面，但这两种情况在实际应用中差异很大。放在变量前面时，变量自身先自加或自减，然后再用结果值参与表达式运算和赋值；放在变量后面时，变量先参与表达式运算和赋值，然后自身再进行自加或自减。例如，在下面的代码中，a、x 的初值都是 5，执行后，a 为 6，b 为 5，x 为 6，y 为 6。

```
a = 5;b = a++;              //先将 a 赋值给 b，得到 b = 5，然后 a 自增 1，得到 a = 6
x = 5;y = ++x;             //先执行 x 自增 1，得到 x = 6，然后将 x 赋值给 y，得到 y = 6
```

范例导学

范例 3-10：统计本月顾客对员工的好评数据（范例文件：daima\3\3-10\...\Dione.java）。
本实例定义了两个整型变量 a 和 b，然后使用++和--运算符实现自增和自减运算，代码如下。

```java
public class Dione{
    public static void main(String args[])   {
        int a = 8000;                //定义整数类型变量 a，初始值是 8000
        int b = 4000;                //定义整数类型变量 b，初始值是 4000
        System.out.println("10:00 本月小菜的顾客好评点赞数是: ");
        System.out.println(a++);
        System.out.println("10:01 本月小菜的顾客好评点赞数是: ");
        System.out.println(a);
        System.out.println("10:02 本月小菜的顾客好评点赞数是: ");
        System.out.println(++a);
        System.out.println("10:00 本月同事 A 的顾客好评点赞数是: ");
        System.out.println(b--);
        System.out.println("10:01 本月同事 A 的顾客好评点赞数是: ");
        System.out.println(b);
        System.out.println("10:02 本月同事 A 的顾客好评点赞数是: ");
        System.out.println(--b);
    }
}
```

输出结果如下。

```
10:00 本月小菜的顾客好评点赞数是：
8000
10:01 本月小菜的顾客好评点赞数是：
8001
10:02 本月小菜的顾客好评点赞数是：
8002
10:00 本月同事 A 的顾客好评点赞数是：
4000
10:01 本月同事 A 的顾客好评点赞数是：
3999
10:02 本月同事 A 的顾客好评点赞数是：
3998
```

编程实战

实战案例 3-10-01：前缀和后缀的区别　创建 int 类型变量 a 并赋值为 1，然后分别对其进行前缀自增、自减操作和后缀自增、自减操作。

实战案例 3-10-02：一道计算机二级考试题　创建 4 个整数类型变量 x、x1、y 和 y1 并分别赋值，然后分别计算 x1 + x++、++y-x、x1- --y、--y1 * y 的结果。

3.5.2　关系运算符和逻辑运算符

知识讲解

在招聘会上，经常会看到对应聘者年龄的要求，例如要求年龄 18 岁以上、35 岁以下，这如何在计算机中用代码表示呢？假设年龄用变量 age 表示，则有 18<age<35，这是数学表达式。在计算机世界中，这个表达式需要使用关系运算和逻辑运算来实现。在程序设计语言中，关系运算主要用来表示值与值之间的大小关系，逻辑运算则是数字符号化的逻辑推演。

1. 关系运算符

数学运算中有大于、小于、等于、不等于等关系，程序中可以使用关系运算符来表示这种关系。假设变量 A 的值为 10，变量 B 的值为 20，表 3-4 列出了使用 Java 关系运算符计算变量 A 和变量 B 的大小关系的过程。通过这些关系运算符会产生一个结果，这个结果是一个布尔值，即 true 或 false。在 Java 中，任何类型的数据都可以用"=="进行比较是否相等，用"!="比较是否不相等，只有数字才能比较大小，关系运算的结果可以直接赋给布尔变量。

表 3-4　关系运算符

运　算　符	描　　述	例　　子
==	检查两个操作数的值是否相等，如果相等则为真	（A == B）为假
!=	检查两个操作数的值是否不相等，如果值不相等则为真	（A != B）为真
>	检查左操作数的值是否大于右操作数的值，如果是则为真	（A > B）为假
<	检查左操作数的值是否小于右操作数的值，如果是则为真	（A < B）为真
>=	检查左操作数的值是否大于或等于右操作数的值，如果是则为真	（A >= B）为假
<=	检查左操作数的值是否小于或等于右操作数的值，如果是则为真	（A <= B）为真

2. 逻辑运算符

逻辑运算符用于对 boolean 型操作数进行逻辑运算， Java 中的逻辑运算符如表 3-5 所示。其中，除了逻辑非（！）是单目运算符，其他都是双目运算符。

表 3-5 逻辑运算符

类　　型	说　　明	类　　型	说　　明
&&	简洁与或者短路与	&	逻辑与
‖	简洁或或者短路或	|	逻辑或
！	逻辑非		

逻辑运算符与关系运算符的运算结果一样，都是 boolean 型的值。在 Java 程序中，&称为逻辑与，只有两个操作数都是 true，结果才是 true。&&称为简洁与或者短路与，也是只有两个操作数都是 true，结果才是 true。但是，如果左边操作数为 false，就不计算右边的表达式，直接得出 false。类似于短路了右边。|称为逻辑或，只有两个操作数都是 false，结果才是 false。||称为简洁或或者短路或，也是只有两个操作数都是 false，结果才是 false。但是如果左边操作数为 true，就不计算右边的表达式，直接得出 true。类似于短路了右边。!称为逻辑非，用来反转操作数的逻辑状态。如果操作数为 true，则结果为 false；如果操作数为 false，则结果为 true。上述 5 种逻辑运算符中，最常用的是&&、||、!，读者可以通过表 3-6 了解它们运算后的结果。

表 3-6 使用逻辑运算符进行逻辑运算

A	B	A&&B	A‖B	!A
false	false	false	false	true
false	true	false	true	true
true	false	false	true	false
true	true	true	true	false

范例导学

范例 3-11：输出显示某麦当劳餐厅的本月畅销商品（范例文件：daima\3\3-11\...\Guanxi.java）。

某麦当劳餐厅规定，某商品的月销量超过 50000（包含 50000）就是本店的热销商品。假设本月薯条销量 60000，麦乐鸡销量 40000，圣代销量 30000。本实例定义了 3 个整型变量 a、b 和 c，分别用于表示 3 种商品的销量，然后进行必要的关系运算和逻辑运算，代码如下。

```java
public class Guanxi{
    public static void main(String args[]){
        int a = 60000;              //定义整数类型变量a, 初始值是60000, 表示薯条销量
        int b = 40000;              //定义整数类型变量b, 初始值是40000, 表示麦乐鸡销量
        int c = 30000;              //定义整数类型变量c, 初始值是30000, 表示圣代销量
        System.out.println("市场调查: 本月热销量商品包含薯条吗? ");
        System.out.println(a >= 50000);
        System.out.println("市场调查: 本月热销量商品包含麦乐鸡吗? ");
        System.out.println(b >= 50000);
        System.out.println("市场调查: 本月的热销商品包含圣代吗? ");
        System.out.println(c >= 50000);
        System.out.println("薯条和麦乐鸡都是本月的热销商品吗? ");
```

```
            System.out.println((a >= 50000) && (b >= 50000));
    }
}
```

输出结果如下。

```
市场调查: 本月热销量商品包含薯条吗?
true
市场调查: 本月热销量商品包含麦乐鸡吗?
false
市场调查: 本月的热销商品包含圣代吗?
false
薯条和麦乐鸡都是本月的热销商品吗?
false
```

编程实战

实战案例 3-11-01: 真心话大冒险　分别创建 3 个 char 类型变量和两个 int 类型变量, 然后使用关系运算符比较这 5 个变量, 模拟实现真心话大冒险游戏。

实战案例 3-11-02: 比较两个数的大小　选择两个整型变量, 然后分别用 6 种关系运算符比较这两个变量。

实战案例 3-11-03: 复杂的逻辑运算　创建 3 个 int 类型变量 d、k 和 j 并分别赋值, 然后分别打印输出 d < k || k < j、d > k && k < j、!(d > k) 的结果。

3.5.3　位运算符

知识讲解

在 Java 程序中, 可以使用位运算符操作二进制数据。位运算 (bitwise operator) 可以直接操作整数类型的位, 这些整数类型包括 long、int、short、char 和 byte。Java 语言中位运算符的具体说明如表 3-7 所示。

表 3-7　位运算符

位运算符	说　　明	位运算符	说　　明
~	按位取反运算	>>	带符号右移
&	按位与运算	>>>	无符号右移
|	按位或运算	<<	左移
^	按位异或运算		

表 3-8 中演示了操作数 A 和操作数 B 按位运算的结果。

表 3-8　按位运算结果

操作数 A	操作数 B	A|B	A&B	A^B	~A
0	0	0	0	0	1
0	1	1	0	1	1
1	0	1	0	1	0
1	1	1	1	0	0

移位运算符把数字的位向右或向左移动，产生一个新的数字。Java 中的移位运算符有如下 3 个。

- ❑ >>：带符号右移运算符，把运算符左边的操作数的二进制码按照右边操作数指定的位数右移，左边空出来的位以原来的符号位来补充。如果左边操作数原来是正数，则补 0；如果左边操作数原来是负数，则补 1。
- ❑ >>>：无符号右移运算符，把运算符左边的操作数的二进制码按照右边操作数指定的位数右移，左边空出来的位补 0。
- ❑ <<：左移运算符，把运算符左边的操作数的二进制码按照右边操作数指定的位数左移，右边空出来的位补 0。

📖 范例导学

范例 3-12：输出整数 129 和 128 按位与运算后的结果（范例文件：daima\3\3-12\...\WeiOne.java）。

本实例定义了两个整型变量 a 和 b，然后对 a 和 b 实现按位与运算，代码如下。

```
public class WeiOne {
    public static void main(String[] args){
        int a = 129;
        int b = 128;
        System.out.println("129 和 128 按位与运算后的结果: "+(a&b));
    }
}
```

129 转换成二进制是 10000001，128 转换成二进制是 10000000，根据按位与运算的规则，只有两个位都是 1 时的运算结果才是 1，所以 129&128 的运算结果是 10000000，转换成十进制就是 128。输出结果如下。

```
129 和 128 按位与运算后的结果: 128
```

📚 编程实战

实战案例 3-12-01：计算 2^3 的结果　在 println()中打印输出 2^3 的计算结果。

实战案例 3-12-02：计算~a 的结果　创建整型变量 a 并赋值，然后计算~a 的结果。

3.5.4 条件运算符

📗 知识讲解

在 Java 语言中，条件运算符是一种特殊的运算符，也被称为三目运算符，具体的语法格式如下。

```
变量=(布尔表达式)?为 true 时所赋予的值:为 false 时所赋予的值;
```

例如下面的代码。

```
min =(a < b) ? a : b;
```

在上述代码中，(a < b)? a : b 是一个条件运算表达式。它是这样执行的：如果 a < b 的结果为真，则表达式取 a 的值，否则取 b 的值。

范例导学

范例 3-13：用户满意度调查（范例文件：daima\3\3-13\...\Diao.java）。

假设麦当劳规定的用户满意度合格成绩是 90 分或 90 分以上，尝试模拟实现用户满意度调查功能。本实例定义了一个初始值为 95 的 double 类型变量 data，模拟实现用户满意度调查，代码如下。

```java
public class Diao {
    public static void main(String args[]){
        double data = 95;                                              //赋值 data 的初始值为 95
        String tiao=(data >=90)?"用户对你很满意! ":"不是很优秀, 你需要继续努力! ";
        System.out.println(tiao);                                      //输出结果
    }
}
```

在上述代码中，如果变量 data 的值大于或等于 90，则输出"用户对你很满意!"的提示，否则输出"不是很优秀，你需要继续努力!"的提示。因为代码中变量 data 的值是 95，大于 90，所以输出结果如下。

用户对你很满意!

编程实战

实战案例 3-13-01：判断考试成绩是否及格 创建一个整数类型变量表示用户的考试成绩，然后使用条件运算符判断这个成绩是否及格。

实战案例 3-13-02：判断考试成绩所属的分数档 使用 Scanner 获取用户输入的成绩，并将这个值赋值给变量 x，然后打印输出 x >= 90 ? "A" : x >= 60 ? "B" : "C"的结果。

3.5.5　赋值运算符

知识讲解

简单的赋值运算符是一个等号"="，Java 语言中的赋值运算与其他计算机语言中的赋值运算一样，起赋值的作用，具体的语法格式如下。

```
var 变量 = expression;
```

在上述格式中，var 代表一种合法的数据类型，如 int、double 等。expression 可以是任意表达式，包括变量、常量、有效的表达式，但其数据类型必须与 var 的类型一致。例如，下面的代码使用了一个赋值语句将变量 x、y、z 都赋值为 100。这是由于"="运算符产生右边表达式的值，因此 z = 100 的值是 100，然后该值被赋给 y，并依次被赋给 x。

```
int x, y, z; x = y = z = 100;                     //同时设置变量 x, y 和 z 的值是 100
```

表 3-9 列出了 Java 语言支持的赋值运算符。

表 3-9　赋值运算符

运　算　符	描　　　述	例　　子
=	简单的赋值运算符，将右操作数的值赋给左侧操作数	C = A + B 将把 A + B 得到的值赋给 C

续表

运 算 符	描 述	例 子
+ =	加和赋值运算符,把左操作数和右操作数相加得到的值赋给左操作数	C + = A 等价于 C = C + A
- =	减和赋值运算符,把左操作数和右操作数相减得到的值赋给左操作数	C - = A 等价于 C = C - A
* =	乘和赋值运算符,把左操作数和右操作数相乘得到的值赋给左操作数	C * = A 等价于 C = C * A
/ =	除和赋值运算符,把左操作数和右操作数相除得到的值赋给左操作数	C / = A 等价于 C = C / A
%=	取模和赋值运算符,把左操作数和右操作数取模得到的值赋给左操作数	C%= A 等价于 C = C%A
<< =	左移位赋值运算符	C << = 2 等价于 C = C << 2
>> =	右移位赋值运算符	C >> = 2 等价于 C = C >> 2
&=	按位与赋值运算符	C&= 2 等价于 C = C&2
^ =	按位异或赋值运算符	C ^ = 2 等价于 C = C ^ 2
| =	按位或赋值运算符	C | = 2 等价于 C = C | 2

在赋值运算语法中,如果 var 声明的变量类型与表达式 expression 的类型不一致,程序就会发生异常。例如,下面的实例代码就发生了赋值类型不匹配的异常。

范例导学

范例 3-14:计算销售额的程序发生赋值异常（范例文件:daima\3\3-14\...\Fuzhi.java）。

月末来临,某麦当劳餐厅计算销售额。假设每天平均销售额是 100000 元,每月 30 天,所以本月总销售额是 3000000 元。

本实例定义了 3 个 byte 型变量 a、b 和 c,分别用于表示上面的 3 个数值,代码如下:

```
public class Fuzhi {
    public static void main(String args[]){
        byte a = 100000;          //定义 byte 类型变量 a,赋初始值 100000
        byte b = 30;              //定义 byte 类型变量 b,赋初始值 30
        byte c = a * b;           //定义 byte 类型变量 c,并赋值为 a 和 b 的乘积
        System.out.println(c);
    }
}
```

在 Java 程序中,byte 类型的取值范围是-128~127。在上述代码中,100000 和 a*b 的值都超出了 byte 类型的取值范围,所以程序将出现赋值类型不匹配的异常。

编程实战

实战案例 3-14-01:体会+=的真正含义 创建一个整数类型变量 a 并赋值,然后打印输出 a += 4 的结果。

实战案例 3-14-02:一道面试题 创建 byte 类型变量 i 并赋值为 10,然后分别计算 i += 10 和 i += 128 的结果。

3.5.6　运算符的优先级

知识讲解

运算符有不同的优先级，所谓优先级就是在表达式运算中的运算顺序。表 3-10 中列出了包括分隔符在内的所有运算符的优先级顺序，上一行中的运算符总是优先于下一行中的运算符参与运算。

表 3-10　Java 运算符的优先级

描　　　　述	运　算　符
分隔符	.　[]　()　{}　,　;
单目运算符	++　--　~　!
强制类型转换运算符	(type)
乘法/除法/求余	*　/　%
加法/减法	+　-
移位运算符	<<　>>　>>>
关系运算符	<　<=　>=　>　instanceof
等价运算符	==　!=
按位与	&
按位异或	^
按位或	|
短路与	&&
短路或	||
条件运算符	? :
赋值	=　+=　-=　*=　/=　&=　|=　^=　%=　<<=　>>=　>>>=

简单地讲，所谓的优先级就是先计算谁的问题。根据表 3-10 所示的运算符优先级，假设 int a = 3，分析下面代码中变量 b 的计算过程。

```
int b = a + 2 * a
```

上述代码先执行 2 * a 得到 6，再计算 a + 6 得到 9，最后将 9 赋值给变量 b。

另外，可以使用小括号( )来改变程序的执行过程，例如下面的代码。

```
int b = (a + 2) * a
```

上述代码先执行 a + 2 得到 5，再执行 5 * a 得 15，最后将 15 赋值给变量 b。

下面的实例演示了使用混合运算计算某麦当劳餐厅经理的月收入。

范例导学

范例 3-15：计算餐厅经理的本月收入（范例文件：daima\3\3-15\...\Income.java）。

本实例定义了 6 个整型变量，在计算经理的本月收入时使用了混合运算，代码如下。

```
public class Income {
    public static void main(String args[]){
        int a = 500;                              //定义 int 类型变量 a，表示每日工资 500
```

```
    int b = 20;                                //定义 int 类型变量 b，表示工作 20 天
    int h = 25;                                //定义 int 类型变量 h，表示每天饭补 25
    int k = 23;                                //定义 int 类型变量 k，表示每天交通补助 23
    int x = a * b + h * b + k * b;             //定义 int 类型变量 x，表示总收入
    int y = h * b + k * b;                     //定义 int 类型变量 y，表示本月的总补助收入
    System.out.println("经理的本月收入(工资+饭补+交通补助)是: " + x);
    System.out.println("经理的本月补助收入(饭补+交通补助)是: " + y);
  }
}
```

输出结果如下。

```
经理的本月收入(工资+饭补+交通补助)是: 10960
经理的本月补助收入(饭补+交通补助)是: 960
```

编程实战

实战案例 3-15-01：实现基本的四则混合运算　创建两个整型变量 m 和 n 并分别赋值，然后打印输出 (m * 8 / (n + 2)) % m 的计算结果。

实战案例 3-15-02：破解一道二级考试题　创建 4 个整型变量 aa、bb、hh 和 kk 并分别赋值，然后分别计算 aa − bb + kk 和 bb * kk / bb + hh 的结果。

注意：书写 Java 运算符的两点注意事项。

◇　不要把一个表达式写得过于复杂，如果一个表达式过于复杂，则把它分成几步来完成。

◇　不要过多地依赖运算符的优先级控制表达式的执行顺序，这样可读性太差，尽量使用小括号控制表达式的执行顺序。

3.6　类　型　转　换

在范例 3-6 中，麦乐鸡和薯条的销售量百分比是通过 int 类型和 float 类型混合运算得到的，显然这在 Java 程序中是完全合法的。为什么 int 类型和 float 类型混合运算的结果是 float 类型呢？这将是接下来要讲解的类型转换问题。在 Java 程序中，有时变量的值需要在不同类型之间进行转换，并且在运算处理之前不同类型的数据要先转换成同一种数据类型。Java 语言的类型转换方法有两种：一种是自动类型转换，一种是强制类型转换。

3.6.1　自动类型转换

知识讲解

在 Java 语言中，把一个取值范围小的类型的数值或变量直接赋给另一个取值范围大的类型的变量时，取值范围小的类型的数值或变量将自动转换为取值范围大的类型的数值或变量，这种类型转换称为自动类型转换。形象地说，自动类型转换就好比把小瓶里的水倒入大瓶中去。Java 支持的自动类型转换如图 3-2 所示。

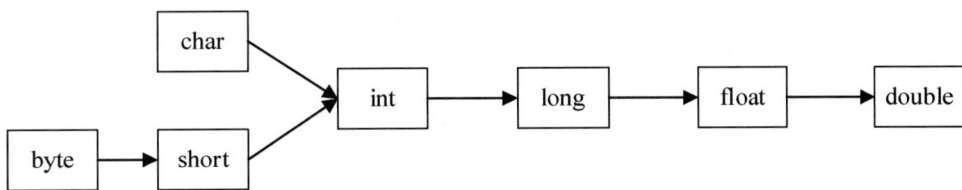

图 3-2   自动类型转换图

在图 3-2 中，箭头左边的类型可以自动转换为箭头右边的类型。另外，当把任意基本类型的值和字符串值进行连接时，基本类型的值将自动转换为字符串类型。因此，如果希望把基本类型的值转换成对应的字符串，可以将其和一个空字符串连接起来。

下面的实例演示了在 Java 程序中实现自动类型转换的过程。

范例导学

范例 3-16：计算麦当劳兼职生加薪后的月收入（范例文件：daima\3\3-16\...\Zidong.java）。

假设从 2024 年开始，麦当劳兼职生的薪水由原来的 15 元/每小时提高到 18.07 元/每小时。

本实例定义了 5 个整型变量和 3 个 float 型变量，用于表示在计算收入时用到的数值，代码如下。

```java
public class Zidong{
    public static void main(String[] args) {
        int m = 3;                        //定义整型变量m，表示每天工作3小时
        float b = 18.07f;                 //定义float型变量b，表示每小时工资18.07元
        int a = 20;                       //定义整型变量a，表示本月工作了20天
        int l = 4;                        //定义整型变量l，表示请假4天
        int c = 30;                       //定义整型变量c，表示每请假一天扣30元
        int jiao = 5;                     //定义整型变量jiao,表示每天交通补助5元
        float zong = m * b * a;           //总工资，int型和float型混合运算，int型被提升为float型
        System.out.println("本月工资收入: " + zong + "元");
        System.out.println("本月交通补助收入: " + 5 * 20 + "元");
        float f = zong + 5 * 20 - l * c; //总收入，int型和float型混合运算，int型被提升为float型
        System.out.println("扣除请假后的最终到手收入: " + f + "元");
    }
}
```

输出结果如下。

```
本月工资收入: 1084.2元
本月交通补助收入: 100元
扣除请假后的最终到手收入: 1064.2元
```

编程实战

实战案例 3-16-01：劳务合同中的工资计算公式   在某员工签订的劳务合同中，计算工资的公式是 (f * b) + (i / c) − (d * s)，请为这个公式中的变量赋值，并尽可能使各变量的数据类型不一致，最终计算结果。

实战案例 3-16-02：使用自动类型转换计算商品总额   创建 4 个变量，两个整型变量分别表示牙膏和面巾纸的数量，1 个 float 型变量表示牙膏价格，1 个 double 型变量表示面巾纸价格，计算商品总价并输出结果。

3.6.2　强制类型转换

知识讲解

如果希望把图 3-2 中箭头右边的类型转换为左边的类型，必须使用强制类型转换实现。Java 中强制类型转换的语法格式如下。

```
(targetType)value
```

由此可见，强制类型转换的运算符就是一个小括号。下面的实例重新计算了麦乐鸡的销量百分比。

范例导学

范例 3-17：计算麦乐鸡的销量的百分比（范例文件：daima\3\3-17\...\Qiangzhi.java）。

假设某麦当劳餐厅当日麦乐鸡的销量是 1000，所有商品的总销量是 9999，计算麦乐鸡的销量百分比。

本实例定义了一个整型变量和两个 float 型变量，分别用于表示麦乐鸡的销量、所有商品的总销量、麦乐鸡销量占总销量的百分比，代码如下。

```java
public class Qiangzhi {
    public static void main(String[] args) {
        int b = 1000;              //定义 int 类型变量 b，初始值是 1000
        float zong = 9999;         //定义 float 类型变量 zong，初始值是 9999
        float bi = b / zong;       //定义 float 类型变量 bi，赋予 b 除以 zong 的值，这涉及混合运算
        int bi1 = (int)(bi * 100); //定义 int 类型变量 bi1，将(bi * 100)的值强制转换为 int 型并赋值
        System.out.println("麦乐鸡的销量百分比: " + bi1 + "%");
    }
}
```

上述程序把一个 float 型值强制类型转换为 int 型，此时 Java 将直接截断浮点数的小数部分。输出结果如下。

```
麦乐鸡的销量百分比: 10%
```

编程实战

实战案例 3-17-01：计算两个不同类型数值的和　分别创建一个整型变量和一个浮点型变量并分别赋值，然后使用强制类型转换实现求和运算。

实战案例 3-17-02：计算往返 A、B 两地需要行驶的距离　将一个 double 类型变量乘以整数 2，然后输出显示 float 类型的计算结果。

3.6.3　使用 var 类型推断

知识讲解

在 Java 语言中，开发者可以把变量声明为 var 让编译器自行推断其类型。Java 编译器在处理 var 类型变量的时候，会检测赋值符号右侧的代码声明，并将对应类型用于左侧，这一过程发生在初始化阶段。JIT（即时编译器）在把源程序编译成字节码的时候，用的是推断后的结果类型。在编写代码的时

候，合理使用 var 可以节省不少字符，更重要的是可以去除冗余的信息，使代码变得清爽，还可以对齐变量的名称。

在 Java 程序中使用 var 定义推断类型变量时，必须注意如下 4 点。

❑ 使用 var 声明变量时必须有初始值，例如下面的代码都是错误的。

```
var x;
var foo;
foo = "Foo";
```

❑ 使用 var 声明的必须是一个显式的目标类型，它不可以用在 lamdba 变量或数组变量上。例如下面的代码是错误的。

```
var f = () -> { };
var ints = {0, 1, 2};
var appendSpace = a -> a + " ";
var compareString = String::compareTo
```

❑ 使用 var 声明的变量的初始值不能为 null。
❑ 关键字 var 不能声明不可表示的类型，如交叉类型、匿名类型等。

下面的实例演示了使用 var 声明局部变量的过程。

范例导学

范例 3-18：公布本月最佳员工获得者的名字（范例文件：daima\3\3-18\...\Var10.java）。

本实例使用 var 声明了变量 test，因为被赋值为"小菜"，所以将变量 test 推断为字符串类型，代码如下。

```
public class Var10 {
    public static void main(String[] args) {
        var test = "小菜";                          //var 类型变量，将被推断为字符串类型
        System.out.println("XX 麦当劳店本月最佳兼职员工是: "+test);
    }
}
```

输出结果如下。

```
XX 麦当劳店本月最佳兼职员工是: 小菜
```

编程实战

实战案例 3-18-01：天猫某商家对某医用外科口罩的报价 使用 var 创建变量，并赋值为 19.9，用于表示某医用外科口罩的报价，然后打印输出。

实战案例 3-18-02：期末考试成绩排名 使用 var 声明两个变量，分别表示两个同学的期末考试成绩，然后对成绩排名，最后打印输出各同学的名次信息。

3.7　输入与输出

在控制台界面中，经常需要获取用户输入的数据信息，如用户名和密码等。另外，也经常需要在控制台界面打印输出一些信息。本节将详细讲解 Java 语言实现输入与输出功能的知识。

3.7.1 控制台输入

在 Java 程序中，实现控制台输入功能的最简单方法是使用内置类 Scanner，该类提供了很多常用的方法，可以帮助用户获取控制台中输入的不同类型的值，如表 3-11 所示。

表 3-11　类 Scanner 提供的常用方法

方　　法	返回值类型	说　　明	方　　法	返回值类型	说　　明
next()	String	查找并返回此扫描器获取的下一个完整标记	nextInt()	int	扫描一个值返回 int 类型
nextBoolean()	boolean	扫描一个布尔值标记并返回	nextLine()	String	扫描一个值返回 String 类型
nextBtye()	byte	扫描一个值并返回 byte 类型	nextLong()	long	扫描一个值返回 long 类型
nextDouble()	double	扫描一个值并返回 double 类型	nextShort()	short	扫描一个值返回 short 类型
nextFloat()	float	扫描一个值并返回 float 类型	close()	void	关闭此扫描器

使用类 Scanner 的第一步是导入该类，语法如下。

```
import java.util.Scanner;
```

导入类 Scanner 后，要想使用它来获取控制台信息，还需要创建 Scanner 对象，语法如下。

```
Scanner s = new Scanner(System.in);
```

上述代码中，System.in 表示控制台输入流，在创建 Scanner 对象时把 System.in 作为参数，这样创建出的扫描器对象扫描的目标就是用户在控制台中输入的内容。随后，用户就可以通过类 Scanner 提供的常用方法把控制台输入的内容转换为 Java 的数据类型，进而在程序中使用。

范例导学

范例 3-19：获取某会员用户的用户名（范例文件：daima\3\3-19\...\In.java）。

本实例实现了一个简单的数据输入过程。首先提示输入用户名，然后通过类 Scanner 中的方法 next() 获取输入的用户名，在读取数据前还使用方法 hasNext() 判断是否仍有输入的数据，代码如下。

```
import java.util.Scanner;
public class In {
    public static void main(String[] args) {
        Scanner scan = new Scanner(System.in);              //从键盘接收数据
        System.out.println("请输入你的用户名: ");
        if (scan.hasNext()) {                               //判断是否还有输入
            String str1 = scan.next();                      //接收字符串
            System.out.println("尊敬的会员您好, 您的用户名为: " + str1);
        }
        scan.close();
    }
}
```

执行程序后会先提示输入用户名，输入"Java 初学者"后，Scanner 会获取用户从控制台中输入的数据，然后通过 println() 打印输出，具体执行过程如下。

```
请输入你的用户名:
Java 初学者
尊敬的会员您好, 您的用户名为: Java 初学者
```

注意：本范例使用了将在本书第 4 章讲的 if 语句，此处了解即可。

编程实战

　　实战案例 3-19-01：输出显示用户输入的密码　在控制台中提示用户输入密码，然后输出显示输入的密码。

　　实战案例 3-19-02：比较输入的两个数字的大小　获取控制台输入的两个数字，比较这两个数字的大小。

　　实战案例 3-19-03：计算多名学生的总成绩和平均成绩　编写程序，要求可以在控制台中输入多个数字，并求其总和与平均数，每输入一个数字用 Enter 键确认，通过输入非数值的字符结束输入并输出执行结果。

3.7.2　控制台输出

1.　println()方法

　　在控制台中打印输出信息的方法比较简单，只需使用本书多次用到的内置方法 println()即可实现。在 Java 程序中，System.out.println()的作用是将结果输出显示在控制台窗口中，这样程序员就可以在控制台窗口中看到代码运行的结果。例如下面的演示代码。

```
public static void main(String args[]){
    System.out.println("HelloWord One-------");
    System.out.println("HelloWord Two-------");
}
```

　　在上述代码中，使用 System.out.println()输出了内容，输出结果如下。

```
HelloWord One-------
HelloWord Two-------
```

2.　print()方法

　　除了 System.out.println()，Java 还有其他打印结果的方法，如 System.out.print()。方法 System.out.print()与 System.out.println()相似，区别在于后者会在标准输出内容后换行，而前者不会换行。例如下面的演示代码。

```
public static void main(String args[]){
    System.out.print("HelloWord One-------   ");
    System.out.print("HelloWord Two-------   ");
}
```

　　在上述代码中，使用 System.out.print()输出了内容，输出结果如下。

```
HelloWord One-------   HelloWord Two-------
```

3.　printf()方法

　　除了前面的两种方法，还有一种输出方法：System.out.printf()。该方法中 f 的意思是 format，也就是格式化，功能是对要输出的文本进行格式化处理后再显示在文本模式中。使用方法 printf()的格式如下。

```
System.out.printf("n",a);
```

在上述格式中，a 表示打印输出的变量，n 表示格式控制符号，常用的格式控制符号如表 3-12 所示。

表 3-12　格式控制符号的说明

符　号	说　明
%%	因为%符号已经被用来作为控制符号前置标记，所以规定使用%%才能在字符串中表示%
%d	以十进制整数格式输出，可用于 byte、short、int、long、Byte、Short、Integer、Long、BigInteger
%f	以十进制浮点数格式输出，可用于 float、double、Float、Double、BigDecimal
%e / %E	以科学记号浮点数格式输出，提供的数必须是 float、double、Float、Double、BigDecimal。%e 表示输出格式遇到字母以小写表示，%E 则表示遇到字母以大写表示
%o	以八进制整数格式输出，可用于 byte、short、int、long、Byte、Short、Integer、Long、BigInteger
%x / %X	以十六进制整数格式输出，可用于 byte、short、int、long、Byte、Short、Integer、Long、BigInteger。%x 表示输出格式遇到字母以小写表示，%X 则表示遇到字母以大写表示
%s / %S	字符串格式符号
%c / %C	以字符符号输出，可用于 byte、short、char、Byte、Short、Integer、Charcater。%c 表示输出格式遇到字母以小写表示，%C 则表示遇到字母以大写表示
%b / %B	输出 boolean 值，%b 表示输出结果会是 true 或 false，%B 表示输出结果会是 TRUE 或 FALSE。非 null 值输出是 true 或 TRUE，null 值输出是 false 或 FALSE
%h / %H	使用 Integer.toHexString(arg.hashCode())得到输出结果，如果 arg 是 null 则输出 null，也常用于十六进制格式输出
%n	输出平台特定的换行符号，Windows 下会置换为\r\n，　Linux 下会置换为\n，macOS 下会置换为\r

例如，要将正整数 125 转换成十六进制整数的格式，按照表 3-12 介绍的格式控制符号，应使用 %x 或者%X 作为格式控制符号，代码如下。

```
int a = 125;
System.out.printf("%x",a);        //%x 代表以十六进制整数格式输出，遇到字母以小写表示
System.out.printf("%n");          //%n 代表换行
System.out.printf("%X",a);        //%X 代表以十六进制整数格式输出，遇到字母以大写表示
```

输出结果如下。

```
7d
7D
```

注意：System.out.printf()的输出结果不会换行显示，若要让输出结果换行，需要使用格式控制符号%n。

3.8　综合实战——一个猜数游戏

范例功能

编写 Java 程序，执行后先生成一个 0～99 的随机数字，然后在控制台提示用户猜出这个数字并输入，用户输入后，系统会提示用户输入的数字比这个随机数字大还是小，并要求继续输入，直到用户猜出正确结果为止。

学习目标

掌握如何使用变量、运算符、表达式等处理数据，进一步熟悉获取输入数据和处理数据的技巧，并提前预习第 4 章所讲的分支语句和循环语句等知识。

具体实现

编写实例文件 Guess_Number.java，输出结果如下。

```
请输入一个整数 (0-99)
50
您猜的数大了，请继续输入！
20
您猜的数小了，请继续输入！
30
您猜的数小了，请继续输入！
...                              //省略后续输出
```

第4章 控制语句

Java 程序有 3 种基本结构：顺序结构、选择结构、循环结构。顺序结构是最基本的结构，即程序按顺序一行一行地执行。要想构造复杂的程序，光靠顺序结构是不行的，还必须使用选择结构和循环结构，而要实现这两种结构，就必须使用控制语句。Java 程序常用的控制语句有 if 条件语句、switch 分支语句、循环语句、跳转语句。本章的核心知识架构如下。

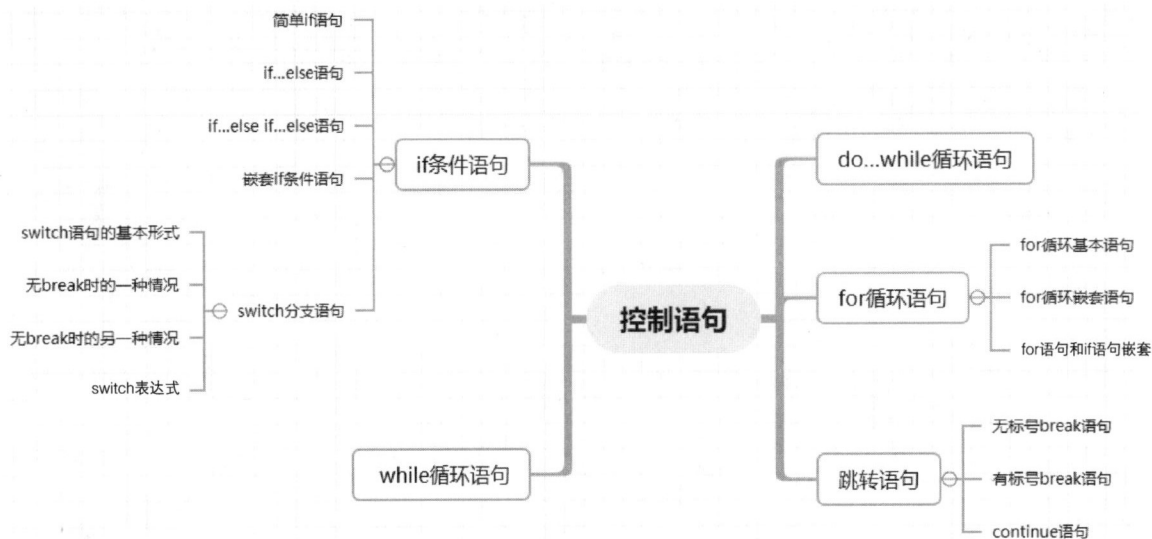

4.1 if 条件语句

if 条件语句在很多教材中也被称为分支结构，具体分为 4 类。通过使用 if 条件语句，可以改变程序代码的执行顺序。下面将带领读者学习 if 条件语句的基本知识，并通过具体案例的实现过程讲解各个知识点的使用方法。

4.1.1 简单 if 语句

知识讲解

在 Java 语言中，if 语句是假设语句，关键字 if 的中文意思是"如果"。if 语句的语法格式如下。

```
if(条件表达式){
代码块;
}
```

在该语句中，关键字 if 后紧跟一对小括号，在任何时候都不能省略这对小括号。条件表达式在小括号的内部，它的结果为 boolean 类型。因为 boolean 类型只有 true 和 false 两个取值，所以条件表达式的结果只能为 true 或 false。如果条件表达式的结果为 true，则执行代码块并继续处理整个 if 语句后的语句；如果条件表达式的结果为 false，则跳过 if 语句中的代码块并继续处理整个 if 语句后的语句。if 语句的执行流程如图 4-1 所示。

例如，定义 int 型变量 a 并赋值为 10，先判断 a 是否为正数，再判断 a 是否为偶数，代码如下。

图 4-1　if 语句的执行流程

```
int a = 10;
if(a >= 0)
    System.out.println("a是正数");
if(a % 2 == 0)
    System.out.println("a是偶数");
```

在上述代码中，第一个 if 条件是判断变量 a 的值是否大于或等于 0，如果该条件成立则输出 "a 是正数"；第二个 if 条件是判断变量 a 是否为偶数，如果成立则输出 "a 是偶数"。输出结果如下。

```
a是正数
a是偶数
```

范例导学

范例 4-1：比较两位同学的考试成绩（范例文件：daima\4\4-1\...\Ifkong.java）。

期中考试结束，小菜的两位同学成绩骄人，其中同学 A 的总分是 320，同学 B 的总分是 310。请编写 Java 程序比较 A 和 B 的成绩。

本范例定义了两个整型变量 A 和 B，然后比较 A 和 B 的大小，代码如下。

```
public class Ifkong {
    public static void main(String args[]){
        int A = 320;                //同学A的成绩
        int B = 310;                //同学B的成绩
        if(A>B){                    //如果A的成绩大于B
            System.out.println("同学A的成绩比同学B的成绩高。");
        }
    }
}
```

在上述代码中，满足 if 语句中的条件 A>B，所以输出结果如下。

```
同学A的成绩比同学B的成绩高。
```

编程实战

实战案例 4-1-01：判断月薪是否超过 20000　为员工 A 设置一个月薪，然后使用 if 语句判断他的月薪是否超过 20000。

实战案例 4-1-02：判断四级考试成绩是否优秀　假设学生 A 英语四级成绩是 100，使用 if 语句判断他的成绩是否优秀。只要成绩高于 80 就被视为优秀。

实战案例 4-1-03：验证用户名、密码和验证码是否合法　编写程序，判断用户名、密码和验证码是否都正确，假设用户名是 admin，密码是 123456，验证码是 0000。

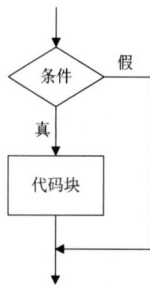

4.1.2 if...else 语句

知识讲解

使用简单 if 语句并不能满足不符合条件表达式时的需求。例如，在范例 4-1 中，如果 A 的成绩是 310，而 B 的成绩是 320，则无法作出判断，代码如下。

```
public class Ifkong1{
    public static void main(String args[]){
        int A = 310;              //变量A表示同学A的成绩
        int B = 320;              //变量B表示同学B的成绩
        if(A>B){                  //如果A的成绩大于B
            System.out.println("同学A的成绩比同学B的成绩高。");
        }
    }
}
```

运行上述代码，发现执行后不会输出显示任何信息。如果想要输出不符合条件表达式时的信息，就需要使用 if...else 语句，其基本语法格式如下。

```
if(条件表达式){
    代码块1;
}
else{
    代码块2;
}
```

在上述格式中，如果条件表达式成立则执行代码块 1，如果条件表达式不成立则执行代码块 2。if...else 语句的执行流程如图 4-2 所示。

使用 if...else 语句，可以将上述程序修改如下。

```
public class Ifkong2{
    public static void main(String args[]){
        int A = 310;              //变量A表示同学A的成绩
        int B = 320;              //变量B表示同学B的成绩
        if(A>B){                  //如果A的成绩大于B
            System.out.println("同学A的成绩比同学B的成绩高。");
        }
        else{
            System.out.println("同学B的成绩比同学A的成绩高。");
        }
    }
}
```

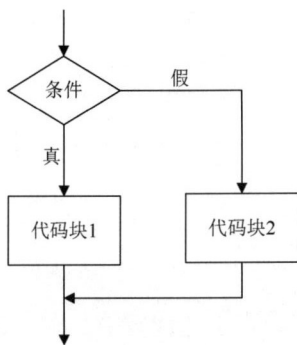

图 4-2　if...else 语句的执行流程

运行上述代码，输出结果如下。

同学 B 的成绩比同学 A 的成绩高。

范例导学

范例 4-2：比较谁的颜值更高一点（范例文件：daima\4\4-2\...\Ifjia.java）。

假设 A 的颜值为 88，B 的颜值为 90。编写程序比较 A 和 B 的颜值，并输出比较结果。

本范例定义了两个整型变量 A 和 B，然后比较 A 和 B 的大小，代码如下。

```
public class Ifjia {
    public static void main(String args[]){
```

```
        int A = 88;                                           //A 的颜值
        int B = 90;                                           //B 的颜值
        if(A>B){                                              //如果 A 大于 B
            System.out.println("A 的颜值比 B 的颜值高。");
        }
        else {                                                //如果 A 不大于 B
            System.out.println("B 的颜值比 A 的颜值高。");
        }
    }
}
```

输出结果如下。

B 的颜值比 A 的颜值高。

编程实战

实战案例 4-2-01：设置应聘者的年龄不能小于 18 岁　使用 if...else 语句判断应聘者的年龄，如果小于 18 岁则提示"你还未成年，回家吧！"否则提示"欢迎通过初试！"

实战案例 4-2-02：奇数还是偶数　使用 if...else 语句判断数字 1000 是偶数还是奇数。

实战案例 4-2-03：判断是否需要补考　给某同学设置一个考试成绩，然后使用 if...else 语句判断他是否需要补考。

范例导学

范例 4-3：判断 2026 年是不是闰年（范例文件：daima\4\4-3\...\Runnian.java）。

判断标准：能被 4 整除，但不能被 100 整除的年份是闰年；能被 400 整除的年份是闰年。

本范例定义了一个 long 类型变量 year，然后在 if...else 语句中使用了判断是否为闰年的表达式，代码如下。

```
public class Runnian {
    public static void main(String[] args) {
        long year = 2026;                                          //设置判断的年份是 2026 年
        if (year % 4 == 0 && year % 100 != 0 || year % 400 == 0) { //闰年判断表达式
            System.out.print(year + "年是闰年！");
        } else {                                                    //不是闰年则执行后面的语句
            System.out.print(year + "年不是闰年！");
        }
    }
}
```

因为 2026 年不符合上面的表达式，所以不是闰年，输出结果如下。

2026 年不是闰年！

编程实战

实战案例 4-3-01：判断一个数字是否为正数　提示用户输入一个数字，然后使用 if...else 语句判断该数字是否为正数。

实战案例 4-3-02：判断某同学是否进入决赛　提示用户输入一个数字，代表某学生的成绩，判断其是否进入了决赛。

4.1.3 if…else if…else 语句

📚 **知识讲解**

在 Java 程序中，可以使用 if…else if…else 语句对多种情况进行判断，其语法格式如下。

```
if(条件表达式1){
    代码块1;
}
else if(条件表达式2){
    代码块2;
}
…
else if(条件表达式n){
    代码块n;
}
else{
    代码块n+1;
}
```

上述格式首先会判断条件表达式 1 的值，当条件表达式 1 的值为 true 时执行代码块 1，当条件表达式 1 的值为 false 时，跳过代码块 1，判断条件表达式 2 的值；当条件表达式 2 的值为 true 时执行代码块 2，当条件表达式 2 的值为 false 时，跳过代码块 2，判断条件表达式 3 的值；以此类推，当条件表达式 n 的值为 true 时，执行代码块 n，当条件表达式 n 的值为 false 时，跳过代码块 n，执行代码块 n+1。if…else if…else 语句的执行流程如图 4-3 所示。

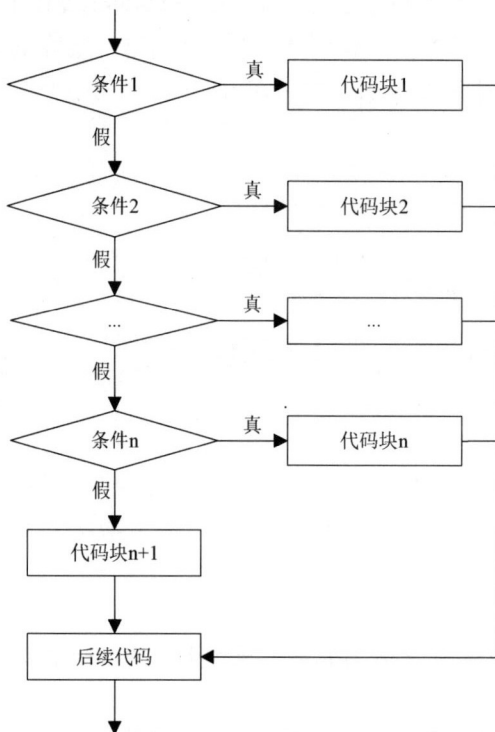

图 4-3　if…else if…else 语句执行流程

范例导学

范例 4-4：某高校奖学金评测系统（范例文件：daima\4\4-4\...\IfDuo.java）。

学校规定：总成绩大于或等于 300 是一级奖学金，大于或等于 280 是二级奖学金，大于或等于 250 是三级奖学金，低于 250 没有奖学金。

本范例定义了一个整型变量 total 表示总成绩，然后使用 if...else if...else 语句判断应该得到的奖学金的等级，代码如下。

```java
public class IfDuo {
    public static void main(String args[]){
        int total = 310;                                      //定义变量total，表示总成绩，初始值是310
        if(total >=300)                                        //如果变量total的值大于或等于300
            System.out.println("恭喜你，获得一级奖学金! ");
        else if(total >=280)                                   //如果变量total的值大于或等于280
            System.out.println("恭喜你，获得二级奖学金! ");
        else if(total >=250)                                   //如果变量total的值大于或等于250
            System.out.println("恭喜你，获得三级奖学金! ");
        else                                                   //如果变量total的值不满足上面的所有条件
            System.out.println("你需要加倍努力才能获得奖学金! ");
        System.out.println("评测结束! ");
    }
}
```

输出结果如下。

```
恭喜你，获得一级奖学金!
评测结束!
```

编程实战

实战案例 4-4-01：判断你的收入是否达到中产　使用 Scanner 获取输入的年收入，然后使用 if...else if...else 语句判断是否达到中产。如果年收入超过 100 万则视为达到中产。

实战案例 4-4-02：更加详细的成绩评测系统　用不同的字母表示不同的 marks（成绩）等级，为某同学设置一个成绩，然后使用 if...else if...else 语句判断这名同学的成绩等级。

◇　marks<60：fail。
◇　60<=marks<70：C。
◇　70<=marks<80：B。
◇　80<=marks<90：A。
◇　90<=marks<=100：A+。

实战案例 4-4-03：验证登录信息的合法性　假设某网站管理员的账号和密码都是 admin，使用 Scanner 获取输入的登录信息，然后使用 **if...else if...else** 语句判断登录信息是否合法。

4.1.4　嵌套 if 条件语句

知识讲解

在 Java 程序中，嵌套的 if 语句是合法的。可以在一个简单 if 语句、if...else 语句或者 if...else if...else

语句中使用另一个简单 if 语句、if...else 语句或者 if...else if...else 语句。这里以两层简单 if 语句嵌套来举例，语法形式如下。

```
if(条件表达式1){
    if(条件表达式2){
        代码块1;
    }
        代码块2;
}
…                      //外层 if 语句外的语句
```

上述嵌套 if 条件语句的执行流程如图 4-4 所示。读者需要注意的是，上述只是两层简单 if 语句的嵌套，相对简单，如果是其他形式的 if 条件语句嵌套，甚至是多层嵌套，情况就会变得复杂。

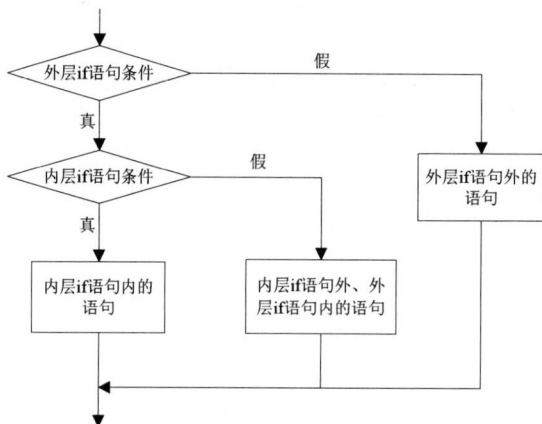

图 4-4　嵌套 if 条件语句执行流程

范例导学

范例 4-5：跳远项目选拔赛（范例文件：**daima\4\4-5\...\Tiaoyuan.java**）。

学校规定：跳远成绩大于或等于 5 米的学生可以直接进入跳远项目的决赛，但是决赛分男子组和女子组。假设同学 A 的成绩是 6 米，编写程序，判断 A 的决赛资格。

本范例分别定义了 1 个整型变量 score 和 1 个 String 型变量 sex，分别表示同学 A 的成绩和性别，代码如下。

```java
public class Tiaoyuan {
    public static void main(String[] args) {
        int score = 6;                //同学 A 的成绩
        String sex = "女";            //同学 A 的性别
        if (score >= 5) {             //如果成绩大于或等于 5
            if (sex.equals("女")) {   //如果性别是 "女"
                System.out.println("恭喜你，直接进入女子组决赛！");
            } else {                  //如果性别不是 "女"
                System.out.println("恭喜你，直接进入男子组决赛！");
            }
        } else {                      //如果不满足上面的判断条件
            System.out.println("很遗憾，你不能直接进入决赛！");
        }
    }
}
```

输出结果如下。

恭喜你，直接进入女子组决赛!

编程实战

实战案例 4-5-01：旺季和淡季的机票打折系统 航空公司对旺季和淡季的机票有不同的折扣。

◇ 旺季：4<=月份<=11，头等舱 9 折，经济舱 8 折。

◇ 淡季：1<=月份<=3，月份=12，头等舱 5 折，经济舱 4 折。

根据用户输入的月份、舱位和机票的原价，计算实际的机票价格。

实战案例 4-5-02：找出 3 个数中最大的那个 设置 3 个整数的值，然后使用嵌套 if 条件语句找出谁是最大值。

4.2 switch 分支语句

使用 if...else if...else 语句可以对多种情况进行判断，即实现多分支结构程序设计。但是，该类语句在判断某些问题时，必须按顺序编写每个 else if 语句，代码会比较烦琐，所以 Java 提供了另外一个语句更好地实现多分支语句的判别——switch 语句。和 if...else if...else 语句或嵌套 if 条件语句相比，switch 语句更加直观，并且更加容易理解。

4.2.1 switch 语句的基本形式

知识讲解

在 Java 程序中，switch 语句能够对某个条件进行多次判断，具体语法格式如下。

```
switch(表达式) {
    case 目标值1 : 语句1; break;
    case 目标值2 : 语句2; break;
    case 目标值3 : 语句3; break;
    case 目标值4 : 语句4; break;
    case 目标值5 : 语句5; break;
    ...
    case 目标值n : 语句n; break;
    default:语句n+1;
}
```

在上述格式中，"表达式"能产生一个 byte、short、int、String 或 char 类型的值，case 后的每个目标值必须是与"表达式"类型兼容的一个常量，而且不能重复。switch 语句中，表达式的结果与每个目标值比较。若发现相符的，就执行对应的语句(简单或复合语句)。如果没有发现相符的，就执行 default 语句。switch 语句的执行流程如图 4-5 所示。

在 switch 语句的基本形式中，每一个 case 语句均以一个 break 结尾。这里的 break 是可选的。如果省略 break，会继续执行后面的 case 语句，直到遇到一个 break 或 switch 语句结束为止。尽管通常不想出现这种情况，但对于有经验的程序员来说，也许能够善加利用。注意最后的 default 语句没有 break，因为执行流程已到了 break 的跳转目的地。当然，如果考虑编程风格方面的因素，完全可以在 default 语句的末尾放置一个 break，尽管它并没有任何实际的用处。

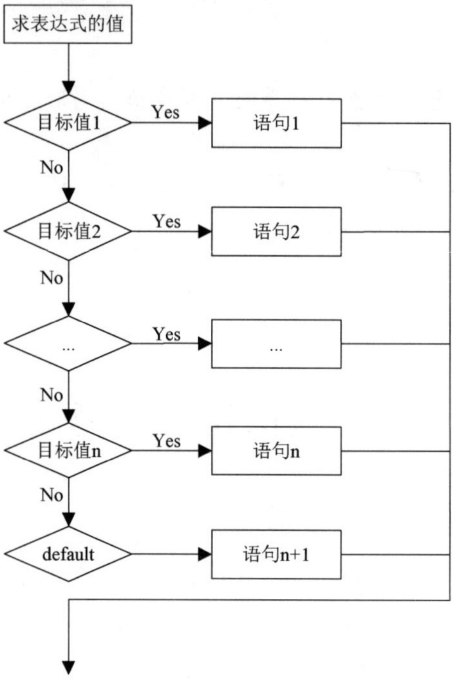

图 4-5　switch 语句执行流程

范例导学

范例 4-6：宿舍值日轮流表（范例文件：daima\4\4-6\...\Switchtest1.java）。

编写程序实现某大学一学生宿舍的值日轮流表，值日安排如下。

周一：舍友 A　　　　周二：舍友 B　　　　周三：舍友 C　　　　周四：舍友 D

周五：舍友 E　　　　周六：舍友 F　　　　周日：舍友 G

本范例定义了 String 类型变量 data，并且设置其初始值为"周一"，代码如下。

```java
public class Switchtest1{
    public static void main(String args[]){
        String data="周一";          //设置今天是"周一"
        switch(data){
            case "周一":             //如果今天是"周一"则执行后面的语句
                System.out.println("今天是周一，舍友A值日！");break;
            case "周二":             //如果今天是"周二"则执行后面的语句
                System.out.println("今天是周二，舍友B值日！");break;
            case "周三":             //如果今天是"周三"则执行后面的语句
                System.out.println("今天是周三，舍友C值日！");break;
            case "周四":             //如果今天是"周四"则执行后面的语句
                System.out.println("今天是周四，舍友D值日！");break;
            case "周五":             //如果今天是"周五"则执行后面的语句
                System.out.println("今天是周五，舍友E值日！");break;
            case "周六":             //如果今天是"周六"则执行后面的语句
                System.out.println("今天是周六，舍友F值日！");break;
            case "周日":             //如果今天是"周日"则执行后面的语句
                System.out.println("今天是周日，舍友G值日！");break;
```

```
            default:                    //如果今天不是上面的周一到周日则执行后面的语句
                System.out.println("系统出错，我也不知道今天谁值日！");
        }
    }
}
```

输出结果如下。

今天是周一，舍友 A 值日！

编程实战

实战案例 4-6-01：京东"6·18"期间某商铺的抽奖游戏　某商家根据与会人员的座位号进行抽奖。

◇　座位号=8：三等奖。

◇　座位号=88：二等奖。

◇　座位号=888：一等奖。

使用 switch 语句模拟上述抽奖过程。

实战案例 4-6-02：显示今天是星期几　使用 Calendar 获得今天的日期，然后使用 switch 语句判断今天是星期几。

4.2.2　无 break 时的一种情况

知识讲解

在范例 4-6 中，每个 case 语句的后面都用了 break 语句，其实在 switch 语句中可以不使用 break 语句。一般来说，当 switch 语句遇到 break 语句时，会自动结束。如果去掉 break 语句，则在执行完与表达式的值相符的 case 语句后，程序将继续执行后面的 case 语句以及 default 语句，直到 switch 语句结束，这会使得执行结果发生混乱。

范例导学

范例 4-7：真心话大冒险游戏（范例文件：daima\4\4-7\...\Switchone1.java）。

假设有 3 个女同学 A、B、C，小菜最喜欢的是同学 A，使用 switch 语句的基本形式，编写程序输出小菜最喜欢同学 A 十分容易，但是如果删除其中所有的 break 语句，则输出结果就会有所不同，大有"真心话大冒险"的味道。

本范例定义了 String 类型变量 meinv，在 switch 语句的 case 分支中没有使用 break 语句，代码如下。

```
public class Switchone1 {
    public static void main(String args[]){
        System.out.println("小菜同学，你现在最喜欢的女同学是谁？");
        String meinv="女同学A";       //定义变量 meinv 并赋值，表示最喜欢的同学是"女同学 A"
        switch(meinv){
            case "女同学A":              //如果最喜欢的女同学是"女同学 A"则执行后面的语句
                System.out.println("小菜说：我现在最喜欢的女同学是A！");
            case "女同学B":              //如果最喜欢的女同学是"女同学 B"则执行后面的语句
                System.out.println("小菜说：我现在最喜欢的女同学是B！");
            case "女同学C":              //如果最喜欢的女同学是"女同学 C"则执行后面的语句
                System.out.println("小菜说：我现在最喜欢的女同学是C！");
            default:
```

```
                System.out.println("小菜说：这是我的秘密！");
            }
        }
}
```

输出结果如下。

```
小菜同学，你现在最喜欢的女同学是谁？
小菜说：我现在最喜欢的女同学是 A！
小菜说：我现在最喜欢的女同学是 B！
小菜说：我现在最喜欢的女同学是 C！
小菜说：这是我的秘密！
```

这个范例很好地说明了 break 语句的作用，在删除 break 语句后，程序并没有按照预期的结果执行，而是在执行完与表达式的值相符的 case 分支后，继续执行后续所有的 case 分支及 default 分支。

编程实战

实战案例 4-7-01：输出显示"谷歌联合创始人的名字" 设置一个变量值，然后使用 switch 语句判断这个变量的值。在 switch 语句中没有使用 break 语句，会同时打印输出两个 case 分支的对应内容，二者组合在一起是"谷歌联合创始人是：谢尔盖·布林和拉里·佩奇"。

实战案例 4-7-02：输出显示"微软和亚马逊创始人的名字" 设置一个变量值，然后使用 switch 语句判断这个变量的值。switch 语句包含多个 case 分支，没有使用 break 语句，会同时打印输出两个 case 分支的内容，分别是"比尔·盖茨"和"杰夫·贝佐斯"。

4.2.3 无 break 时的另一种情况

知识讲解

范例 4-7 中，没有使用 break 语句，switch 语句中的第一个 case 分支的目标值与变量 meinv 的值相符，但是程序运行时却发生了混乱。然而，如果 switch 语句中所有 case 分支的目标值都与变量 meinv 的值不符，且最后使用 default 分支，则程序运行时会只输出 default 分支指定的结果。

范例导学

范例 4-8：小菜喜欢谁是他的秘密（范例文件：**daima\4\4-8\...\Switchcase.java**）。

依旧假设有 3 个女同学 A、B、C，小菜最喜欢的是同学 A。仍然按照范例 4-7 编写无 break 语句的程序，但做一些小改动，使所有 case 分支的目标值都与变量 meinv 的值不符，代码如下。

```java
public class Switchcase {
    public static void main(String args[]){
        System.out.println("小菜同学，你现在最喜欢的女同学是谁？");
        String meinv="女同学 A";
        switch(meinv){
            case "女同学 AA":
                System.out.println("小菜说：我现在最喜欢的女同学是 A！");
            case "女同学 B":
                System.out.println("小菜说：我现在最喜欢的女同学是 B！");
            case "女同学 C":
                System.out.println("小菜说：我现在最喜欢的女同学是 C！");
```

```
        default:
            System.out.println("小菜说：这是我的秘密！");
        }
    }
}
```

输出结果如下。

小菜同学，你现在最喜欢的女同学是谁？
小菜说：这是我的秘密！

📢 **注意**：如果删除上述程序中的 default 分支，执行程序后会没有输出内容，一片空白！

4.2.4 switch 表达式

📚 知识讲解

为了减少编写代码时的工作量，并降低出错率，从 Java 14 起引进了 switch 表达式，基本格式如下。

```
switch(参数选择因子) {
    case 参数值 1，参数值 2，…，参数值 m -> 语句 1;
    case 参数值 m+1，参数值 m+2，…，参数值 h -> 语句 2;
    …                                    //未列出的 case 分支，假设目标值从 h+1 开始，一直到 p, p>=h
    case 参数值 p+1，参数值 p+2，…，参数值 q -> 语句 n;
    default -> 语句 n+1;
}
```

📖 范例导学

范例 4-9：制作寒假活动计划（范例文件：daima\4\4-9\...\Switch3.java）。

本范例定义了 String 类型变量 day，表示寒假的某一天，然后使用 switch 表达式根据变量 day 的值输出对应的活动计划，代码如下。

```
public class Switch3 {
    public static void main(String args[]){
        String day = "FRIDAY";
        switch (day) {
            case "MONDAY", "FRIDAY", "SUNDAY" -> System.out.println("疫情期间，在家学习");
            case "TUESDAY " -> System.out.println("在家隔离");
            case "THURSDAY", "SATURDAY"  -> System.out.println("出去约会");
            case "WEDNESDAY" -> System.out.println("睡觉");
        }
    }
}
```

输出结果如下。

疫情期间，在家学习

如果使用传统的 switch 语句，需要通过如下代码实现上述范例的功能。

```
String day = "FRIDAY";
switch (day) {
    case "MONDAY":
    case "FRIDAY":
    case "SUNDAY":
        System.out.println("疫情期间，在家学习");break;
    case "TUESDAY":
```

```
            System.out.println("在家隔离");break;
    case "THURSDAY":
    case "SATURDAY":
            System.out.println("出去约会");break;
    case "WEDNESDAY":
            System.out.println("睡觉");break;
}
```

由此可见，使用 switch 表达式可以减少编码工作量。

4.3　for 循环语句

for 循环语句的核心功能是根据循环条件，要求程序反复执行某些代码，直到得出"满意的结果"为止。例如，想计算 1～100 所有整数的和，通过前面所学的知识，只能在程序中将这 100 个整数用加法一步一步地计算，效率十分低。但是，使用 for 循环语句，只需用很少的代码就可以实现这个功能。

4.3.1　for 循环基本语句

知识讲解

在 Java 程序中，for 循环基本语句是最为常见的一种循环语句，其语法格式如下。

```
for(初始化表达式; 布尔表达式; 更新) {
    语句块;
}
```

上述语法格式中，首先执行初始化表达式，完成循环控制变量的初始化工作；接着判断布尔表达式的值，若其值为 true 则进入循环体执行对应的语句块，否则结束循环；在执行完循环体后紧接着进行循环控制变量的更新，这一步一般是通过增加或减少循环控制变量的值的一个表达式完成。这样，第一轮循环就结束了。第二轮循环从判断布尔表达式的值开始，若其值为 true 则继续循环，否则结束循环。for 循环基本语句的执行流程如图 4-6 所示。

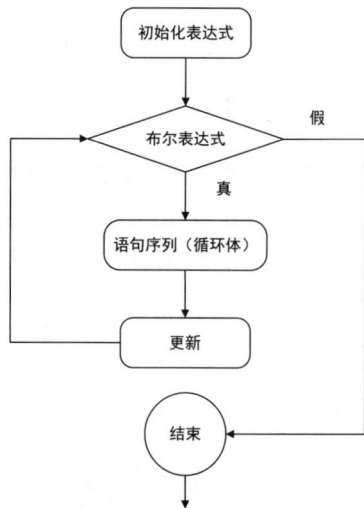

图 4-6　for 循环基本语句的执行流程

范例导学

范例 4-10：计算 1～100 所有整数的和（范例文件：daima\4\4-10\...\He.java）。
本范例使用 for 循环计算 1～100 所有整数的和，代码如下。

```
public class He {
    public static void main(String[] args) {
        int num = 0;                              //变量 num 表示和，初始值为 0
        for(int i=1;i<=100;i++){                  //变量 i 是循环控制变量，i<=100 就执行循环
            num += i;                             //等价于 num = num + i;
        }
```

```
            System.out.println("1~100 所有整数的和为: " + num);
        }
    }
```

输出结果如下。

```
1~100 所有整数的和为: 5050
```

编程实战

实战案例 4-10-01：批量输出特殊符号　使用 for 循环打印输出 889 个☆。

实战案例 4-10-02：输出指定长度的斐波那契数列　通过互联网查询并了解斐波那契数列的定义，然后使用 for 循环输出显示斐波那契数列的前 20 项。

4.3.2　for 循环嵌套语句

知识讲解

在 Java 程序中，可以在一个 for 语句中使用另外一个 for 语句，这就是 for 循环嵌套语句，其语法格式如下。

```
for(初始化表达式; 布尔表达式; 更新) {              //假设执行 m 次
    …
    for(初始化表达式; 布尔表达式; 更新) {          //假设执行 n 次
        语句块;
    }
    …
}
```

上述语法格式中，外层循环每执行一次，内层循环执行 n 次，直到外层循环执行完 m 次为止。

范例导学

范例 4-11：打印输出九九乘法表（范例文件：daima\4\4-11\...\Cheng.java）。

本范例使用两个 for 循环语句嵌套输出了九九乘法表，代码如下。

```
public class Cheng {
    public static void main(String args[]) {
        for(int i=1; i<=9; i++){                        //外层循环，循环输出九九乘法表的行
            for(int j=1; j<=i; j++){                    //内层循环，循环输出九九乘法表的列
                System.out.print(j + "*" + i + "=" + i * j + " ");
            }
            System.out.println();
        }
    }
}
```

上述代码中，外层 for 循环的循环控制变量 i 代表行数，它的初始值是 1，每一轮循环开始均判断 i 是否小于或等于 9，如果成立，则执行内层循环，并且 i 自增 1；内层 for 循环的循环控制变量 j 代表列数，它的初始值也是 1，每一轮循环开始均判断 j 是否小于或等于 i，如果成立，则执行循环体，并且 j 自增 1。输出结果如下。

```
1*1=1
```

```
1*2=2  2*2=4
1*3=3  2*3=6  3*3=9
1*4=4  2*4=8  3*4=12  4*4=16
1*5=5  2*5=10  3*5=15  4*5=20  5*5=25
1*6=6  2*6=12  3*6=18  4*6=24  5*6=30  6*6=36
1*7=7  2*7=14  3*7=21  4*7=28  5*7=35  6*7=42  7*7=49
1*8=8  2*8=16  3*8=24  4*8=32  5*8=40  6*8=48  7*8=56  8*8=64
1*9=9  2*9=18  3*9=27  4*9=36  5*9=45  6*9=54  7*9=63  8*9=72  9*9=81
```

编程实战

实战案例 4-11-01：打印一个长方形　*使用嵌套 for 循环打印输出一个由星号组成的长方形图案。*

实战案例 4-11-02：打印一个倒三角形　*使用嵌套 for 循环打印输出如下结果。*

```
☆ ☆ ☆ ☆ ☆ ☆
☆ ☆ ☆ ☆ ☆
☆ ☆ ☆ ☆ ☆
☆ ☆ ☆ ☆
☆ ☆ ☆
☆ ☆
☆
```

4.3.3　for 语句和 if 语句嵌套

知识讲解

在 Java 中，可以将 for 循环语句和 if 条件语句相互嵌套，实现更复杂的程序设计。

范例导学

范例 4-12：破解旅行社有奖数学题（范例文件：daima\4\4-12\...\Timu.java）。

某旅行社举行有奖活动，破解一道经典数学题，最早提交答案者有机会获得免费机票。

题目：今有物不知其数，三三数之剩二，五五数之剩三，七七数之剩二，问物几何？

编写如下代码解决这个问题。

```java
public class Timu {
    public static void main(String[] args) {
        int x;                                    //定义变量 x 表示答案
        for(x=0;x<100;x++){                       //以 x 为循环控制变量，在 100 之内的整数中逐一寻找
            if((x%3==2)&&(x%5==3)&&(x%7==2)) {  //这个数整除 3 余 2，整除 5 余 3，整除 7 余 2
                System.out.println("旅行社宣布，数学题的正确答案是：" + x);
            }
        }
    }
}
```

输出结果如下。

```
旅行社宣布，数学题的正确答案是：23
```

编程实战

实战案例 4-12-01：输出符合指定条件的整数　使用 Scanner 获取用户输入的正整数，然后使用 for

循环输出从 1 到这个正整数之间能被 3 或 7 整除的所有整数。

实战案例 4-12-02：输出水仙花数　通过互联网查询并了解水仙花数的定义，然后使用 for 循环输出显示所有水仙花数。

4.4　while 循环语句

在 Java 程序中，除了 for 循环语句，while 循环语句也是常用的一种循环语句。

📚 知识讲解

在 Java 程序中，当不知道重复执行的语句或语句块需要被执行多少次时，使用 while 循环语句是最好的选择。while 循环语句的格式如下。

```
while(condition){
    语句块;
}
```

在上述格式中，condition 代表循环条件，当 condition 为真时执行大括号中的语句块（循环体），一直到 condition 为假时退出循环。如果第一轮循环开始时 condition 就为假，那么将会忽略 while 循环。如果 condition 一直为真，那么 while 循环将一直执行。while 循环语句的执行流程如图 4-7 所示。

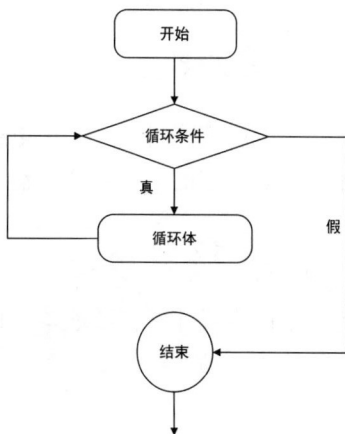

图 4-7　while 循环语句的执行流程

✍ 范例导学

范例 4-13：制作简易的旅游行程表（范例文件：daima\4\4-13\...\Xingcheng.java）。
本范例设置只要 X<=7 就执行 while 循环，代码如下。

```java
public class Xingcheng{
    public static void main(String args[]){
        int X=1;                                //定义 int 类型变量 X, 设置其初始值为 1
        while(X<=7) {                           //使用 while 循环, 循环条件设为 X 小于或等于 7
            System.out.print("第"+X+"天：\n");   //输出显示结果
            X++;                                //只要 X<=7 就加 1
        }
    }
}
```

上述代码会动态打印输出变量 X 对应的行程信息。只要满足循环条件 X<=7，就循环输出变量 X 对应的行程信息，并且每次循环 X 值都会增加 1，直到 X 大于 7 为止。由此可以看出，while 循环语句和 for 循环语句在结构上有很大的不同。输出结果如下。

```
第 1 天：
第 2 天：
第 3 天：
第 4 天：
第 5 天：
第 6 天：
第 7 天：
```

编程实战

实战案例 4-13-01：计算 10 的阶乘 使用 while 循环计算 10 的阶乘。

实战案例 4-13-02：输出水仙花数 通过互联网查询并了解水仙花数的定义，然后使用 while 循环输出显示所有水仙花数。

4.5 do…while 循环语句

在许多程序中会存在这种情况：当条件为假时也需要执行循环体一次。初学者可以这么理解，在执行一次循环后再测试循环条件的值。在这种情况下，就需要用到 do…while 循环语句。

知识讲解

在 Java 程序中，do…while 循环语句与 while 循环语句非常相似，不同点在于它至少会执行一次循环体，因为它的循环条件在整个循环语句的最后，语法格式如下。

```
do{
    语句块;
} while(condition)
```

上述格式非常容易理解，do…while 循环语句先执行一次循环体再判断循环条件 condition，如果循环条件为真则循环继续，如果循环条件为假则结束循环。do…while 循环语句的执行流程如图 4-8 所示。

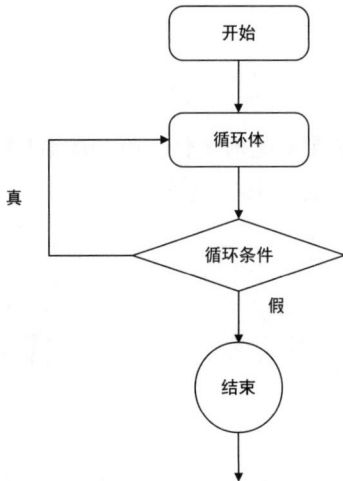

图 4-8 do…while 循环语句的执行流程

范例导学

范例 4-14：利息计算器（范例文件：daima\4\4-14\...\Calculate.java）。

小菜用旅行基金 10000 元购买银行某理财产品，年利率为 7%。每存一年后取出本息再次购买这款理财产品，假设利率一直不变，问多少年后可以获得本息 12000 元？

本范例设置只要本息小于 12000 就一直执行 do...while 循环，代码如下。

```
public class Calculate{
    public static void main(String[] args) {
        double principal = 10000;              //定义 double 型变量 principal，表示本金
        double interestRate = 1.07;            //定义 double 型变量 interestRate，1 + 利率
        double principal interest = principal ; //定义 double 型变量，表示本息，初始值为 principal
        int year = 0;                          //年数
        do{
            principal interest = principal interest * interestRate;    //计算每一年的本息
            year = year + 1;                   //年数加 1
        }while(principal interest<12000);      //只要本息小于 12000 就一直循环
        System.out.println((year)+"年后获得本息一共: " + principal interest + "元");
    }
}
```

输出结果如下。

3 年后获得本息一共：12250.43 元

编程实战

实战案例 4-14-01：一道数学题 已知整数 1～n 累加的结果刚好不小于 100，使用 do...while 语句求 n 值。

实战案例 4-14-02：计算 1～100 中所有偶数的和 使用 do...while 循环计算 1～100 中所有偶数的和，包含 100。

4.6 跳 转 语 句

为了使程序能够更轻松、更有弹性地达到预期目标，Java 提供了 break 语句和 continue 语句。它们可以在程序执行到某个地方时，直接跳转到另一个地方。例如，当某一循环出现某种预期目标时，跳出循环。

4.6.1 无标号 break 语句

知识讲解

前面已经接触了 break 语句，它可以终止一个 switch 语句。其实除了这个功能，break 语句还能实现其他功能，如退出一个循环。根据使用情况的不同，break 语句可以分为无标号退出循环和有标号退出循环两种。无标号退出循环是指直接退出循环，即在循环语句中遇到 break 语句时循环会立即终止，程序转而去执行循环语句后面的语句。

范例导学

范例 4-15：模拟田径比赛（范例文件：daima\4\4-15\...\Tianjing.java）。

本范例首先设置只要变量 dd 小于或等于 25 就执行 for 循环，接着设置如果 dd 等于 5 则使用 break

语句停止循环，代码如下。

```
public class Tianjing{
    public static void main(String args[]){
        for(int dd=1;dd<=25;dd++){          //使用 for 循环，dd 小于或等于 25 循环就执行下去
            if(dd==5){                       //如果 dd 等于 5 则执行 break 语句
                break;                       //跳转功能从此开始，退出循环
            }
            System.out.println("第"+dd+"圈");
        }
        System.out.println("身体不适，我决定退出比赛！");
    }
}
```

在上述代码中，不管 for 语句的循环条件允许执行多少次循环，都会在 dd = 5 时终止循环，输出结果如下。

```
第 1 圈
第 2 圈
第 3 圈
第 4 圈
身体不适，我决定退出比赛！
```

编程实战

实战案例 4-15-01：终止嵌套循环　创建一个嵌套 for 循环程序，使用 break 语句提前终止内层循环。

实战案例 4-15-02：计算某学生的总成绩　从控制台输入一名学生的姓名和 6 门功课的成绩，然后计算这名学生的总成绩。要求使用循环语句逐一获取从控制台输入的 6 门功课的成绩并累积计算总成绩，如果输入的成绩是负数，则终止循环。

范例导学

break 语句不但可以用在 for 循环语句中，而且可以用在 while 循环语句和 do…while 循环语句中。

范例 4-16：解决蜗牛爬井的问题（范例文件：**daima\4\4-16\...\Jing.java**）。

有一口 10.8 米深的井，有个蜗牛从井底往上爬，白天爬 2.1 米，晚上往下坠 0.4 米，问蜗牛几天能从井里爬出来？

本范例在预期目标达到时使用 break 语句终止了 while 循环，代码如下。

```
public class Jing {
    public static void main(String[] args) {
        double n=10.8;                      //井深
        double x=2.1;                       //白天爬的距离
        double y=0.4;                       //晚上下坠的距离
        double sum=0;                       //表示总的爬行距离
        int day=1;                          //day 表示第一天
        while(true){
            sum+=x;                         //白天能到达的高度
            //用条件语句判断蜗牛白天能否爬出井，如果能则输出结果并退出循环，否则设置蜗牛晚上下坠并且天数加 1
            if(sum>=n){                      //如果 sum>=n，则表示从井中爬出来了
                System.out.println("蜗牛第"+day+"天能从井里爬出来");
                break;                       //如果 sum>=n，就使用 break 语句退出循环
            }
            else{                            //如果 sum<n，则表示还没有从井中爬出来
```

```
            sum-=y;                    //总的爬行距离减去每天晚上下坠的距离
            day++;                     //变量 day 加 1
        }
    }
}
```

输出结果如下。

蜗牛第 7 天能从井里爬出来

编程实战

实战案例 4-16-01：寻找第一个水仙花数　使用 for 循环寻找水仙花数，找到第一个水仙花数则退出循环。

实战案例 4-16-02：判断是否为完全数　从控制台输入一个整数，判断该整数是否为完全数。如果是完全数则输出 yes，否则输出 no。完全数是指其所有因数（包括 1 但不包括其自身）的和等于该数自身的数。例如，28=1+2+4+7+14 就是一个完全数。

4.6.2　有标号 break 语句

知识讲解

在循环嵌套的情况下，无标号 break 语句只会使程序退出包含它的最内层的循环。如果想退出外层循环，则必须使用有标号 break 语句。在设计嵌套的循环语句时，可以在循环语句前面加一个标号，使用 break 语句时，在 break 关键字后面紧跟一个循环语句前面的标号，这样 break 语句将退出该标号所对应的循环。

范例导学

范例 4-17：到大明湖在哪一站下车（范例文件：daima\4\4-17\...\Breakyou.java）？

假设济南 K11 路公交车一共 23 站，始发站为火车站，第 9 站为大名湖站。

本范例使用了有标号 break 语句，设置当 Y = 9 时退出循环，代码如下。

```java
public class Breakyou {
    public static void main(String args[]){
        out:for(int X=1;X<=23;X++){                            //使用 out 标记循环语句
            System.out.println("K11 路公交车从第"+X+"站出发...");
            for(int Y=1;Y<=23;Y++){                            //内层循环
                if(Y==9) {                                     //当 Y 等于 9 时退出循环
                    break out;
                }
                System.out.println("Y="+Y);
            }
        }
        System.out.println("大明湖站到了，请到站的乘客下车！");   //提示信息
    }
}
```

程序运行后，先执行外层循环，此时 X=1。然后再执行内层循环语句，循环输出 Y=1，Y=2，Y=3，

Y=4，…，当 Y=9 时，将会执行 break 语句，退出 out 标记的外层循环，输出结果如下。

```
K11 路公交车从第 1 站出发...
Y=1
Y=2
Y=3
Y=4
Y=5
Y=6
Y=7
Y=8
大明湖站到了，请到站的乘客下车！
```

编程实战

实战案例 4-17-01：跳出多层嵌套循环　创建一个三层嵌套 for 循环，要求使用有标号 break 语句在满足一定条件时直接退出最外层的循环。

实战案例 4-17-02：嵌套循环的操作和退出　创建一个两层嵌套循环，外层循环和内层循环都带有标号。当 i 和 j 都等于 3 时，直接退出外层循环；当 i 等于 1 且 j 等于 2 时只退出内层循环。

4.6.3　continue 语句

知识讲解

在 Java 语言中，continue 语句的功能是跳过循环体中剩余的语句而强制执行下一次循环。由此可见，continue 语句的作用是结束本次循环，即跳过循环体中下面尚未执行的语句，接着进行下一次是否执行循环的判定。

continue 语句只能出现在循环体中，它与 break 语句的区别在于：continue 语句并不是中断循环语句，而是中止当前迭代的循环，进入下一次的迭代。简单来讲，continue 语句忽略循环语句的当次循环。

与 break 语句一样，continue 语句同样可以分为无标号和有标号两种，这里不再赘述。

范例导学

范例 4-18：成绩录入系统（范例文件：daima\4\4-18\...\Score.java）。

旅行社规定，所有考试成绩不低于 80 分的导游将予以奖励。

本范例判断用户录入的导游成绩是否小于 80，如果小于 80 则使用 continue 语句跳过本次循环，继续下次循环，代码如下。

```java
import java.util.Scanner;
public class Score{
    public static void main(String[] args) {
        int score=0;                              //记录成绩
        int count=0;                              //记录成绩大于或等于 80 分的人数
        Scanner input=new Scanner(System.in);
        for(int i=0;i<5;i++) {
            System.out.println("请输入第"+(i+1)+"位导游的考试成绩: ");
            score=input.nextInt();                //获取用户录入的导游成绩
            if(score<80) {                        //判断用户录入的导游成绩是否小于 80
                continue;                         //如果小于 80，跳过本次循环，继续下次循环
```

```
        }
        count++;                            //如果录入的导游成绩大于或等于80，则人数加1
    }
    System.out.println("成绩不低于80分的导游人数为："+count);
    }
}
```

在上述代码中，变量 count 表示 80 分以上的导游人数。for 语句循环 5 次，可以理解为旅行社只有 5 位导游，需要录入 5 位导游的成绩。每循环一次都需要录入一次导游的成绩，同时需要判断用户录入的导游成绩是否小于 80 分，如果小于 80 分，则跳出本次循环，count++ 不执行，大于或等于 80 分的人数不增加，并执行下一次循环。只有成绩大于或等于 80 分时，才执行 count++。输出结果如下。

```
请输入第 1 位导游的考试成绩：
76
请输入第 2 位导游的考试成绩：
67
请输入第 3 位导游的考试成绩：
88
请输入第 4 位导游的考试成绩：
90
请输入第 5 位导游的考试成绩：
78
成绩不低于80分的导游人数为：2
```

编程实战

实战案例 4-18-01：控制多层嵌套循环　创建一个两层嵌套 for 循环，要求使用有标号 continue 语句在满足一定条件时直接跳过本次外层循环。

实战案例 4-18-02：分多行输出数字 0～9　编写程序，打印输出整数 0～9，要求每行显示两个数字。

4.7　综　合　实　战

4.7.1　综合实战 1——石头、剪刀、布游戏

范例功能

开发一个石头、剪刀、布游戏，系统会随机出 3 种手势（石头、剪刀、布），并提示用户出一个手势，然后系统进行判断并输出胜、平、负。

学习目标

熟练使用 if…else if…else 分支语句，掌握分支语句的运行顺序，厘清每个分支语句的运行流程。

具体实现

编写范例文件 Test1.java，输出结果如下。

```
请输入您要出的:
如果出石头请输入 0
如果出剪刀请输入 1
如果出布请输入 2
1
你出的是剪刀，系统出的是布，你赢了。
```

4.7.2 综合实战 2——星座计算器

范例功能

十二星座对应的日期范围如下。

- 白羊：0321～0420。
- 金牛：0421～0521。
- 双子：0522～0621。
- 巨蟹：0622～0722。
- 狮子：0723～0823。
- 处女：0824～0923。
- 天秤：0924～1023。
- 天蝎：1024～1122。
- 射手：1123～1221。
- 摩羯：1222～0120。
- 水瓶：0121～0219。
- 双鱼：0220～0320。

例如，出生日期为 0611（6 月 11 号），则对应的是双子座。

根据以上描述，编写一个 Java 程序，要求用户输入一个 4 位数字（前两位代表月份，后两位代表日期），然后根据这个数字所处的范围进行判断，并输出用户的星座。要求使用 switch 语句实现。

学习目标

熟练使用 switch 分支语句，掌握分支语句的运行顺序，厘清每个分支语句的运行流程。

具体实现

编写范例文件 Test2.java，输出结果如下。

```
请输入您的出生月日(如 0123 表示 1 月 23 日):
0111
您的星座是：摩羯座
```

4.7.3 综合实战 3——聚宝盆小游戏

范例功能

使用 Java 开发一个聚宝盆小游戏，游戏运行后，初始设置每个用户的月体力值为 5，月体力上限值也为 5，白银数为 0，用户可以做如下选择。

☑ 锻炼：消耗全部剩余体力，月体力上限+1，进入下一月。

☑ 打工：体力-1，白银+1，体力不足时进入下一月，体力充足则不进入下一个月。

☑ 游戏：体力不增减，月体力上限-1，进入下一月。

☑ 睡觉：直接进入下一个月。

每月开始的体力值都是上一月产生的月体力上限值，月体力上限值小于或等于 0 时游戏以失败结束，月数满 12 个月后进入下一年，拥有 30 两白银则游戏以成功结束。

学习目标

熟练运用循环语句，厘清循环语句的运行流程，并掌握跳转语句的使用。

具体实现

编写范例文件 Test3.java，输出结果如下。

```
游戏开始了！
当前状态 - 体力：5/5，白银：0，年份：1，月份：1
你可以选择以下操作：
1．锻炼（消耗全部剩余体力，月体力上限+1，进入下一月）
2．打工（体力-1，白银+1，体力充足时不进入下一月）
3．游戏（体力不增减，月体力上限-1，进入下一月）
4．睡觉（直接进入下一个月）
1
你选择了锻炼，消耗了全部剩余体力，月体力上限值增加1，进入下一月。
当前状态 - 体力：6/6，白银：0，年份：1，月份：2
你可以选择以下操作：
1．锻炼（消耗全部剩余体力，月体力上限+1，进入下一月）
2．打工（体力-1，白银+1，体力充足时不进入下一月）
3．游戏（体力不增减，月体力上限-1，进入下一月）
4．睡觉（直接进入下一个月）
2
你选择了打工，体力减少1，白银增加1。
当前状态 - 体力：5/6，白银：1，年份：1，月份：2
你可以选择以下操作：
1．锻炼（消耗全部剩余体力，月体力上限+1，进入下一月）
2．打工（体力-1，白银+1，体力充足时不进入下一月）
3．游戏（体力不增减，月体力上限-1，进入下一月）
4．睡觉（直接进入下一个月）
3
你选择了游戏，体力不增减，月体力上限减少1，进入下一月。
当前状态 - 体力：5/5，白银：1，年份：1，月份：3
你可以选择以下操作：
1．锻炼（消耗全部剩余体力，月体力上限+1，进入下一月）
2．打工（体力-1，白银+1，体力充足时不进入下一月）
3．游戏（体力不增减，月体力上限-1，进入下一月）
4．睡觉（直接进入下一个月）
4
你选择了睡觉，直接进入下一个月。
当前状态 - 体力：5/5，白银：1，年份：1，月份：4
你可以选择以下操作：
1．锻炼（消耗全部剩余体力，月体力上限+1，进入下一月）
2．打工（体力-1，白银+1，体力充足时不进入下一月）
3．游戏（体力不增减，月体力上限-1，进入下一月）
4．睡觉（直接进入下一个月）
...                          //省略后续输出
```

第 5 章 操作字符串

在 Java 程序中，经常用到字符串，也经常需要操作处理某些字符串文本。例如，设置某个 String 类型变量的值，查找、替换文字的内容等。在 Java 语言中，字符串是一种十分重要的处理对象，熟练掌握字符串的常用操作，是高效开发 Java 程序的重要前提之一。本章将详细讲解有关 Java 字符串的知识，核心知识架构如下。

```
                                    ┌─── 直接定义字符串
              ┌── Java字符串的初始化 ─┤
              │                     └─── 使用类String定义字符串
              │
              │                     ┌─── 获取指定索引位置的字符
              │                     │
              │                     ├─── 追加字符串
              │                     │
              │                     ├─── 比较字符串
              │                     │
              │                     ├─── 获得字符串的长度
  操作字符串 ──┼── 使用String类操作字符串 ─┤─── 替换字符串
              │                     │
              │                     ├─── 截取字符串
              │                     │
              │                     ├─── 字母大小写互转
              │                     │
              │                     ├─── 消除字符串中的空格
              │                     │
              │                     └─── 关于字符串操作的其他常用方法
              │
              │                     ┌─── 使用类StringBuffer创建可变字符串
              └── 类StringBuffer ───┤
                                    └─── 类StringBuffer的常用方法
```

5.1 Java 字符串的初始化

所谓字符串，是指由 0 个或多个字符组成的有限序列，是编程语言中表示文本的数据类型，如"张无忌""赵敏""Thank you!"等都是合法的字符串。前面使用语句 System.out.println()输出显示某些内容的时候，就是通过字符串实现的，双引号（""）括起来的内容就是字符串。在 Java 语言中，用 String 类型表示字符串。事实上，String 类型是一种引用类型，Java 用类 String 来表示字符串，每一个字符串都是类 String 的对象（类与对象是面向对象编程中的基本概念，相关知识将在本书第 7 章进行讲解）。

在使用或者操作字符串之前，必须先对字符串进行初始化，初始化字符串的常用方法有两种，一种是直接定义，另一种是使用类 String 来定义。

5.1.1　直接定义字符串

知识讲解

在 Java 程序中，直接定义一个字符串的方法十分简单，也十分容易理解，就是用双引号（""）把 0 个或多个字符组成的有限序列括起来，赋值给一个 String 类型的变量，举例如下。

```
String str;
str="Hello 赵敏";
```

上述代码先声明了一个名为 str 的字符串变量，然后创建字符串"Hello 赵敏"并赋值给字符串变量 str。也可以把声明和创建字符串的代码合并为一行代码，具体如下。

```
String str="Hello 赵敏";
```

范例导学

范例 5-1：输出显示赵敏郡主的自我介绍（范例文件：daima\5\5-1\...\Minmin.java）。

本实例定义了 3 个 String 型变量 aa、bb 和 cc，表示赵敏郡主自我介绍中的文字信息，代码如下。

```
public class Minmin {
    public static void main(String args[]){
        String aa="我的名字是赵敏\n";          //定义字符串变量 aa，后面有一个换行符\n
        String bb="我今年 21 岁，";             //定义字符串变量 bb
        String cc="是汝阳王的女儿！";           //定义字符串变量 cc
        System.out.println(aa+bb+cc);         //输出 3 个变量的值，用+拼接 3 个字符串变量
    }
}
```

输出结果如下。

```
我的名字是赵敏
我今年 21 岁，是汝阳王的女儿！
```

编程实战

实战案例 5-1-01：输出显示两个字符串变量的值　创建两个字符串变量，并分别赋值为"Hello"和"world"，然后打印这两个变量的值，要求输出"Hello world"的结果。

实战案例 5-1-02：输出显示四大名著的书名　使用字符串变量打印输出四大名著的书名。

实战案例 5-1-03：打印用户输入的用户名　使用 Scanner 获取用户输入的用户名，然后打印输出这个用户名。

实战案例 5-1-04：输出显示"明月几时有，把酒问青天"　创建两个字符串变量 A 和 K，并分别赋值"明月几时有，"和"把酒问青天"，然后打印输出 A+K 的值。

5.1.2　使用类 String 定义字符串

知识讲解

Java 语言提供了内置类 String 实现对字符串的创建，每个用双引号定义的字符串都是类 String 的

对象。类 String 提供了许多构造方法来定义字符串，具体如下。

❑ String()：创建一个空的字符串对象，即字符串长度为 0，但不代表对象为 null。

❑ String(String original)：根据一个字符串常量值创建一个字符串对象。

❑ String(char value[])：将字符数组中的元素拼接成一个字符串对象。

❑ String(char value[], int offset, int count)：将一个字符数组截取一定的范围并转换成一个字符串对象，其中第一个参数是字符数组，第二个参数是截取开始的下标，第三个参数是截取的位数。

❑ String(byte[] bytes)：将一个 byte 数组转换成一个字符串对象。

❑ String(byte bytes[], int offset, int length)：将一个 byte 数组截取一定的范围并转换成一个字符串对象，其中第一个参数是 byte 数组，第二个参数是截取开始的下标，第三个参数是截取的位数。

❑ String(byte bytes[], int offset, int length, String charsetName)：同上一个方法，区别在于上一个方法是按照平台默认编码格式进行转换的，而这个方法是按照指定编码格式进行转换的。

🔊**注意**：构造方法将在本书第 7 章详细讲解，数组将在本书第 6 章详细讲解。读者在这里只需记住可以使用上述方法来创建字符串即可，在学习完后面的知识之后，会自然而然地理解上面这些方法。

上述构造方法创建字符串的途径不同，但创建的字符串本质上是一样的，都是类 String 的对象。这里，仅介绍使用构造方法 String()和 String(String original)定义字符串的过程。

使用构造方法 String()创建内容为"我的名字是赵敏"的字符串的格式如下。

```
String a = new String();        //创建一个字符串对象 a
a="我的名字是赵敏"              //给对象 a 赋值
```

在上面的这段代码中，首先创建了一个名为 a 的 String 对象，此时 a 只是一个空的字符串，然后将 a 赋值为"我的名字是赵敏"。

使用构造方法 String(String original)创建内容为"我的名字是赵敏"的字符串的格式如下。

```
String s = new String("我的名字是赵敏");
```

📖 范例导学

范例 5-2：输出显示武当七侠的名字（范例文件：**daima\5\5-2\...\Wudang.java**）。

本实例定义了两个 String 型对象 s 和 aa，用于构造武当七侠的介绍信息，代码如下。

```
public class Wudang {
    public static void main(String args[]){
        String s=new String();                                      //创建一个字符串对象 s
        s="武当七侠是: ";                                            //给字符串对象 s 赋值
        String aa=new String("宋远桥、俞莲舟、俞岱岩、张松溪、张翠山、殷梨亭、莫声谷");
                                                                     //创建一个字符串对象 aa
        System.out.println(s+aa);                                   //输出显示拼接后的结果
    }
}
```

输出结果如下。

```
武当七侠是：宋远桥、俞莲舟、俞岱岩、张松溪、张翠山、殷梨亭、莫声谷
```

📚 编程实战

实战案例 5-2-01：输出"6·18"期间购买的一本编程书 分别使用构造方法 String()和 String(String original)创建两个字符串变量，然后将这两个字符串变量组合起来，打印输出"我买的编程书是《零基础案例学 Java——编程实战 365 例》"。

实战案例 5-2-02：输出 3 个字符串变量的值　创建 3 个字符串变量并分别赋值，然后在同一行中输出显示这 3 个变量的值。

5.2　字符串常用操作

类 String 不仅可以用来创建字符串，而且还提供了很多操作字符串的方法，如比较、追加、截取字符串等。提到方法，前文所有程序都会用到这样一种语句格式。

```
public static void main(String args[]){
    …
}
```

这就是一个方法，称为方法 main()。它是 Java 语言中的第一个方法，每个 Java 程序都必须有且仅有一个方法 main()，因为 Java 程序运行的时候通常都是以方法 main()作为起点，以方法 main()中的第一条语句作为程序的第一条语句。事实上，在 Java 语言中，还会涉及各种各样的方法，所有方法都被包含在类中，作为类的成员。有关方法的知识将在第 7 章进行详细讲解，这里仅介绍类 String 中操作字符串的一些常用方法。

5.2.1　获取指定索引位置的字符

知识讲解

如前所述，字符串是由 0 个或多个字符组成的有限序列。那么，对于含有 n 个字符的字符串而言，其从左到右的每个字符可以用整数 0~n-1 来标记，这些标记数字就称为字符串的索引位置或索引下标，简称索引。需要特别注意的是，表示索引的数字是从 0 开始的。在 Java 程序中，可以通过方法 charAt() 返回字符串中指定索引位置的字符，语法格式如下。

```
str.charAt(int index);
```

上述语法中，str 表示字符串变量，int index 是一个整型值，用于指定要返回字符的索引下标。

范例导学

范例 5-3：明教五行旗（范例文件：daima\5\5-3...\Wuxing.java）。

本实例定义了一个 char 型变量 mychar，使用方法 charAt()获取初始值是"金木水火土"的字符串变量 str 中索引位置为 1 的字符，并赋值给变量 mychar，代码如下。

```
public class Wuxing {
    public static void main(String args[]){
        String str = "金木水火土";        //定义字符串 str
        char mychar = str.charAt(1);         //将字符串 str 中索引位置是 1 的字符返回
        //输出信息
        System.out.println("五行旗之巨" +mychar+
```

```
                  "旗掌旗使闻苍松。闻者，退迩闻名是也。试问当今天下，谁人不知我明教之盛名？ ");
        }
}
```

因为索引是从 0 开始的，所以输出结果如下。

五行旗之巨木旗掌旗使闻苍松。闻者，退迩闻名是也。试问当今天下，谁人不知我明教之盛名？

编程实战

实战案例 5-3-01：获取某字符串的第一个字符　创建一个字符串变量并为其赋值，然后获取此字符串的第一个字符。

实战案例 5-3-02：提取字符串中指定索引位置的字符　修改范例 5-3 的索引，提取字符串 str 中其他位置的字符。

5.2.2　追加字符串

知识讲解

追加字符串是指在字符串的末尾添加新的字符串。在 Java 程序中，追加字符串功能可以通过 String 类中的方法 concat() 实现，具体语法格式如下。

```
str1.concat(String str2)
```

上述语法会将字符串 str2 连接到字符串 str1 的结束位置，并返回合成的新字符串。需要注意的是，方法 concat() 一次只能连接两个字符串，如果需要连接多个字符串，则需要多次调用方法 concat()。

范例导学

范例 5-4：输出显示本月信用卡的还款金额（范例文件：daima\5\5-4\...\Zhuijia.java）。
本实例定义了两个 String 型变量 s 和 m，用于表示信用卡的还款信息，代码如下。

```
public class Zhuijia {
    public static void main(String args[]) {
        String s = "短信提醒：2024 年 7 月";          //定义字符串类型变量 s，并设置初始值
        s = s.concat("招商银行尾号 0011 的信用卡");      //使用方法 concat() 追加内容
        String m = s.concat("需要还 2000 元！");        //定义字符串类型变量 m，并使用方法 concat() 追加内容
        System.out.println(m);
    }
}
```

输出结果如下。

短信提醒：2024 年 7 月招商银行尾号 0011 的信用卡需要还 2000 元！

编程实战

实战案例 5-4-01：打印输出两个字符串变量的值　创建两个字符串变量并赋值，然后使用方法 concat() 将第二个变量追加到第一个变量的末尾，并打印输出追加后的第一个变量的值。

实战案例 5-4-02：输出指定内容的字符串　创建 3 个字符串变量并分别赋值为"我爱你，""我的"和"祖国！"使用 println() 打印输出"我爱你，我的祖国！"要求用方法 concat() 实现。

5.2.3　比较字符串

知识讲解

在 Java 程序中，经常会遇到比较两个字符串的情况。关于字符串的比较，读者首先会想到比较运算符 "=="。但是，比较运算符 "==" 在比较两个基本数据类型变量时比较的是值，而比较引用类型变量时却有所不同，请看下面的代码。

```java
public static void main(String args[]) {
    String str1 = new String("Thank you!");
    String str2 = new String("Thank you!");
    boolean b = (str1 == str2);
    System.out.println(b);
}
```

输出结果如下。

```
false
```

上述代码中的变量 str1 和 str2 虽然内容相同，但它们是两个不同的引用变量，使用比较运算符 "=="对二者进行比较时，比较的是二者的内存地址，所以比较结果为 false。

在实际开发过程中，所涉及的字符串比较并不都是简单的地址对比，有时候需要进行更全面、复杂的比较。为此，Java 提供了丰富的字符串判断比较方法，具体如下。

- ❏ int compareTo(String anotherString)：按字符的 ASCII 码值对字符串进行大小比较，返回整数值。若当前对象比参数大则返回正整数，反之则返回负整数，相等则返回 0。比较时先比较第一个字符，如果一样再比较第二个字符，以此类推。

- ❏ int compareToIgnore(String anotherString)：与 compareTo 方法相似，但忽略大小写。

- ❏ boolean equals(Object anotherObject)：该方法用来比较当前字符串和参数字符串中存储的内容是否一致，一致时返回 true，否则返回 false。与 "=="不同，"=="比较的是地址，而 equals() 比较的是地址中存储的值。

- ❏ boolean equalsIgnoreCase(String anotherString)：与 equals()方法相似，但忽略大小写。

范例导学

范例 5-5：设置明教禁地的通关密码（范例文件：daima\5\5-5\...\Mima.java）。

本实例定义了 3 个 String 型变量 sys、pass 和 pass1，表示用户名、密码和重复密码，代码如下。

```java
import java.util.Scanner;
public class Mima{
    public static void main(String[] args) {
        String sys="阳顶天";                        //设置字符串变量 sys
        System.out.println("欢迎"+sys+"教主来到我明教禁地");  //使用字符串变量 sys
        System.out.println("请设置一个通关密码: ");
        Scanner input=new Scanner(System.in);       //第一次提示输入一个密码
        String pass=input.next();                   //将输入设置为密码
        System.out.println("重复通关密码: ");        //第二次提示输入一个密码
        input=new Scanner(System.in);
        String pass1=input.next();                  //将输入设置为密码
        if(pass.equals(pass1)){                      //比较两次输入的密码是否相同，相同则输出下面的提示
            System.out.println("密码已生效，请牢记密码: "+pass);
```

```
        }
        else{                                        //如果两次输入的密码不相同则输出下面的提示
            System.out.println("两次密码不一致，请重新设置。");
        }
    }
}
```

运行程序，假设两次输入的密码都是 aaa，则输出结果如下。

```
欢迎阳顶天教主来到我明教禁地
请设置一个通关密码：
aaa
重复通关密码：
aaa
密码已生效，请牢记密码：aaa
```

编程实战

实战案例 5-5-01：比较两个字符串的大小　创建两个字符串变量，并分别赋值为 "Hello World" 和 "hello world"，然后使用本节学习的方法比较这两个字符串的大小。

实战案例 5-5-02：比较同一字符串的大写形式和小写形式　创建一个字符串变量并为其赋值为 "wang"，然后分别使用 equals()方法进行处理：equals("wang")和 equals("WANG")，分析执行结果。

实战案例 5-5-03：比较大小写不同的字符串　创建两个内容相同但是大小写不同的字符串变量，然后使用 compareToIgnoreCase()比较这两个字符串。

5.2.4　获得字符串的长度

知识讲解

所谓字符串长度，即字符串所包含字符的个数，用 length 表示。在 Java 程序中，通过类 String 中的方法 length()可以获取指定字符串的长度，语法格式如下。

```
str.length();
```

范例导学

范例 5-6：验证密码的合法性（范例文件：daima\5\5-6\...\Yanzheng.java）。

本实例定义了 String 型变量 pass 表示密码，使用 Scanner 获取用户输入的数字并赋值给 pass，接着使用方法 length()获取字符串 pass 的长度，然后使用 if 语句控制合法密码的长度大于 6 且小于 12，代码如下。

```java
import java.util.Scanner;
public class Yanzheng{
    public static void main(String[] args) {
        String sys="光明顶禁地";                        //字义一个字符串变量 sys
        System.out.println("欢迎进入"+sys);             //输出字符串变量 sys
        System.out.println("设置一个管理员密码：");
        Scanner input=new Scanner(System.in);
        String pass=input.next();                      //获取用户输入的密码
        int length=pass.length();                      //获取密码的长度
        if(length>6&&length<12) {                      //如果密码长度大于 6 且小于 12
            System.out.println("密码长度合法！");        //输出的提示信息
```

```
            System.out.println("已生效，请牢记密码：" + pass);
        }
        else if(length>=12)                            //如果密码长度大于或等于 12 则提示密码长度过长
            System.out.println("密码长度过长。");
        else                                           //如果密码长度小于或等于 6 则提示密码长度过短
            System.out.println("密码长度过短。");
    }
}
```

执行程序，输入"12345"后输出结果如下。

```
欢迎进入光明顶禁地
设置一个管理员密码：
12345
密码长度过短。
```

编程实战

实战案例 5-6-01：获取字符串的长度　创建一个字符串变量，为其赋值为包含空格的字符串内容，获取这个字符串的长度。

实战案例 5-6-02：获取中文内容字符串的长度　创建一个字符串变量，为其赋值为包含中文的字符串内容，获取这个字符串的长度。

5.2.5　替换字符串

知识讲解

替换字符串中某个片段（子串）的内容，是 Java 开发中的常见操作。例如，把一串密码中的所有字符都替换成"*"等。类 String 提供了如下两种方法实现字符串替换功能。

- ❑ public String replace(CharSequence target, CharSequence replacement)：该方法可以将指定字符序列（target）替换成新的字符序列（replacement），并返回一个新的字符串。

◀))**注意**：CharSequence 是一个接口，代表一个字符序列，类 String、类 StringBuffer、类 StringBuilder 都实现了这个接口。有关接口的知识将在第 9 章进行讲解。

- ❑ public String replaceFirst(String regex, String replacement)：该方法使用给定的正则表达式（regex）进行匹配，并将第一个匹配到的子字符串替换为指定的替换字符串（replacement）。
- ❑ public String replaceAll(String regex, String replacement)：该方法与方法 replaceFirst()类似，但不仅替换第一个匹配到的子字符串，而是替换所有匹配到的子字符串。

范例导学

范例 5-7：南辕北辙的剧情分析（范例文件：daima\5\5-7\...\Tihuan.java）。

本实例将字符串中的子串"赵敏"替换为"周芷若"，代码如下。

```java
public class Tihuan {
    public static void main(String args[]){
        String x="赵敏在面临选择时，都会选择张无忌，而周芷若每次都放弃张无忌！";
        String y=x.replace("赵敏","周芷若");                    //在字符串变量 x 中，将"赵敏"替换为"周芷若"
        System.out.println("替换后的："+y);
```

```
        System.out.println("原字符串: "+x);
    }
}
```

输出结果如下。

替换后的：周芷若在面临选择时，都会选择张无忌，而周芷若每次都放弃张无忌！
原字符串：赵敏在面临选择时，都会选择张无忌，而周芷若每次都放弃张无忌！

注意：通过范例 5-7 的运行结果可以看出，使用方法 replace()进行字符串替换，并没有影响原来的字符串，而是返回了一个新的字符串对象。

编程实战

实战案例 5-7-01：替换字符串中的内容　创建一个字符串变量，并为其赋值为一段包含字母 o 的英文字符串，然后将字母 o 替换为字母 T。

实战案例 5-7-02：替换字符串中指定的第一个英文单词　创建一个字符串变量，并为其赋值为"hello java，hello php"，然后将第一个"hello"替换为"你好"。

实战案例 5-7-03：替换字符串中的指定的所有英文单词　创建一个字符串变量，并为其赋值为"hello java，hello php"，然后将里面的所有"hello"替换为"你好"。

5.2.6　截取字符串

知识讲解

在 Java 程序中，可以使用方法 substring()实现从字符串中截取子串的功能，此方法有如下两种重载形式：

- ❑ public String substring(int begin)：此方法能够返回字符串中指定范围内的子字符串，返回的范围从参数"begin"指定的索引开始，一直到这个字符串的末尾结束。
- ❑ public String substring(int beginIndex, int endIndex)：此方法返回字符串中的指定范围的子字符串，返回的范围开始于 beginIndex 指定的索引，到索引 endIndex-1 处结束。

注意：所谓重载，是指两个或者多个方法的方法名相同，但参数列表不同，具体内容将在第 7 章进行详细讲解。

范例导学

范例 5-8：提取手机号码的后 4 位（范例文件：**daima\5\5-8\...\Subs.java**）。

本实例使用方法 substring()从字符串变量 str 中截取了子字符串 substr，代码如下。

```
public class Subs {
    public static void main(String args[]) {        //主方法
        String str = "15069073001";                 //定义的字符串
        String substr = str.substring(7, 11);        //对字符串进行截取
        System.out.println(substr);                  //输出截取出的字符串
    }
}
```

输出结果如下。

3001

编程实战

实战案例 5-8-01：提取字符串中的指定内容　创建一个字符串变量，并为其赋值一段英文字符串，然后提取字符串中索引为 2 以后的内容。

实战案例 5-8-02：提取邮箱地址的指定内容　创建一个字符串变量并为其赋值一个邮箱地址，使用方法 substring()提取出邮箱地址中@前面的内容。

实战案例 5-8-03：提取字符串中的后 4 位　创建一个字符串变量并为其赋值，然后提取字符串中的后 4 位，要求用方法 substring()和 length()实现。

5.2.7　字母大小写互转

知识讲解

类 String 提供了一对可以实现字符串内的字母大小写转换的方法，具体如下。

❏　public String toLowerCase()：该方法可以将字符串中所有大写字母转换成小写字母。

❏　Public String toUpperCase()：该方法可以将字符串中所有小写字母转换为大写字母。

范例导学

范例 5-9：将收货地址分别转换为大写和小写形式（范例文件：daima\5\5-9\...\UpAndLower.java）。

本实例先定义了一个字符串变量 str，然后使用方法 toLowerCase()将 str 中的所有大写字母转换成小写字母，接着使用方法 toUpperCase()将 str 中所有小写字母转换为大写字母，代码如下。

```
public class UpAndLower {
    public static void main(String args[]) {                    //主方法
        String str = new String("53 Kaiping Road, Qingdao, Shandong");      //创建的字符串 str
        String newstr = str.toLowerCase();                      //使用 toLowerCase()方法进行小写转换
        String newstr2 = str.toUpperCase();                     //使用 toUpperCase()方法进行大写转换
        System.out.println(newstr);                             //将转换后的结果输出
        System.out.println(newstr2);
    }
}
```

输出结果如下。

```
53 kaiping road, qingdao, shandong
53 KAIPING ROAD, QINGDAO, SHANDONG
```

编程实战

实战案例 5-9-01：字母转换器　创建一个字符串变量，并赋值为只包含英文小写字母的内容，然后输出这个变量的英文字母大写形式。

实战案例 5-9-02：转换包含多种字符类型的字符串　创建一个字符串变量，并赋值为同时包含大写英文字母、小写英文字母和中文的字符串，然后使用方法 toLowerCase()和 toUpperCase()处理该字符串。

5.2.8 消除字符串中的空格

知识讲解

在 Java 程序中，可以使用方法 trim() 将字符串开头和结尾的空格去掉，此方法的语法格式如下。

```
str.trim()
```

范例导学

范例 5-10：智能稿件整理系统（范例文件：daima\5\5-10\...\Paiban.java）。

本实例定义了字符串变量 intro，然后使用方法 trim() 删除了字符串变量 intro 开头和结尾的空格，接着将文本中的所有错别字"弱"都修改为"若"，并将所有"老师"修改为"师傅"，代码如下：

```java
public class Paiban {
    public static void main(String[] args){
        //定义原始字符串，注意在字符串的开头和结尾分别有 3 个空格
        String intro="   周芷弱在面对张无忌的时候，夹杂着老师的遗言和自己的爱慕，所以周芷弱是矛盾的。   ";
        System.out.println(intro.length());                      //输出显示字符串的长度
        intro=intro.trim();                                      //去掉字符串首尾的空格
        System.out.println(intro.length());                      //输出显示字符串的长度
        String newStrfirst=intro.replaceAll("弱","若");          //将文本中的所有"弱"都替换为"若"
        String newStrSecond=newStrfirst.replaceAll("老师","师傅");  //将文本中的所有"老师"改为"师傅"
        System.out.println(newStrSecond);                        //输出最终字符串
    }
}
```

输出结果如下。

```
44
38
周芷若在面对张无忌的时候，夹杂着师傅的遗言和自己的爱慕，所以周芷若是矛盾的。
```

编程实战

实战案例 5-10-01：删除网址中的空格　创建一个字符串变量并赋值为"　　www.example.com　　"，删除这个字符串开头和结尾的空格。

实战案例 5-10-02：获取字符串的长度　创建一个字符串变量并赋值为开头和结尾带空格的字符串，然后分别输出删除开头和结尾的空格前后字符串的长度。

5.2.9 关于字符串操作的其他常用方法

知识讲解

在 Java 程序中，类 String 还提供了许多关于字符串操作的方法，如字符串查找、字符串分解、判断字符串的开始和结尾等。

1. 字符串查找

在 Java 程序中，类 String 提供了方法 indexOf() 和方法 lastIndexOf() 来查找某个特定字符或者字符

串（子串）在另一个字符串中出现的位置，具体如下。

❑ 方法 indexOf()：有如下 4 种重载形式。

➤ public int indexOf(int ch)：此方法的功能是返回指定字符在字符串中第一次出现的位置，int ch 代表字符的 ASCII 码值。

➤ public int indexOf(int ch, int fromIndex)：此方法能够从指定的索引 fromIndex 处开始搜索，返回指定的字符在字符串中第一次出现的索引，int ch 代表字符的 ASCII 码值。

➤ public int indexOf(String str)：此方法能够返回指定的字符串（子串）在字符串中第一次出现的索引，参数 str 是一个字符串（子串）的值。

➤ public int indexOf(String str, int fromIndex)：此方法能够从指定的索引 fromIndex 处开始搜索，返回指定字符串（子串）在字符串中第一次出现的索引，参数 str 表示要搜索的子串。

❑ 方法 lastIndexOf()：有如下 4 种重载形式。

➤ public int lastIndexOf(int ch)：此方法的功能是返回在字符串中最后一次出现指定字符的索引位置，int ch 代表的是字符的 ASCII 码值。

➤ public int lastIndexOf(int ch, int fromIndex)：此方法能够从指定的索引 fromIndex 处开始搜索，返回指定字符在字符串中最后一次出现的索引，int ch 代表字符的 ASCII 码值。

➤ public int lastIndexOf(String str)：此方法能够返回指定的字符串（子串）在字符串中最后一次出现的索引，参数 str 是一个字符串（子串）的值。

➤ public int lastIndexOf(String str, int fromIndex)：此方法能够从指定的索引 fromIndex 处开始搜索，返回指定的字符串（子串）在字符串中最后一次出现的索引，参数 str 表示要搜索的子串。

2. 字符串分解

在实际开发中，经常会遇到拆分某个字符串的情况。为此，类 String 提供了方法 split()，该方法可以进行字符串分解，分解后返回的是一个字符串数组。方法 split()有如下两种重载形式。

❑ public String[] split (String sign)：该方法可根据给定的分割符对字符串进行拆分，参数 sign 表示分割字符串的分割符。

❑ public String[] split(String sign,int limit)：该方法可根据给定的分割符对字符串进行拆分，并限定拆分的次数，sign 表示分割字符串的分割符，limit 表示限制的分割次数。

◀》注意：有关数组的知识将在第 6 章进行讲解。

3. 判断字符串的开始和结尾

类 String 提供了方法 startsWith()与方法 endsWith()，可分别用于判断字符串是否以指定的内容开始或结束，具体如下。

❑ public boolean startsWith(String prefix)：该方法用于判断当前字符串对象的前缀是否为参数 prefix 指定的字符串。

❑ public boolean endsWith(String suffix)：该方法用于判断当前字符串是否以给定的子字符串 suffix 结束。

范例导学

范例 5-11：验证邮箱格式是否合法（范例文件：daima\5\5-11\...\Youxiang.java）。

对于一个合法的邮箱地址，必然是包含字符"@"和"."的字符串，本实例假定邮箱地址变量 email 的格式符合表达式 email.indexOf('@')!=1&&email.indexOf('.')>email.indexOf('@')，代码如下。

```java
import java.util.Scanner;
public class Youxiang{
    public static void main(String[] args){
        System.out.println("请输入要提交的邮箱地址: ");        //提示输入邮箱地址
        Scanner input=new Scanner(System.in);               //创建 Scanner 对象 input
        String email=input.next();                          //获取输入的邮箱地址
        //检查邮箱地址是否合法，如果合法则输出下面的信息
        if(email.indexOf('@')!=1&&email.indexOf('.')>email.indexOf('@')){
            System.out.println("你输入的邮箱地址合法! ");
        }
        else{                                               //如果邮箱地址不合法则输出下面的信息
            System.out.println("你输入的邮箱地址不合法! ");
        }
    }
}
```

程序执行后会要求输入一个邮箱地址，假如输入合法邮箱地址 111@123.com，则输出结果如下。

```
请输入要提交的邮箱地址:
111@123.com
你输入的邮箱地址合法!
```

编程实战

实战案例 5-11-01：获取某字符在字符串中第一次出现的位置　创建一个字符串变量并为其赋值，然后获取某字符在此字符串中第一次出现的位置索引。

实战案例 5-11-02：查找某字符串的子串最后一次出现的位置　创建一个字符串变量，并为其赋值一段英文字符串，然后查找该字符串的某个子串最后一次出现的位置。

5.3　类 StringBuffer

与类 String 的功能相似，类 StringBuffer 是 Java 语言中另外一个重要的操作字符串的类。

5.3.1　使用类 StringBuffer 创建可变字符串

无论是直接定义字符串还是使用类 String 创建字符串，所创建的字符串都是不可变的，即一经定义便不可更改。虽然可以使用"+"或方法 concat()来达到追加新字符或新字符串的目的，但这会产生一个新的 String 对象，如果重复地对字符串进行修改，会给编程带来很多不便。为此，Java 提供了类 StringBuffer，用于创建可变字符串。

与类 String 相似，类 StringBuffer 也提供了创建字符串的构造方法，具体如下。

- ❏ StringBuffer()：创建一个没有初始值的字符串对象。
- ❏ StringBuffer(String str)：创建一个带有初始值的字符串。
- ❏ StringBuffer(int capacity)：创建一个定义了初始空间的空字符串。

与使用类 String 创建的字符串不同，使用类 StringBuffer 创建的字符串是可变的。下面的代码演示了使用类 StringBuffer 创建字符串的过程。

```
public class StringBufferTest {                                    //新建类
    public static void main(String[] args) {                       //主方法
        StringBuffer test1 = new StringBuffer();                   //创建没有初始值的字符串变量
        StringBuffer test2 = new StringBuffer("零基础案例学 Java");
                                                                   //创建带有初始值的字符串变量
        StringBuffer test3 = new StringBuffer(20);                 //创建指定初始空间的空字符串变量
        System.out.println("test1 的长度为: " + test1.length());    //输出显示字符串 test1 的长度
        System.out.println("test2 的长度为: " + test2.length());    //输出显示字符串 test2 的长度
        System.out.println("test3 的长度为: " + test3.length());    //输出显示字符串 test3 的长度
    }
}
```

输出结果如下。

```
test1 的长度为: 0
test2 的长度为: 10
test3 的长度为: 0
```

5.3.2 类 StringBuffer 的常用方法

📚 知识讲解

类 StringBuffer 同样提供了操作字符串的常用方法。可以说，类 String 提供的字符串处理方法在类 StringBuffer 中都有提供。另外，类 StringBuffer 还提供了一些可以动态地执行添加、插入、反转、删除等的字符串操作方法，具体如下。

- ❏ public synchronized StringBuffer append()：该方法是一个重载的方法，它在字符串尾部进行追加，里边的接收参数有多种，int、String、char、char 数组、StringBuffer 对象等都可以。
- ❏ public synchronized StringBuffer insert(int offset,String str)：该方法在字符串的指定索引 offset 处插入指定字符串 str。
- ❏ public synchronized StringBuffer reverse()：该方法将字符串进行反转。
- ❏ public synchronized StringBuffer delete(int start,int end)：该方法将字符串中指定范围的字符删除，范围从索引 start 处开始到 end-1 处停止。如果 end-1 超出了最大索引，那么直接删除到尾部；如果 start 等于 end，那么不会删除任何字符；如果 start 大于 end 则会直接抛出异常。

🖳 范例导学

范例 5-12：打印输出支付宝的余额信息（范例文件：daima\5\5-12\...\BanklistFormat.java）。

本实例使用类 StringBuffer 创建可变字符串，并使用方法 append() 向字符中追加内容，代码如下。

```
public class BanklistFormat {                                      //创建类
    public static void main(String[] args) {
        StringBuffer sb = new StringBuffer();                      //创建一个可变的字符串
        // 向这个字符串中追加内容("\t": 光标移动到下一个水平制表; "\n": 换行)
```

```
        sb.append("\t 支付宝账户信息\n");
        sb.append("+----------------------+\n");
        sb.append("| 日期：2025-02-01\t|星期六\n");
        sb.append("|\t\t\t|\n");
        sb.append("| 名字：关老师\t|昵称：XX\n");
        sb.append("|\t\t\t|\n");
        sb.append("| 账号：123456789@qq.com\t|\n");
        sb.append("|\t\t\t|\n");
        sb.append("| 余额宝金额：1550 元\t|\n");
        sb.append("|\t\t\t|\n");
        sb.append("+----------------------+\n");
        // 利用 toString()方法把这个可变的字符序列输出
        System.out.println(sb.toString());
    }
}
```

执行后会输出：

```
    支付宝账户信息
+----------------------+
| 日期：2025-02-01 |星期六
|              |
| 名字：关老师 |昵称：XX
|              |
| 账号：123456789@qq.com   |
|              |
| 余额宝金额：1550 元    |
|              |
+----------------------+
```

编程实战

实战案例 5-12-01：搜索字符串中的指定内容 使用类 StringBuffer 创建字符串变量并为其赋值，然后使用 indexOf()方法搜索字符串中的指定内容。

实战案例 5-12-02：向字符串中追加整数 使用类 StringBuffer 创建字符串变量并为其赋值，然后使用 append()方法向字符串中追加一个整数。

实战案例 5-12-03：合成字符串 使用类 StringBuffer 创建字符串变量并赋值为"我的心在跳动。"然后调用 insert()方法合成字符串，合成后的内容为"我的心在为你，时时刻刻为你跳动。"

实战案例 5-12-04：替换字符串中的指定内容 使用类 StringBuffer 创建一个字符串变量并为其赋值，然后使用 replace()方法替换字符串中的指定内容。

5.4 综合实战——字符串综合操作工具

范例功能

编写一个 Java 程序，实现一个字符串综合操作工具，提供以下功能。

☑ 获取指定索引位置的字符。

☑ 追加字符串。

☑ 比较字符串。

☑　获取字符串长度。

☑　替换字符串中的指定子串。

☑　截取字符串中的指定部分。

☑　清除字符串两端的空格。

学习目标

熟练掌握字符串的常用操作方法。

具体实现

编写实例文件 StringComprehensiveTool.java，输出结果如下。

```
原字符串：Hello, World!

请选择操作：
1．获取指定索引位置的字符
2．追加字符串
3．比较字符串
4．获取字符串长度
5．替换字符串的指定子串
6．截取字符串的指定部分
7．清除字符串两端的空格
8．退出
请输入操作编号：
```

6 第 6 章 数组

在 Java 程序中，数组是一种十分常见的数据类型，能够将相同类型的数据用一个标识符封装到一起。一个数组可以保存多个数据元素，例如可以保存一周中的 7 天：星期一、星期二、星期三、星期四、星期五、星期六、星期日。本章将详细讲解 Java 数组和数组操作的基本知识，核心知识架构如下。

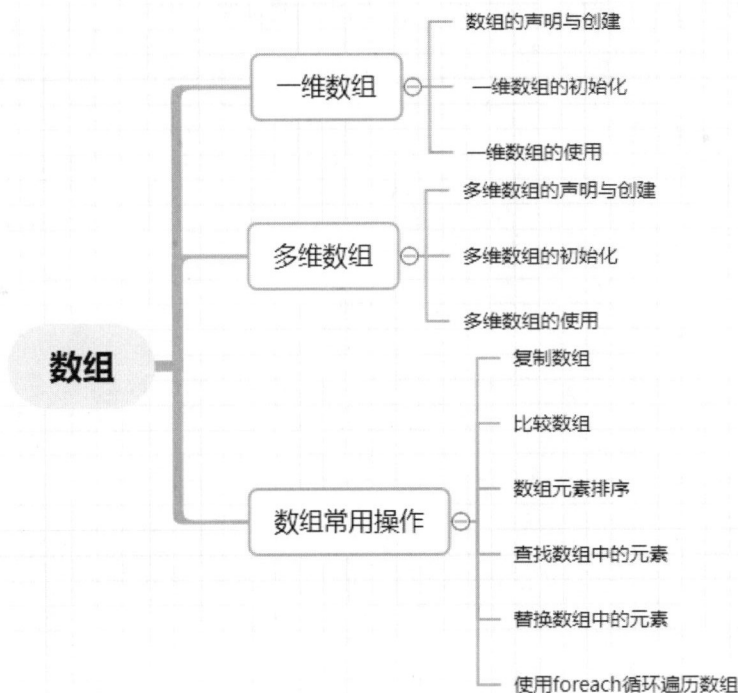

6.1 一 维 数 组

自从 Java 语言诞生以来，数组一直是其重要的组成部分。在一个数组中可以拥有多个元素，这些元素都具有相同的数据类型。按照元素类型的不同，数组可以分为数值数组、字符数组、布尔类型数组、对象类型数组等。如果按照数组内的维数来划分，可以分为一维数组和多维数组。在 Java 编程实践中，最为常见的是一维数组，下面将首先讲解有关一维数组的知识。

6.1.1 数组的声明与创建

数组是某一类元素的集合体。在 Java 程序中，可以将数组看作是由某一类数据组成的一个对象，其中元素的数据类型可以是 Java 中任意的数据类型。在使用数组之前，需要先声明并创建数组。

1. 声明数组

在 Java 中，有如下两种声明一维数组的格式。

```
数组元素类型 数组名[];
数组元素类型[] 数组名;
```

上述语法中，[]表示所声明的变量是一个一维数组。声明一维数组的示例代码如下。

```
int[] array;                              //声明 int 型的数组
boolean[] array;                          //声明布尔类型的数组
float[] array;                            //声明单精度浮点类型的数组
double[] array;                           //声明双精度浮点类型的数组
```

2. 创建数组

声明数组后，接下来需要创建这个数组。创建数组的实质是为数组申请相应的存储空间。创建一维数组的方法十分简单，语法格式如下。

```
数组名 = new 数组元素类型[数组元素个数];
```

数组元素的个数也称为数组长度，可以通过数组对象的 length 属性获取。使用 new 关键字创建数组时，必须指定数组长度。示例代码如下。

```
int[] a;
a = new int[10];
```

上述代码先声明了一个 int 型数组 a，然后创建了一个含有 10 个 int 型元素的数组，并且将创建的数组对象赋值给数组 a。

在 Java 程序中，可以把数组的声明与创建合并在一起，语法格式如下。

```
数组元素类型 数组名 = new 数组元素类型[数组元素个数];
```

6.1.2　一维数组的初始化

数组变量与基本类型变量一样，需要进行初始化操作，即为数组中的每个元素赋值。一维数组的初始化方法有如下 3 种。

❑　静态初始化：所谓静态初始化，就是在声明数组时直接按照其数据类型指定每个数组元素的初始值。一维数组的静态初始化语法如下。

```
数组元素类型[] 数组名 = {元素1,元素2,元素3,…,元素n};          //第一种方式
数组元素类型[] 数组名 = new 数组元素类型[]{元素1,元素2,…,元素n};
                                        //第二种方式，右边表达式的"[]"中不可写数组长度
```

❑　动态初始化：所谓动态初始化，实质上就是创建数组。因为当数组被创建时，必须指定其长度，而此时系统会自动按照其数据类型为数组元素分配初始值。例如，创建 int 型数组，指定其长度为 10，则系统会默认为这 10 个元素赋初始值 0。一维数组的动态初始化语法如下。

```
数组元素类型[] 数组名 = new 数组元素类型[数组长度];
```

❑　通过下标为数组元素赋值：数组通过位置来区分其中不同的元素，这里的位置也称为下标或索引，数组下标的取值范围从 0 到数组长度减 1 为止。例如下面的代码。

```
int[] a={1,2,3,5,8,9,10};
```

这行代码创建了一个名为 a 的 int 型数组，其中含有 7 个元素，因此数组中元素的下标为 0～6。此时，这个数组的内部结构如图 6-1 所示。这个数组的名称是 a，中括号中的数值是数组元素的序号，也就是下标，这样就可以很清楚地表示每一个数组元素。例如，数组 a 中第一个元素的值用 a[0]表示，第 2 个元素的值用 a[1] 表示，以此类推。

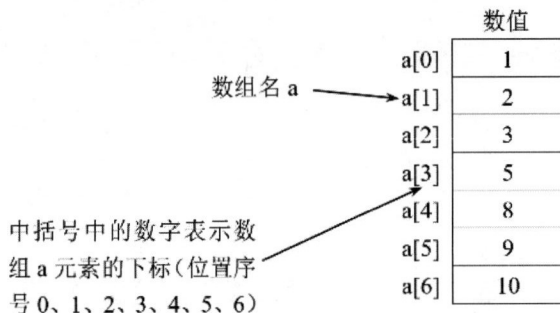

图 6-1　一维数组内部结构

基于此，创建数组之后，可以使用数组名结合下标的方式为每个元素赋值，语法格式如下。

```
数组元素类型[] 数组名 = new 数组元素类型[数组长度];
数组名[下标0] = 值1;
数组名[下标1] = 值2;
…
数组名[数组长度n-1] = 值n;
```

上述 3 种初始化数组的方法，读者可以根据实际情况和自己的习惯选择使用其中一种。下面是 3 个初始化一维数组的示例。

```
int[] a1={1,2,3,4};                    //第一种静态初始化方式
int[] a2=new int[]{1,2,3,4,5,6,7,8};   //第二种静态初始化方式

int[] a3=new int[12];                  //动态初始化方式

int[] a4=new int[4];                   //通过数组下标为数组元素赋值
a4[0]=9;
a4[1]=11;
a4[2]=15;
a4[3]=16;
```

6.1.3　一维数组的使用

知识讲解

1．获取数组的长度

在创建了数组以后，可以通过数组对象的 length 属性获取其长度，示例如下。

```
int[] a=new int[10];
int length=a.length();
```

2．获取单个数组元素

获取单个元素的方法非常简单，语法格式如下。

```
arrayName[index];
```

其中，arrayName 表示数组变量，index 表示下标。注意，数组中第一个元素的下标是 0，下标为 array.length-1 表示获取最后一个元素。当指定的下标值超出数组的总长度时，会抛出异常。

3．遍历数组元素

当数组中的元素数量不多时，可以使用下标逐个获取元素。但是，如果数组中的元素过多，再使用下标逐个获取则显得烦琐，此时可以使用循环语句获取数组的全部元素，这种方法称为遍历数组元素。一般情况下，可以使用 for 循环遍历数组元素，语法如下。

```
for(int i=0;i<数组名.length;i++){
    …                       //要执行的语句，如"System.out.println(数组名[i]);"等
}
```

范例导学

范例 6-1：输出显示太阳系八大行星（范例文件：**daima\6\6-1\...\Shuzuone1.java**）。

本实例定义了一个 String 型数组 X，里面保存了太阳系八大行星的名字，代码如下。

```
public class Shuzuone1 {
    public static void main(String[] args) {
        //定义数组X,分别设置初始值
        String[] X={"金星","木星","水星","火星","土星","天王星","海王星","地球"};
        System.out.println("输出太阳系八大行星: ");
        for(int i=0;i<X.length;i++){                        //遍历数组 X 中的元素
            System.out.println("行星 X["+i+"]="+X[i]);
        }
    }
}
```

输出结果如下。

```
输出太阳系八大行星:
行星 X[0]=金星
行星 X[1]=木星
行星 X[2]=水星
行星 X[3]=火星
行星 X[4]=土星
行星 X[5]=天王星
行星 X[6]=海王星
行星 X[7]=地球
```

编程实战

实战案例 6-1-01：计算多个商品的总重量　创建一个数组，里面保存 10 个商品的重量，然后计算这 10 个商品的总重量。

实战案例 6-1-02：计算学生的平均成绩　创建一个整型数组 arr，用于保存学生的成绩，然后提示用户输入 3 名学生的成绩，最后计算这名学生的平均成绩。

实战案例 6-1-03：计算某学生的总成绩　使用数组保存某学生期末考试中 4 门功课的成绩，然后计算总成绩。

实战案例 6-1-04：计算平均分数并输出大于平均分数的分数值　提示用户输入需要输入成绩的个数，然后根据用户输入的数字创建数组，接着要求用户输入对应的分数值并保存在数组中，最后计算平均分数并输出大于平均分数的分数值。

6.2 多维数组

多维数组可以看成由数组构成的数组。其中，二维数组是以一维数组为元素构成的一维数组，三维数组是以二维数组为元素构成的一维数组，四维数组是以三维数组为元素构成的一维数组，以此类推。本节将以二维数组为例来讲解多维数组，初学者可以将二维数组看作一个围棋的棋盘，其中某一个元素的位置，必须通过纵向和横向两个坐标来描述。

6.2.1 多维数组的声明与创建

这里，以二维数组为例来讲解多维数组的声明与创建，其方法可以推广到任意多维数组中。

1. 声明二维数组

在 Java 程序中，声明二维数组的方法和声明一维数组的方法十分相似，有如下两种声明二维数组的格式。

```
type arrayName[][];
type[][] arrayName;
```

上述语法格式中，type 表示二维数组的数据类型；arrayName 表示二维数组的数组名；两个中括号表示这是一个二维数组。

2. 创建二维数组

在声明二维数组后，接下来需要创建这个二维数组。创建二维数组的实质是为数组申请相应的存储的空间。语法格式如下。

```
数组名 = new 数组元素类型[第一维数组元素个数][第二维数组元素个数];
```

例如，在下面的代码中，先声明了一个 int 型二维数组 a，然后创建了一个 2×3 的 int 型数组，并且将创建的数组对象赋给数组 a。

```
int[][] a;
a = new int[2][3];
```

在 Java 程序中，可以把二维数组的声明与创建合并在一起，语法格式如下。

```
数组元素类型 数组名 = new 数组元素类型[第一维数组元素个数][第二维数组元素个数];
```

6.2.2 多维数组的初始化

在 Java 程序中，初始化多维数组的方法和初始化一维数组的方法一样，这里以二维数组为例来进行讲解。二维数组的初始化方式同样有如下 3 种。

- ❑ 静态初始化：因为二维数组有两个维度，所以在初始化设置数据的时候，需要使用两层大括号来体现两个维度的结构。在 Java 中有如下两种静态初始化二维数组的方法。
  - ➢ 在声明数组的同时完成初始化工作，语法格式如下。

```
数据类型[][] 数组名 = {{数据1,数据2,…},{数据1,数据2,…}};
```

> ➢ 先声明二维数组，然后进行初始化工作，语法格式如下。

```
数据类型[][] 数组名;
数组名 = new 数据类型[][]{{数据1,数据2,…},{数据1,数据2,…},…};
```

在上述语法中，第1层大括号中定义的是第一维的数组元素，这些数组元素本身又是一个数组，元素之间以逗号分隔。第2层大括号中存储的是实际的数据内容，多个数据之间也以逗号分隔。另外，在第2种静态初始化语法中，右边表达式的"[ ][ ]"内，也不允许写数组长度，否则会发生语法错误。二维数组静态初始化示例代码如下。

```
int[][] mark = {{78,88},{98,98},{87,78}};          //声明数组并进行静态初始化
int[][] mark;                                       //先声明数组变量
mark = new int[][]{{78,88},{98,98},{87,78}};        //再进行静态初始化
```

❑ 动态初始化：在二维数组进行动态初始化时，需要指定两个维度的数组长度，然后由系统自
    动为数组元素分配初始值，语法格式如下。

```
数据类型[][] 数组名 = new 数据类型[第一维数组长度][第二维数组长度];
```

在二维数组动态初始化后，系统会根据指定的两个维度的数组长度，创建对应的数组元素存储空间，并为每个数组元素空间设置初始值。二维数组动态初始化的示例代码如下。

```
int[][] mark = new int[2][2];                //创建2行2列的整型二维数组，元素的初始值都是0
String[][] names = new String[2][2];         //创建2行2列的字符串型二维数组，元素的初始值都为null
```

❑ 通过下标为数组元素赋值：在创建二维数组之后，可以使用数组名结合二维数组行列下标的
    方式为二维数组中的每个元素赋值，语法格式如下。

```
数据类型[][] 数组名 = new 数据类型[第一维数组长度][第二维数组长度];
数组名[第一维度下标][第二维度下标] = 数值;
```

在通过数组下标为数组元素赋值的时候，要注意每个维度的数组下标的取值范围是从0到对应维度的数组长度减1为止，如果下标超出这个范围，程序会发生异常。通过下标为二维数组元素赋值的示例代码如下。

```
String[][] names = new String[3][2];         //声明3行2列字符串型二维数组
names[0][0] = "小张";                         //通过两个维度的下标为每个数组元素赋值
names[0][1] = "小李";
names[1][0] = "小王";
names[1][1] = "小赵";
names[2][0] = "小孙";
names[2][1] = "小钱";
```

6.2.3 多维数组的使用

知识讲解

1. 获取数组长度

在创建了多维数组以后，同样可以通过 length 属性获取其长度，但是要比一维数组复杂一些。以二维数组为例，获取其两个维度的数组长度的示例代码如下。

```
int[][] a=new int[10][10];
int length1=a.length();                      //获取第一维长度
int length21=a[0].length();                  //获取第二维长度
```

2. 获取单个元素

以二维数组为例，获取其中单个元素的语法如下。

```
arrayName[i-1][j-1];
```

其中，arrayName 表示数组名称，i 表示数组的行数，j 表示数组的列数。

可能读者对二维数组中各个元素的具体索引位置不是很清楚，接下来举一个例子。例如，下面的代码创建了一个二维数组，其中 A 是数组名，实质上此二维数组相当于一个 2 行 4 列的矩阵。

```
int A[][]=
{1,3,5,7},
{2,4,6,8};
```

上述 int 型二维数组 A 的内部结构如表 6-1 所示。

表 6-1　二维数组内部结构表

	列 1	列 2	列 3	列 4
行 1	A[0] [0]=1	A[0] [1]=3	A[0] [2] =5	A[0] [3] =7
行 2	A[1] [0] =2	A[1] [1] =4	A[1] [2] =6	A[1] [3] =8

3. 遍历二维数组元素

如果要获取二维数组中的全部元素，最简单、最常用的办法就是使用嵌套 for 循环进行遍历，语法如下。

```
for(int i=0;i<数组名.length;i++){
    for(int j=0;j<i;j++){
        …                          //要执行的语句，如"System.out.println(数组名[i][j]);"等
    }
}
```

范例导学

范例 6-2：输出杨辉三角（范例文件：daima\6\6-2\...\Shuzutwo.java）。

杨辉三角是二项式系数在三角形中的一种几何排列，它在中国南宋数学家杨辉 1261 年所著的《详解九章算法》一书中出现。在杨辉三角中，每行数字左右对称，由 1 开始逐渐变大，然后变小，回到 1；第 n 行的数字个数为 n；各行的数字和为 2 的 n-1 次幂；从第 3 行起，除首尾两个数字是 1，其余每个数字等于上一行的左右两个数字之和。图 6-2 给出了杨辉三角前 9 行的数字排列形式。

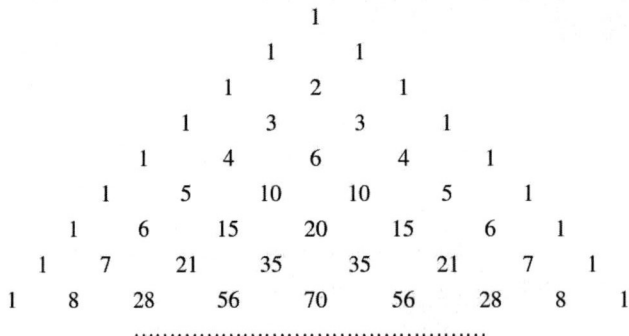

```
                    1
                 1     1
              1     2     1
           1     3     3     1
        1     4     6     4     1
     1     5    10    10     5     1
   1     6    15    20    15     6     1
  1    7    21    35    35    21    7    1
1   8   28   56   70   56   28   8   1
..................................................
```

图 6-2　杨辉三角

使用二维数组存储杨辉三角中的数值，根据杨辉三角的性质可知，数组元素 YangHui[i][j]中所存储的数字的规则如下。

❑ 对于每一行，行数等于该行元素的个数，即行数等于列数。

❑ 每行的首个元素和末尾的元素都是1。

❑ 从第3行开始，首个元素和末尾的元素之间的每个元素（i>1，0<j<i）等于上一行本列元素与上一行前一列元素的和，即满足如下公式。

```
YangHui[i][j] = YangHui[i-1][j] + YangHui[i-1][j-1];
```

本实例定义了一个二维整型数组 arr 存储杨辉三角的元素，然后根据上述分析使用嵌套 for 循环输出杨辉三角，代码如下。

```java
import java.util.Scanner;
class Shuzutwo {
    public static void main(String[] args) {
        Scanner sc = new Scanner(System.in);                //创建键盘输入对象
        System.out.println("请输入查询前几行以内的杨辉三角:");
        int n = sc.nextInt();                               //定义整型变量n，接收键盘输入的数据
        int[][] arr = new int[n][n];                        //定义二维数组
        //给这个二维数组任何一行的第1列和最后1列赋值为1
        for(int x=0; x<arr.length; x++) {
            arr[x][0] = 1;                                  //任何一行的第1列
            arr[x][x] = 1;                                  //任何一行的最后1列
        }
        //按照规律给其他元素赋值，从第3行起，除首尾元素，每个元素是它上一行的前一列元素和它上一行的本列元素之和
        for(int x=2; x<arr.length; x++) {
            //y应该从1开始，因为第1列也有值了，不用再赋值；最后1列已经有值了，不用再赋值，故而y<=x-1
            for(int y=1; y<=x-1; y++) {
                //每个数据是它上一行的前一列元素和它上一行的本列元素之和
                arr[x][y] = arr[x-1][y-1] + arr[x-1][y];    //记住：外行内列
            }
        }
        //遍历二维数组
        for(int x=0; x<arr.length; x++) {
            for(int y=0; y<=x; y++) {
                System.out.print(arr[x][y]+"\t");
            }
            System.out.println();
        }
    }
}
```

执行程序，提示输入查询前几行以内的杨辉三角，例如输入5，输出结果如下。

```
请输入查询前几行以内的杨辉三角:
5
1
1	1
1	2	1
1	3	3	1
1	4	6	4	1
```

编程实战

实战案例 6-2-01：遍历二维数组中的元素 创建一个二维整型数组并赋值，然后输出这个二维数组中的所有元素。

实战案例 6-2-02：计算二维数组中所有元素的和 创建一个整型二维数组并赋值，然后计算二维数组中所有元素的和。

实战案例 6-2-03：统计某班级的高考成绩 提示用户输入某班级的学生人数和高考科目数，然后根据用户输入的数字创建数组，接着要求用户输入各科成绩并保存在数组中，最后分别计算并输出显示每名学生的总分。

6.3 数组常用操作

在编写 Java 程序的过程中，除了需要定义和初始化数组，还经常需要对数组进行复制、比较、排序等操作，本节将介绍几种常用的操作数组的方法。

6.3.1 复制数组

知识讲解

复制数组是指复制一个数组内的数据到另一个数组。在 Java 程序中，可以使用类 System 中的方法 arraycopy() 来复制数组中的数据。方法 arraycopy() 的语法格式如下。

```
System.arraycopy(Object src, int srcPos, Object dest, int destPos, int length);
```

上述语法中，Object src 表示来源数组；int srcPos 表示来源数组的起始位置；Object dest 表示目标数组；int destPos 表示目标数组的起始位置；int length 表示来源数组中要被复制的元素个数。

例如，将数组 arr1 中从索引为 2 的位置开始的 10 个元素复制到数组 arr2 中从索引为 5 的位置开始的 10 个位置上，代码如下。

```
arrayCopy( arr1, 2, arr2, 5, 10);
```

再看下面的代码，功能是将数组 arr1 中从索引为 3 的位置开始的 2 个元素复制到数组 arr1 中从索引为 2 的位置开始的 2 个位置上。

```
int[] arr1 ={1,2,3,4,5};
arrayCopy(arr1, 3, arr1, 2, 2);
```

范例导学

范例 6-3：模拟展示神舟飞船的发射倒计时（范例文件：daima\6\6-3\...\Shuzucopy.java）。

本实例定义了两个整型数组 Y 和 Z，数组 Y 保存着 11 个数字，代表发射倒计时的报数。程序中使用方法 arraycopy() 将数组 Y 中的数据复制到数组 Z 中，然后遍历输出数组 Z 中的数据，代码如下。

```
public class Shuzucopy {
    public static void main(String[] args) {
        int X;                                       //定义 int 变量 X
        int Y[] = { 10, 9, 8, 7, 6, 5, 4, 3, 2, 1, 0 };   //定义并初始化 int 类型数组 Y
        int Z[] = new int[11];                       //定义并初始化 int 类型数组 Z
        System.out.print("模拟神舟飞船发射倒计时: \n");
        System.arraycopy(Y, 0, Z, 0, Y.length);      //复制数组 Y 中的所有元素给数组 Z
        for (X = 0; X < Z.length; X++)               //使用 for 循环遍历数组 Z 的元素
```

```
            System.out.print(Z[X] + "\n");
        System.out.println("发射! ");
    }
}
```

输出结果如下。

```
模拟神舟飞船发射倒计时:
10
9
8
7
6
5
4
3
2
1
0
发射!
```

编程实战

实战案例 6-3-01：复制数组中的工资信息　创建一个整数类型数组并赋值，在里面保存两名员工的工资信息，然后将这些信息复制到另一个数组中。

实战案例 6-3-02：合并两个数组的内容　分别创建两个相同类型的数组并分别赋值，然后将这两个数组中的内容合并在一起。

6.3.2　比较数组

知识讲解

两个数组相同，不仅要求两个数组的元素个数必须相等，而且要求对应位置的元素也相同。在 Java 中可以使用方法 equals()比较两个数组是否相同，如果相同则返回 true，否则返回 false。使用方法 equals() 比较两个数组是否相同的语法格式如下。

```
Arrays.equalse(arrayA,arrayB);
```

在上述格式中，参数 arrayA 和 arrayB 是指待比较数组的名称。

在 Java 中，需要注意方法 equals()和 "=="的区别，方法 equals()用于比较两个数组的内容是否相同，而 "=="用于判断两个数组是否指向同一个内存地址。

范例导学

范例 6-4：比较两个一维数组是否相同（范例文件：daima\6\6-4\...\Shuzubijiao.java）。

本实例定义了 3 个整型数组 a1、a2 和 a3，然后让数组 a1 分别与 a2、a3 进行比较，代码如下：

```
import java.util.Arrays;
public class Shuzubijiao {
    public static void main(String[] args){
        int[]a1={1,2,3,4,5,6,7,8,9,0};          //初始化第一个数组 a1
        int[]a2=new int[9];                      //初始化第二个数组 a2
```

```
        System.out.println(Arrays.equals(a1, a2));        //比较数组 a1 和 a2
        System.out.println(a1==a2);                        //用==比较数组 a1 和 a2
        int[]a3={1,2,3,4,5,6,7,8,9,0};                     //初始化第三个数组 a3
        System.out.println(Arrays.equals(a1, a3));         //比较数组 a1 和 a3
        System.out.println(a1==a3);                        //用==比较数组 a1 和 a3
    }
}
```

输出结果如下。

```
false
false
true
false
```

注意：在比较数组的时候，一定要在程序前面加上一行 "import.java.util.Arrays;"，否则程序会发生异常，这行代码的意思是插入 Java 内置的软件包 Arrarys。

编程实战

实战案例 6-4-01：比较两个数组是否相同并输出差集 分别创建两个相同数据类型的数组并赋值，然后比较这两个数组是否相同并输出显示这两个数组的差集。

实战案例 6-4-02：比较两个学生成绩是否相同 在两个数组中分别保存两名学生的各门功课的考试成绩，然后比较这两名学生的各门成绩是否相同。

6.3.3　数组元素排序

知识讲解

1．方法 sort()

在 Java 程序中，可以使用内置方法 sort() 对数组内的元素进行由小到大排序，使用此方法的语法格式如下。

```
Arrays.sort(a);
```

参数 a 表示待排序数组的名称。

2．冒泡排序

冒泡排序（bubble sort）是常用的排序算法之一，其基本思想是：对比相邻的元素值，如果前面的元素值大于后面的元素值就交换元素值，把较小的元素值移动到前面的位置，把较大的元素值移动到后面的位置（也就是交换两个元素的位置），这样数组元素就像气泡一样从底部上升到顶部。请看下面的演示代码，功能是获取用户在控制台输入的 5 个成绩信息，将这些成绩保存到数组中，然后对数组进行冒泡排序，并输出排序后的结果。具体实现流程如下。

（1）在方法 main() 中创建 Scanner 类的实例，声明 double 类型的数组 score，然后接收用户在控制台输入的成绩，并保存到 score 中，代码如下。

```
import java.util.Scanner;
public class MaoPao {
```

```java
public static void main(String[] args) {
    Scanner scan = new Scanner(System.in);
    double[] score = new double[5];
    for (int i = 0; i < score.length; i++) {
        System.out.print("请输入第 " + (i + 1) + " 个成绩: ");
        score[i] = scan.nextDouble();
    }
}
}
```

（2）在对数组 score 排序之前，首先输出数组中各个元素的值，代码如下。

```java
System.out.println("排序前的元素值: ");
for (int i = 0; i < score.length; i++) {
    System.out.print(score[i] + "\t");
}
System.out.println();
```

（3）使用冒泡排序方法对数组 score 进行排序，该过程需要借助一个临时变量，代码如下。

```java
System.out.println("通过冒泡排序方法对数组进行排序: ");
for (int i = 0; i < score.length - 1; i++) {
    //比较相邻两个元素，较大的元素往后冒泡
    for (int j = 0; j < score.length - 1 - i; j++) {
        if (score[j] > score[j + 1]) {
            double temp = score[j + 1];      //把第一个元素值保存到临时变量中
            score[j + 1] = score[j];         //把第二个元素值转移到第一个元素变量中
            score[j] = temp;                 //把临时变量(第一个元素的原值)保存到第二个元素中
        }
        System.out.print(score[j] + " ");    //对排序后的数组元素进行输出
    }
    System.out.print("【");
    for (int j = score.length - 1 - i; j < score.length; j++) {
        System.out.print(score[j] + " ");
    }
    System.out.println("】");
}
```

运行程序，先通过键盘输入如下信息。

```
请输入第 1 个成绩: 77
请输入第 2 个成绩: 90
请输入第 3 个成绩: 68
请输入第 4 个成绩: 59
请输入第 5 个成绩: 80
```

输入完毕，开始排序，输出结果如下。

```
排序前的元素值:
77.0    90.0    68.0    59.0    80.0
通过冒泡排序方法对数组进行排序:
77.0 68.0 59.0 80.0 【90.0 】
68.0 59.0 77.0 【80.0 90.0 】
59.0 68.0 【77.0 80.0 90.0 】
59.0 【68.0 77.0 80.0 90.0 】
```

3. 快速排序

快速排序（quicksort）是对冒泡排序的一种改进，是一种执行效率很高的排序算法。快速排序的基本思想是：通过一趟排序，将要排序的数据分隔成独立的两部分，其中一部分所有的数据都比另外一部分所有的数据都要小，然后再按此方法对这两部分数据分别进行快速排序，整个排序过程可以递归进行，以此使整个数据变成有序序列。

快速排序的具体做法是：假设要对某个数组进行排序，首先任意选取一个数据（通常选用第一个数据）作为关键数据，然后将所有比它小的数都放到它的前面，所有比它大的数都放到它的后面。这个过程称为一趟快速排序。递归调用此过程，即可实现数据的快速排序。

4. 选择排序

选择排序的基本思想是：每一趟都从待排序的元素中选出最大（或最小）的一个元素，顺序地放在已排好序的序列的最后，直到全部待排序的元素排完。

请看下面的实例，功能是使用方法 sort() 由低到高排序学生的成绩。

范例导学

范例 6-5：由低到高排序学生的成绩（范例文件：daima\6\6-5\...\Shuzupaixu.java）。

本实例定义了一个整型数组 scores，保存学生的成绩，然后使用方法 sort() 对数组 scores 进行排序，代码如下：

```java
import java.util.Arrays;
public class Shuzupaixu{
    public static void main(String[] args){
        int[] scores=new int[]{78,45,85,97,87};          //定义含有 5 个元素的数组
        System.out.println("排序前的成绩如下: ");
        for(int i=0;i<scores.length;i++){                 //使用 for 循环遍历 scores 数组
            System.out.print(scores[i]+"\t");
        }
        System.out.println("\n 排序后的成绩如下: ");
        Arrays.sort(scores);                              //对数组进行排序
        for(int j=0;j<scores.length;j++){                 //遍历排序后的数组
            System.out.print(scores[j]+"\t");
        }
    }
}
```

输出结果如下。

```
排序前的成绩如下:
78   45   85   97   87
排序后的成绩如下:
45   78   85   87   97
```

编程实战

实战案例 6-5-01：由小到大排序数组中的元素　创建一个整型数组并赋值，然后对数组内的元素实现由小到大的排序。

实战案例 6-5-02：经典的冒泡排序　在整型数组中保存多个整数，然后对这些整数实现冒泡排序。

实战案例 6-5-03：使用选择排序　创建一个整型的数组并赋值，然后对数组内的元素实现选择排序。

6.3.4　查找数组中的元素

知识讲解

1. 方法 binarySearch()

在 Java 中，可以使用内置方法 binarySearch() 查找数组中的某一个元素，其语法格式如下。

```
int i=binarySearch(a, "abcde");
```

上述格式中,参数 a 表示被搜索数组的名称,参数 abcde 表示需要在数组中查找的内容。如果 abcde 在数组 a 中, 则返回搜索值 abcde 的索引; 否则返回一个负数。

下面的示例代码定义了一个字符串型数组 name 保存学生的姓名, 又定义一个整型数组 score 保存学生的成绩,两个数组中学生的姓名与成绩按顺序一一对应(索引值对应)。接着使用方法 binarySearch() 在数组 score 中查找数值是 100 的元素, 然后通过返回的索引值在数组 name 中锁定成绩是 100 分的学生的姓名。

```java
import java.util.Arrays;
public class Shuzuserch1{
    public static void main(String[] args){
        String[] name={"莎莎","诚诚","莲莲","希希"};        //字符串型数组 name,用于保存学生的姓名
        int[] score={99,68,98,100};                          //整型数组 score,用于保存学生的成绩
        int index1=Arrays.binarySearch(score,100);          //开始搜索
        System.out.println(name[index1]+"同学的成绩是 100 分! ");
    }
}
```

输出结果如下。

希希同学的成绩是 100 分!

2. 顺序查找

顾名思义,顺序查找就是在一个已知的无序(或有序)的数组中找出与给定的关键字相同的元素的具体位置。该方法的基本思想是:让关键字与数组中的元素从开始位置向后逐个比较,直到找到与给定的关键字相同的元素。示例代码如下。

```java
Scanner input = new Scanner(System.in);
int[] numbers = {43,44,77,44,88};
System.out.println("输入你要找的数字: ");
int num = input.nextInt();
int pos = -1;
for(int i = 0;i < numbers.length;i++){
    if(num == numbers[i]){
        pos = i;
        break;
    }
}
if(pos == -1){
    System.out.println("没有找到该数");
}else{
    System.out.println("该数字的位置是: "+pos);
}
```

在上述代码中定义了数组 numbers 并初始化,提示用户输入要查找的数字。然后使用 for 循环从第一个元素起按顺序遍历数组中的元素,并依次和要查找的数字进行比较,直到找到要查找的数字或者遍历完整个数组。如果不相等就比较下一个元素,如果相等就将元素的索引保存并退出循环。最后打印输出要查找的数字在数组中的位置。

3. 折半查找

折半查找又称二分查找,该方法的基本思想是:对于已经按照一定顺序排列好元素的数组,使用关键字和数组的中间元素比较,如果两者相等,则查找成功。如果不相等,则判断关键字是在前半部

分还是后半部分中，然后继续将关键字和对应部分的中间元素比较，如果两者相等，则查找成功。如果不相等，则继续使用同样的方法拆分比较，直至找到与关键字相等的元素或者数组拆分到不可拆分为止。

范例导学

范例 6-6：快速找到数组内的某个元素（范例文件：**daima\6\6-6\...\Shuzusearch2.java**）。

本实例首先自定义了方法 binarySearch01()，功能是使用折半查找方法查找某个数组内的指定元素，如果找到，则返回要查找的元素的索引值，否则返回-1。接着在方法 main() 中定义一个一维数组 arr 并赋值，然后提示用户输入要查找的元素，按下 Enter 键后调用方法 binarySearch01() 在数组 arr 内查找这个元素。代码如下。

```java
import java.util.Scanner;
public class Shuzusearch2{
    public static int binarySearch01(int[] arr,int key) {              //折半查找法
        int min = 0,max = arr.length - 1,mid;
        mid = (max + min ) / 2;
        while(arr[mid] != key){
            if(arr[mid] < key){
                min = mid + 1;                    //在中间值小于 key 值的前提下，min 值加 1
                mid = ( min + max ) / 2;
            }else if(arr[mid] > key){
                max = mid - 1;                    //在中间值大于 key 值的前提下，max 值减 1
                mid = ( max + min ) / 2;
            }

            if(max < min) return -1;    //如果 max 的值小于 min 的值，则表示没有找到 key 值，终止循环
        }
        return mid;
    }

    public static void main(String[] args) {
        Scanner input = new Scanner(System.in);
        int[] arr = {12,31,44,67,89,101,120};

        System.out.print("输入要查找的元素: ");
        int key = input.nextInt();

        int index = binarySearch01(arr,key);
        if(index != -1){
            System.out.println("index = " + index);
        }else {
            System.out.println("不存在这个元素! ");
        }
    }
}
```

运行程序，输入 31，输出结果如下。

```
输入要查找的元素: 31
index = 1
```

注意：关于方法的自定义与调用，将在本书的第 7 章中进行详细讲解。

编程实战

实战案例 6-6-01：学生资料快速查找系统　创建一个字符串型数组并赋值，在里面存储多个学

生的名字，然后通过 Scanner 获取要查询的学生的名字，最后在数组中查找对应的学生并输出查询结果。

实战案例 6-6-02：找出马超在五虎上将中的位置　创建一个字符串型数组，里面按照《三国演义》中的排序存储五虎上将的名字，然后找出"马超"的索引。

实战案例 6-6-03：学生成绩查询系统　创建一个整数类型数组，在里面存储某个学生的各科成绩，然后分别找出最高分、最低分并计算平均分。

实战案例 6-6-04：自行实现折半查找算法　在整型数组中保存多个整数，然后自行设计折半查找算法，查找该数组内的某个数值。

6.3.5　替换数组中的元素

知识讲解

在 Java 程序中，可以使用 fill() 方法替换数组中的元素，方法 fill() 的使用格式有如下两种。

```
fill(array, value);
fill(array, from_index, to_index, value);
```

❏　第一种格式：将数组 array 中的所有元素都赋值为 value。

❏　第二种格式：将数组 array 内索引从 from_index 到 to_index-1 范围内的所有元素赋值为 value。这里务必注意，这个范围不包含元素 array[to_index]。

这里需要说明的是，方法 fill() 的功能十分有限，只能使用同一个数值进行填充。

范例导学

范例 6-7：修改某电动汽车品牌的销售目标（范例文件：daima\6\6-7\...\Shuzutihuan.java）。

假设某电动汽车品牌 1～6 月的销售计划是每月 10000 台，因为市场竞争激烈，将 6 月份的销售计划下调至 9500 台。编写程序实现上述功能，代码如下。

```java
import java.util.Arrays;
public class Shuzutihuan {
    public static void main(String args[]) {
        int array[] = new int[6];                    //定义一个int型数组，能够保存6个元素
        Arrays.fill(array, 10000);                   //使用方法fill()将所有元素赋值为10000
        for (int i = 0, n = array.length; i < n; i++) {  //使用for循环遍历数组
            System.out.print(array[i]+" ");          //输出显示此时在数组中保存的元素
        }
        System.out.println("\n===========================");
        Arrays.fill(array, 5, 6, 9500);              //将索引值为5的元素的数值替换为9500
        for (int i = 0, n = array.length; i < n; i++) {
            System.out.print(array[i]+" ");          //输出显示此时在数组中保存的元素
        }
    }
}
```

输出结果如下。

```
10000 10000 10000 10000 10000 10000
```

```
===========================
10000 10000 10000 10000 10000 9500
```

110

6.3.6 使用 foreach 循环遍历数组

知识讲解

在 Java 中，可以使用 foreach 语句遍历数组中的元素。从实质上说，foreach 语句是 for 循环语句的特殊简化版。使用 foreach 语句遍历数组的语法格式如下。

```
for(type 元素变量 x : 遍历对象 obj){
    引用了元素变量 x 的 java 语句;
}
```

上述格式中，type 代表 Java 中合法的数据类型；"遍历对象 obj"代表将要被遍历的对象，可以是数组或集合；"元素变量 x"是一个形参，foreach 语句自动将数组元素、集合元素依次赋值给该变量。

范例导学

范例 6-8：输出显示载人飞船的型号（范例文件：daima\6\6-8\...\TestForEach.java）。

本实例定义了一个字符串型数组 ships，用于保存我国神舟飞船第三阶段发射的型号，然后使用 foreach 语句遍历数组内的元素，代码如下。

```java
public class TestForEach {
    public static void main(String[] args) {
        String[] ships = {"神舟十五号" , "神舟十六号","神舟十七号","神舟十八号","神舟十九号"};
        System.out.println("我国神舟飞船第三阶段发射的型号有: ");
        //使用 foreach 语句来遍历数组元素,其中 ship 将会自动迭代每个数组元素
        for (String ship : ships){
            System.out.println(ship);
        }
    }
}
```

输出结果如下。

```
我国神舟飞船第三阶段发射的型号有:
神舟十五号
神舟十六号
神舟十七号
神舟十八号
神舟十九号
```

编程实战

实战案例 6-8-01：遍历输出学生的成绩　创建一个整型数组，里面保存多名学生的成绩，然后遍历输出数组内的元素。

实战案例 6-8-02：foreach 语句遍历二维数组　创建一个整型二维数组并赋值，然后使用 foreach 语句遍历这个二维数组。

6.4 综合实战——某网店库存管理系统

范例功能

假设在仓库系统中，每件商品都有 3 种库存信息，分别是入库量、出库量和当前库存量。先定义一个一维数组来存储 5 件商品的名称，再定义一个二维数组来存储这 5 件商品的 3 种库存信息。用户可以根据商品名称查询该商品的所有库存信息，可以查看某个类别的库存信息下数量小于 100 的商品名单，可以将所有商品按照库存量从低到高的顺序排列。

学习目标

巩固一维数组、二维数组的相关知识，熟练掌握数组操作技巧。

具体实现

编写实例文件 Inventory.java，输出结果如下。

```
*************** 库存系统 ***************
请输入要查询库存信息的商品名称：
水杯
商品【水杯】的库存信息如下：
入库    出库       库存
50    45    789
******** 查询库存不足 100 的商品 *********
1.入库    2.出库    3.库存
请输入序号：
1
该类别下数量较少的商品有：
洗发水       纸巾  水杯
** 是否需要将所有商品按照库存量从低到高的顺序排列 **
1.是    2.否
请输入序号：
1
所有商品按照库存量从低到高的顺序排列如下：
商品名称    库存
纸巾       40
洗发水      50
水杯       50
牙膏       100
香皂       898
```

第 7 章 类和对象

随着互联网技术的不断发展，软件的规模越来越大，传统的结构化编程语言越来越力不从心，于是面向对象程序设计理念应运而生。Java 是一门面向对象的编程语言，它以类的形式组织代码，以对象的形式封装数据，从而在处理复杂的编程问题方面展现出了明显的优势。学习 Java 语言，必须深入了解面向对象编程思想。本章将详细讲解 Java 面向对象编程的一些基本概念与特性，核心知识架构如下。

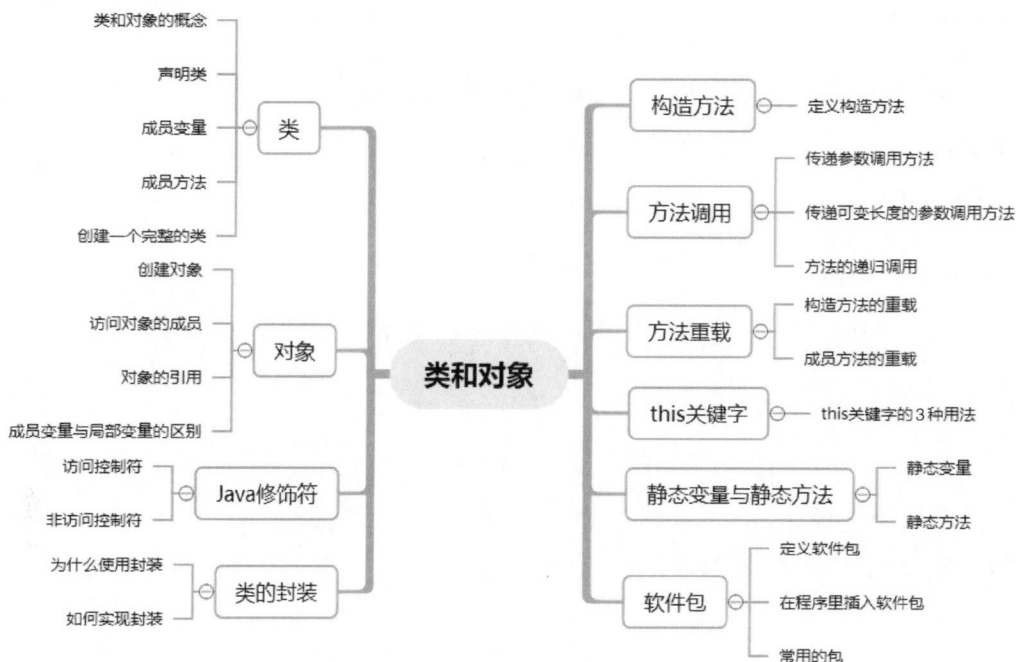

7.1 类

面向对象是衡量一门编程语言是否为高级编程语言的重要标志。Java 作为一门面向对象的高级编程语言，具备面向对象语言的基本特征，而类与对象则是面向对象中的核心概念。

7.1.1 类和对象的概念

1. 类

在面向对象程序设计中，类用于描述一类对象的共同特征，包含这类对象共有的属性与行为。它起了一个模板的作用，能够描述一类对象的行为和状态，如以下两个示例所示。

❑ 在现实生活中，可以将人看成一个类，这个类被称为人类，所有的人都有姓名、身份等属性，都具有完成某种动作这一行为。

❑ 某个人的名字叫 A，并且有一个独一无二的身份证号，会开发 Java 程序，这个具体的人就是人类的一个对象。

Java 中的每一个源程序至少都会有一个类。例如，在本书前面的实例中，用关键字 class 定义的都是类。在 Java 中，可以把类当成一种自定义数据类型，可以使用类来定义变量，这种类型的变量统称为引用型变量。也就是说，所有类都是引用数据类型。

2. 对象

对象是实际存在的某个类中的每一个个体，因而也称为实例（instance）。对象的抽象是类，类的具体化就是对象，也可以说类的实例是对象。类用来描述一系列对象，概述每个对象应包括的属性和行为特征。因此，可以把类理解成某种概念、定义，它规定了某类对象所共同具有的属性和行为特征。

在面向对象程序设计中，首先要将一类对象抽象成一个类，定义这类对象共有的属性和方法（也就是行为），如上述的人类，其属性包括名字、身份等，其方法包括完成某种动作等；接下来，可以将这个类作为模板创建具体的对象，如上述的某个人，可定义其名字属性是 A，设置其身份属性为其独一无二的身份证号，定义其方法为会开发 Java 程序。

7.1.2 声明类

在 Java 程序中，使用关键字 class 声明类。只有经过声明后，才能在程序中使用对应的类。声明 Java 类的语法格式如下。

```
[修饰符] class 类名{
    类体
}
```

❑ 修饰符：可以是 public、protected、private、default，各修饰符的含义参见第 7.3 节。

❑ 类名：只要是一个合法的标识符即可，Java 类名的命名规则如下。

    ➢ 类名应该以下画线 "_" 或字母开头，最好以字母开头。

    ➢ 第一个字母最好大写，如果类名由多个单词组成，则每个单词的首字母最好都大写。

    ➢ 类名不能为 Java 中的关键字，如 boolean、this、int 等。

    ➢ 类名不能包含任何嵌入的空格或点号以及除下画线 "_" 和美元符号 "$" 的特殊字符。

◀》**注意**：从程序的可读性方面来看，建议 Java 类名由一个或多个有意义的单词连缀而成，每个单词首字母大写，其他字母全部小写，单词与单词之间不要使用任何分隔符。在定义一个类时可以包含 3 种最常见的成员，分别是构造方法、属性和方法。这 3 种成员都可以定义零个或多个，如果这 3 种成员都只定义了零个，则定义了一个空类，空类没有太大的实际意义。类中各个成员之间的定义顺序没有任何影响，各个成员之间可以相互调用。但是需要注意的是，static 修饰的成员不能访问没有 static 修饰的成员。

❑ 类体：当使用 class 定义一个类后，在类名后面的一对大括号中包含的内容都属于类体。类体中的成员可以是属性、方法等，例如下面的格式。

```
[修饰符] class 类名{
    零个到多个变量…
    零个到多个方法…
    构造方法…
    …
}
```

类体通常由两部分构成：成员变量和成员方法。类体中的成员变量和成员方法都具有类型，例如可以定义为 int 型、float 型等。

7.1.3　成员变量

在 Java 类体中创建的变量就是成员变量，类的属性由成员变量表示，且成员变量和对象的属性也是一一对应的。有关属性和成员变量的关系，可以举一个例子：假设创建了一个图书类 Book，并在类中创建了两个变量 id 和 name，分别用于表示图书的编号和书名，那么 id 和 name 就是成员变量，而编号和书名是类 Book 的两个属性。

在 Java 程序中，定义成员变量的语法格式如下。

```
[修饰符] 变量类型 属性名 [=默认值]；
```

- ❏　修饰符：可以是 public、protected、private、static、final。其中，public、protected、private 最多只能出现其中之一，它们都可以与 static、final 组合起来修饰成员变量。各修饰符的含义参见第 7.3 节。注意，成员变量的修饰符可以省略。
- ❏　变量类型：变量类型可以是 Java 语言允许的任何数据类型，包括基本类型和引用类型。
- ❏　变量名：变量的名字，应该由一个或多个有意义的单词连缀而成，单词与单词之间不许使用任何分隔符。最好是第一个单词首字母小写，后面每个单词首字母大写，其他字母全部小写。
- ❏　默认值：在定义成员变量时可以为其赋一个初始值，这个初始值称为默认值，它是可选的。

7.1.4　成员方法

在 Java 类体中创建的方法就是成员方法，用于表示类的行为，实现类与外部的交互。定义成员方法的语法格式如下。

```
[修饰符] 方法返回值类型 方法名 [形参列表] {
    由零条或多条可执行语句组成的方法体
}
```

- ❏　修饰符：可以是 public、protected、private、default、static、final，各修饰符的含义参见第7.3 节。
- ❏　方法返回值类型：返回值类型可以是 Java 允许的任意数据类型，包括基本类型和引用类型。
- ❏　方法名：成员方法名命名规则与成员变量命名规则基本相同。
- ❏　形参列表：用于定义该方法可以接收的参数，由零组到多组"参数类型+形参名"组合而成，多组参数之间用英文逗号隔开，参数类型和形参名之间以英文空格隔开。一旦在定义方法时指定了形参列表，则调用该方法时必须传入对应的参数值——谁调用方法，谁负责为形参赋值。

7.1.5　创建一个完整的类

接下来创建一个完整的新类，也就是创建一个新的数据类型。定义一个完整新类的步骤如下。

（1）声明类。编写类的最外层框架，声明一个名称为 Person 的类。此时的代码如下。

```
public class Person {
    …                                            //类的主体
}
```

（2）编写类的成员变量。通过在类体中定义成员变量描述类所具有的特征（属性），给类 Person 定义两个成员变量：String 类型变量 name 和 int 类型变量 age。此时的代码如下。

```
public class Person {
    private String name;                         //姓名
    private int age;                             //年龄
}
```

（3）编写类的成员方法。类的成员方法描述了类所具有的行为，可以简单地把成员方法理解为独立完成某个功能的单元模块。给类 Person 定义一个成员方法 tell()，此时的代码如下。

```
public class Person {
    private String name;                         //姓名
    private int age;                             //年龄
    public void tell() {
        System.out.println(name+"今年"+age+"岁！");   //定义说话的方法
    }
}
```

7.2　对　象

Java 开发领域有一句比较流行的话，叫作"万物皆对象"，这是 Java 语言设计之初的理念之一。对象是类的实例，例如所有的人统称为"人类"，这里的"人类"就是一个类（物种的一种类型），而具体到每个人，例如张三，他就是对象，是"人类"的实例。在 Java 程序中，只有为类创建对象后，才可以操作类的变量和方法来解决问题。

7.2.1　创建对象

在 Java 程序中，通过关键字 new 来创建对象，计算机会自动为对象分配一个空间，然后访问变量和方法。在创建对象之前必须先声明对象，声明 Java 对象的语法格式如下。

```
类名 对象名;
```

在上述格式中，"对象名"是一个引用变量，默认值为 null，存放于栈内存中，表示不指向任何堆内存空间。接下来需要对该变量进行初始化，Java 使用 new 关键字来创建对象，也称实例化对象，语法格式如下。

```
对象名 = new 类名();
```

上述语法的功能是使用关键字 new 在堆内存中创建类的对象，对象名引用此对象。声明和实例化对象的过程可以合并到一行代码中，格式如下。

```
类名 对象名 = new 类名();
```

例如在下面的代码中，创建了类 Person 的对象 r。

```
Person r = new Person();
```

上述示例中，Person r 声明了一个 Person 类型的引用变量 r，即对象，new Person ()创建了对象，最终将创建的对象赋值给引用变量 r。

注意：上述创建对象的过程，只是调用类的无参构造方法（严格说是默认无参构造方法）创建对象。在具体开发中，更常见的是使用有参构造方法来创建对象，语法如下。

```
类名 对象名 = new 类名(参数列表);
```

关于构造方法的知识，会在第 7.5 节详细讲解。

7.2.2　访问对象的成员

知识讲解

在 Java 程序中，创建了对象后，就可以使用 "." 来访问对象的成员变量和成员方法，其语法格式如下。

```
对象名.成员变量;
对象名.成员方法;
```

例如下面的实例中，演示了在创建了对象后，访问其成员变量和成员方法的过程。

范例导学

范例 7-1：输出显示小菜同学本月的生活费（范例文件：daima\7\7-1\... \Test.java）。

本实例创建了类 Shenghuo，并在类 Shenghuo 中分别定义了一个整型变量 a 和一个方法 print()。然后在类 Test 中创建类 Shenghuo 的对象 sh，并访问该对象的成员变量和成员方法。代码如下。

```
class Shenghuo {                                    //定义类 Shenghuo
    public int a;                                  //定义 int 类型的变量 a
    public void print(){                           //定义打印方法 print()
        System.out.println("小菜同学本月的生活费是"+a+"元！");  //打印输出
    }
}
public class Test{
    public static void main(String args[]){
        Shenghuo sh=new Shenghuo();                //创建类 Shenghuo 的对象 sh
        sh.a=1800;                                 //给对象 sh 的变量 a 赋值为 1800
        sh.print();                                //调用方法 print()
    }
}
```

在上面的代码中，在类 Test 中创建了类 Shenghuo 的对象 sh，然后使用 "." 访问了类 Shenghuo 中的成员变量 a 和成员方法 print()。输出结果如下。

```
小菜同学本月的生活费是 1800 元！
```

编程实战

　　实战案例 7-1-01：输出显示学生的信息　先定义一个名为 Student 的类，然后在该类中通过成员变量定义学生的姓名、性别和年龄，最后在方法 main() 中创建两个类 Student 的对象，并输出显示学生的信息。

　　实战案例 7-1-02：输出显示小菜的学号　在类中创建成员变量表示小菜的学号，同时创建成员方法输出显示小菜的学号。然后创建对象，访问类的成员变量和成员方法，输出显示小菜的学号。

　　实战案例 7-1-03：温度单位转换工具　在类中创建成员方法，实现将摄氏度转换成华氏度的功能，然后创建对象，调用该成员方法，将用户输入的摄氏度转换为华氏度。

7.2.3　对象的引用

　　每种编程语言都有自己的数据处理方式，开发者必须注意要处理的数据是什么类型。Java 对数据类型进行了简化处理，将一切都视为对象，但对象标识符实质上是对象的引用（reference）。对象和对象的引用不是一回事，是两个完全不同的概念。举个例子，用下面的代码来创建一个对象。

```
Person person = new Person("张三");          //使用了有参构造方法的知识，参见第 7.5 节
```

　　有人会说，这里的 person 是一个对象，是类 Person 的一个实例。也有人会说，这里的 person 并不是真正的对象，而是指向所创建的对象的引用。到底哪种说法对呢？事实上，Java 中使用关键字 new 在内存中创建对象，如果 person 是一个对象的话，那么为何还要通过 new 来创建对象呢？由此可见，person 并不是所创建的对象，而是指向一个对象的引用。再看下面的示例。

```
Person person;
person = new Person("张三");
person = new Person("李四");
```

　　在上述代码中，先让 person 指向"张三"这个对象，然后又让其指向"李四"这个对象。也就是说，person 只是类 Person 的引用，它可以指向类 Person 的任何对象。其原理和下面的代码相同。

```
int a;
a = 2;
a = 3;
```

　　在上述代码中，声明了一个 int 类型的变量 a，接着先对 a 赋值为 2，后又将其赋值为 3。

　　综上所述，一个引用可以指向多个对象，那么一个对象可不可以被多个引用所指呢？答案是肯定的。例如，下面的代码完全正确。

```
Person person1 = new Person("张三");
Person person2 = person1;
```

　　在上述代码中，person1 和 person2 都指向"张三"这个对象。

7.2.4　成员变量与局部变量的区别

　　在范例 7-1 的类 Shenghuo 中，定义在方法 print() 外的 int 型变量 a 是成员变量，它的作用域为整个类 Shenghuo。如果在方法 print() 中也定义一个变量，那么这个变量就是局部变量，它的作用域在方法

print()的方法体内。在 Java 语言中，成员变量和局部变量的主要区别如下。

❏ 定义的位置不同：局部变量定义在方法或代码块内部；成员变量定义在类内，在方法或代码块外部。

❏ 默认值不同：成员变量如果没有赋值，会自动被设置一个默认值（布尔型变量默认值为 false，byte、short、int、long 型变量默认值为 0，字符型变量默认值为空字符'\u0000'，浮点型变量默认值为 0.0，引用类型变量默认值为 null）；局部变量没有默认值，如果要使用它，必须先对其赋值。

❏ 生命周期不同：成员变量随着对象的出现而出现，随着对象的消失而消失；局部变量是随着方法或代码块的运行而出现，随着方法或代码块的弹栈（执行完毕）而消失。

❏ 在内存中的位置不同：成员变量存在于堆内存中，和类一起创建；局部变量存在于栈内存中，当方法或代码块执行完成后让出内存空间。

7.3　Java 修饰符

在定义类、成员变量、成员方法的时候，都会用到修饰符，那么这些修饰符的具体作用究竟是什么呢？本节将对此进行系统的讲解。在 Java 语言中，修饰符分为访问控制符和非访问控制符两类。

7.3.1　访问控制符

顾名思义，访问控制符就是限定类、属性或方法等是否可以被程序里的其他部分访问或调用的修饰符。合理地使用访问控制符，可以减少程序中类与类之间的关联性，降低程序的复杂度，提高程序的健壮性和可维护性。

Java 中的访问控制符有 4 个，按照其控制级别排序后分别是 private、default、protected、public，它们各自的具体作用如下。

❏ private：私有访问控制符，是最高的保护级别的修饰符，用该修饰符修饰的类成员变量和成员方法只能被该类自身的方法访问和修改，而不能被任何其他类（包括该类的子类）直接访问。

❏ default：默认访问控制符，也称包访问控制符，当类、类的成员变量、类的成员方法没有被任何访问控制符修饰时，系统会默认其被修饰符 default 所修饰。被这种修饰符修饰的类或类的成员只能被同一个包中的类访问。

❏ protected：保护访问控制符，该修饰符用于修饰类的成员，如果一个类的成员变量或成员方法被该修饰符修饰，那么它只能被该类自身、与该类在同一个包中的其他类、在其他包中的该类的子类所访问。在 Java 程序中，如果某个类的成员必须允许其他包中该类的子类来访问，但不许其他包中的其他类访问，可以使用 protected 修饰。

❏ public：公有访问控制符，是最宽松的访问控制符。如果一个类或者类的成员被 public 所修饰，那么在其他所有类中只要使用 import 语句导入该类，就可以访问该类及其成员，不论访问者是否与该类位于同一个包。

7.3.2　非访问控制符

除上述 4 种访问控制符以外，Java 程序中还经常使用一些非访问控制修饰符，常见的有 static、final、abstract，具体作用如下。

- ❑ static：其含义是静态的、非实例的（本质）、类的，可以用来修饰类的成员变量、成员方法，也可以用来修饰内部类。被 static 修饰的成员变量称为静态变量或类变量，被 static 修饰的成员方法称为静态方法或类方法。从本质上看，static 修饰符的作用主要是实现数据的共享和初始化加载。
- ❑ final：其含义是最终的、不可改变的，可以修饰类、成员变量、成员方法和局部变量，表示其修饰的类、变量和方法不可改变。
- ❑ abstract：其含义是抽象的，不可实例化的，可以修饰类和类的成员方法。被 abstract 修饰的类称为抽象类，被 abstract 修饰的成员方法称为抽象方法。有关抽象类与抽象方法的知识将在第 9 章讲解。

📢 **注意**：Java 语言还支持其他非访问修饰符，如 synchronized、volatile、transient，其具体作用在用到的时候再详细阐述。

7.4　类 的 封 装

面向对象程序设计有三大特征，即封装、继承与多态。本节来讲解封装，继承与多态将是第 8 章的核心内容。

7.4.1　为什么使用封装

封装也称为信息隐藏，即通过一定的技术手段将数据和方法的操作封装在一起，使其构成一个不可分割的独立实体，进而将数据保护在方法的内部，尽可能地隐藏内部的细节，只保留一些对外接口使之与外部发生联系。

那么，Java 程序中的类为什么需要封装呢？先来看如下代码。

```java
class Person {                                      //声明一个人类 Person
    String name;                                    //声明名字属性 name
    int age;                                        //声明年龄属性 age
    public void show() {                            //定义显示信息的方法
        System.out.println("我叫" + name + "，我的年龄是" + age);
    }
}
public class Test{
    public static void main(String[] args) {
        Person r= new Person();                     //实例化一个类 Person 的对象
        r.name = "张飞";                             //为 name 属性赋值
        r.age = -52;                                 //为 age 属性赋值
        r.show();                                   //调用对象的方法
    }
```

```
}
```

输出结果如下。

我叫张飞，我的年龄是-52

上述程序的运行结果中出现了"年龄是-52"的情况，这是代码倒数第 4 行给对象 r 的 age 属性赋值为-52 导致的。在语法上，这种操作是完全正确的，但在现实生活中明显不合理。为了避免这种不合理的情况出现，需要对类 Person 进行封装，即在设计类的时候，采用一定的技术手段对成员变量的访问进行必要的限制，不允许外界随意修改。

使用类的封装有如下好处。

☐ 实现专业的分工。将能实现某一特定功能的代码封装成一个独立的实体，开发人员在需要的时候调用，从而实现了专业的分工。

☐ 提高代码的安全性。将代码的一些不想让用户看到的信息和实现细节隐藏起来，防止技术泄露或被破坏，提高代码的安全性。

7.4.2 如何实现封装

类的封装并不难实现，只需在定义一个类时，使用 private 关键字修饰其属性，控制这些属性只能在该类中被访问，同时又提供 public 关键字修饰的公有方法以保证外部使用者访问类中的私有属性，如设置属性的 setXxx()方法和获取属性的 getXxx()方法等，进而可以在这些公有方法中进行必要的技术处理，过滤掉不合适的赋值行为。接下来，采用封装的思想来重新设计第 7.4.1 节中的类 Person，具体代码如下。

```java
class Person {                                          //声明一个人类 Person
    private String name;                                //声明私有的名字属性 name
    private int age;                                    //声明私有的年龄属性 age
    public void setName(String str) {                   //设置名字属性 name 的方法
        name = str;
    }
    public String getName() {                           //获取名字属性 name 的方法
        return name;
    }
    public void setAge(int n) {                         //设置年龄属性 age 的方法
        if (n<0) {                                      //验证年龄，过滤掉不合理的赋值
            System.out.println("输入的年龄值错误！");
        } else {
            age = n;
        }
    }
    public int getAge() {                               //获取年龄属性 age 的方法
        return age;
    }
    public void show() {                                //定义显示信息的方法
        System.out.println("我叫" + name + "，我的年龄是" + age);
    }
}
public class Test{
    public static void main(String[] args) {
        Person r= new Person();                         //实例化一个类 Person 的对象
        r.setName("张飞");                               //设置 name 属性的值
        r.setAge(-52);                                  //设置 age 属性的值
```

```
        r.show();                                           //调用对象的方法
    }
}
```

输出结果如下。

输入的年龄值错误！
我叫张飞，我的年龄是 0

在上述代码中，使用 private 关键字将 name 和 age 属性声明为私有的，并对外提供了由 public 关键字修饰的方法 setName()、方法 getName()、方法 setAge()、方法 getAge()，前两者分别用来设置和获取 name 属性的值，后两者分别用于设置和获取 age 属性的值。同时，方法 setAge()中增加了一定的技术处理，过滤掉了不合理的年龄。然后创建类 Rerson 的对象 r，并调用方法 setAge()设置 age 属性的值为-52 时，程序会判断这是不合理的年龄，没有对 age 属性赋值，age 属性仍为默认初始值 0。

7.5　构　造　方　法

在实际开发应用中，开发者经常需要在实例化对象的同时为其属性赋值，这就需要使用构造方法的有关知识。

知识讲解

在前面的内容中，成员变量都是在对象创建之后，由相应的方法来对其赋值。如果一个对象在被创建时就完成了所有的初始化工作，那么代码将会变得非常简洁。Java 提供了一个特殊的成员方法，即构造方法，用来在对象被创建时初始化成员变量。构造方法有如下 3 个特征。

❑　构造方法名与类名相同。
❑　构造方法没有返回值。
❑　构造方法中不能使用 return 返回一个值，但可以单独写一行 return 语句来作为方法的结束。

在 Java 中，类的构造方法分为无参构造方法和有参构造方法两种，具体如下。

❑　有参构造方法：在类中定义有参构造方法的时候需要指定参数列表，调用有参构造方法创建对象时需要传入对应的参数，定义语法如下。

```
[构造方法修饰符]方法名(参数列表){
    构造方法的方法体
}
```

❑　无参构造方法：无参构造方法比较特殊，如果类中没有明确定义构造方法，那么在创建该类的对象时，编译器会自动创建一个默认的无参构造方法。如果类中明确定义了构造方法，且都是有参构造方法，那么编译器不会为该类自动创建默认的无参构造方法，当试图调用无参构造方法创建对象时，编译器会抛出异常。所以在类中已经明确定义了有参构造方法的情况下，如果确实需要为该类配置无参构造方法，就必须在该类中显式定义无参构造方法，定义语法如下。

```
[构造方法修饰符]方法名(){
    构造方法的方法体
}
```

🔊 **注意**：构造方法不能被 static、final、synchronized、abstract 和 native（类似于 abstract）修饰。

📖 **范例导学**

范例 7-2：创建一个手机公共类（范例文件：daima\7\7-2\...\Cellphone.java）。

本实例创建了类 Cellphone，其中定义了有参构造方法 Cellphone(String str,int a)，同时定义了无参构造方法 Cellphone()，代码如下。

```java
public class Cellphone {
    String str;                                  //定义 String 型变量 str，表示手机品牌
    int a;                                       //定义 int 型变量 a，表示手机价格
    public Cellphone(String str,int a) {         //定义有参构造方法
        this.str=str;
        this.a=a;
    }
    public Cellphone() {                         //定义无参构造方法
        this.str="小米";
        this.a=1000;
    }
    public void print() {                        //定义成员方法，打印信息
        System.out.println("品牌："+str+"；价格："+a+"元");
    }
    public static void main(String[] args) {
        Cellphone cellphone1 = new Cellphone();  //调用无参构造方法创建对象
        cellphone1.print();                      //打印对象 cellphone1 的信息
        Cellphone cellphone2 = new Cellphone("华为",4000);  //调用有参构造方法创建对象
        cellphone2.print();                      //打印对象 cellphone2 的信息
    }
}
```

输出结果如下。

```
品牌：小米；价格：1000 元
品牌：华为；价格：4000 元
```

📖 **编程实战**

实战案例 7-2-01：打印宠物的名字　在类中创建一个有参构造方法，其方法体内包含打印宠物名字的代码，然后在主函数中调用这个构造方法创建对象，查看具体执行结果是什么。

实战案例 7-2-02：打印学生的自我介绍信息　在类中定义两个参数不同的构造方法，同时定义一个返回某学生自我介绍信息的成员方法。要求设置第一个构造方法只有一个参数，代表学生的名字。设置第二个构造方法有两个参数，分别代表学生的名字和年龄。然后分别调用这两个构造方法创建对象，并分别使用成员方法输出学生的自我介绍信息。

7.6　方法调用

在 Java 程序中，方法是类或对象行为特征的抽象，是类或对象中最重要的组成部分之一。Java 中的方法完全类似于传统结构化程序设计中的函数，它不能独立存在，必须定义在类里。方法在逻辑上要么属于类，要么属于对象。

7.6.1 传递参数调用方法

知识讲解

　　Java 中的方法是不能独立存在的，在调用方法时必须使用类或对象作为主调用者。如果在声明方法时包含了形参声明，那么在调用方法时必须给这些形参传入对应的参数值，调用方法时实际传给形参的参数值也被称为实参。究竟实参如何传给方法的形参呢？在 Java 中，传递方法的参数的方式只有一种，即使用值传递方式。值传递是指将实际参数值的副本（复制品）传入方法中，而参数本身不会受到任何影响。例如，下面的实例演示了传递方法参数的过程。

范例导学

范例 7-3：输出显示换号之后的新电话号码（范例文件：daima\7\7-3\...\Chuandi.java）。

本实例定义了公用方法 change()，此方法的形参是一个 int 型变量，代码如下。

```java
public class Chuandi{
    int x;                                  //成员变量 a，表示电话号码
    public void change(int x){              //成员方法，形参是 int 型变量 x，功能是设置电话号码的值
        this.x=x;
    }
    public static void main(String[] args){
        Chuandi t=new Chuandi();            //创建对象实例 t
        t.x=5131400;                        //给成员变量 x 赋值，表示换号之前的电话号
        System.out.println("换号之前的电话号是: "+t.x);
        int a=8654231;                      //定义 int 型变量 a 并赋值，表示换号之后的电话号
        t.change(a);                        //调用方法 change()，传入实参 a，设置新电话号码
        System.out.println("换号之后的电话号是: "+t.x);
    }
}
```

输出结果如下。

```
换号之前的电话号是：5131400
换号之后的电话号是：8654231
```

编程实战

　　实战案例 7-3-01：修改学生信息　　创建一个学生类，定义姓名、性别、年龄 3 个属性，定义可以同时对这 3 个属性进行初始化的有参构造方法，再定义可以同时修改这 3 个属性的有参数的成员方法。然后创建一个学生对象，并调用成员方法修改学生信息。

　　实战案例 7-3-02：Java 大赛成绩评测系统　　在类中创建一个成员方法，功能是根据不同的成绩参数值打印输出不同的成绩等级字母，假设将成绩分为 5 个级别：A（≥ 90.0）、B（≥ 80.0 且 <90.0）、C（≥ 70.0 且 <80.0）、D（≥ 60.0 且 <70.0）、F（<60.0）。

7.6.2 传递可变长度的参数调用方法

知识讲解

　　Java 程序中允许为方法指定数量不确定的形参，即指定可变长度的参数。定义方法时，如果在最

后一个形参的类型后添加 "..."，则表明该形参可以接收多个参数值，这些参数值被当成数组传入。例如在下面的实例中，定义了一个形参长度可变的方法。

范例导学

范例 7-4：输出显示麦当劳本月最热销的商品（范例文件：daima\7\7-4\...\TestMethod.java）。

本实例的类中定义了公用方法 print()，此方法的参数 names 是可变的，代码如下。

```java
public class TestMethod{
    public void print(String...names) {          //定义可变长度参数的方法 print()
        int count=names.length;                    //获取参数总个数
        System.out.println("麦当劳本月最热销的"+count+"个商品，名单如下: ");
        for(int i=0;i<names.length;i++){           //遍历所有的参数
            System.out.println(names[i]);          //打印输出参数值
        }
    }
    public static void main(String[] args){
        TestMethod student=new TestMethod();
        student.print("猪柳蛋堡","麦乐鸡","薯条");    //传入 3 个参数值
        student.print("猪柳蛋堡","麦乐鸡");           //传入 2 个参数值
    }
}
```

上述代码中，类 TestMethod 的方法 print() 中声明了一个 String 类型的可变参数，其功能是打印可变参数的总个数以及参数值。方法 main() 中创建了类 TestMethod 的对象，然后分别传入不同个数的参数调用方法 print()。输出结果如下。

```
麦当劳本月最热销的 3 个商品，名单如下:
猪柳蛋堡
麦乐鸡
薯条
麦当劳本月最热销的 2 个商品，名单如下:
猪柳蛋堡
麦乐鸡
```

编程实战

实战案例 7-4-01：与 Java 老师打招呼 在类中创建一个参数可变的方法，然后调用这个方法打印输出与 Java 老师打招呼时的多种问候语。

实战案例 7-4-02：计算各个参数的和 在类中创建一个包含整型可变参数的方法，功能是计算各个参数的和。然后创建实例，并调用这个方法进行验证。

7.6.3 方法的递归调用

知识讲解

在 Java 程序中，如果一个方法在其方法体内调用它自身，则被称为方法的递归。方法递归包含了一种隐式的循环，它会重复执行某段代码，但这种重复执行无须循环控制。

范例导学

范例 7-5：使用递归计算数列的第 n 项（范例文件：daima\7\7-5\...\Digui.java）。

已知有一个数列：f(0)=1，f(1)=4，…，f(n+2)=2×f(n+1)+f(n)，其中 n 是大于 0 的整数，求 f(10) 的值。该数学题目可以使用递归来求得，这里定义计算数列第 n 项的递归方法 fn(int n)，代码如下。

```
public class Digui {
    public static int fn(int n){          //定义计算递归的方法 fn()
        if (n == 0){                       //如果 n 等于 0 则返回 1
            return 1;
        }
        else if (n == 1){                  //如果 n 等于 1 则返回 4
            return 4;
        }else{                             //如果 n 是其他值则执行后面的递归计算公式
            return 2 * fn(n - 1) + fn(n - 2);  //在方法中调用它自身，就是方法递归，并返回计算结果
        }
    }
    public static void main(String[] args) {
        System.out.println("f(10)="+fn(10));  //输出 fn(10) 的结果
    }
}
```

输出结果如下。

```
f(10)=10497
```

在上述代码中，对于 fn(10) 来说，它等于 2*fn(9)+fn(8)，其中 fn(9) 又等于 2*fn(8)+fn(7)，…，以此类推，最终得到 fn(2) 等于 2*fn(1)+fn(0)，即 fn(2) 是可计算的。然后按顺序反算回去，就可以得到 fn(10) 的值。仔细看上面递归的过程会发现，当一个方法不断地调用它本身时，必须在某个时刻方法的返回值是确定的，即不再调用它本身。否则，就变成了无穷递归，类似于死循环。因此，定义递归方法时规定必须向已知方向递归。

编程实战

实战案例 7-5-01：计算 1+3+5+7+9+11 的和　在类中创建一个递归方法，计算 1+3+5+7+9+11 的结果。

实战案例 7-5-02：递归处理汉诺塔问题　通过互联网查询并了解汉诺塔问题的概念，然后编写递归方法解决该问题。

实战案例 7-5-03：九九乘法表　在类中创建递归方法，然后调用该方法打印输出九九乘法表。

7.7 方法重载

方法重载是指在一个类中定义多个同名的方法，但每个方法的参数类型、参数个数或参数顺序等有所不同，即参数列表不同。在调用这些同名方法时，程序会自动根据调用时传入的参数寻找匹配的方法。通过使用方法重载，可以使得程序结构更加清晰、简洁。

7.7.1 构造方法的重载

知识讲解

当在程序中定义类时，有时需要提供多个构造方法才能满足项目的需求。以现实生活中的汽车为例，假设某汽车厂家同时生产卡车与轿车，不同型号车辆的出厂配置是不一样的，这时就需要设置不同的参数。Java 程序中的类也一样，在创建对象并初始化成员变量的时候，也需要根据不同的实际需求配置不同的构造方法，而构造方法的重载就可以满足这一需求。

范例导学

范例 7-6：修改手机系统的默认语言（范例文件：daima\7\7-6\...\ChongzaiTest.java）。

本实例创建了两个构造方法，这两个构造方法的参数不同，代码如下。

```java
class Chongzai {
    public Chongzai() {                              //定义没有参数的构造方法，打印输出一行文本
        System.out.println("原来我的 iPhone 手机的默认语言为英语！");
    }
    public Chongzai(String defaultLanguage) {        //定义有参数的构造方法，打印输出一行文本
        System.out.println("现在我要将 iPhone 手机的默认语言修改为" + defaultLanguage);
    }
}
public class ChongzaiTest {
    public static void main(String[] args) {
        Chongzai chong1 = new Chongzai();            //调用没有参数的构造方法创建对象 chong1
        Chongzai chong2 = new Chongzai("中文！");     //调用有参数的构造方法对象 chong2
    }
}
```

上述代码在类 Chongzai 中定义了两个构造方法，这两个构造方法的参数列表不同，符合重载条件。在创建对象时，根据传入参数的不同，分别调用不同的构造方法。输出结果如下。

```
原来我的 iPhone 手机的默认语言为英语！
现在我要将 iPhone 手机的默认语言修改为中文！
```

编程实战

实战案例 7-6-01：输出显示两只宠物狗的资料　在 Dog 类中定义了两个构造方法，然后分别调用这两个构造方法创建对象实例，输出显示两只宠物狗的资料。

实战案例 7-6-02：查询 3 名学生的信息　在类中创建 3 个构造方法，然后分别调用这 3 个构造方法创建对象实例，输出显示 3 名学生的信息。

7.7.2 成员方法的重载

在 Java 程序中，成员方法的重载是指在同一个类中定义多个方法名相同但参数列表不同的成员方法。在调用重载的成员方法时，编译器会根据实参列表寻找匹配的成员方法。

范例导学

范例 7-7：计算某程序员本月基本工资和奖金的和（范例文件：daima\7\7-7\...\TestWorker.java）。

本实例在类 Worker 中分别定义了求两个整数和两个浮点数的和的重载方法，代码如下。

```java
class Worker{
    public int add(int n1, int n2) {                    //返回两个整数的和
        return n1 + n2;
    }
    public double add(double n1, double n2) {           //返回两个浮点数的和
        return n1 + n2;
    }
}
public class TestWorker{
    public static void main(String[] args) {
        Worker work = new Worker();
        //调用方法 add(int n1, int n2)
        System.out.println("本月基本工资和奖金的和是: " + work.add(8000, 9000));
        //调用方法 add(double n1, double n2)
        System.out.println("本月基本工资和奖金的和是: " + work.add(8000.0, 9000.0));
    }
}
```

输出结果如下。

```
本月基本工资和奖金的和是: 17000
本月基本工资和奖金的和是: 17000.0
```

编程实战

实战案例 7-7-01：乘法运算器　分别定义求两个整数、两个浮点数的乘积的重载方法，然后调用这两个方法分别计算两个整数和两个浮点数的乘积。

实战案例 7-7-02：计算圆的面积和周长　创建两组重载的成员方法，分别用于计算圆的面积和周长，然后传递不同的参数调用这些成员方法，分别计算圆的面积和周长。

7.8 this 关键字

Java 提供了 this 关键字，代表当前对象的引用。它可以用来区分局部变量和实例变量（Java 允许局部变量和实例变量重名），调用实例方法和构造方法，以及在内部类中引用外部类的实例。

知识讲解

在 Java 程序中，this 关键字主要有如下 3 种用法。

1. this 关键字调用成员变量

在 Java 程序中，经常会遇到局部变量名称和成员变量名称冲突的问题，这时可以通过 this 关键字来调用成员变量，具体语法格式如下。

```
this.成员变量名;
```

例如在下面的代码中，构造方法的参数 age 是一个局部变量，类 Person 还定义了一个成员变量，名称也是 age。在构造方法中，使用 age 访问局部变量，使用 this.age 访问成员变量。

```
class Person{
    int age;                                    //成员变量 age
    public Person(int age) {                    //局部变量 age
        this.age = age;                         //将局部变量 age 的值赋给成员变量 age
    }
}
```

2. this 关键字调用成员方法

在设计类的时候，经常会遇到类中的某个方法需要调用该类中的另一个方法的情况，此时可以通过 this 关键字调用成员方法，具体语法格式如下。

```
this.成员方法名;
```

例如在下面的代码中，方法 eat()使用 this 关键字调用了方法 openMouth()。需要注意的是，此处的 this 关键字可以省略不写。

```
class Person{
    public void openMouth() {
        ...                                     //方法的代码块
    }
    public void eat() {
        this.openMouth();
    }
}
```

3. this 关键字调用构造方法

在 Java 程序中，构造方法是在实例化对象时被 Java 虚拟机自动调用的。虽然在程序中不能像调用其他方法一样去调用构造方法，但是可以在一个构造方法中使用 this([参数 1,参数 2，…])的形式来调用其他构造方法。但是，在使用 this 关键字调用构造方法的时候，必须注意如下 3 点。

- ❑ 构造方法中使用 this 关键字调用另一个构造方法的语句必须位于首行，且只能出现一次。
- ❑ 不能在一个类的两个构造方法中使用 this 关键字互相调用。
- ❑ 只能在构造方法中使用 this 关键字调用其他构造方法，但不能在构造方法中使用 this 关键字调用成员方法。

范例导学

范例 7-8：输出某人的年龄（范例文件：**daima\7\7-8\...\ThisExample.java**）。

本实例演示了使用 this 关键字调用成员变量、成员方法和构造方法的过程，代码如下。

```
class Person {
    private String name;                        //声明私有属性: 名字
    private int age;                            //声明私有属性: 年龄

    public Person () {
        System.out.println("调用无参构造方法");
    }
    public Person (String name){                //单参数构造方法
        this.name = name;                       //使用 this 关键字调用成员变量 name
        System.out.println("调用单参数构造方法");
    }
    public Person (String name, int age) {  //双参数构造方法
```

```
            this(name);                          //使用 this 关键字调用单参数构造方法
            this.age = age;                      //使用 this 关键字调用成员变量 age
            System.out.println("调用双参数构造方法");
        }
        public void testShow(){
            System.out.println("调用成员方法 testShow()");
            this.show();                         //使用 this 关键字调用成员方法 show()
        }
        public void show() {                     //定义显示信息的方法
            System.out.println("调用成员方法 show()");
            System.out.println(this.name + "的年龄: " + this.age+ "岁");
        }
}

public class ThisExample{
    public static void main(String[] args) {
        Person p = new Person ("小明", 22); //调用双参数构造方法创建对象
        p.testShow();
    }
}
```

输出结果如下。

```
调用单参数构造方法
调用双参数构造方法
调用成员方法 testShow()
调用成员方法 show()
小明的年龄: 22 岁
```

编程实战

实战案例 7-8-01：查询某教师的信息　在教师类 Teacher 中分别定义教师的姓名、工资和年龄 3 个成员变量，然后定义几个重载的构造方法，其中使用 this 关键字调用构造方法。

实战案例 7-8-02：模拟小狗边跑边跳　创建类 Dog，其中分别定义表示小狗奔跑的成员方法 run() 和表示小狗跳的成员方法 jump()，要求在方法 run( )中使用 this 关键字调用方法 jump()，最后通过对象调用方法 run()。

7.9　静态变量与静态方法

在 Java 语言中，关键字 static 可以用于修饰类的成员变量、成员方法，被 static 修饰的成员称为静态成员。静态成员不依赖于类的特定实例，被类的所有实例共享，不需要依赖于对象来进行访问。调用静态成员的语法格式如下。

```
类名.静态成员;
```

7.9.1　静态变量

知识讲解

在 Java 语言中，使用 static 修饰的成员变量称为静态变量或类变量，它被类的所有对象共享，属

于整个类所有，可以通过类名来直接访问。未使用 static 修饰的成员变量称为实例变量，它属于具体对象独有，只能通过对象来访问。

静态变量与实例变量的主要区别如下。

- ❏ 静态变量：运行时，编译器只为静态变量分配一次内存，在加载类的过程中完成静态变量的内存分配；在类的内部，可以在任何方法内直接访问静态变量；在其他类中，可以通过类名访问该类中的静态变量。
- ❏ 实例变量：每创建一个实例，编译器就会为实例变量分配一次内存；在类的内部，可以在非静态方法中直接访问实例变量；在本类的静态方法或其他类中需要通过类的对象进行访问。

范例导学

范例 7-9：在 GPS 导航中显示当前坐标的变化（范例文件：daima\7\7-9\...\Test.java）。

本实例首先创建了类 Zuobiao，然后在测试类 Test 中创建类 Zuobiao 的对象实例 aa、bb、cc，进而模拟 GPS 导航中当前坐标的变化。通过该实例可以体会静态变量在实际开发中的应用。代码如下。

```java
class Zuobiao {
    static int X;                              //定义静态 int 类型变量 X
    static int Y;                              //定义静态 int 类型变量 Y
    public void printJingTai(){                //定义方法 printJingTai()打印输出 X 和 Y 的值
        System.out.println("X="+X+",Y="+Y);
    }
}
public class Test {
    public static void main(String args[]){
        System.out.println("高德地图为您导航，使用 X 和 Y 表示 GPS 坐标");
        System.out.println("-------------------------");
        Zuobiao aa=new Zuobiao();              //创建类 Zuobiao 的对象实例 aa
        System.out.println("最初的 GPS 坐标是: ");
        aa.printJingTai();                     //调用方法 printJingTai()
        Zuobiao bb=new Zuobiao();              //新建类 Zuobiao 的对象实例 bb
        Zuobiao.X+=100;                        //更新坐标的 X 值
        Zuobiao.Y+=250;                        //更新坐标的 Y 值
        System.out.println("1 小时前的 GPS 坐标是: ");
        bb.printJingTai();                     //调用方法 printJingTai()
        Zuobiao cc=new Zuobiao();              //新建类 Zuobiao 的对象实例 cc
        Zuobiao.X+=100;                        //更新坐标的 X 值
        Zuobiao.Y+=250;                        //更新坐标的 Y 值
        System.out.println("现在的 GPS 坐标是: ");
        cc.printJingTai();                     //调用方法 printJingTai()
    }
}
```

输出结果如下。

```
高德地图为您导航，使用 X 和 Y 表示 GPS 坐标
-------------------------
最初的 GPS 坐标是:
X=0,Y=0
1 小时前的 GPS 坐标是:
X=100,Y=250
现在的 GPS 坐标是:
X=200,Y=500
```

编程实战

实战案例 7-9-01：使用 3 种方法访问静态变量　创建一个带静态变量的类，然后在该类中创建方法 main()并访问静态变量，要求使用 3 种方法访问这个静态变量：直接访问、通过类名访问、通过对象访问。

实战案例 7-9-02：计算两个圆柱体的体积　创建一个表示圆柱体的类，其中包含一个表示圆周率的静态变量，同时包含两个成员方法，分别计算圆柱体的底面积和体积，最后创建对象，并分别调用这两个方法计算这两个圆柱体的体积。

7.9.2　静态方法

知识讲解

在 Java 程序中，开发人员往往需要在不创建实例的情况下直接调用类的某些方法。使用 static 修饰的成员方法称为静态方法，它无须创建类的实例就可以直接通过类名来调用，当然也可以通过对象名来调用。未使用 static 修饰的成员方法称为实例方法，它属于具体对象独有，只能通过对象来访问。

范例导学

范例 7-10：创建并调用静态方法（范例文件：daima\7\7-10\...\StaticMethodTest.java）。

本实例创建了一个带静态变量的类，同时在类中创建了几个静态方法对静态变量的值进行修改，然后在测试类的 main()方法中调用静态方法并输出结果，代码如下。

```java
class StaticMethod {
    public static int count = 1;                                 //定义静态变量 count
    public int method1() {                                       //实例方法 method1
        count++;                                                 //访问静态变量 count 并更新其值
        System.out.println("调用成员方法 method1(), count="+count); //打印 count
        return count;
    }
    public static int method2() {                                //静态方法 method2
        count += count;                                          //访问静态变量 count 并更新其值
        System.out.println("调用静态方法 method2(), count="+count); //打印 count
        return count;
    }
    public static int method3() {                                //静态方法 method3
        count += 2;
        System.out.println("调用静态方法 method3(), count="+count);    //打印 count
        return count;
    }
}
public class StaticMethodTest{
    public static void main(String[] args) {
        StaticMethod sft = new StaticMethod();
        //通过实例对象调用实例方法
        System.out.println("method1()方法返回值 intro1="+sft.method1());
        //通过实例对象调用静态方法
        System.out.println("method2()方法返回值 intro1="+sft.method2());
        //通过类名调用静态方法
        System.out.println("method3()方法返回值 intro1="+ StaticMethod. method3());
    }
}
```

在上述代码中，静态变量 count 是各实例对象的共享数据。因此，在不同的方法中访问 count 时，其值是不一样的。从该程序中可以看出，静态方法 method2() 和 method3()既可以通过实例对象来调用，也可以通过类来直接调用。输出结果如下。

```
调用成员方法 method1(), count=2
method1()方法返回值 intro1=2
调用静态方法 method2(), count=4
method2()方法返回值 intro1=4
调用静态方法 method3(), count=6
method3()方法返回值 intro1=6
```

注意：静态方法只能访问类的静态成员（静态变量和静态方法），不能访问类中的实例成员（实例变量和实例方法）。

编程实战

实战案例 7-10-01：计算两个整数的最大公约数　创建一个类，里面包含求两个整数的最大公约数的静态方法，然后在测试类中通过该类直接调用这个静态方法求两个整数的最大公约数。

实战案例 7-10-02：计算矩形的周长和面积　创建一个类，其中定义两个静态方法，分别用于计算矩形的面积和周长。然后在测试类中调用这两个静态方法，分别计算指定长宽的矩形的面积和周长。

7.10　软　件　包

在实际开发中，大型软件项目通常交由多名不同的开发人员来完成，这样很可能会由于使用相同的类名而造成类名冲突。为了解决类名冲突的问题，Java 引入了包机制来管理类。这类似于操作系统通过文件夹管理各类的文件，针对不同的文件分门别类地存放。本节就来详细讲解定义包和插入软件包的方法，并通过具体实例来演示 Java 开发中使用软件包的过程。

7.10.1　定义软件包

Java 程序定义软件包的方法十分简单，只需在源程序的第一行添加如下格式的代码即可。

```
package 包名;
```

上述格式中，package 声明了程序中的类属于哪个包，在一个包中可以包含多个程序。另外，在 Java 程序中还可以创建多层次的软件包，语法格式如下。

```
package 包名 1[.包名 2[.包名 3]];
```

例如，下面的代码创建了一个多层次的包。

```
package aaa.bbb;                          //这个程序在 aaa 目录下的文件夹 bbb 中
public class UseFirst {
    public static void main(String args[]){
        System.out.println("多层次的软件包举例");
    }
}
```

上述程序文件会被保存在 aaa 目录下的文件夹 bbb 中，如图 7-1 所示。

图 7-1　程序文件的保存路径

由此可见，定义软件包的过程实际上就是新建了一个文件夹，它将编译后的文件放在新建的文件夹中。

7.10.2　在程序里插入软件包

知识讲解

如果程序中需要使用某个软件包中的类，那么首先就需要导入该软件包。在 Java 程序中插入软件包的方法也十分简单，只需使用 import 语句插入所需要的包即可，语法格式如下。

```
import 包名 1.包名 2….类名；
```

上述格式中，包名 1 代表一级包，包名 2 代表二级包。类名就是需要导入的类的类名，也可使用*号，它表示将导入这个包中的所有的类。

例如，下面的代码导入了包 example 中的类 Test。

```
import example.Test;
```

再如，下面的代码导入了包 example 中的全部类。

```
import example.*;
```

范例导学

范例 7-11：输出显示本学期的优秀学生名单（范例文件：daima\7\7-11\...\Student.java、Test.java）。

（1）创建一个名为 com.dao 的包，然后向包 com.dao 中添加一个 Student 类，该类包含一个返回 String 类型数组的 GetAll() 方法，数组中保存着优秀学生的名单。类 Student 的具体代码如下。

```
package com.dao;
public class Student {
    public static String[] GetAll() {
        String[] namelist={"李潘","邓国良","任玲玲","许月月","欧阳娜","赵晓慧"};
        return namelist;
    }
}
```

（2）创建 com.test 包，接着使用 import 语句导入包 com.dao 中的类 Student，然后创建测试类并在其主方法 main()中调用类 Student 中的方法 GetAll()，同时使用 foreach 循环输出优秀学生的名单，代码如下。

```
package com.test;
import com.dao.Student;
public class Test{
    public static void main(String[] args) {
```

```
        System.out.println("本学期优秀学生名单: ");
        for(String str:Student.GetAll()){
            System.out.println(str);
        }
    }
}
```

上述两个包和 Java 文件在 Eclipse 工程中的目录结构如图 7-2 所示。

```
∨ ⊞ 7-11
    ∨ ⊞ com.dao
        ∨ 🗊 Student.java
            > ⊙ Student
    ∨ ⊞ com.test
        ∨ 🗊 Test.java
            > ⊙ Test
```

图 7-2　包的目录结构

输出结果如下。

```
本学期优秀学生名单:
李潘
邓国良
任玲玲
许月月
欧阳娜
赵晓慧
```

7.10.3　常用的包

Java 提供了一些内置的系统包，其中包含了 Java 开发中常用的基础类，其中常用的系统包如下。

- ❑ java.lang：Java 的核心类库，包含运行 Java 程序必不可少的系统类，如基本数据类型、基本数学函数、字符串处理、异常处理和线程等，系统默认加载这个包。
- ❑ java.io：Java 语言的标准输入/输出类库，包含基本输入/输出流、文件输入/输出、过滤输入/输出流等。
- ❑ java.util：包含处理时间的 Date 类、处理动态数组的 Vector 类，以及 Stack 类和 HashTable 类等。
- ❑ java.awt：构建图形用户界面（GUI）的类库，包含低级绘图操作（Graphics 类）、图形界面组件和布局管理（Checkbox 类、Container 类、LayoutManger 接口等），以及用户界面交互控制和事件响应（如 Event 类）等。
- ❑ java.net：实现网络功能的类库，包含 Socket 类、ServerSocket 类等。
- ❑ java.lang.reflect：提供用于反射对象的工具。
- ❑ java.util.zip：实现文件压缩功能。
- ❑ java.sql：实现 JDBC 的类库。
- ❑ java.rmi：提供远程连接与载入的支持。
- ❑ java.security：提供安全性方面的有关支持。
- ❑ java.swing：提供了 Java 图形用户界面开发所需要的各种类和接口。

7.11　综合实战——学生成绩管理系统

📝 范例功能

本实例实现了一个简单的学生成绩管理系统，不需要图形用户界面，只在控制台中操作即可。要求实现如下功能。

- ❑　录入学生成绩。
- ❑　显示学生成绩。
- ❑　修改学生成绩。
- ❑　删除学生成绩。
- ❑　查询学生成绩。
- ❑　退出管理系统。

📚 学习目标

进一步加深对类、对象、类的成员、构造方法等面向对象编程基础知识的理解，掌握类的设计技巧，提高 Java 程序开发能力。

📖 具体实现

编写实例文件 Student.java，设计类 Student 封装学生的信息，包括学号、姓名以及 6 门课程的成绩，提供构造方法、Getter()和 Setter()方法操作学生的属性；编写实例文件 StudentGradeManager.java，设计类 StudentGradeManager 管理学生成绩的录入、显示、修改、删除、查询操作，使用数组存储学生对象，方便动态管理学生成绩信息；编写实例文件 Main.java，设计类 Main，在方法 main()中实现一个简单的控制台菜单，供用户选择操作，根据用户的选择调用相应的管理方法。输出结果如下。

```
**************学生成绩管理系统**************
***** 1.录入学生成绩 *****
***** 2.显示学生成绩 *****
***** 3.修改学生成绩 *****
***** 4.删除学生成绩 *****
***** 5.查询学生成绩 *****
***** 0.退出管理系统 *****
*****************************************
请选择(0～5)：
...                              //省略后续操作部分的输出
```

第 8 章　继承与多态

面向对象程序设计具有三大特性，即封装、继承和多态。前面在类、对象等面向对象核心概念的基础上讲解了封装，而继承与多态在面向对象中同样占据十分重要的地位。在继承机制下，开发者可以使用已有的类派生新类，减少重复代码的编写，提高开发效率。在多态机制下，开发者可以动态调整对象的调用，最大程度地降低类和程序模块间的耦合性，提高程序的抽象程度、简洁性、扩展性和可维护性。本章将讲解继承与多态的有关知识，具体的知识架构如下。

8.1　类　的　继　承

继承是面向对象编程最显著的特性之一，Java 中的继承是在已存在的类的基础上建立新类的技术，新类不仅包含已存在类的数据和功能，还可以增加新的数据或功能。该技术不仅使得整个程序的架构具有一定的弹性，提高了程序的抽象程度，而且实现了代码复用，极大地提高了开发效率，降低了程序维护成本。

8.1.1 继承的基本概念

所谓继承，具体是指从已有的类中派生出新的类，新的类能吸收已有类的成员变量和成员方法，并能扩展新的能力。提供继承信息的类被称为父类（超类、基类），得到继承信息的类被称为子类（派生类）。这里，通过一个具体实例来加深对继承的理解。例如，要定义一个语文老师类和一个数学老师类，如果不采用继承方式，那么两个类中都需要定义属性和方法。语文老师类中包括姓名、性别、年龄 3 个属性，同时包括吃饭、睡觉、走路、讲课、布置作业、写作文范文 6 个方法；数学老师类中包括姓名、性别、年龄 3 个属性，同时包括吃饭、睡觉、走路、讲课、布置作业、写数学公式 6 个方法。显然，可以把姓名、性别、年龄这 3 个语文老师类和数学老师类都有的属性和吃饭、睡觉、走路、讲课、布置作业这 5 个语文老师类和数学老师类都有的方法提取出来，放在一个老师类中，构成一个父类，可用于被语文老师类和数学老师类继承。更进一步，姓名、性别、年龄这 3 个属性和吃饭、睡觉、走路这 3 个方法是老师和学生共有的，可以进一步提取出来，放在学校人员类中，作为老师类和学生类的父类。当然，学生类可以作为计算机系学生类、英语系学生类的父类。这样，语文老师类、数学老师类、老师类、计算机系学生类、英语系学生类、学生类、学校人员类就通过继承形成了一个树形体系，如图 8-1 所示。

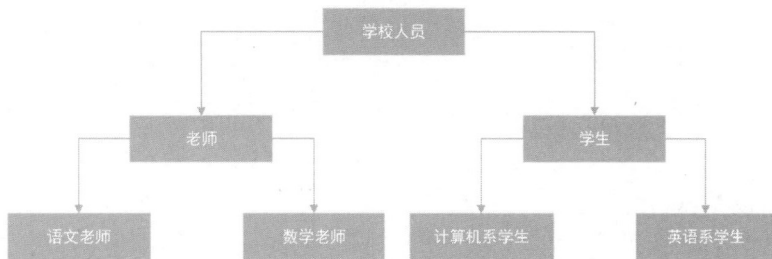

图 8-1 类继承示例图

从图 8-1 可以看出，学校人员是一个大的类别，老师和学生是学校人员的两个子类，老师又可以分为语文老师和数学老师两个子类，学生又可以分为计算机系学生和英语系学生两个子类。

注意：使用继承这种有层次的分类方式，是为了将多个类的通用属性和方法提取出来，放在它们的父类中，然后只需要在子类中各自定义自己独有的属性和方法，并以继承的形式在父类中获取它们的通用属性和方法即可。

有必要特别指出的是，一个父类可以同时拥有多个子类，但 Java 语言不支持多重继承，所以一个类只能有一个父类。

8.1.2 使用继承

知识讲解

继承是面向对象的特点之一，利用继承可以创建一个公共类，这个类具有多个项目的共同属性，然后一些具体的类继承该类，同时再加上自己特有的属性和方法。在 Java 语言中实现继承的方法十分简单，具体格式如下：

```
<修饰符> class <子类名> extends <父类名>{
    [<成员变量定义>]...
    [<成员方法定义>]...
}
```

范例导学

范例 8-1：输出显示某学生的资料信息（范例文件：daima\8\8-1\...\StudentTest.java）。

本实例创建了两个类，类 People 和类 Student，其中类 Student 继承自类 People，代码如下。

```
class People {
    public String name="小王";                         //姓名
    public int age=21;                                 //年龄
    public String sex="男";                            //性别
    public String sn="1111111111xxxxxxx";              //身份证号
    public String toString() {
        return "姓名: " + name + "\n年龄: " + age + "\n性别: " + sex + "\n身份证号: " + sn;
    }
}
class Student extends People {                          //继承类 People
    private String stuNo="11";                          //学号
    private String department="计算机";                  //所学专业
    public void println1() {
     System.out.println("----------------学生信息--------------------");
    }

    public void println2() {
     System.out.println("学号: " + stuNo + "\n所学专业: " + department);
    }
}
public class StudentTest {
    public static void main(String[] args) {
        Student stuPeople = new Student();             //创建 Student 类对象
        stuPeople.println1();
        System.out.println(stuPeople.toString());      //调用父类 People 的方法
        stuPeople.println2();
    }
}
```

在上述代码中，因为类 Student 继承了父类 People 中的属性和方法，所以在类 Student 中同样具有类 People 的属性和方法，最后使用类 Student 的对象调用了方法 toString()，输出结果如下。

```
----------------学生信息--------------------
姓名: 小王
年龄: 21
性别: 男
身份证号: 1111111111xxxxxxxx
学号: 11
所学专业: 计算机
```

编程实战

实战案例 8-1-01：显示同事的详细信息　创建一个父类，在里面创建多个属性，用于表示某同事的信息。同时创建多个方法，用于设置同事的信息。然后在子类中调用父类中的方法设置同事的信息，并打印输出这名同事的资料。

实战案例 8-1-02：输出显示《Java 秘籍》这本书的简介信息　在父类中创建多个属性，表示图书的信息。同时创建多个方法，用于设置图书的信息。然后在子类中设置图书的名称和页数，最后打印输出这本图书的信息。

实战案例 8-1-03：手机通讯录的联系人信息　在第 1 个类中创建 3 个属性，分别用于表示某联系人的名字、年龄和电话号码。创建第 2 个类，作为第 1 个类的子类，在里面设置某个联系人的联系信息。创建第 3 个类作为测试类，用于打印输出联系人的信息。

8.1.3　使用 super 调用父类中的构造方法

知识讲解

Java 子类不能继承父类的构造方法。因此，如果子类要调用父类中的构造方法，可以借助关键字 super 访问构造方法，具体语法格式如下。

```
super(参数);
```

注意：super 可以用于在子类构造方法中调用父类的构造方法。如果在子类的构造方法中没有明确调用父类的构造方法，则在执行子类的构造方法时会自动调用父类的默认无参构造方法；如果在子类的构造方法中调用了父类的构造方法，则调用语句必须出现在构造方法的第一行。

范例导学

范例 8-2：输出程序员感兴趣的两本名人自传（范例文件：daima\8\8-2\...\Newgou.java、Text.java）。

（1）在范例文件 Newgou.java 中定义父类 Newgou 和子类 Newgou1，具体实现代码如下。

```java
class Newgou {                                       //定义类 Newgou
    String bname;                                    //String 类型属性，表示书名
    int bid;                                         //int 类型属性，表示编号，ISBN
    int bprice;                                      //int 类型属性，表示价格
    Newgou(){                                               //构造方法 Newgou()
        bname="《史蒂夫·乔布斯传》";                    //赋值书名
        bid=8630069;                                 //赋值编号
        bprice=68;                                   //赋值价格
    }
    Newgou(Newgou a){                                //构造方法 Newgou(Newgou a)
        bname=a.bname;                               //书名赋值
        bid=a.bid;                                   //编号赋值
        bprice=a.bprice;                             //价格赋值
    }
    Newgou(String name,int id,int price){
        bname=name;                                  //书名赋值
        bid=id;                                      //编号赋值
        bprice=price;                                //价格赋值
    }
    void print(){                                    //输出图书信息
        System.out.println("书名: "+bname+"  ISBN 号: "+bid+"  价格: "+bprice);
    }
}
class Newgou1 extends Newgou{                         //定义类 Newgou1，其父类是 Newgou
    String chuBanShe;                                //String 类型属性，表示出版社
```

140

```
    Newgou1(){                                    //定义构造方法 Newgou1()
        super();                                   //调用父类的构造方法
        chuBanShe="中信出版社";                      //赋值
    }
    Newgou1(Newgou1 b){                            //定义构造方法
        super(b);                                  //调用父类的构造方法
        chuBanShe=b.chuBanShe;
    }
    Newgou1(String x,int y,int z,String aa){       //定义构造方法
        super(x,y,z);                              //调用父类的构造方法
        chuBanShe=aa;
    }
}
```

（2）在范例文件 Text.java 中测试上面定义的类和类成员，具体实现代码如下。

```
public class Text {
    public static void main(String args[]){
        Newgou1 a1=new Newgou1();                   //定义类 Newgou1 的实例对象 a1
        //定义类 Newgou1 的实例对象 a2 并赋值参数
        Newgou1 a2=new Newgou1("《比尔盖茨传》",5708810,18,"成都地图出版社");
        Newgou a3=new Newgou(a2);                   //定义类 Newgou 的实例对象 a3
        System.out.println(a1.chuBanShe);           //输出实例对象 a1 的 chuBanShe 值
        a1.print();
        System.out.println(a2.chuBanShe);           //输出实例对象 a2 的 chuBanShe 值
        a2.print();
        a3.print();
    }
}
```

输出结果如下。

```
中信出版社
书名：《史蒂夫·乔布斯传》  ISBN 号：8630069  价格：68
成都地图出版社
书名：《比尔盖茨传》  ISBN 号：5708810  价格：18
书名：《比尔盖茨传》  ISBN 号：5708810  价格：18
```

编程实战

实战案例 8-2-01：打印自我介绍 在父类中创建姓名、年龄等公共属性，并定义构造方法。然后在子类中增加个性化属性，并在构造方法中调用父类中的构造方法。最后在测试类中打印输出自我介绍。

实战案例 8-2-02：打印小猫咪的基本信息 创建一个父类表示动物，创建一个子类表示小猫咪，并在子类构造方法中调用父类构造方法，最后在测试类中打印输出小猫咪的基本信息。

8.1.4 使用 super 访问父类中的成员变量和成员方法

知识讲解

使用 super 关键字，除了可以在子类中调用父类的构造方法，还可以访问父类的成员变量和成员方法，语法格式如下。

❑ 访问父类的成员变量。

```
super.成员变量;
```

❑ 访问父类的成员方法。

```
super.父类的成员方法;
```

🔊**注意**：不能在一个类中使用 super 关键字访问该类自身新定义的成员。

📖 范例导学

范例 8-3：输出某高校计算机专业最近 4 年的学费金额（范例文件：daima\8\8-3\...\AAA.java）。

本实例创建了两个类 Supertwo1 和 Supertwo2，其中类 Supertwo2 继承自父类 Supertwo1，在子类 Supertwo2 中使用 super 关键字访问父类中的成员变量和成员方法，代码如下。

```java
class Supertwo1{                                    //定义父类 Supertwo1
    int a1;                                         //int 类型属性 a1，代表第 1 年学费
    int a2;                                         //int 类型属性 a2，代表第 2 年学费
    public int getA2(){                             //定义成员方法，获取 a2 的值
        return this.a2;
    }
}
class Supertwo2 extends Supertwo1{                   //定义子类 Supertwo2，继承 Supertwo1
    int a3;                                         //int 类型属性 a3，代表第 3 年学费
    int a4;                                         //int 类型属性 a4，代表第 4 年学费

    Supertwo2(int x,int y,int z,int q){             //定义构造方法
        super.a1=x;                                 //访问父类被子类隐藏的变量 a1
        super.a2=y;                                 //访问父类被子类隐藏的变量 a2
        this.a3=z;
        this.a4=q;
    }
    void print(){                                   //定义子类成员方法
        System.out.println(super.a1);               //子类成员方法中访问父类被子类隐藏的变量 a1
        System.out.println(super. getA2());         //子类成员方法中访问父类的成员方法
        System.out.println(a3);
        System.out.println(a4);
    }
}
public class AAA{
    public static void main(String args[]){
        System.out.println("计算机专业最近 4 年的学费（单位：元）: ");
        Supertwo2 aaa1=new Supertwo2(4500,5000,5500,6000);   //创建类 Supertwo2 的实例对象 aaa1
        aaa1.print();                               //调用方法 print()
    }
}
```

输出结果如下。

```
计算机专业最近 4 年的学费（单位：元）：
4500
5000
5500
6000
```

📚 编程实战

实战案例 8-3-01：打印某同学的基本信息　在父类中定义恰当的属性，表示某同学的信息。然后创建子类，并在其成员方法中调用父类属性并设置对应的值，最后打印输出该同学的基本信息。

实战案例 8-3-02：打印小猫咪的基本信息 创建一个父类表示动物，其中定义一个成员方法返回动物的基本信息文本。再创建一个子类表示小猫咪，并在子类中定义成员方法，该方法在调用父类成员方法的基础上进一步完善动物的基本信息文本，返回小猫咪的基本信息文本。最后在测试类中打印输出小猫咪的基本信息。

8.1.5 多级继承

知识讲解

在 Java 程序中，假如类 B 继承了类 A，而类 C 又继承了类 B，这种情况就叫作多级继承。反过来，假如存在一个类 C，它是类 B 的子类，而类 A 又是类 C 的子类，那么可以判断出类 A 是类 B 的子类的子类。但是必须注意，Java 不支持多重继承，一个类只能有一个父类，也就是说在 extends 关键字后只能有一个类。

范例导学

范例 8-4：输出某学校餐厅热销菜的名字（范例文件：daima\8\8-4\...\Test.java）。

本实例创建了 3 个类 Duolei、Badder 和 Factory，其中类 Badder 是类 Duolei 的子类，类 Factory 是类 Badder 的子类，代码如下。

```java
class Duolei {                                    //定义类 Duolei
    String bname;                                 //菜名
    int bid;                                      //销量
    int bprice;                                   //价格
    Duolei(){                                     //定义无参构造方法
        this.bname="红烧肉";
        this.bid=140;
        this.bprice=25;
    }
    Duolei(Duolei a){                             //定义有参构造方法，1 个参数，参数是该类的一个实例
        this.bname=a.bname;
        this.bid=a.bid;
        this.bprice=a.bprice;
    }
    Duolei(String name,int id,int price){         //定义有参构造方法，3 个参数
        bname=name;
        bid=id;
        bprice=price;
    }
    void print(){                                 //定义成员方法，输出菜品的基本信息
        System.out.println("菜名："+bname+"  销量："+bid+"  价格："+bprice);
    }
}
class Badder extends Duolei{                      //定义子类 Badder，父类是 Duolei
    String badder;                                //特色 1
    Badder(){                                     //定义无参构造方法
        super();
        this.badder="未提供";
    }
    Badder(Badder b){                             //定义有参构造方法，1 个参数，参数是该类的一个实例
        super(b);
```

```
            this.badder=b.badder;
        }
        Badder(String x,int y,int z,String aa){         //定义有参构造方法，4 个参数
            super(x,y,z);
            this.badder=aa;
        }
}
class Factory extends Badder{                            //定义子类 Factory，父类是 Badder
    String factory;                                     //特色 2
    Factory(){                                          //定义无参构造方法
        super();
        this.factory="未提供";
    }
    Factory(Factory c){                                 //定义有参构造方法，1 个参数,参数是该类的一个实例
        super(c);
        this.factory=c.factory;
    }
    Factory(String x,int y,int z,String l,String n){    //定义有参构造方法，5 个参数
        super(x,y,z,l);
        this.factory=n;
    }
}
public class Test{
    public static void main(String args[]){
        Factory a1=new Factory();                       //定义类 Factory 的对象实例 a1
        Factory a2=new Factory("土豆丝",100,8,"清淡可口","价格实惠");
                                                        //定义类 Factory 的对象实例 a2
        Factory a3=new Factory(a2);                     //定义类 Factory 的对象实例 a3
        System.out.println("a1 的特色 1: "+a1.badder);  //打印输出 a1 的属性 badder
        System.out.println("a1 的特色 2: "+a1.factory); //打印输出 a1 的属性 factory
        a1.print();                                     //输出 a1 的基本信息
        System.out.println("a2 的特色 1: "+a2.badder);  //打印输出 a2 的属性 badder
        System.out.println("a2 的特色 2: "+a2.factory); //打印输出 a2 的属性 factory
        a2.print();                                     //输出 a2 的基本信息
        a3.print();                                     //输出 a3 的基本信息
    }
}
```

输出结果如下。

```
a1 的特色 1: 未提供
a1 的特色 2: 未提供
菜名：红烧肉  销量：140  价格：25
a2 的特色 1: 清淡可口
a2 的特色 2: 价格实惠
菜名：土豆丝  销量：100  价格：8
菜名：土豆丝  销量：100  价格：8
```

8.1.6 类 Object

在 java.lang 包中定义了类 Object，它是所有类的父类，Java 程序中所有的类都是直接或者间接地继承该类。如果在定义一个类的时候没有使用 extends 关键字，则默认该类继承类 Object。类 Object 提供了很多方法，常用的有如下 3 个。

❏ public boolean equals(Object obj)：该方法的功能是检测两个对象是否相等。

❏ public final class getClass()：该方法的功能是返回运行时的对象所属的类，在取得 class 对象之

后，就可以通过 class 对象的一些方法来获取类的基本信息。

❑ public String toString()：该方法的功能是将调用该方法的对象内容转换为字符串，并返回该字符串，返回内容由该对象所属类名、@、对象十六进制形式的内存地址组成。

8.2 方法重写

在 Java 继承机制中，子类可以对父类中允许访问的方法的实现过程进行重新编写，但返回值和形参都不能改变，即"外壳不变，核心重写"，这一过程称为方法重写。方法重写的好处在于，子类可以根据需要定义专属于自己的行为，也就是说子类能够根据需要重新实现父类的方法。

8.2.1 重写父类的成员方法

📖 知识讲解

在 Java 程序中，子类扩展了父类，子类是一个特殊的父类。在大多数时候，子类总是以父类为基础，然后增加额外新的属性和方法。但是也有一种例外情况，子类需要重写父类的方法。例如，飞鸟类都包含了飞翔的方法，鸵鸟作为一种特殊的飞鸟类，是飞鸟类的一个子类，所以鸵鸟类可以从飞鸟类中获得飞翔方法。但是，鸵鸟不会飞，所以这个飞翔方法不适合鸵鸟类，为此鸵鸟类需要重写飞鸟类的飞翔方法。这一问题可以使用 Java 程序模拟如下。

（1）在文件 Feiniao.java 中定义飞鸟类 Feiniao，具体实现代码如下。

```
public class Feiniao{                    //定义飞鸟类 Feiniao
    public void fly(){                   //在类 Feiniao 中定义飞翔的方法
        System.out.println("飞鸟说：我会飞...");
    }
}
```

（2）然后编写文件 Tuoniao.java，在里面定义鸵鸟类 Tuoniao，此类扩展了类 Feiniao，重写了类 Feiniao 的 fly()方法。文件 Tuoniao.java 的具体实现代码如下。

```
public class Tuoniao extends Feiniao {   //定义类 Tuoniao，父类是 Feiniao
    public void fly() {                  //重写 Feiniao 中的方法 fly()
        System.out.println("鸵鸟说：我只能在地上跑...");
    }
    public void callOverridedMethod() {  //定义方法
        super.fly();                     //在子类方法中通过 super 来显式调用父类被覆盖的方法 fly()
    }
    public static void main(String[] args) {
        Tuoniao os = new Tuoniao();      //创建 Tuoniao 对象
        os.fly();                        //执行 Tuoniao 对象的方法 fly()
        os.callOverridedMethod();
    }
}
```

输出结果如下。

```
鸵鸟说：我只能在地上跑...
飞鸟说：我会飞...
```

在继承机制中，当父类中的方法无法满足子类需求或子类具有特有的功能的时候，就需要在子类中重写父类的方法。同时，如果在子类中定义名称、参数个数、参数类型均与父类中的方法完全一致，但方法内容不同的方法，此时当创建的子类对象调用这个方法时，程序会调用子类的方法来执行，即子类的方法覆盖了从父类继承过来的同名方法。

📢 **注意**：在 Java 程序中，方法重写具有如下规则。

　◇　父类中的方法并不是在任何情况下都可以重写，当父类中的方法被访问控制符 private 修饰时，该方法只能被自己的类访问，不能被外部的类访问，在子类中是不能被重写的；

　◇　Java 规定重写方法的权限不能比被重写的方法更严格，如果定义父类的方法为 public，在子类中绝对不可定义为 private，否则程序运行时会报异常。

方法重写与方法重载有本质的区别，初学者一定要深入理解二者的不同。表 8-1 列出了方法重写与方法重载的区别。

表 8-1　重写与重载之间的区别

区　别　点	重载方法	重写方法
参数列表	必须修改	一定不能修改
返回类型	可以修改	一定不能修改
异常	可以修改	可以减少或删除，一定不能抛出新的或者更广的异常
访问	可以修改	一定不能做更严格的限制（可以降低限制）

📢 **注意**：子类包含与父类同名方法的现象被称为方法重写，也被称为方法覆盖（override）。可以说子类重写了父类的方法，也可以说子类覆盖了父类的方法。Java 方法的重写要遵循"两同两小一大"的规则："两同"是指方法名相同，形参列表相同；"两小"是指子类方法返回值类型应比父类方法返回值类型更小或相等，子类方法声明抛出的异常类应比父类方法声明抛出的异常类更小或相等；"一大"是指子类方法的访问权限应比父类方法更大或相等。特别需要指出的是，覆盖方法和被覆盖方法要么都是类方法，要么都是实例方法，不能一个是类方法，一个是实例方法。

🖊️ **范例导学**

范例 8-5：输出显示招聘单位的基本信息（范例文件：**daima\8\8-5\...\Company.java**）。

本实例创建了父类 Cxie 和子类 Cxietwo，在父类中定义了方法 print()，并在子类中重写该方法，代码如下。

```java
class Cxie{
    String sname;
    int sid;
    int number;
    Cxie( String name,int id,int number){
        this.sname=name;
        this.sid=id;
        this.number=number;
    }
    void print(){
        System.out.println("公司名: "+sname+"  序号: "+sid+"  员工人数: "+number);
    }
}
```

```
class Cxietwo extends Cxie{
    String sadder;
    Cxietwo(String x,int y,int z,String aa){
        super(x,y,z);
        this.sadder=aa;
    }
    void print(){
        System.out.println("公司名: "+sname+"\n 股票价格（美元）: "
                            +sid+"\n 员工人数: "+number+"\n 地址: "+sadder);
    }
}
public class Company {
    public static void main(String args[]){
        System.out.println("招聘单位的基本信息");
        System.out.println("-----------------");
        Cxietwo a1=new Cxietwo("阿里巴巴",82,70000,"杭州市余杭区文一西路 969 号");
        a1.print();

    }
}
```

执行上述代码，会发现最终执行的是重写后的方法。输出结果如下。

```
招聘单位的基本信息
-----------------
公司名:阿里巴巴
股票价格（美元）: 82
员工人数: 70000
地址: 杭州市余杭区文一西路 969 号
```

编程实战

实战案例 8-5-01：打印动物和小狗的技能　创建父类，代表动物。接着创建子类，代表小狗。在父类中创建一个方法，代表动物的技能。然后在子类中重写该方法，代表小狗的技能。

实战案例 8-5-02：喵星人的自我介绍　在父类 Animal 中定义 getInfo()方法，然后在子类 Cat 中重写该方法，打印输出小猫咪的自我介绍。

实战案例 8-5-03：老师和学生的对话　创建父类，代表人。在该类中定义一个方法，功能是打印输出一句对话信息。然后创建两个子类，分别代表学生和老师，并且在这两个子类中分别重写父类的方法。最后在测试类中完成学生和老师的对话。

8.2.2　联合使用重写与重载

知识讲解

在同一段 Java 代码中，有可能会同时出现重写和重载。例如，下面的实例演示了联合使用重写和重载的过程。

范例导学

范例 8-6：制作零钱花费方案（范例文件：daima\8\8-6\...\TestLianHe.java）。
本实例创建了父类 Cfang 和子类 Cfang1，然后在父类 Cfang 中定义了重载方法 print()，在子类

Cfang1 中重写了方法 print()。代码如下：

```
class Cfang{                                         //定义类 Cfang
    int a;                                           //属性 a
    int b;                                           //属性 b
    int print(){                                     //定义重载方法，注意没有参数
        return a+b;                                  //返回 a 和 b 的和
    }
    int print(int a,int b){                          //定义重载方法，注意有两个 int 类型参数
        return a+b;
    }
}

class Cfang1 extends Cfang{                           //定义子类 Cfang1
    int print (){                                    //重写重载方法，注意没有参数
        return a;
    }

    int print(int a,int b){                          //重写重载方法，注意有两个参数
        return a+(2*b);
    }
}

public class TestLianHe{
    public static void main(String args[]){
        Cfang a1=new Cfang();                        //新父类建对象实例 a1
        Cfang1 a2=new Cfang1();                      //新建子类对象实例 a2
        a1.a=100;                                    //将 a 赋值为 100
        a1.b=200;                                    //将 b 赋值为 200
        System.out.println("本月零花钱共有 1500 元，下面是分配方案：");
        System.out.println(a1.print()+"用于买编程书！");    //调用类 Cfang 的方法 print()
        //调用类 Cfang 的方法 print(int a,int b)
        System.out.println(a1.print(200,150)+"用于和同学聚餐！");
        a2.a=600;                                    //将 a 赋值为 600
        a2.b=500;                                    //将 b 赋值为 500
        System.out.println(a2.print()+"用于买衣服！");       //调用类 Cfang1 重写的方法 print()
        //调用类 Cfang1 重写的方法 print(int a,int b)
        System.out.println(a2.print(100,75)+"用于买游戏装备！");
    }
}
```

输出结果如下。

```
本月零花钱共有 1500 元，下面是分配方案：
300 用于买编程书！
350 用于和同学聚餐！
600 用于买衣服！
250 用于买游戏装备！
```

8.3 初 始 化 块

    Java 使用构造方法对单个对象进行初始化操作。在使用构造方法时，需要先把整个 Java 对象的状态初始化，然后将 Java 对象返回给程序，从而让该 Java 对象的信息更加完整。在 Java 中与构造方法功能类似的是初始化块，能够实现对 Java 对象的初始化操作。

8.3.1 何谓初始化块

在 Java 语言中，代码初始化块是一个非常重要的概念，它负责初始化类或对象的状态。初始化块可以用在任何地方，但最常见的是直接在类的主体中定义。在一个类中可以有多个初始化块，定义初始化块的语法格式如下。

```
[修饰符] {
    ...                                              //初始化块的可执行代码
}
```

初始化块被分为实例初始化块和静态初始化块两种类型，这里先来讲解实例初始化块。

实例初始化块是在创建对象时执行的，每次创建新对象时都会执行，且在构造方法执行之前被执行。在 Java 类中，可以使用实例初始化块为实例变量赋初值。实例初始化块没有特殊的关键字标识，它实际上就是一个放在类中的方法，没有返回值，也没有参数。下面通过一个实例来演示实例初始化块的使用及执行过程。

```java
public class Example {
    private int var1;
    private String var2;
    //定义实例初始化块
    {
        System.out.println("执行实例初始化块。");
        var1 = 10;
        var2 = "Hello, world!";
    }
    //定义构造方法
    public Example() {
        System.out.println("调用构造方法 Example()，创建一个实例对象。");
    }

    public static void main(String[] args) {
        Example e1 = new Example();                 //创建对象e1
        Example e2 = new Example();                 //创建对象e2
    }
}
```

在上述代码中，定义了一个类 Example，并在其中添加了一个实例初始化块和一个构造方法。在方法 main()中，创建了两个 Example 对象。输出结果如下。

```
执行实例初始化块。
调用构造方法 Example()，创建一个实例对象。
执行实例初始化块。
调用构造方法 Example()，创建一个实例对象。
```

通过上述执行结果可以看出，实例初始化块在每次创建对象时都会执行，并且是在构造方法之前执行。

注意：在实例初始化块中可以访问实例变量或方法，但是不可以访问静态变量或方法。另外，虽然实例初始化块也是 Java 类的一种成员，但是因为没有名字和标识，所以无法通过类和对象来调用它们，只有在创建 Java 对象时才隐式执行。

8.3.2 静态初始化块

静态初始化块是在类第一次被加载时执行的，仅仅执行一次，并且是在类构造方法调用之前执行的。在 Java 类中，可以使用静态初始化块设置类级别的状态或者初始化静态成员变量。静态初始化块由关键字 static 标识。下面通过一个实例来演示静态初始化块的使用及执行过程。

```java
public class Example {
    private static int var1;
    private static String var2;
    private String var3;
    //定义实例初始化块
    {
        System.out.println("执行实例初始化块。");
        var3 = "Hello, world!";
    }
    //定义静态初始化块
    static{
        System.out.println("执行静态初始化块。");
        var1 = 20;
        var2 = "Goodbye, world!";
    }
    //定义构造方法
    public Example() {
        System.out.println("调用构造方法 Example()，创建一个实例对象。");
    }
    public static void main(String[] args) {
        System.out.println("静态变量 var1: "+var1);
        System.out.println("静态变量 var2: "+var2);
        Example e1 = new Example();                //创建对象 e1
        Example e2 = new Example();                //创建对象 e2
    }
}
```

在上述代码中，定义了一个类 Example，并在其中添加了一个实例初始化块、一个静态初始化块和一个构造方法。在方法 main()中，先分别输出静态变量 var1、var2 的值，后又创建了两个 Example 对象。输出结果如下。

```
执行静态初始化块。
静态变量 var1: 20
静态变量 var2: Goodbye, world!
执行实例初始化块。
调用构造方法 Example()，创建一个实例对象。
执行实例初始化块。
调用构造方法 Example()，创建一个实例对象。
```

通过上述执行结果可以看出：静态初始化块的输出是在方法 main()之前，这证明了静态初始化块确实是在类加载时执行的；静态初始化块仅执行了一次，后面创建 Example 对象时，静态初始化块没有再执行。

📢 **注意**：一个类里可以定义多个初始化块。对于相同类型的初始化块，先定义的先执行，后定义的后执行。

8.4　使用 final 修饰符

final 可以修饰类、变量和方法，表示其修饰的类、变量和方法不可改变。

8.4.1 使用 final 变量

知识讲解

在 Java 程序中，可以使用 final 修饰某一变量，表示该变量一旦获得了初始值之后就不可被改变。final 既可以修饰成员变量，也可以修饰局部变量和形参。使用 final 修饰局部变量时，一旦给该变量赋值，就不能重新赋值；使用 final 修饰成员变量时，该成员变量必须在声明的时候赋值或者在构造方法（初始化块）中赋值，但是只能二选一，如果没有直接赋值，那就必须保证所有重载的构造方法最终都会对该成员变量进行赋值。

范例导学

范例 8-7：模拟《喜剧总动员》的观众投票系统（范例文件：daima\8\8-7\...\Chengyuan.java）。

本实例使用 final 分别修饰了成员变量 a、str、c、d，代码如下。

```java
public class Chengyuan{
    final int a = 600;                          //定义使用final修饰的成员变量时指定默认值，合法
    final String str;
    final int c;
    final static int d;
    //初始化块，可对没有指定默认值的实例属性指定初始值
    {
        //在初始化块中为实例属性指定初始值，合法
        str = "Hello! ";
        //在定义属性a时已经指定了默认值，不能为a重新赋值，下面的赋值语句非法
        //a = 900;
    }
    //静态初始化块，可对没有指定默认值的类属性指定初始值
    static{
        //在静态初始化块中为类属性指定初始值，合法
        d = 500;
    }
    //构造方法，可对没有指定默认值且没有在初始化块中指定初始值的实例属性指定初始值
    public Chengyuan()    {
        c = 700;
    }
    public void changeFinal(){
        //普通方法不能为final修饰的成员变量赋值
        //c = 12;
    }
    public static void main(String[] args) {
        Chengyuan tf = new Chengyuan();
        System.out.println(tf. str);
        System.out.println("《喜剧总动员》第X季第X期投票统计");
        System.out.println("---------------------------");
        System.out.println("《和平饭店》: "+tf.a+"票");
        System.out.println("《逆行人生》: "+tf.c+"票");
        System.out.println("《不期而遇》: "+tf.d+"票");
    }
}
```

输出结果如下。

```
Hello!
《喜剧总动员》第X季第X期投票统计
```

```
------------------------------
《和平饭店》: 600 票
《逆行人生》: 700 票
《不期而遇》: 500 票
```

上面的代码演示了初始化 final 成员变量的各种情形，和普通成员变量不同的是，final 成员变量必须由程序员显式初始化，系统不会对 final 成员进行隐式初始化。所以，如果想在构造方法、初始化块中对 final 成员变量进行初始化，一定不可以在初始化之前就访问该成员变量的值。

编程实战

实战案例 8-7-01：final 变量和普通变量的区别　创建两个字符串类型的变量，其中一个变量用 final 修饰，然后尝试修改这两个变量的值，比较这两种变量的区别。

实战案例 8-7-02：修改 final 成员变量的值　在类中创建一个字符串类型的 final 成员变量 name，然后尝试在其子类中定义方法修改这一成员变量的值，最后在测试类中创建子类实例并调用该方法，看看会出现什么结果。

实战案例 8-7-03：一个思考题　final 修饰的变量不能被赋值，这种说法对吗？请编写一个例子，证明这种说法是错误的。

8.4.2　使用 final 方法

知识讲解

在 Java 程序中，可以用 final 来修饰方法，被修饰的方法不能被子类重写。如果不希望子类重写父类中的某个方法，可以使用 final 来修饰该方法。Java 类库中的类 Object 中有一个 final 方法——getClass()，因为 Java 不希望任何类重写这个方法，所以使用 final 把这个方法密封了起来。但是，类 Object 提供的方法 toString() 和 equals() 允许子类重写，所以没有使用 final 修饰。

如果在父类中定义了一个私有的 private 方法，因为它只能被当前类访问，其子类无法访问，所以子类也就无法重写该方法。如果子类中也定义了一个与父类完全相同的 private 方法，这也不算方法重写，只是重新定义了一个新方法。因此，即使父类中使用 final 修饰 private 方法，也可以在其子类中定义与该方法相同的方法。

还需要特别指出的是，用 final 修饰的方法只是不能被重写，并不是不能被重载。

范例导学

范例 8-8：模拟撤销公交车的大名湖站和千佛山站（范例文件：daima\8\8-8\...\FinalMethod.java）。

本实例在父类 Parents 中定义了一系列打印到站通知的方法，并且使用 final 分别修饰了方法 doit1()、doit2()、doit2(int a)，防止其在子类中被重写，代码如下。

```java
class Parents {                              //定义父类
    private final void doit1() {             //在父类中定义 doit1()
        System.out.println("大明湖站到了，请乘客们从后门下车! ");
    }
}
```

```
        final void doit2() {                        //在父类中定义 doit2()
            System.out.println("趵突泉站到了,请乘客们从后门下车! ");
        }

        final void doit2(int a) {                   //在父类中定义 final 方法 doit2() 的重载方法
            System.out.println("趵突泉站的下"+a+"站到了,请乘客们从后门下车! ");
        }

        public void doit3() {                        //在父类中定义 doit3()
            System.out.println("千佛山站到了,请乘客们从后门下车! ");
        }
    }

class Sub extends Parents {                          //定义子类
    public final void doit1() {                      //在子类中重新定义方法 doit1()
        System.out.println("公交公司通知:撤销大名湖站! ");
    }
    //final void doit2(){                             //final 方法不能重写
    //    System.out.println("试图重写 final 方法! ");
    //}
    public void doit3() {                            //重写方法 doit3()
        System.out.println("公交公司通知:撤销千佛山站!");
    }
}

public class FinalMethod {
    public static void main(String[] args) {
        Sub s = new Sub();                           //子类实例化
        s.doit1();                                   //可以调用子类中的方法 doit1()
        Parents p = new Parents();                   //父类实例化
        //p.doit1();                                 //不能调用父类中的 private 方法 doit1()
        s.doit2();
        s.doit2(6);                                  //假设趵突泉站和千佛山站之间还有 6 个站
        s.doit3();
    }
}
```

上述代码执行后,会将大名湖站和千佛山站的到站通知更改为撤站通知,但是实现逻辑不同。大明湖站的撤站通知是通过重新定义新方法 doit1()实现的,由于父类中的方法 doit1()是 private 方法,虽然被 final 修饰,但是可以在子类中重新定义相同的方法;千佛山站的撤站通知是通过重写父类方法 doit3()实现的,该方法没有被 final 修饰,所以能在子类中重写。输出结果如下。

```
公交公司通知:撤销大名湖站!
趵突泉站到了,请乘客们从后门下车!
趵突泉站的下 6 站到了,请乘客们从后门下车!
公交公司通知:撤销千佛山站!
```

编程实战

实战案例 8-8-01:在子类中重写父类的 private final 方法　在父类中创建一个用 private final 修饰的方法,然后在子类中尝试重写这个方法,并去除 private 修饰,看看会发生什么。

实战案例 8-8-02:重载用 final 修饰的方法　在类中尝试创建一个用 final 修饰的方法 test(),然后编写多个该方法的、用 final 修饰的重载方法。

8.4.3 使用 final 类

知识讲解

在 Java 程序中，可以使用 final 来修饰类，被修饰的类不能被继承。如果希望一个类不允许被任何类继承，并且不允许其他人对这个类进行任何改动，可以将这个类设置为 final 类。

范例导学

范例 8-9：找出代码中的错误（范例文件：daima\8\8-9\...\FinalExtendTest.java）。

本实例使用 final 分别修饰类 FinalClass、成员变量、成员方法，代码如下。

```java
final class FinalTest {
    final int count = 1;
    public int updateCount() {
        count = 4;                              //修改 final 属性值，出错
        return count;
    }
    public final int sum() {
        int number = count+10;
        return number;
    }
}
public class FinalExtendTest extends FinalTest {   //继承 final 类，出错
    public int sum(){};                            //重写父类中的 final 方法，出错
    int count = sum();                             //继承父类中的方法 sum()
    public static void main(String[] args) {
        FinalExtendTest fet = new FinalExtendTest();
        System.out.println(fet.count);
    }
}
```

上述代码存在以下 3 个错误。

- ❏ 第 4 行：试图给 final 变量 count 重新赋值会产生错误，因为 final 变量只能被赋值一次。
- ❏ 第 12 行：试图继承用 final 修饰的类会发生错误。
- ❏ 第 13 行：试图重写 final 修饰的方法 sum() 会出现错误。因为 final 修饰的方法可以被继承，但不能被任何类重写。

将上述第 1 行代码中的 final 关键字删除，再将第 4 行和第 13 行代码注释掉，可解决错误。输出结果如下。

11

编程实战

实战案例 8-9-01：尝试继承用 final 修饰的类 创建一个用 final 修饰的类 SuperClass，然后新创建一个类 SubClass，尝试让类 SubClass 继承类 SuperClass，看看会发生什么。

实战案例 8-9-02：在 final 类中创建 final 成员 创建 final 类 Finalclass，然后将类中的多个成员变量分别定义为 final 和非 final 形式。然后在测试类中创建该类的实例并访问和修改各成员变量。

8.5 对象类型转换与 instanceof 运算符

在面向对象编程中，经常会用到对象类型转换，同时也经常需要使用 instanceof 运算符来判断某个父类对象是不是某个子类的实例。

8.5.1 对象类型转换

知识讲解

在 Java 语言中，对象类型转换包括以下两种。

❏ 向上转型：将一个子类对象的引用转换为该子类的父类的引用，语法格式如下。

```
父类 对象名 = new 子类();
```

❏ 向下转型：也称对象的强制类型转换，是指将父类对象类型的变量强制转换为子类类型，语法格式如下：

```
子类 对象名 = (子类)父类对象;
```

通过上述语法可以看出，向上转型是把子类类型的对象直接赋值给父类类型的对象，进而实现按照父类描述子类的效果；向下转型是把父类类型的对象强行转化为子类类型的对象，并赋值给子类类型的对象。向上转型使父类对象可以指向子类对象，但通过父类对象只能访问父类中定义的成员变量和成员方法，子类特有的部分成员被隐藏，不能被访问。只有将父类对象强制转换为具体的子类类型，才能访问子类的特有成员。

向上转型是安全的，因为它是将一个较具体的类的对象转换为一个较抽象的类的对象。但是，向下转型则不一定安全。如果父类引用对象指向的是子类对象，那么向下转型的过程是安全的，也就是说编译时不会出错；如果父类引用对象指向的是父类本身的对象，那么向下转型的过程是不安全的，编译时不会出错，但是运行时会出现 Java 强制类型转换异常。

范例导学

范例 8-10：分析小动物在干什么（范例文件：daima\8\8-10\...\Cat.java）。

本实例在父类 Animal 和子类 Cat 中都定义了实例变量 name、静态变量 staticName、实例方法 eat() 和静态方法 staticEat()。此外，在子类 Cat 中还定义了实例变量 str 和实例方法 eatMethod()，代码如下。

```java
class Animal {
    public String name = "Animal: 动物";
    public static String staticName = "Animal: 可爱的动物";
    public void eat() {
        System.out.println("Animal: 吃饭");
    }
    public static void staticEat() {
        System.out.println("Animal: 动物在吃饭");
    }
}
```

```
public class Cat extends Animal {
    public String name = "Cat: 猫";
    public String str = "Cat: 可爱的小猫";
    public static String staticName = "Cat: 我是火星喵";
    public void eat() {
        System.out.println("Cat: 抓老鼠");
    }
    public static void staticEat() {
        System.out.println("Cat: 猫在吃饭");
    }
    public void eatMethod() {
        System.out.println("Cat: 猫喜欢吃海鲜");
    }
    public static void main(String[] args) {
        Animal animal = new Cat();              // 向上转型
        Cat cat = (Cat) animal;                 // 向下转型
        System.out.println(animal.name);        // 输出 Animal 类的 name 变量
        System.out.println(animal.staticName);  // 输出 Animal 类的 staticName 变量
        animal.eat();                           // 调用 Cat 类的 eat()方法
        animal.staticEat();                     // 调用 Animal 类的 staticEat()方法
        System.out.println(cat.str);            // 输出 Cat 类的 str 变量
        cat.eatMethod();                        // 调用 Cat 类的 eatMethod()方法
    }
}
```

当通过引用类型变量来访问所引用对象的属性和方法时，Java 将采用以下绑定规则。

❑ 实例方法与引用变量实际引用的对象的方法绑定，这种绑定属于动态绑定，是在运行时由 Java 虚拟机动态决定的。例如，在上述代码中，animal.eat()将 eat()方法与 Cat 类绑定。

❑ 静态方法与引用变量所声明的类型的方法绑定，这种绑定属于静态绑定，因为在编译阶段已经做了绑定。例如，在上述代码中，animal.staticEat()将 staticEat()方法与 Animal 类绑定。

❑ 成员变量（包括静态变量和实例变量）与引用变量所声明的类型的成员变量绑定，这种绑定属于静态绑定，因为在编译阶段已经做了绑定。例如，在上述代码中，animal.name 和 animal.staticName 都是与 Animal 类绑定。

输出结果如下。

```
Animal: 动物
Animal: 可爱的动物
Cat: 抓老鼠
Animal: 动物在吃饭
Cat: 可爱的小猫
Cat: 猫喜欢吃海鲜
```

编程实战

实战案例 8-10-01：将父类对象直接赋予子类对象　分别创建一个父类和子类，然后尝试将父类对象直接赋予子类对象，看看会发生什么。

实战案例 8-10-02：实现对象类型转换中的向上转型　在父类中创建方法，用于输出当前类的类名。然后在子类中重写这个方法，输出子类的类名。最后在测试类中演示对象类型转换中的向上转型是合法的。

8.5.2　使用 instanceof 运算符

知识讲解

如前所述，在进行向下转型时，如果父类引用对象指向的是父类本身的对象，那么尽管编译时不会出错，但运行时会出现 Java 强制类型转换异常。针对这种情况，Java 引入了 instanceof 运算符来判断某个对象是否属于某种数据类型。在 Java 程序中，instanceof 是一个二元操作符，和= =、>、<等是同一类元素。由于 instanceof 是由字母组成的，所以也是 Java 的保留关键字，它的作用是测试左边的对象是否是它右边的类的实例，返回值为 boolean 类型，当该值为 true 时表明可执行向下转型。使用 instanceof 运算符的语法格式如下。

```
引用类型变量 instanceof 类名
```

在 Java 程序中使用 instanceof 运算符时需要注意，运算符左边操作数的类型要么与右边的类型相同，要么与右边的类型有继承关系，否则会引起编译错误。

范例导学

范例 8-11：输出显示程序员和架构师的区别（范例文件：daima\8\8-11\...\Test.java）。

本实例创建了父类 PublicServant 和子类 President，在测试类中创建实例，演示 instanceof 运算符的使用，代码如下。

```java
class PublicServant {                                   //创建父类
    String appellation;                                 //定义职称
    int age;                                            //定义年龄
    public void handleAffairs() {                       //创建一个方法
        System.out.println("程序员：从事程序开发、程序维护，主要工作是根据项目需求写代码。");
    }
}
class President extends PublicServant {                  //创建一个子类
    public void handleAffairspresident() {              //定义一个专属于子类的新方法
        super.handleAffairs();                          //调用父类的方法
        System.out.println("架构师：将客户的需求转换为规范的开发计划及文本，"
                        +"并制定这个项目的总体架构，制作项目需求。");
    }
}
public class Test {                                     //创建测试类
    public static void main(String[] args) {
        PublicServant publicServant = new President();  //向上转型
        if (publicServant instanceof President){        //使用 instanceof 运算符判断
            President president = (President) publicServant;//向下转型
            president.handleAffairspresident();         //调用子类的方法
        }
    }
}
```

输出结果如下。

```
程序员：从事程序开发、程序维护，主要工作是根据项目需求写代码。
架构师：将客户的需求转换为规范的开发计划及文本，并制定这个项目的总体架构，制作项目需求。
```

另外，instanceof 运算符也经常和三元（条件）运算符一起使用，例如下面的代码。

```
A instanceof B ? A : C
```

上述代码的功能是判断 A 是否可以转换为 B，如果可以转换则返回 A，如果不可以转换则返回 C。

8.6 多　　态

多态（polymorphism）一词来自希腊语，意为"多种形式"。多态是面向对象编程中的一个重要概念，是 Java 的三大特性之一。

8.6.1　何谓多态

在面向对象程序设计中，相同的消息可能会送给多个不同类别的对象，而系统可依据对象所属类别，引发对应类别的方法，进而产生不同的行为，这就是所谓的多态。具体到 Java 中，多态是指同一个类型的对象，在不同的情况下可以表现出不同的行为。例如，可以创建一个动物类，其中定义一个表示"动物叫声"方法。猫类和狗类是动物类的两个子类，它们都继承动物类，可以实现这个方法。但是，它们的叫声是不同的。Java 的多态机制有效地实现了代码的复用，提高了代码的可维护性和可扩展性等，为程序的开发、维护、扩展提供了极大的便利。

8.6.2　多态的实现

知识讲解

前述内容简单阐述了多态的理论，那么 Java 程序是如何实现多态的呢？首先，方法的重载就是多态的一种实现途径，它体现了类内部方法之间的多态性。其次，还有类之间的多态，主要通过方法重写来实现，具体有如下两种形式。

❑　继承方式实现多态：同一个父类派生出的多个子类可被当作同一种类型，在子类中重写父类的方法，这样父类引用不同子类对象时就会出现不同的结果。

❑　接口方式实现多态：这与继承方式实现多态一样，只不过把父类变成了接口而已，其他内容只有微小的变化，本书第 9 章将讲解有关接口的知识。

范例导学

范例 8-12：分别输出清华大学和复旦大学的所在城市（范例文件：daima\8\8-12\...\Duotai.java）。

在本实例中，首先创建了父类——高等院校类 Gaoxiao，其中含有打印高校所在城市的方法 print()；然后定义清华大学类 Qinghua 和复旦大学类 Fudan，继承类 Gaoxiao，并分别重写方法 print()；接下来，定义校工类 Xiaogong，其中含有方法 dprint(Gaoxiao gx)，该方法调用方法 print()打印校训。代码如下。

```
class Gaoxiao{                              //高等院校类 Gaoxiao
    public int age;                         //定义属性，校龄
    public String name;                     //定义属性，校名
    public Gaoxiao(int age, String name){   //定义构造方法
        this.age=age;
        this.name =name;
    }
    public void print(){                    //定义方法 print()，输出高校所在城市
        System.out.println("高校所在城市是: ");
    }
}

class Qinghua extends Gaoxiao{              //定义子类，清华大学类 Qinghua
```

```
        public Qinghua(int age, String name) {
            super(age, name);
        }

        public void print(){                           //在子类中重写方法 print()
            System.out.println("清华大学所在城市：北京");
        }
    }

class Fudan extends Gaoxiao{                            //定义子类，复旦大学类 Fudan
        public Fudan(int age, String name) {
            super(age, name);
        }

        public void print(){                           //在子类中重写方法 print()
            System.out.println("复旦大学所在城市：上海");
        }
    }

class Xiaogong{
        public void dprint(Gaoxiao gx){                 //定义调用方法 print()打印高校所在城市的方法
            gx.print();
        }
    }

public class Duotai{
        public static void main(String[] args){
            Gaoxiao qh = new Qinghua(0, null);
            Gaoxiao bd = new Fudan(0, null);
            Xiaogong xg = new Xiaogong ();
            xg.dprint(qh);
            xg.dprint(bd);
        }
    }
```

上述程序，在类 Duotai 的方法 main()中，以不同类型的对象为参数调用方法 dprint()，执行结果不同。输出结果如下。

```
清华大学所在城市：北京
复旦大学所在城市：上海
```

以上范例使用多态实现了校工打印高校所在城市的统一操作。不论哪个大学的校工，只需要新增子类继承类 Gaoxiao 并重写 print()方法就可以，而类 Xiaogong 中始终只需要方法 dprint(Gaoxiao gx)。

编程实战

实战案例 8-12-01：通过多态实现几何图形的面积计算 创建图形类 Figure，其中定义一个计算图形面积的方法。然后创建类 Figure 的子类，代表不同的几何图形，并在各子类中分别重写计算图形面积的方法。最后使用多态机制实现几何图形的面积计算。

实战案例 8-12-02：输出狗和猫最爱的食物（多态方案） 创建动物类 Animal，其中定义一个输出动物最爱的食物的方法。然后创建类 Animal 的两个子类，分别代表狗和猫，并在各子类中分别重写输出动物最爱的食物的方法。最后使用多态机制分别输出狗和猫最爱的食物。

8.7 综合实战——解决 0-1 背包问题

范例功能

解决 0-1 背包问题：某同学带着一个背包去拿东西，房间里有 5 件物品，其重量和价值如下。

- ❑ 物品一：6 公斤，48 元。
- ❑ 物品二：5 公斤，40 元。
- ❑ 物品三：2 公斤，12 元。
- ❑ 物品四：1 公斤，8 元。
- ❑ 物品五：1 公斤，7 元。

该同学希望拿到最大价值的东西，但是他的背包容量是 8 公斤，请问装上哪些东西才能达到要求？

学习目标

理解类的继承和方法重写，掌握使用基类和子类提高代码复用性的方法；理解多态的基本概念，体会如何通过基类引用子类对象来提高程序的灵活性和可扩展性。

具体实现

定义基类 BaseKnapsack，提供方法 solve()和 printSolution()作为占位符，要求子类重写这两个方法。定义类 Gobang，继承于类 BaseKnapsack，实现对 0-1 背包问题的求解，其核心功能如下。

- ☑ 定义背包容量、物品的重量数组、价值数组、动态规划表（数组） 和记录选择结果的数组。
- ☑ 重写方法 solve()，填充动态规划表，求解最大价值，根据物品和背包容量的关系逐步更新动态规划表中的值。
- ☑ 定义方法 getResult()，通过回溯动态规划表，确定每个物品是否被选择，并将选择结果记录到记录选择情况的数组中。
- ☑ 重写方法 printSolution()，调用方法 solve()求解问题，输出最优解的具体组合情况（哪些物品被选中），并打印动态规划表。
- ☑ 在方法 main()中初始化物品的重量和价值，以及背包的容量。创建 Gobang 实例，调用 printSolution() 输出结果。

限于本书篇幅，不再列出具体实现代码。

第9章 抽象类、接口和各种类

前面已经学习了面向对象编程的基本理念,掌握了面向对象程序设计的三大特征:封装、继承、多态。接下来,继续学习面向对象编程的核心技术。为了实现更加丰富的继承,Java 提供了抽象类,可以作为众多具体子类的模板;为了弥补每个子类只能继承一个父类这一缺陷,Java 提供了接口,利用接口可以实现多重继承。另外,Java 还提供了包装类、内部类、枚举类等,进一步扩展了面向对象开发能力。本章将对上述内容展开详细讲解,具体知识架构如下。

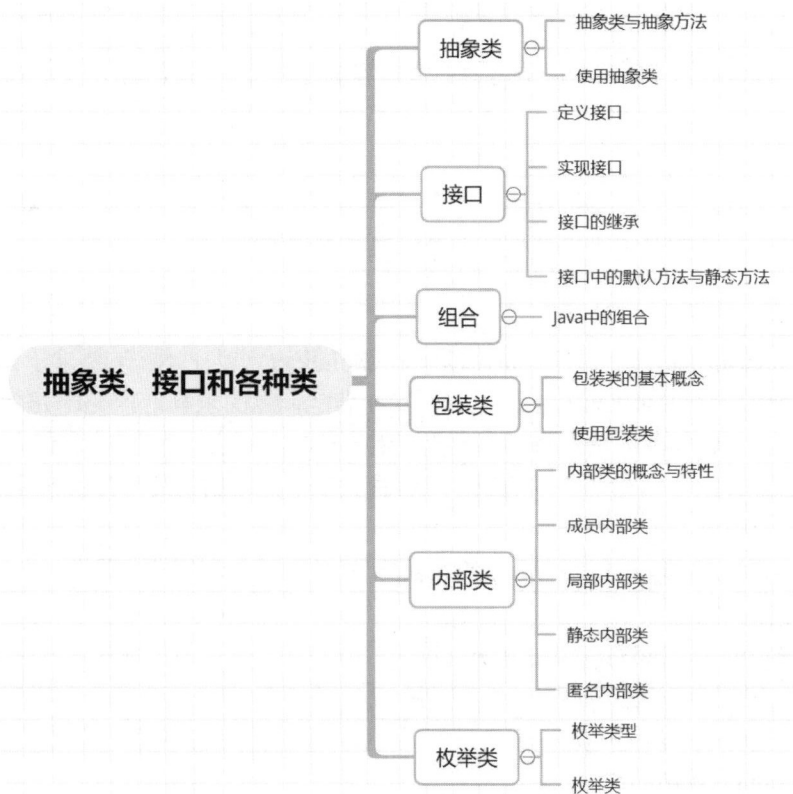

```
                              ┌─ 抽象类 ─┬─ 抽象类与抽象方法
                              │         └─ 使用抽象类
                              │
                              │         ┌─ 定义接口
                              ├─ 接口 ──┼─ 实现接口
                              │         ├─ 接口的继承
                              │         └─ 接口中的默认方法与静态方法
                              │
                              ├─ 组合 ─── Java中的组合
抽象类、接口和各种类 ──────────┤
                              ├─ 包装类 ─┬─ 包装类的基本概念
                              │         └─ 使用包装类
                              │
                              │         ┌─ 内部类的概念与特性
                              │         ├─ 成员内部类
                              ├─ 内部类 ─┼─ 局部内部类
                              │         ├─ 静态内部类
                              │         └─ 匿名内部类
                              │
                              └─ 枚举类 ─┬─ 枚举类型
                                        └─ 枚举类
```

9.1 抽 象 类

在面向对象程序设计过程中,对于有些类,其中会包含一部分其子类对象共有的信息,还会包含一部分必须通过其子类来进一步完善的信息,对这种类进行实例化没有实际意义,只有实例化其具体子类才能创建理想的对象。但是,该类却有存在的意义,因为它包含了所有子类的共有信息,可以为具体子类提供模板。基于此,Java 提供了抽象类,这种类不能被实例化,但可以被继承,由其可实例化的子类做进一步完善。简单地说，抽象类的作用就是为具体子类提供可继承的模板，增强代码复用性，提高开发效率。

9.1.1　抽象类与抽象方法

在 Java 程序中定义类的时候，经常会定义一些方法来描述该类的行为，但是往往某些方法的实现方式是无法确定的。例如，定义一个宠物类 Pet，其中含有一个表示宠物叫的方法 shout()，对于不同的宠物，其叫声显然不同，因此在类 Pet 中无法准确实现方法 shout()，只有在类 Pet 的具体子类（如猫类 Cat、狗类 Dog）中来准确实现方法 shout()（猫喵喵叫、狗汪汪叫）。在 Java 程序中，对于这种无法准确实现的方法，一般使用 abstract 修饰符来标记，称为抽象方法。如果一个类中包含了抽象方法，那么这个类也必须用 abstract 修饰符来标记，称为抽象类。

定义抽象类的语法格式如下。

```
[修饰符] abstract class 类名{
    …                                            //类体
}
```

定义抽象方法的语法格式如下。

```
[修饰符] abstract 方法返回值类型 方法名 ([形参列表]);
```

抽象类与抽象方法具有如下特点。

❏　抽象类必须使用 abstract 修饰符来修饰，抽象方法也必须使用 abstract 修饰符来修饰，但是二者都不能使用 private 修饰符来修饰。

❏　抽象方法不能有方法体。

❏　抽象类只能被继承，不能被实例化，无法使用 new 关键字来调用抽象类的构造器创建抽象类的对象。

❏　抽象类里可以不包含抽象方法，但是即使不包含抽象方法，这个抽象类也不能被实例化。

❏　抽象类可以包含属性、方法（普通方法和抽象方法都可以）、构造方法、初始化块等成分。抽象类的构造方法不能用于创建实例，主要是用于被其子类调用，同时抽象类的构造方法不能声明成抽象的。

❏　含有抽象方法的类（包括直接定义了一个抽象方法、继承了一个抽象父类但没有完全实现其父类包含的抽象方法、实现了一个接口但没有完全实现接口包含的抽象方法 3 种情况）只能被定义成抽象类（有关接口的知识，在本章第 9.2 节进行讲解）。

📢 **注意**：抽象类同样能包含和普通类相同的成员，只是抽象类不能创建实例。普通类不能包含抽象方法，而抽象类可以包含抽象方法。

接下来，定义抽象类 Pet（宠物类），其中含有一个表示宠物叫的抽象方法 shout()，然后让猫类 Cat、狗类 Dog 继承类 Pet，并分别准确实现方法 shout()。代码如下。

```
abstract class Pet {                         //定义宠物类，抽象类
    public abstract void shout();            //定义抽象方法
}
class Cat extends Pet {                       //定义子类，猫类
    public void shout(){                      //准确实现父类的抽象方法
        System.out.println("喵喵叫");
```

```
        }
    }
class Dog extends Pet {                          //定义子类，狗类
    public void shout(){                         //准确实现父类的抽象方法
        System.out.println("汪汪叫");
    }
}
public class Test {                              //测试类，分别调用子类的方法 shout()
    public static void main(String[] args) {
        Pet p1=new Cat();                        //留心这里的多态表现
        Pet p2=new Dog();

        p1.shout();
        p2.shout();
    }
}
```

输出结果如下。

```
喵喵叫
汪汪叫
```

9.1.2　使用抽象类

知识讲解

由第 9.1.1 节的演示案例可知，即使不把类 Pet 定义成抽象类，对应地把方法 shout()定义成空方法，同样可以实现预期的效果。那么，Java 为什么要引入抽象类和抽象方法呢？难道就是为了单纯地强制某个类不能实例化吗？当然不是！在 Java 程序中使用抽象类和抽象方法的主要目的如下。

❑　设计出抽象的父类，供子类继承，实现代码重用，同时给子类提供模板。

❑　设计类需要实现的功能（某些功能不具体），由派生类来具体实现，Java 强制继承了抽象类的子类必须实现其父类中的所有抽象方法。

❑　将类设计为 abstract 类型，强制只有其子类才能创建对象，可以保护该类的数据和方法。

范例导学

范例 9-1：高校教师管理与授课系统（范例文件：daima\9\9-1\...\Test.java）。

本实例先设计了抽象的教师类 Teacher 及其子类 MusicTeacher（音乐教师类）和 SoftwareTeacher（软件教师类），类 Teacher 包含编号、姓名、性别、年龄、学历、职称等属性，同时包含上班、下班、授课、授课流程、toString()等方法。显然，上班、下班、授课、toString()等方法是所有教师所共有的，在抽象类 Teacher 中可以实现，但是不同学科的教师授课流程不同，无法准确实现，必须由其子类实现。代码如下。

```
abstract class Teacher {                         //类 Teacher ，抽象类
    //属性
    private int id;
    private String name;
    private String sex;
    private int age;
    private String education;
    private String teacherTitile;
```

```java
//构造方法
public Teacher(int id, String name, String sex, int age, String education,
  String teacherTitile) {
    super();
    this.id = id;
    this.name = name;
    this.sex = sex;
    this.age = age;
    this.education = education;
    this.teacherTitile = teacherTitile;
}
//普通方法
public void startWork(int time){
    System.out.println(this.name + time + "点上班");
}
public void offWork(int time){
    System.out.println(this.name + time + "点下班");
}
public void teach(String course){
    System.out.println(this.name + "教" + course);
}
//get方法，set方法
public int getId() {
    return id;
}
public void setId(int id) {
    this.id = id;
}
public String getName() {
    return name;
}
public void setName(String name) {
    this.name = name;
}
public String getSex() {
    return sex;
}
public void setSex(String sex) {
    this.sex = sex;
}
public int getAge() {
    return age;
}
public void setAge(int age) {
    this.age = age;
}
public String getEducation() {
    return education;
}
public void setEducation(String education) {
    this.education = education;
}
public String getTeacherTitile() {
    return teacherTitile;
}
public void setTeacherTitile(String teacherTitile) {
    this.teacherTitile = teacherTitile;
}

abstract public void teachProcedure();        //表示授课流程的方法，抽象方法
```

```
        @Override
        //ToString方法
        public String toString() {
            return "Teacher [id=" + id + ", name=" + name + ", sex=" + sex
                + ", age=" + age + ", education=" + education
                + ", teacherTitile=" + teacherTitile + "]";
        }
}
//子类 MusicTeacher
class MusicTeacher extends Teacher {
    public MusicTeacher(int id, String name, String sex, int age,
        String education, String teacherTitile) {
        super(id, name, sex, age, education, teacherTitile);
    }
    @Override
    public void teachProcedure() {                    //具体实现音乐教师的授课流程
        System.out.println("唱歌->弹琴->舞蹈");
    }
}
//子类 SoftwareTeacher
class SoftwareTeacher extends Teacher {
    public SoftwareTeacher(int id, String name, String sex, int age,
        String education, String teacherTitile) {
        super(id, name, sex, age, education, teacherTitile);
    }
    @Override
    public void teachProcedure() {                    //具体实现软件教师的授课流程
        System.out.println("Java 语法->Web 开发->企业级开发");
    }
}
//测试类
public class Test{
    public static void main(String[] args) {
        //测试音乐教师
        Teacher musicTeacher = new MusicTeacher(1, "刘老师", "女", 27, "本科", "讲师");
        musicTeacher.startWork(8);
        musicTeacher.offWork(16);
        System.out.println(musicTeacher);
        musicTeacher.teachProcedure();
        //测试软件教师
        Teacher softTeacher = new SoftwareTeacher(2, "李老师", "男", 41, "博士", "教授");
        softTeacher.startWork(10);
        softTeacher.offWork(18);
        System.out.println(softTeacher);
        softTeacher.teachProcedure();
    }
}
```

输出结果如下。

```
刘老师 8 点上班
刘老师 16 点下班
Teacher [id=1, name=刘老师, sex=女, age=27, education=本科, teacherTitile=讲师]
唱歌->弹琴->舞蹈
李老师 10 点上班
李老师 18 点下班
Teacher [id=2, name=李老师, sex=男, age=41, education=博士, teacherTitile=教授]
Java 语法->Web 开发->企业级开发
```

📢 **注意**：使用抽象类时有以下两条规则。

◇ 抽象父类可以只定义需要使用的某些方法，其余则留给其子类实现。

◇ 父类中可能包含需要调用的其他系列方法的方法，这些被调方法既可以由父类实现，也可以由其子类实现。父类提供的方法只是定义了一个通用算法，其实现也许并不完全由其自身决定，而是依赖于其子类的辅助。

编程实战

实战案例 9-1-01：输出显示《权力的游戏》 创建一个抽象类，在里面定义一个代表输出功能的抽象方法。然后在其子类中实现该方法，并在测试类中输出显示文本：《权力的游戏》。

实战案例 9-1-02：一个新手经常犯的错误 创建一个抽象类，然后尝试调用抽象类中的静态方法。

实战案例 9-1-03：计算三角形的周长 创建一个抽象类，里面定义一个计算三角形周长的抽象方法和一个判断三角形合法性的普通方法（三角形两边之和必须大于第三边）。然后创建该抽象类的子类，实现计算三角形周长的抽象方法，要求实现过程调用判断三角形合法性的普通方法。

实战案例 9-1-04：计算当前车速 创建一个抽象类，里面包含表示轮胎转速的属性、表示轮胎半径的属性、双参数构造方法、获取轮胎半径的普通方法 getRadius()、获取轮胎转速的普通方法 getVelocity()、获取车速的抽象方法 getSpeed()。然后创建一个继承于这个抽象类的子类，获取当前车速。

9.2 接口

在 Java 程序中，接口可以被看作是一种特殊的抽象类。Java 引入接口的主要目的之一，是为了弥补单继承（一个类只能继承一个父类）的缺陷，实现多重继承，提高程序设计的灵活性。

9.2.1 定义接口

在 Java 开发实践中，对于某些类，只继承一个抽象类显然无法满足要求，需要实现多个抽象类的抽象方法才能解决问题。针对这种情况，Java 提供了接口，一个类只能继承一个父类，但可以实现多个接口。接口本质上是一种特殊的抽象类，它是从多个相似的类中抽象出来的规范，只包含常量、抽象方法，只指定要做什么，不提供任何实现，不可以实例化，体现了规范和实现分离的思想。

注意：从 Java8 开始，接口中可以包含默认方法（用 default 修饰符修饰）和静态方法，这两种方法都允许含有方法体。

在 Java 中，使用 interface 关键字来定义接口，语法格式如下。

```
[public] interface 接口名 {
    [public][static][final]数据类型 常量名 = 值;
    [public][abstract] 返回值的数据类型 方法名(参数列表);
    [public]default 返回值的数据类型 方法名(参数列表){
        …                                    //默认方法的方法体
    }
    [public] static 返回值的数据类型 方法名(参数列表){
        …                                    //静态方法的方法体
    }
}
```

关于上述语法，需要说明以下几点。

❑ 接口的命名法则和类名一样。

❑ 当 interface 关键字前加上 public 修饰符时，接口可以被任何类的成员访问。如果省略 public，则接口只能被与它处在同一包中的成员访问。

❑ 接口内各成员的访问控制符只能是 public。

❑ 在接口中不能声明变量，只能声明常量，因为接口要具备 3 个特征，即公共性、静态性和最终性。在接口中声明常量时可以省略 public static final。

❑ 在接口中声明抽象方法时可以省略 public abstract。

注意：接口中可以包含 3 种方法，分别是抽象方法、默认方法和静态方法，其中静态方法可以通过"接口名.方法名"来调用，而抽象方法和默认方法只能通过接口实现类的实例对象来访问。

9.2.2 实现接口

知识讲解

接口不能直接实例化，即不能使用 new 关键字创建接口的实例，但是可以利用接口的特性来创建新的类，该过程称为接口的实现。实现接口的目的，主要是在新类中重写接口的所有抽象方法，从而以接口为模板派生出可以实例化的类，当然也可以使用抽象类来实现接口。在 Java 程序中，使用 implements 关键字来实现接口，一个类可以同时实现多个接口，语法格式如下。

```
[修饰符] class 类名  implements 接口 1, 接口 2, 接口 3,…{
    …                                            //类体
}
```

范例导学

范例 9-2：四则运算计算器（范例文件：**daima\9\9-2\...\JieTest.java**）。

本实例创建了 4 个接口，分别是 JieOne、JieTwo、JieThree 和 JieFour，代码如下。

```
interface JieOne{                       //定义接口 JieOne
    int add(int a,int b);
}
interface JieTwo{                       //定义接口 JieTwo
    int sub(int a,int b);
}
interface JieThree{                     //定义接口 JieThree
    int mul(int a,int b);
}
interface JieFour{                      //定义接口 JieFour
    int umul(int a,int b);
}
//定义类 JieDuo，实现以上 4 个接口
class JieDuo implements JieOne,JieTwo,JieThree,JieFour{
    public int add(int a,int b){        //实现抽象方法 add()，返回 a 和 b 的和
        return a+b;
    }
    public int sub(int a,int b){        //实现抽象方法 sub()，返回 a 和 b 的差
        return a-b;
```

```
    }
    public int mul(int a,int b){              //实现抽象方法 mul(), 返回 a 和 b 的积
        return a*b;
    }
    public int umul(int a,int b){             //实现抽象方法 umul(), 返回 a 和 b 的商
        return a/b;
    }
}
public class JieTest{
    public static void main(String args[]){
        JieDuo aa=new JieDuo();                          //创建实例对象 aa
        System.out.println("2400+1200="+aa.add(2400,1200));  //输出加法运算结果
        System.out.println("2400-1200="+aa.sub(2400,1200));  //输出减法运算结果
        System.out.println("2400*1200="+aa.mul(2400,1200));  //输出乘法运算结果
        System.out.println("2400/1200="+aa.umul(2400,1200)); //输出除法运算结果
    }
}
```

输出结果如下。

```
2400+1200=3600
2400-1200=1200
2400*1200=2880000
2400/1200=2
```

编程实战

实战案例 9-2-01：计算圆的面积和周长 在接口中声明两个抽象方法，然后在接口实现类中实现这两个方法，功能分别是计算圆的面积和周长。

实战案例 9-2-02：使用接口模拟家用电器通电 创建接口"三脚插头"，其中包含"接通电路"的抽象方法，然后分别创建类"冰箱""空调""洗衣机"和"电视"，实现接口"三脚插头"，模拟家用电器的通电功能。

实战案例 9-2-03：使用接口模拟不同设备的打印功能 创建接口 USB，然后分别创建类"计算机""手机""MP3"和"打印机"，模拟在计算机上安装不同驱动实现不同的功能。

实战案例 9-2-04：使用接口模拟计算机与 U 盘之间的数据交互 声明一个 USB 接口，里面包含两个抽象方法，分别是读取数据的方法 read()（U 盘到计算机）和写入数据的方法 write()（计算机到 U 盘）。然后创建计算机类 Diannao1，实现 USB 接口，即实现接口的抽象方法 read() 和 write()。最后创建 U 盘类，在其主方法中实例化 Diannao1，并调用方法 read() 和 write()。

9.2.3　接口的继承

知识讲解

在 Java 程序中，接口支持多继承，即一个接口可以直接继承多个父接口。和类继承相似，如果子接口扩展了某个父接口，那么会获得在父接口中定义的所有常量属性、抽象方法、默认方法、静态方法。接口继承同样使用 extends 关键字，当一个接口继承多个父接口时，多个父接口排在 extends 之后，用英文逗号","隔开，具体语法如下。

```
interface 接口名 extends 接口 1,接口 2,接口 3,... {
    …
}
```

范例导学

范例 9-3：模拟乘坐高铁的过程（范例文件：daima\9\9-3\...\JieKouJiCheng.java）。

本实例定义了 4 个接口，即接口 MaiPiao（买票）、JinZhan（进站）、JianPiao（检票）、ChengChe（乘车），接口 ChengChe 继承了前 3 个接口，并且增加了新的抽象方法，代码如下。

```java
interface MaiPiao{                                      //定义买票的标准接口
    int SF = 1;                                         //定义常量属性 SF，限制乘客的身份必须是可以乘坐高铁
    void maipiao();                                     //定义买票的抽象方法
}
interface JinZhan {                                     //定义进站的标准接口
    int WX = 2;                                         //定义常量属性 WX，限制乘客不可以携带危险品
    void jinzhan();                                     //定义进站的抽象方法
}
interface JianPiao {                                    //定义检票的标准接口
    int SJ = 1;                                         //定义常量属性 SJ，限制乘客必须在开车前 5 分钟到达
    void jianpiao();                                    //定义检票的抽象方法
}
//定义乘车的标准接口，继承接口 MaiPiao、JinZhan、JianPiao
interface ChengChe extends MaiPiao, JinZhan,JianPiao{
    void chengche();                                   //定义乘车的抽象方法
}
class Chengke implements ChengChe {                     //定义乘客类，实现接口 ChengChe
    private int sfr=2;                                  //int 型变量，标识是否可以乘坐高铁，默认不可以
    private int wxr=1;                                  //int 型变量，标识是否携带危险品，默认携带
    private int sjr=2;                                  //int 型变量，标识是否开车前 5 分钟到达，默认不是

    public void setSfr(int sfr){                        //设置 sfr 属性，限制只能使用 1 或 2
        if(sfr==1 || sfr==2)
            this.sfr=sfr;
    }
    public void setWxr(int wxr){                        //设置 wxr 属性，限制只能使用 1 或 2
        if(wxr==1 || wxr==2)
            this.wxr=wxr;
    }
    public void setSjr(int sjr){                        //设置 sjr 属性，限制只能使用 1 或 2
        if(sjr==1 || sjr==2)
            this.sjr=sjr;
    }

    //实现接口中的抽象方法
    public void maipiao(){
        if(sfr == MaiPiao.SF)
            System.out.println("我可以乘坐高铁，已购票！");

    }
    public void jinzhan(){
        if(wxr == JinZhan.WX)
            System.out.println("我没有携带危险品，已进站！");
    }
    public void jianpiao(){
        if(sjr == JianPiao.SJ)
            System.out.println("我开车前 5 分钟已经到达，已检票！");
    }
    public void chengche(){
        System.out.println("已上车，正在寻找座位！");
    }
}
```

```
public class JieKouJiCheng {
    public static void main(String[] args){
        Chengke ck = new Chengke();
        ck.setSfr(1);
        ck.setWxr(2);
        ck.setSjr(1);
        System.out.println("乘坐高铁的流程: ");
        ck.maipiao();                        //输出买票过程
        ck.jinzhan();                        //输出进站过程
        ck.jianpiao();                       //输出检票过程
        ck.chengche();                       //输出乘车过程
    }
}
```

在上面的代码中，接口 ChengChe 继承前 3 个接口，拥有了前 3 个接口的所有常量属性和方法。类 Chengke 只实现了接口 ChengChe，但是需要实现接口 ChengChe 自身及其父接口的所有抽象方法，而且可以访问接口 ChengChe 的所有父接口的常量属性。输出结果如下。

```
乘坐高铁的流程:
我可以乘坐高铁，已购票!
我没有携带危险品，已进站!
我开车前 5 分钟已经到达，已检票!
已上车，正在寻找座位!
```

编程实战

实战案例 9-3-01：接口继承练习　创建多个接口，练习接口之间的继承，包括单继承和多继承。

实战案例 9-3-02：实现接口的继承　创建一个父接口，在里面声明两个方法，接下来创建该父接口的两个子接口，并在这两个子接口中分别定义一个其他方法。最后创建一个实现类，同时实现这两个子接口。

9.2.4　接口中的默认方法与静态方法

知识讲解

从 Java 8 开始，接口中引入了默认方法与静态方法。它们的出现，很好地解决了程序中使用接口所带来的一些麻烦。

1. 接口的默认方法

在程序开发中，如果之前创建了一个接口，并且已经被大量的类实现，当需要再添加新的方法以扩充这个接口的功能时，就会导致所有已经实现了这个接口的子类都要重写这个方法。为了便于接口的扩展，从 Java 8 开始新增加了接口默认方法，它是一个默认实现的方法，并且不强制实现类重写。该方法使用 default 关键字来修饰，在实现类中可以直接使用。接口的默认方法具有如下特点。

❑　只能被 default 修饰，不能被 static 修饰。

❑　默认访问权限是 public，且只能是 public，被 private、protected 修饰时会报错。

❑　默认方法的调用需要满足如下原则。

➢　接口内：可以被其他默认方法调用，但不能被静态方法调用。

> ➢ 接口外：子接口中可以直接访问，可以被重写和重载；接口的实现类中可以直接访问，可以被重写和重载；实现该接口的子类对象实例可以直接调用。

❑ 当子接口继承多个父接口时或实现类实现多个接口时，如果不同的父接口中出现同名的默认方法，那么这些方法必须满足如下条件之一。

> ➢ 满足重载规则，能够同时被子接口或实现类继承。
> ➢ 满足重写规则，需要被子接口或实现类重写，否则子接口或实现类会因为不知道应该调用哪个父接口的方法而报错。

2. 接口的静态方法

从 Java 8 开始，接口中可以定义静态方法，它是一种可以在接口中被直接实现的静态方法，和类中的静态方法一样，使用 static 关键字来修饰。但是，接口的静态方法不会被其实现类所继承。接口的静态方法具有如下特点。

❑ 只能被 static 修饰，不能被 default 修饰。

❑ 默认访问权限是 public，可以被 private 修饰，但不能被 protected 修饰。

❑ 接口静态方法的调用需要满足如下原则。

> ➢ 接口内：其他静态方法和默认方法都可以调用。
> ➢ 接口外：不能直接调用，只能以"接口名.静态方法名"的方式调用；子接口中不能直接调用；实现该接口的类中不能直接调用；实现该接口的类的实例对象不能直接调用。

❑ 因为静态方法只能在定义它的接口中被直接调用，其他地方只能以"接口名.静态方法名"的方式调用，所以不存在继承或实现中的同名方法问题。

范例导学

范例 9-4：混合动力汽车（范例文件：**daima\9\9-4\...\Car.java**）。

本实例分别创建了接口 Electric 和 Oil，在接口 Electric 中分别创建了一个默认方法 print()和一个静态方法 blowHorn()，在接口 Oil 中创建了一个默认方法 print()，然后让类 Car 继承这两个接口。代码如下。

```java
interface Electric {
    default void print(){
        System.out.println("我是一辆新能源车!");
    }
    static void blowHorn(){
        System.out.println("我正在按喇叭!!!");
    }
}
interface Oil {
    default void print(){
        System.out.println("我是一辆燃油车!");
    }
}
class Car implements Electric, Oil {
    public void print(){
        Electric.super.print();
        Oil.super.print();
        Electric.blowHorn();
        System.out.println("其实我是一辆混合动力汽车, 既可以用油, 也可以用电!");
```

```
        }
}
public class CarTest {
    public static void main(String args[]){
        Electric vehicle = new Car();
        vehicle.print();
    }
}
```

输出结果如下。

```
我是一辆新能源车!
我是一辆燃油车!
我正在按喇叭!!!
其实我是一辆混合动力汽车, 既可以用油, 也可以用电!
```

Java 不允许通过接口名直接调用接口中的默认方法, 所以上述程序中使用如下代码调用接口中的默认方法。

```
Electric.super.print();
Oil.super.print();
```

编程实战

实战案例 9-4-01: 给接口添加两种非抽象的方法　第 1 种方法是添加默认方法, 即添加使用 default 修饰的方法。第 2 种方法是添加静态方法, 即添加使用 static 修饰的方法。

实战案例 9-4-02: 探讨接口多继承中默认方法签名相同的问题　创建两个接口, 并在这两个接口中分别创建一个签名相同的默认方法 (方法名与参数列表都相同)。然后创建一个实现类, 同时实现这两个接口。最后在测试类中, 通过实现类的对象来调用这个默认方法。

实战案例 9-4-03: 默认方法的重写　在接口中创建默认方法, 然后创建多个子接口并重写父接口中的默认方法。

9.3　组　　合

在 Java 程序中, 如果需要重复使用一个类, 除了把这个类当成基类来继承, 还可以把这个类当成另一个类的组合成员, 从而允许新类直接复用该类的 public 方法。

知识讲解

在 Java 程序中, 如果需要重复使用一个类, 常用的做法是把这个类当成基类来继承。在继承关系中, 子类可以直接获得父类的 public 方法。当在程序中使用子类时, 可以直接访问该子类从父类那里继承到的方法, 如下面的代码所示。

```
class Animal{
    private void beat() {
        System.out.println("心脏跳动...");
    }
    public void breath(){
        beat();
        System.out.println("吸一口气, 吐一口气, 呼吸中...");
```

```
    }
}
//继承 Animal，直接复用父类的 breath()方法
class Bird extends Animal{
    public void fly(){
        System.out.println("我在天空自在地飞翔...");
    }
}
//继承 Animal，直接复用父类的 breath()方法
class Wolf extends Animal{
    public void run() {
        System.out.println("我在陆地上快速地奔跑...");
    }
}
public class InheritTest{
    public static void main(String[] args) {
        Bird b=new Bird();
        b.breath();
        b.fly();
        Wolf w=new Wolf();
        w.breath();
        w.run();
    }
}
```

在上述代码中，类 Bird 和类 Wolf 继承于类 Animal，都获得了类 Animal 中的方法，从而复用了类 Animal 提供的 breath()方法。通过这种方式，可以让类 Wolf 和类 Bird 同时拥有其父类 Animal 的 breath() 方法，从而让 Wolf 对象和 Bird 对象都可直接调用类 Animal 中定义的 breath()方法。但是通过继承实现 的这种复用有一个问题：如果父类中的成员发生改变，那么子类的实现也将随之发生改变，这样就导 致了子类行为的不可预知性。在这个时候，可以考虑使用组合来解决问题。

组合是通过对现有的类进行拼装（组合），产生新的、更复杂的功能，从而把旧类对象作为新类对 象的成员变量组合进来，用以实现新类的功能。允许用户看到新类的方法，而不允许看到被组合对象 的方法，因此通常在新类中使用 private 修饰被组合的旧类对象。

范例导学

范例 9-5：使用组合（范例文件：daima\9\9-5\...\CompositeTest.java）。

在本实例中，Wolf 对象和 Bird 对象由 Animal 对象组合而成，代码如下：

```
class Animal{
    private void beat() {
        System.out.println("心脏跳动...");
    }
    public void breath(){
        beat();
        System.out.println("吸一口气，吐一口气，呼吸中...");
    }
}
class Bird{
    //将原来的父类嵌入原来的子类，作为子类的一个组合成分
    private Animal a;
    public Bird(Animal a) {
        this.a=a;
    }
    //重新定义一个自己的 breath()方法
```

```
        public void breath() {
            a.breath();                              //直接复用类 Animal 提供的 breath()方法
        }
        public void fly(){
            System.out.println("我在天空自在地飞翔...");
        }
}
class Wolf{
    //将原来的父类嵌入原来的子类，作为子类的一个组合成分
    private Animal a;
    public Wolf(Animal a){
        this.a=a;
    }
    //重新定义一个自己的 breath()方法
    public void breath(){
        a.breath();                                  //直接复用类 Animal 提供的 breath()方法
    }
    public void run(){
        System.out.println("我在陆地上快速地奔跑...");
    }
}
public class CompositeTest{
    public static void main(String[] args) {
        Animal a1=new Animal();
        Bird b=new Bird(a1);                          //此时需要显式创建被嵌入的对象
        b.breath();
        b.fly();
        Animal a2=new Animal();                       //此时需要显式创建被嵌入的对象
        Wolf w=new Wolf(a2);
        w.breath();
        w.run();
    }
}
```

在上述代码中，创建 Wolf 对象和 Bird 对象之前先创建 Animal 对象，并利用这个 Animal 对象来创建 Wolf 对象和 Bird 对象。执行程序后输出如下结果，与前面使用继承的演示代码的执行结果相同。

```
心脏跳动...
吸一口气，吐一口气，呼吸中...
我在天空自在地飞翔...
心脏跳动...
吸一口气，吐一口气，呼吸中...
我在陆地上快速地奔跑...
```

9.4　包　装　类

虽然 Java 是一门面向对象的编程语言，但是其中包含了 8 种基本数据类型，这 8 种基本数据类型不支持面向对象的编程机制。为了提高程序的可扩展性，Java 为基本数据类型设计了包装类。

9.4.1　包装类的基本概念

Java 中有 8 种基本数据类型（如 int、float、char 等），可以使用这些基本数据类型创建变量和方法

等。Java 语言是一门面向对象的语言，但是这 8 种基本数据类型却不是面向对象的。为了让这 8 种基本数据类型具有对象的特性，Java 引入了包装类。在开发实践中，经常需要将基本数据类型转换成对象，以便于操作。表 9-1 列出了 8 种基本数据类型对应的包装类。

表 9-1　8 种基本数据类型的包装类

基本数据类型	包　装　类
byte	Byte
short	Short
int	Integer
long	Long
char	Character
float	Float
double	Double
boolean	Boolean

包装类为基本数据类型和引用类型之间建立了一个桥梁，可以实现基本数据类型和引用类型之间的转换。将基本数据类型转换为引用类型的过程称为装箱，将引用类型转换为基本数据类型的过程称为拆箱。从 Java 5 开始，提供了自动拆装箱，即基本数据类型和包装类可以自动转换。

9.4.2　使用包装类

知识讲解

前面给出了包装类的概念，本节来讲解包装类的具体使用。根据基本数据类型的分类，8 种基本数据类型的包装类可以分为 3 类，即数值型包装类（Byte、Short、Integer、Long、Float、Double）、字符型包装类（Character）、布尔型包装类（Boolean）。

1．数值型包装类

类 Byte、类 Short、类 Integer、类 Long、类 Double、类 Float 可以归结为数值型包装类，它们都是类 Number 的子类，对象获取方法和常用方法都基本一致，因此在此只介绍类 Integer。类 Integer 的对象获取方式如表 9-2 所示，常用方法如表 9-3 所示。

表 9-2　类 Integer 的对象获取方法

方　　法	方法描述
new Integer(int value)	构造方法，使用 int 型参数创建一个 Integer 对象
new Integer(String s)	构造方法，使用 String 对象创建一个 Integer 对象，这个字符串包含的必须都是数字，否则会出现 NumberFormatException 异常
static Integer valueOf(String s)	把 String 对象转化成 Integer 对象，若 String 型对象存储的不是数字会出现异常
Static Integer valueOf(int i)	把 int 型参数包装成一个 Integer 对象
static Integer getInteger(String nm)	访问系统属性，然后将该属性的字符串值解释为一个整数值，并返回表示该值的 Integer 对象。参数 nm 被视为系统属性的名称
直接赋值数字的常量值	使用自动装箱进行对象获取

表 9-3　类 Integer 的常用方法

方　　法	方法描述
static int parseInt(String s)	将字符串转换成 int 类型
static String toBinaryString(int i)	将数字转换成二进制进行显示
static String toHexString(int i)	将数字转换成十六进制进行显示
static String toOctalString(int i)	将数字转换成八进制进行显示
boolean equals(Object obj)	比较对象中存储的内容是否相等
int intValue()	以 int 型返回该对象的值
byte byteValue()	以 byte 型返回该对象的值
short shortValue()	以 short 型返回该对象的值

2. 类 Character

类 Character 是 char 类型的包装类，其对象获取方式如表 9-4 所示，常用方法如表 9-5 所示。

表 9-4　类 Character 的对象获取方式

方　　法	方法描述
new Character (char value)	构造方法，使用 char 型参数创建一个 Character 对象
static Character valueOf(char c)	把 char 型值转化成 Character 对象
直接赋值 char 类型的常量值	使用自动装箱进行对象获取

表 9-5　类 Character 的常用方法

方　　法	方法描述
boolean equals(Object obj)	比较对象中存储的内容是否相等
static boolean isLetter(char c)	用于判断指定字符是否为字母
static boolean isDigit(char c)	用于判断指定字符是否为数字
static boolean isUpperCase(char c)	用于判断指定字符是否为大写字母
static boolean isLowerCase (char c)	用于判断指定字符是否为小写字母
static char toUpperCase (char c)	用于将小写字符转换为大写
static char toLowerCase (char c)	用于将大写字符转换为小写

3. 类 Boolean

类 Boolean 是 boolean 类型的包装类，其对象的获取方式如表 9-6 所示，常用方法如表 9-7 所示。

表 9-6　类 Boolean 的对象获取方式

方　　法	方法描述
new Boolean(Boolean value)	构造方法，使用 boolean 型参数创建一个 Boolean 对象
new Boolean(String s)	构造方法，使用 String 对象创建一个 Boolean 对象
Static Boolean valueOf(String s)	把 String 对象转化成 Boolean 对象
static Boolean valueOf(boolean b)	把 boolean 类型包装成一个 Boolean 对象
直接赋值 boolean 类型的常量值	使用自动装箱进行对象获取

表 9-7 类 Boolean 的常用方法

方　法	方法描述
static boolean parseBoolean(String s)	将 String 对象转换成 boolean 类型
boolean equals(Object obj)	比较对象中存储的内容是否相等
boolean booleanValue()	以 boolean 型返回该对象的值

范例导学

范例 9-6：使用常用的包装类（范例文件：daima\9\9-6\...\Demo.java）。

本实例演示了包装类 Integer 中常用内置方法的使用，代码如下。

```java
public class Demo{
    public static void main(String[] args) {
        //用 parseInt()方法将字符串"123"转换成数值类型
        int num = Integer.parseInt("123");
        //创建一个 Integer 对象
        Integer num1 = Integer.valueOf(123);
        //将转换成数值类型的数值加 1
        System.out.println("将 num 值加 1: " + (num+1));
        //用 equals()方法比较 num 和 num1 数值是否相等
        System.out.println("equals(Object IntegerObj)方法: " + num1.equals(num));
        //二进制方法
        String num2 = Integer.toBinaryString(123456);
        System.out.println("toBinaryString(int i)方法: " + num2);
        //十六进制方法
        String num3 = Integer.toHexString(1234567);
        System.out.println("toHexString(int i)方法: " + num3);
        //八进制方法
        String num4 = Integer.toOctalString(12345678);
        System.out.println("toOctalString(int i)方法: " + num4);
        //将 123456789 转换成十五进制
        String num5 = Integer.toString(123456789,15);
        System.out.println("toString(123456789,15): " + num5);
    }
}
```

输出结果如下。

```
将 num 值加 1: 124
equals(Object IntegerObj)方法: true
toBinaryString(int i)方法: 11110001001000000
toHexString(int i)方法: 12d687
toOctalString(int i)方法: 57060516
toString(123456789,15): ac89bc9
```

编程实战

实战案例 9-6-01：将整型转换成字符串类型　创建一个整型变量，然后用 3 种方法将其转换成字符串类型。

实战案例 9-6-02：包装类对象的比较运算　分别实现 Integer 对象的比较运算。

实战案例 9-6-03：实现自动装箱与自动拆箱　对 int 类型变量进行自动装箱操作，对包装类 Integer 的对象进行自动拆箱操作。

9.5　内　部　类

在 Java 程序中，通常把类定义成一个独立的程序单元。但是在某些情况下，可以把一个类放在另一个类的内部定义，这种被定义在其他类内部的类就被称为内部类。

9.5.1　内部类的概念与特性

内部类是指在一个类的内部定义的类，包含内部类的类被称为外部类（有的地方也叫作宿主类）。内部类作为外部类的一个成员，并且依附于外部类而存在。Java 中的内部类有成员内部类、局部内部类、静态内部类和匿名内部类。内部类和外部类由 Java 编译器编译后生成的两个类是独立的。在 Java 程序中，内部类具有如下几个特性。

- ❑　内部类是外部类的一个成员，可以使用外部类的类变量和实例变量，也可以使用外部类的局部变量。
- ❑　内部类可以被 protected 或 private 修饰。当一个类中嵌套另一个类时，访问保护并不妨碍内部类使用外部类的成员。
- ❑　内部类被 static 修饰后，不能再使用局部范围中或其他内部类中的数据和变量。

📢 **注意**：内部类提供了更好的封装，可以把内部类隐藏在外部类之内，不允许同一个包中的其他类访问该类。假设需要创建一个名为 Mmm 的类，类 Nmm 需要组合一个名为 mmmLeg 的成员，mmmLeg 只有在类 Mmm 内部才有效，离开了类 Mmm 之后就没有任何意义。在这种情况下，可以把 mmmLeg 定义成类 Mmm 的内部类，不允许其他类访问 mmmLeg。

9.5.2　成员内部类

📚 知识讲解

成员内部类作为外部类的一个成员存在，与外部类的属性、方法并列，定义成员内部类的语法如下。

```
class 外部类的类名 {                              //外部类
    …                                          //外部类其他成员
    class 内部类的类名 {                          //成员内部类
        …                                      //内部类的成员
    }
    …                                          //外部类其他成员
}
```

在 Java 程序中，成员内部类可以访问外部类的所有成员，外部类同样可以访问其成员内部类的所有成员。创建成员内部类对象的方式与创建普通类对象的方式相同，都是使用 new 关键字。但是，成员内部类是依附外部类而存在的，其实例对象一定要绑定在外部类的实例对象上，在外部类外创建一个成员内部类对象的语法格式如下。

```
外部类名.内部类名 引用变量名 = new 外部类名().new 内部类名();
```

如果从外部类中初始化一个内部类对象，那么系统会默认将内部类对象绑定在外部类对象上。

注意：如果内部类和外部类的成员变量重名，则不能直接访问外部类的成员变量，只能以"外部类的类名.this.成员变量名"的形式进行访问。

范例导学

范例 9-7：汽车启动过程模拟（范例文件：daima\9\9-7\...\NeiBuTest.java）。

本实例首先创建类 Car1，其中有私有属性 brand 和公有方法 start()；然后在 Car1 类的内部创建成员内部类 Engine，其中有私有属性 model 和公有方法 ignite()；最后在测试类 baozhuang 中模拟汽车启动。代码如下。

```java
class Car1 {                                          //创建汽车类 Car，外部类
    private String brand;                             //外部类成员属性，表示汽车品牌
    public Car1(String brand) {                       //外部类构造方法
        this.brand = brand;
    }
    class Engine {                                    //创建发动机类，内部类
        String model;                                 //发动机型号
        public Engine(String model) {                 //内部类构造方法
            this.model = model;
        }
        public void ignite() {                        //内部类成员方法，发动机点火
            System.out.println("发动机" + this.model + "正在点火");
        }
    }
    public void start() {                             //外部类成员方法，启动汽车
        System.out.println("启动" + this.brand);
    }
}
public class NeiBuTest {                              //测试类
    public static void main(String[] args) {
        Car1 car = new Car1("红旗 H5 2024 款 1.5T");    //创建外部类对象
        car.start();                                 //调用外部类成员方法
        Car1.Engine engine = car.new Engine("CA4GB15TD-30"); //创建内部类对象
        engine.ignite();                             //内部类对象调用内部类成员方法
    }
}
```

输出结果如下。

```
启动红旗 H5 2024 款 1.5T
发动机 CA4GB15TD-30 正在点火
```

编程实战

实战案例 9-7-01：使用内部类计算两个整数的和　在内部类中创建自定义方法，功能是计算两个整型参数的和，然后在测试类中调用这个方法。

实战案例 9-7-02：内部类和外部类成员的交互　分别创建外部类和内部类，然后在内部类中调用外部类中的成员。

9.5.3　局部内部类

在 Java 程序中，可以在方法中定义内部类，称为局部内部类。局部内部类的定义语法如下。

```
class 外部类的类名 {                              //外部类
    …                                            //外部类其他成员

    [修饰符] 返回值类型 方法名{
        …                                        //方法体其他内容
        class 局部内部类的类名 {                   //局部内部类
            …                                    //局部内部类的成员
        }
        …                                        //方法体其他内容
        局部内部类的类名 引用变量名 = new 局部内部类的类名();   //创建局部内部类对象
        …                                        //局部内部类对象的操作或方法体其他内容
    }
    …                                            //外部类其他成员
}
```

与局部变量类似，局部内部类只能在其被定义的方法或条件的作用域内使用，超出这些作用域就无法引用。下面的代码演示了局部内部类的使用。

```java
class LocalInnerClass{
    int a=1;
    void print1(){
        System.out.println("外部类成员方法");
    }
    void print2(){
        class InnerBase{                         //定义局部内部类
            int b=1;
            void printJb(){
                System.out.println("外部类变量 a 的默认值为" + a);
            }
        }

        class InnerSub extends InnerBase{         //定义局部内部类的子类
            int c=1;
            void printJbZ(){
                System.out.println("局部内部类变量 b 的默认值为" + b);
            }

        }
        InnerSub is = new InnerSub();             //创建局部内部类子类的对象
        is.b = 58;
        is.c = 888;
        System.out.println("局部内部类的子类对象 is 的实例变量 b 重新赋值为" + is.b);
        System.out.println("局部内部类的子类对象 is 的实例变量 c 重新赋值为" + is.c);
    }
}
public class Test{
    public static void main(String[] args) {
        LocalInnerClass loc = new LocalInnerClass();
        loc. print2();
    }
}
```

输出结果如下。

```
局部内部类的子类对象 is 的实例变量 b 重新赋值为 58
局部内部类的子类对象 is 的实例变量 c 重新赋值为 888
```

局部内部类具有如下特点。

❑ 局部内部类不允许使用访问权限修饰符（public、private、protected）。

❑ 局部内部类对外部类完全隐藏，即使是包含它的外部类也是不可见的，不能直接访问其内部成员，只有在定义该局部内部类的方法中才可以创建其实例并访问其属性和方法。

9.5.4 静态内部类

在定义成员内部类的时候，如果不希望其类对象与其外围类对象之间有联系，可以将其用 static 修饰符修饰，这种成员内部类称为静态内部类。定义静态内部类的语法格式如下。

```
class 外部类的类名 {                                    //外部类
    …                                                  //外部类其他成员
    static class 内部类的类名 {                         //静态内部类
        …                                              //静态内部类的成员
    }
    …                                                  //外部类其他成员
}
```

在 Java 程序中，静态内部类可以包含静态成员和非静态成员（实例成员），不能直接访问外部类的非静态成员，只能访问外部类的静态成员（即类成员）。访问静态内部类的静态成员变量，可以使用"外部类名.静态内部类名.静态成员变量"的形式；访问静态内部类的实例成员，则要先创建静态内部类对象。创建静态内部类对象的方式与创建成员内部类对象的方式相同，都是使用 new 关键字。在外部类外创建一个静态内部类对象的语法格式如下。

```
外部类名.静态内部类的类名 引用变量名 = new 外部类名().new 静态内部类的类名();
```

下面的代码演示了静态内部类的使用。

```
class StaticInnerClass{                                          //定义外部类
    private static String name = "外部类 StaticInnerClass";       //定义类静态成员
    private int num = 666;                                       //定义非静态成员
    static class Inner {                                         //定义静态内部类
        public static String name = "内部类 Inner";               //定义静态成员变量
        public void accessStaticInnerClass() {                   //定义非静态成员方法
            //静态内部类成员方法中访问外部类私有成员变量
            System.out.println("静态内部类中访问外部类静态成员 name: "+StaticInnerClass.name);
            //System.out.println("静态内部类中访问外部类非静态成员 num:" + num);    //程序出错
        }
    }
}
public class Test {
    public static void main(String[] args) {
        System.out.println("静态内部类: " + StaticInnerClass.Inner.name); //访问静态内部类的静态成员
        StaticInnerClass.Inner in = new StaticInnerClass.Inner();        //创建静态内部类对象
        in.accessStaticInnerClass();                                     //访问静态内部类的非静态成员

    }
}
```

输出结果如下。

```
静态内部类: 内部类 Inner
静态内部类中访问外部类静态成员 name: 外部类 StaticInnerClass
```

9.5.5　匿名内部类

知识讲解

匿名内部类是一种没有显式类名的内部类，它只有在创建对象时才编写类体，具有"现写现用"的特点。使用匿名内部类可以一步完成声明内部类和创建该类的一个对象，并利用该对象访问该内部类的成员。在 Java 程序中，匿名内部类是使用比较多的内部类，尤其是在编写事件监听的代码时，使用匿名内部类不但可简化程序，而且可使代码更加容易维护。创建匿名内部类的语法如下。

```
new 父类名/接口名(){
    …                                              //匿名内部类实现部分
}
```

匿名内部类具有如下特点。

❏ 具有局部内部类的所有特点。
❏ 必须继承一个类或者实现一个接口，类名前面不能有修饰符。
❏ 没有类名，也没有构造方法。
❏ 创建之后只能使用一次，不能重复使用。

范例导学

范例 9-8：制定美好的周末活动计划（范例文件：daima\9\9-8\...\GoWeekend.java）。

本实例创建了接口 WeekendPlan，然后在类 GoWeekend 中创建实现接口 WeekendPlan 的匿名内部类，进而模拟制订美好的周末活动计划，代码如下。

```java
interface WeekendPlan {                              //定义接口
    void play();                                     //玩的抽象方法
    void eat(String name);                           //吃的抽象方法
}
public class GoWeekend {
    public static void main(String[] args) {
        //创建匿名内部类，制订周六的计划
        String name = "海底捞";
        WeekendPlan Saturday = new WeekendPlan() {
            public void play() {                     //实现接口 WeekendPlan 中玩的方法
                System.out.println("周六上午看电影！");
            }
            public void eat(String name) {           //实现接口 WeekendPlan 中吃的方法
                System.out.println("周六中午吃"+name +"！");
            }
        };
        Saturday.play();
        Saturday.eat(name);
        //继续创建匿名内部类，制订周日的计划
        System.out.println("----------------------------");
        new WeekendPlan() {
            public void play() {
                System.out.println("周日上午去游泳！");    //实现接口 WeekendPlan 中玩的方法
            }
            public void eat(String name) {           //实现接口 WeekendPlan 中吃的方法
                System.out.println("周日中午吃"+name +"！");
            }
```

```
        }.play();

        new WeekendPlan() {
            public void play() {
                System.out.println("周日上午去游泳！");          //实现接口 WeekendPlan 中玩的方法
            }
            public void eat(String name) {                     //实现接口 WeekendPlan 中吃的方法

            }
            public void eat() {                                //定义新的吃的方法
                System.out.println("周日中午吃肯德基！");

            }
        }.eat();
    }
}
```

输出结果如下。

```
周六上午看电影！
周六中午吃海底捞！
----------------------------
周日上午去游泳！
周日中午吃肯德基！
```

编程实战

实战案例 9-8-01：调用匿名内部类中的成员　　在类的方法中构造一个匿名内部类，并在局部内部类中创建一个自定义方法，然后在测试类中尝试调用匿名内部类中的这个方法。

实战案例 9-8-02：匿名内部类访问外部类成员　　创建一个匿名内部类，然后尝试访问外部类中 final 类型的局部变量。

9.6　枚　举　类

从 Java 5 开始，新增了枚举类型，它是特殊的数据类型，提供了一种简单、安全、可读性强的方式来表示一组相关的常量。

9.6.1　枚举类型

在实际开发中，常常需要给类或者接口设置常量。在引入枚举类型之前，通常使用 public final static 来定义常量。这样的定义方式并没有什么错，但是存在一些不足，例如下面的代码。

```
class Week {                                    //定义表示一周 7 天的类，里面包含 7 个常量，分别表示周一到周日
    public static final int MONDAY =1;
    public static final int TUESDAY=2;
    public static final int WEDNESDAY=3;
    public static final int THURSDAY=4;
    public static final int FRIDAY=5;
    public static final int SATURDAY=6;
    public static final int SUNDAY=7;
```

```
}
class WeekPrint {                              //定义打印一周 7 天的类
    public static void print(int day) {        //打印方法
        switch (day) {
        case Week.MONDAY:
            System.out.println("今天是星期一");break;
        case Week.TUESDAY:
            System.out.println("今天是星期二");break;

        case Week.WEDNESDAY:
            System.out.println("今天是星期三");break;

        case Week.THURSDAY:
            System.out.println("今天是星期四");break;
        case Week.FRIDAY:
            System.out.println("今天是星期五");break;
        case Week.SATURDAY:
            System.out.println("今天是星期六");break;
        case Week.SUNDAY:
            System.out.println("今天是星期日");break;
        default:
            System.out.println("这不是一周 7 天的常量值");
        }
    }
}
public class Test {                            //定义测试类
    public static void main(String[] args) {
        WeekPrint.print(Week.MONDAY);          //使用类 Week 定义的常量做参数
        WeekPrint.print(3);                    //直接使用类 Week 定义常量对应的数字做参数
        WeekPrint.print(-1);                   //使用类 Week 定义的常量值以外的数字做参数
    }
}
```

输出结果如下。

```
今天是星期一
今天是星期三
这不是一周 7 天的常量值
```

注意上述代码中的注释，在测试类 Test 中调用方法 WeekPrint.print()时，可以使用类 Week 中定义的常量做参数，可以直接使用类 Week 中定义常量的对应数字做参数，也可以使用类 Week 中定义常量值以外的数字做参数，这严重破坏了代码的安全性。

事实上，在 Java 开发中，很多数据都是有限而且固定的。例如，一年的 4 个季节、一个年的 12 个月份、一个星期的 7 天等。如果将这些数据组合定义成一种固定的数据类型，就可以提高代码的简洁性、安全性。Java 枚举类型就是指由一组固定的常量组成合法的类型，由关键字 enum 来定义，各个常量之间使用逗号来分割。例如，定义一周的 7 天，可以使用如下格式。

```
enum WeekMeiJu {
    MONDAY, TUESDAY, WEDNESDAY,
    THURSDAY, FRIDAY, SATURDAY, SUNDAY
}
```

采用上述枚举类型代替前面的类 Week 后，将不可能再使用 1~7 以外的常量值"冒充"，下面是改进后的代码。

```
enum WeekMeiJu {
    MONDAY, TUESDAY, WEDNESDAY,
    THURSDAY, FRIDAY, SATURDAY, SUNDAY
```

```
}
class WeekPrint {                                        //定义打印一周 7 天的类
    public static void print(WeekMeiJu monday) {         //打印方法
        switch (monday) {
        case MONDAY:
            System.out.println("今天是星期一");break;
        case TUESDAY:
            System.out.println("今天是星期二");break;

        case WEDNESDAY:
            System.out.println("今天是星期三");break;

        case THURSDAY:
            System.out.println("今天是星期四");break;
        case FRIDAY:
            System.out.println("今天是星期五");break;
        case SATURDAY:
            System.out.println("今天是星期六");break;
        case SUNDAY:
            System.out.println("今天是星期日");break;
        default:
            System.out.println("这不是一周 7 天的常量值");
        }
    }
}
public class Test {                                      //定义测试类
    public static void main(String[] args) {
        WeekPrint.print(WeekMeiJu.MONDAY);              //使用枚举类型做参数，只能用枚举中有的值，无法"冒充"
    }
}
```

输出结果如下。

今天是星期一

9.6.2　枚举类

知识讲解

通过上一节的讲解可以看出，enum 很像一个特殊的 class。实际上，enum 声明的类型就是类，这些类都是 Java 类库中类 Enum 的子类（java.lang.Enum），它们继承了类 Enum 中许多有用的方法。类 Enum 中的常用方法如下：

❏ values()：该方法可以将枚举类型成员以数组的形式返回。

❏ valueOf()：该方法可以实现将普通字符串转换为枚举实例。

❏ int ordinal()：返回枚举值在枚举类中的索引值（就是枚举值在枚举声明中的位置，第一个枚举值的索引值为零，以此类推）。

❏ String name()：返回此枚举实例的名称，这个名称就是定义枚举类时列出的枚举值之一。与此方法相比，大多数程序员应该优先考虑使用方法 toString()，因为方法 toString()能够返回对用户更友好的名称。

❏ String toString()：返回枚举常量的名称，与方法 name()相似，但方法 toString()更加常用。

除了继承类 Enum 的上述常用方法，在枚举类中还可以根据需要来定义构造方法，但是规定这个构造方法必须被 private 修饰符修饰。另外，还可以为各枚举项提供实际的参数，每个枚举项的实际参数可以是一个，也可以是多个。但是，定义了构造方法以后，需要对枚举项对应地使用该构造方法。也就是说，枚举项的实际参数与枚举类构造方法的参数列表对应。于是，定义枚举类的语法格式可以总结如下。

```
enum 枚举类名称 {
    枚举项1(参数1,参数2,参数3,…),
    枚举项2(参数1,参数2,参数3,…),
    枚举项3(参数1,参数2,参数3,…),
    …
    枚举项n(参数1,参数2,参数3,…);
    private 枚举类名称(参数1,参数2,参数3,…){
        …                                         //构造方法的方法体
    }
    …                                             //枚举类的其他成员,如成员方法、成员变量等
}
```

接下来，通过实例来演示枚举类中常用方法与构造方法的综合使用。

范例导学

范例 9-9：某学生一周的学习计划表（范例文件：daima\9\9-9\...\Day2.java）。

本实例创建了枚举类 WeekStudyPlan，综合使用枚举类的常用方法与构造方法打印某学生一周的学习计划表，代码如下。

```
enum WeekStudyPlan{
    MONDAY("星期一","学习 Java"),
    TUESDAY("星期二","学习 Python"),
    WEDNESDAY("星期三","学习 C 语言"),
    THURSDAY("星期四","学习 C++"),
    FRIDAY("星期五","学习 HTML5"),
    SATURDAY("星期六","玩耍"),
    SUNDAY("星期日","做家务");                       //记住要用分号结束

    //定义成员变量,与枚举项的参数对应
    private String weekday;
    private String work;

    private WeekStudyPlan(String weekday, String work){  //构造方法
        this.weekday=weekday;
        this.work=work;
    }
    //定义方法,返回 weekday
    public String getWeekday(){
        return weekday;
    }

    //定义方法,返回 work
    public String getWork(){
        return work;
    }
}
public class Day2 {
    public static void main(String[] args){
        for (WeekStudyPlan day:WeekStudyPlan.values()) {
            System.out.println("name:"+day.name()+
                ",weekday:"+day.getWeekday()+
                ",work:"+day.getWork());
        }
    }
}
```

输出结果如下。

```
name:MONDAY,weekday:星期一,work:学习 Java
name:TUESDAY,weekday:星期二,work:学习 Python
name:WEDNESDAY,weekday:星期三,work:学习 C 语言
name:THURSDAY,weekday:星期四,work:学习 C++
name:FRIDAY,weekday:星期五,work:学习 HTML5
name:SATURDAY,weekday:星期六,work:玩耍
name:SUNDAY,weekday:星期日,work:做家务
```

编程实战

实战案例 9-9-01：打印华为手机的库存信息　创建 3 个枚举类，分别表示华为手机的型号、颜色和是否有货，然后在测试类中打印输出华为手机的库存信息。

实战案例 9-9-02：枚举类实现接口　枚举类可以实现一个或多个接口，创建一个枚举类，尝试让它实现两个接口。

9.7　综合实战——图书借阅系统

范例功能

实现一个简单的图书借阅系统，向用户展示可借阅的图书列表，列表中的每一条图书信息包含图书编号、书名、作者、图书类型等内容。提示用户选择借阅的图书并输入自己的姓名，用户输入后，输出完整的图书借阅信息，包括图书编号、借阅人姓名、书名和作者。

学习目标

理解抽象类、接口、包装类、内部类和枚举类在 Java 编程中的作用，掌握它们的用法，并学会如何利用它们构建灵活、可扩展的代码结构，从而提高面向对象编程的实践能力。

具体实现

定义图书接口 Book 和抽象类 AbstractBook，提供书名、作者等公共属性以及获取图书名称和作者的方法；定义枚举类 BookType，用来区分不同类型的图书（如成长小说、科幻小说、讽刺小说等）；定义图书类（如 Novel），实现图书详细信息的输出。定义图书馆类 Library，组合管理多个图书对象，并嵌入了内部类 Librarian，用于展示可借阅的图书信息；定义包装类 BookInfo，存储并展示图书借阅信息；定义测试类 LibrarySystem，在主方法中构造图书馆实例，添加可借阅的图书列表并展示，并根据用户输入结合包装类 BookInfo 记录并显示借阅信息。输出结果如下。

```
可借阅图书列表：
1. 书名：《杀死一只知更鸟》，作者：哈珀·李，类型：成长小说
2. 书名：《1984》，作者：乔治·奥威尔，类型：科幻小说
3. 书名：《傲慢与偏见》，作者：简·奥斯汀，类型：讽刺小说
请输入数字(1-3)选择借阅的图书：1
请输入您的姓名：张三
借阅成功！图书编号：1，借阅人：张三，书名：《杀死一只知更鸟》，作者：哈珀·李
```

第10章 异常处理

所谓异常，是指所有可能造成程序无法正常编译或运行的情况。在编写 Java 程序的过程中，发生异常是在所难以避免的，如程序的磁盘空间不足、网络连接中断、被加载的类不存在、程序逻辑出错等。针对这些非正常的情况，Java 语言提供了非常优秀的异常处理机制，它以异常类的形式对各种可能导致程序发生异常的情况进行封装，进而以十分便捷的方式去捕获和处理程序运行过程中可能发生的各种问题，进一步保证了 Java 程序的健壮性。本章将详细讲解 Java 程序的异常处理机制，具体的知识架构如下。

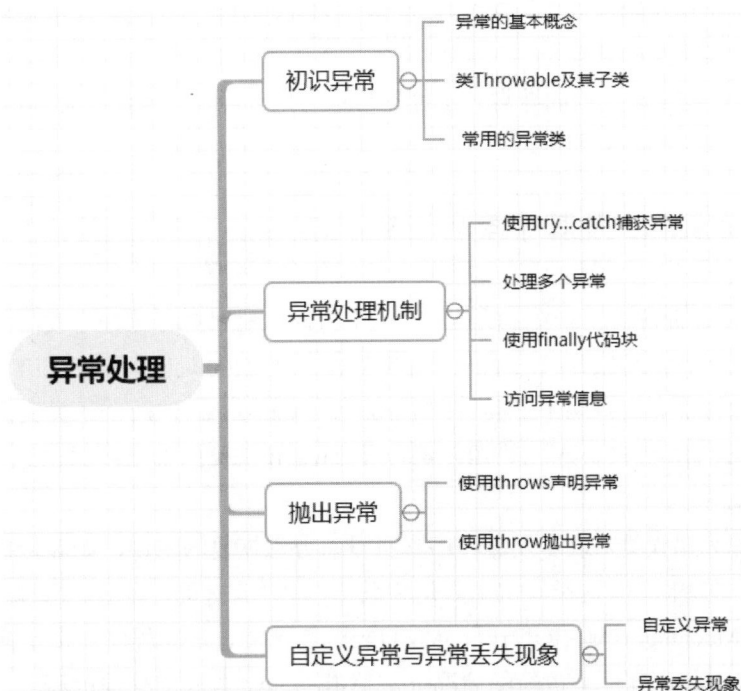

10.1 初识异常

在学习异常处理之前，先来了解异常的基本概念、异常类的继承体系以及常用的异常类。

10.1.1 异常的基本概念

当登录 QQ 等聊天工具的时候，如果断网，程序会给出"网络有问题，请检查联网设备"之类的提示。这是因为聊天程序里编写了针对各个网络状况的处理代码，登录时程序会首先检查网络状况，如果发现没有连接网络，相关代码就会抛出异常，而提示信息就是对异常信息进行处理后反馈给用户的人性化提示。然而，聊天程序是如何发现并处理这种异常的呢？这就是本章要学习的内容。

对于一名 Java 开发人员而言，保证程序的健壮性是编程过程的核心任务之一。但是，任何人都无法保证自己编写的程序一定可以正常编译运行，总是难免会因为一时疏忽或者其他情况而导致程序无法正常运行。一般而言，导致程序非正常停止的原因可以分为两类：一类是 Java 程序运行时产生的系统内部错误或者资源耗尽等问题，这类问题一般都比较严重，仅靠程序本身无法恢复，Java 称之为错误；另一类则是可以仅靠程序本身恢复的问题，Java 称之为异常。在 Java 语言中，将导致程序无法正常执行的情况统称为异常，异常主要有如下 3 个来源。

❑ 系统内部发生错误，这是 Java 虚拟机产生的异常，也就是前文所指的错误。

❑ 程序代码中出现逻辑错误，如数组越界等，这种异常称为未检查异常（或编译时异常），一般需要在某些类中集中处理。

❑ 通过 throw 语句手动生成的异常，这种异常称为检查异常（或运行时异常），一般用来告知该方法的调用者一些必要的信息。

10.1.2 类 Throwable 及其子类

在 Java 等面向对象的编程语言中，以异常类的形式对各种可能导致程序发生异常的情况进行了封装，产生异常就是创建异常对象并抛出了一个异常对象。类 Throwable 是 Java 语言中所有错误或异常的超类，即异常类的根类。它有两个子类，即 Error 和 Exception，这两个子类又派生出了针对各种可能导致程序发生异常的情况的子类。图 10-1 给出了 Java 异常类的继承体系。这里，对类 Error 和类 Exception 具体说明如下。

❑ Error：也称为错误类，表示仅靠程序本身没有办法恢复的错误，如虚拟机损坏、资源耗尽、内存溢出、栈溢出等。这类异常主要是和系统、硬件有关的，而不是由程序本身抛出的。Error 类有 VirtulMachineError、IOError、AWTError 等子类。Java 程序通常不捕获错误，因为错误一般发生在系统存在严重故障的情况下，超出了 Java 程序的处理范畴。

❑ Exception：也称为异常类，表示的是可以被程序捕捉并处理的异常。在 Java 开发过程中，异常处理通常都是针对类 Exception 及其子类的，类 Exception 又派生出了 IOException（I/O 异常）、DataFormatException（数据格式异常）、SQLException（数据库访问异常）、ParserException（解析异常）、RuntimeException（运行时异常）等子类，针对性地处理不同类型的异常。其中，RuntimeException（运行时异常）在 Java 开发中最为常用，它用来捕捉程序在运行期间出现的异常现象，如 ArithmeticException、IndexOutOfBoundsException、NullPointerException 等，这些子类的具体作用将在第 10.1.3 节进行详细讲解。当程序抛出 RuntimeException 异常时，说明开发人员在设计程序时出现了逻辑错误，必须修改程序。另外，还可以在继承类 Exception 及其子类的基础上设计自定义异常处理类，实现更灵活的异常处理。

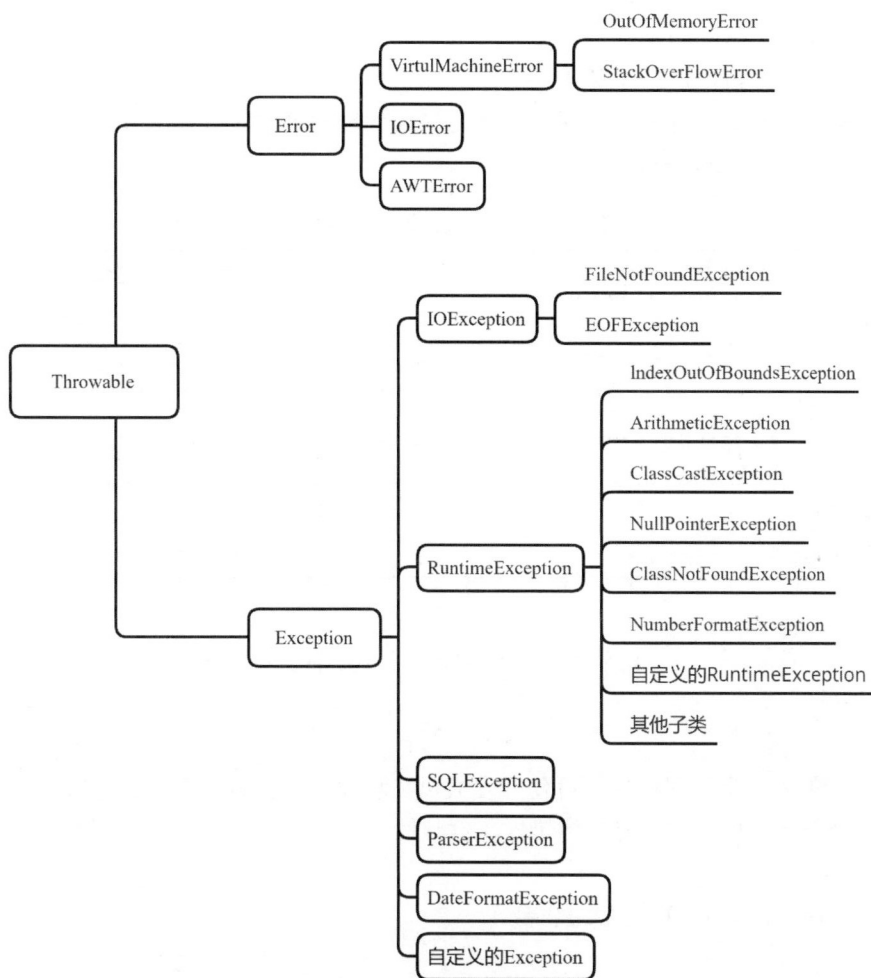

图 10-1　异常类的继承体系

10.1.3　常用的异常类

Exception 异常主要分为两类：一类是编译时异常，另一类是运行时异常。

1. 编译时异常

编译时异常也称为 checked 异常，这类异常要求开发人员必须在程序编译期间就进行处理，否则程序无法正常编译。这是因为在编译的过程中，编译器会对代码进行检查，如果发现编译时异常，程序就无法通过编译。在类 Exception 的子类中，除类 RuntimeException 及其子类，其他类都是编译时异常，如 IOException（I/O 异常）、DataFormatException（数据格式异常）、SQLException（数据库访问异常）、ParserException（解析异常）等，都是常见的编译时异常。其中，IOException 异常最为常见，它有 EOFException（文件已结束异常）、FileNotFoundException（文件未找到异常）等常用子类。

2. 运行时异常

在类 Exception 的子类中，类 RuntimeException 及其子类都属于运行时异常，也称为 unchecked 异常。与编译时异常不同，这类异常由 Java 虚拟机进行自动捕获处理。也就是说，即使程序中存在未处理的运行时异常，程序也可以通过编译，只是在运行的过程中才会抛出异常。

运行时异常是 Java 开发中最常见的异常，也是异常处理的主要对象。表 10-1 列出了最常用的运行时异常类，它们都是类 RuntimeException 的子类。

表 10-1　最常用的运行时异常类

异常类名称	异常类含义
ArithmeticExeption	算术异常类
IndexOutOfBoundsException	小标越界异常类
ClassCastException	类型强制转换异常类
ClassNotFoundException	未找到相应大类异常
NullPointerException	空指针异常
NumberFormatException	字符串转换为数字异常类

10.2　异常处理机制

Java 提供了完善的异常处理机制，可使开发人员在程序中方便地捕获并处理异常，或者将异常抛给调用者处理，从而让程序具有更好的容错性、健壮性。

10.2.1　使用 try…catch 捕获异常

知识讲解

众所周知，当程序发生异常时会立即停止。为了保证程序能够正常执行，Java 提供一种对异常进行处理的机制——异常捕获。一般情况下，异常捕获使用 try…catch 语句，其语法格式如下。

```
try {
    …                       //可能会出现异常情况的代码
}catch (Exception e) {
    …                       //异常处理代码
}
```

在编写 Java 程序时，可能发生异常的代码一般是放在 try 代码块里，而在 catch 代码块里则编写针对被捕获异常的处理代码。当 try 代码块里的程序发生异常时，Java 虚拟机将自动创建一个包含了异常信息的 Exception 对象，并将这个对象传递给 catch 代码块。

注意：catch 代码块需要一个参数指明它所能够接收的异常类型，这个参数的类型必须是 Exception 类及其子类。

Java 的异常捕获机制很好地将"业务功能实现代码"和"异常处理代码"分离，提供了更好的可读性。

范例导学

范例 10-1：解决分母不能为零的异常（范例文件：daima\10\10-1\...\Yichang1.java）。

本实例设置除数是 0，然后使用 try...catch 语句捕获并处理这个异常，代码如下。

```java
public class Yichang1{
    public static void main(String args[]){
        int x,y;                                    //定义两个整数变量 x 和 y
        try{
            x=0;                                    //x 赋值为 0
            y=5/x;                                  //y 赋值为 5/x，这时候分母为 0
            System.out.println("系统提示：需要检验的程序");
        }
        catch(ArithmeticException e){
            System.out.println("系统提示：发生了异常，分母不能为零");
        }
        System.out.println("系统提示：程序运行结束");
    }
}
```

输出结果如下。

```
系统提示：发生了异常，分母不能为零
系统提示：程序运行结束
```

上面的代码中存在明显的异常，因为算术式子里的分母为零，这段代码需要放在 try 代码块里，然后在 catch 代码块里对程序可能发生的异常进行处理。当程序运行到会发生异常的位置时，会跳转到 catch 代码块中去执行。

编程实战

实战案例 10-1-01：检查数组元素引用时下标是否越界　创建一个整型数组，引用该数组中的元素，使用 try...catch 语句检查数组元素引用过程中是否存在下标越界异常，存在则抛出异常。

实战案例 10-1-02：检测用户输入的数字是否合法　提示用户输入一个数字，使用 try...catch 语句检查用户输入的数字是否合法，非法则抛出异常。

注意：类 InputMismatchException 是类 RuntimeException 的间接子类，它继承自类 RuntimeException 的直接子类 NoSuchElementException。NoSuchElementException 也是一种常见的运行时异常，它发生在尝试访问不存在的元素的情况下，通常与使用迭代器、枚举、Stream API 等相关，InputMismatchException 则用于检查输入的类型和接收输入的类型是否一致。

10.2.2　处理多个异常

知识讲解

在实际开发中，常常会遇到一段代码发生多种异常的情况。在 Java 异常捕获机制中，一个 try 代码块后可以跟进多个 catch 代码块，用于处理不同的情况，语法格式如下。

```java
try {
    …                               //可能会产生异常的程序代码
```

```
} catch (Exception e) {
    …                              //发生异常后处理的程序代码 1
}catch (Exception e) {
    …                              //发生异常后处理的程序代码 2
} … catch (Exception e) {
    …                              //发生异常后处理的程序代码 n
}
```

上述语法中，try 代码块里面放的是可能会产生多个异常的代码，发生异常时，系统会依次判断 catch 代码块小括号里的异常类型是否和 try 代码块里发生的异常匹配，匹配则成功捕捉，不匹配则继续向下进行匹配，直到匹配为止，如果都不匹配则异常捕捉失败。

◀)) **注意**：一个 try 代码块后可以跟进多个 catch 代码块，但是不能将父类型的异常对象的位置写在子类型的异常对象之前，这样父类型肯定先于子类型被匹配，所有子类型就成为多余的，Java 编译出错。

范例导学

范例 10-2：计算研发部门员工的平均工资（范例文件：**daima\10\10-2\...\Yitwo1.java**）。

本实例使用 try…catch 语句同时处理 InputMismatchException 异常和 ArithmeticException 异常，代码如下。

```java
import java.util.InputMismatchException;
import java.util.Scanner;
public class Yitwo1{
    public static void main(String[] args) {
        Scanner input=new Scanner(System.in);
        try{
            System.out.println("请输入研发部员工总人数: ");
            int count=input.nextInt();
            System.out.println("请输入总工资: ");
            int score=input.nextInt();
            int avg=score/count;          //获取平均分
            System.out.println("研发部员工的平均工资为: "+avg);
        }
        catch(InputMismatchException e1){   //如果发生 InputMismatchException 异常则输出下面的提示
            System.out.println("输入数值有误! ");
        }
        catch(ArithmeticException e2){       //如果发生 ArithmeticException 异常则输出下面的提示
            System.out.println("输入的总人数不能为 0! ");
        }
    }
}
```

上述代码使用了多重 catch 代码块来捕获可能发生的多种异常，包括 InputMismatchException 异常、ArithmeticException 异常。当用户输入的总人数或者总工资不是数值类型时，程序将抛出 InputMismatchException 异常，从而执行代码 System.out.println("输入数值有误! ")。当输入的总人数为 0 时，计算平均工资时会出现除数为 0 的情况，此时会抛出 ArithmeticException 异常，从而执行代码 System.out.Println("输入的总人数不能为 0! ")。例如，将总工资输入非数字后，输出结果如下。

```
请输入研发部员工总人数:
7
请输入总工资:
aaa
输入数值有误!
```

编程实战

实战案例 10-2-01：计算两个数组元素的商　创建一个整型数组并赋值，然后从数组元素中任取两个进行除法运算，并将结果赋值给一个整型变量。要求使用 try…catch 处理多种异常，即除数为 0 异常和数组元素下标越界异常。

实战案例 10-2-02：获取字符串长度并将其转换为整数　编写程序，获取某字符串长度并将其转换为整数，要求使用 try…catch 处理多种异常，如 NullPointerException 异常、NumberFormatException 异常等。

10.2.3　使用 finally 代码块

知识讲解

事实上，Java 异常捕获结构由 3 部分组成，分别是 try 代码块、catch 代码块和 finally 代码块。try 代码块和 catch 代码块的作用前述内容已经讲过，finally 代码块则是最终执行的代码块。无论 try…catch 代码块中是否发生异常，finally 代码块中的语句都会被执行。在实际开发中，由于异常会强制中断程序的正常运行流程，所以会使某些不管在任何情况下都必须执行的步骤被忽略，从而影响程序的健壮性。所以，如果希望某些语句无论程序是否发生异常都能被执行，可以将这些语句打包成 finally 代码块，这样可以保证程序的健壮性。综上所述，可以将 Java 异常捕获机制的语法格式总结如下。

```
try {
    …                                    //可能会产生异常的程序代码
} catch (Exception e) {
    …                                    //发生异常后处理的程序代码 1
}catch (Exception e) {
    …                                    //发生异常后处理的程序代码 2
} … catch (Exception e) {
    …                                    //发生异常后处理的程序代码 n
}finally {
    …                                    //最终执行的程序代码
}
```

注意：关于 Java 异常捕获语法需要注意以下两点。
　◇　catch 代码块和 finally 代码块可以同时存在，也可以只存在其一。
　◇　finally 代码块只能出现一次。

范例导学

范例 10-3：软件公司办公自动化（OA）系统（范例文件：daima\10\10-3\...\Yitwo2.java）。

本实例的最后部分用到了 finally 代码块，无论程序是否发生异常，都会执行 finally 代码块中的语句，代码如下。

```
import java.util.InputMismatchException;
import java.util.Scanner;
public class Yitwo2{
    public static void main(String[] args) {
        Scanner input=new Scanner(System.in);
```

```
System.out.println("欢迎进入 XX 软件公司 OA 系统");
System.out.println("------------------------------");
String[] pros={"人事管理","工资管理","在线会议"};
try{
    for(int i=0;i<pros.length;i++)  {            //循环输出 pros 数组中的元素
        System.out.println(i+1+": "+pros[i]);
    }
    System.out.println("是否运行程序: ");
    String answer=input.next();
    if(answer.equals("y")){
        System.out.println("请输入程序编号: ");
        int no=input.nextInt();
        System.out.println("正在运行程序["+pros[no-1]+"]");
    }
}catch(InputMismatchException e){
    System.out.println("发生 InputMismatchException 异常");
}finally{
    System.out.println("谢谢使用!");
}
}
}
```

在上述代码中，使用 try…catch…finally 代码块模拟了办公自动化系统的使用过程。无论程序运行过程中是否出现异常，都将执行 finally 代码块中的语句，输出"谢谢使用!"。输出结果如下。

```
欢迎进入 XX 软件公司 OA 系统
------------------------------
1: 人事管理
2: 工资管理
3: 在线会议
是否运行程序:
y
请输入程序编号:
aa
发生 InputMismatchException 异常
谢谢使用!
```

10.2.4　访问异常信息

在 Java 程序中，如果要在 catch 代码块中访问异常对象的相关信息，可以通过调用 catch 后异常形参的对应方法来获得。当 Java 程序决定调用某个 catch 块来处理异常对象时，会将该异常对象赋给 catch 块后的异常参数，程序就可以通过该参数来获得该异常的相关信息。在所有的 Java 异常对象中，都包含了如下常用方法。

❑ getMassage()：返回该异常的详细描述字符串。

❑ printStackTrace()：将该异常的跟踪栈信息以标准错误的形式输出。

❑ printStackTrace(PrintStream s)：将该异常的跟踪栈信息以指定输出流的形式输出。

❑ getStackTrace()：返回该异常的跟踪栈信息。

10.3　抛　出　异　常

在实际开发中，异常往往出现在某个方法中，此时可以使用 try…catch…finally 代码块直接捕获并处理，也可以先不处理，而是使用 throws、throw 关键字把异常抛给方法的调用者进行处理。

10.3.1 使用 throws 声明异常

Java 程序中的异常是在所难免的。在实际开发中，如果一个方法可能会出现异常，但没有能力处理这种异常，可以在该方法的声明处用 throws 关键字来声明其可能抛出的异常类型，throws 后面可以跟多个异常类型，用逗号分隔，具体语法格式如下。

```
数据类型 方法名(参数列表) throws 异常类1,异常类2,…,异常类n{
    方法体;
}
```

某个方法如果使用 throws 声明抛出异常，则表示当前方法不再对异常做任何处理，而是由方法调用者来进行处理。此时，无论原方法是否有异常发生，系统都会要求调用者必须对异常进行处理。例如下面的代码。

```java
import java.util.InputMismatchException;
import java.util.Scanner;
public class ThrowsTest{
    public static void main(String[] args) {
        try{
            int res = division();
            System.out.println("数字 one 和数字 two 的商是: " + res);
        }
        catch (ArithmeticException e){
            System.out.println("除数不能为 0! ");
        }
        catch (InputMismatchException e){
            System.out.println("请输入正确的数字! ");
        }
        catch (Exception e){

        }
    }
    public static int division() throws Exception{
        Scanner input = new Scanner(System.in);
        System.out.println("=========运算开始=======");
        System.out.print("请输入第一个整数: ");
        int one = input.nextInt();
        System.out.print("请输入第二个整数: ");
        int two = input.nextInt();
        System.out.println("=========运算结束=======");
        return one / two;
    }
}
```

上述代码中，在方法 division()中声明抛出异常，然后在方法 main()中调用该方法时进行了必要的异常处理，执行结果如下。

```
=========运算开始=======
请输入第一个整数: 2
请输入第二个整数: 0
=========运算结束=======
除数不能为 0!
```

◀◈)) **注意**：当调用者调用声明抛出异常的方法时，除了直接对该方法声明抛出的异常进行捕获处理，还可以在调用者的声明处继续使用 throws 声明抛出异常。但是，程序中既然存在异常，终究是要处理的。

10.3.2　使用 throw 抛出异常

📖 **知识讲解**

在 Java 程序中，除了可以在方法声明处使用 throws 关键字来声明该方法可能抛出的异常类型，也可以使用 throw 关键字在方法体内抛出异常对象。但是，一个 throw 语句只能抛出一个异常对象。throw 语句的基本格式如下。

```
数据类型 方法名(参数列表) throws 异常类型{
    方法体;
    throw new 异常对象();
}
```

throw 语句用于在方法体内抛出异常进而要求该方法的调用者处理，使用 throw 抛出异常时需要注意如下几点。

❏　由 throw 语句抛出的对象必须是类 Throwable 或其子类的实例，例如下面的代码是不合法的。

```
throw new String("有人溺水啦，救命啊!");    //编译错误，类 String 不是异常类型
```

❏　在使用 throw 语句抛出异常对象的方法的声明处，一般要使用 throws 关键字来声明该方法可能抛出的异常类型，但是如果抛出的是 Error、RuntimeException 及其子类的异常对象，则无须使用 throws 关键字来声明该方法可能抛出的异常类型。

关键字 throws 和 throw 尽管只有一个字母之差，却有着不同的用途，注意不要将两者混淆。

🖱️ **范例导学**

范例 10-4：验证 OA 系统的用户名是否合法（范例文件：daima\10\10-4\...\OaException.java）。

假设在某软件公司的 OA 系统中，要求管理员的用户名由 8 位以上的字母或者数字组成，不能含有其他字符。当长度在 8 位以下时抛出异常，并显示异常信息；当字符含有非字母或者数字时，同样抛出异常，显示异常信息。

本实例定义了方法 validateUserName()，功能是验证用户名是否由 8 位以上的字母或者数字组成，如果不是则使用 throw 抛出异常，代码如下。

```java
import java.util.Scanner;
public class OaException{
    public boolean validateUserName(String username) throws Exception{
        boolean con=false;
        if(username.length()>8){                  //判断用户名长度是否大于8位
            for(int i=0;i<username.length();i++){
                char ch=username.charAt(i);    //获取每一位字符
                if((ch>='0'&&ch<='9')||(ch>='a'&&ch<='z')||(ch>='A'&&ch<='Z')){
                    con=true;
                }
                else{
                    con=false;
                    throw new Exception("用户名只能由字母和数字组成! ");
                }
            }
        }
        else{
            throw new Exception("用户名长度必须大于8位! ");
```

```
        }
        return con;
    }
    public static void main(String[] args){
        OaException te=new OaException();
        Scanner input=new Scanner(System.in);
        System.out.println("XX 软件公司 OA 系统");
        System.out.println("-------------------------");
        System.out.println("请输入用户名: ");
        String username=input.next();
        try{
            boolean con=te.validateUserName(username);
            if(con){
                System.out.println("用户名输入正确! ");
            }
        }
        catch(Exception e){
            System.out.println(e);
        }
    }
}
```

上述代码中，方法 validateUserName()内有两处抛出了 Exception 异常（用户名字符串含有非字母或者数字的字符、长度不是 8 位以上）。方法 main()中调用了方法 validateUserName()，并使用 try…catch 语句捕获该方法可能抛出的异常。运行程序，当用户输入的用户名包含非字母或者数字的字符或不是 8 位以上时，程序会输出异常信息。例如输入 123cdw￥qs，输出结果如下。

```
XX 软件公司 OA 系统
-------------------------
请输入用户名:
123cdw￥qs
java.lang.Exception: 用户名只能由字母和数字组成!
```

编程实战

实战案例 10-4-01：验证用户的登录信息　提示用户输入用户名和密码，设置用户名只能由数字组成，并设置用户名长度必须在 6～10 位之间，设置密码长度必须为 6 位。要求使用 throw 关键字在方法中抛出异常。

实战案例 10-4-02：数据的逻辑错误　在程序中处理数据的逻辑错误，例如年龄不能为负数。要求使用 throw 关键字处理异常。

实战案例 10-4-03：设置指定变量的值　在程序中设置整型变量 a 的值不能大于 0，否则使用 throw 关键字抛出异常。

10.4　自定义异常与异常丢失现象

Java 的异常处理机制可以帮助开发人员方便地编写具有更好的容错性和健壮性的程序，但是也有一定的不足。例如，有时候 Java 自带的异常类并不能满足实际开发的需要，必须由开发人员自定义异常类；有时候 Java 的异常捕获机制会造成异常丢失现象。

10.4.1 自定义异常

知识讲解

在实际开发中，Java 自带的异常类往往不能满足实际需求，很多时候需要程序员自定义异常类。在 Java 程序中，要想创建自定义异常类，需要继承类 Exception 及其子类。由于自定义异常类继承了类 Exception 或其子类，也就继承了类 Throwable，所以系统会把它与 Java 自带的异常类一样对待。当然，自定义异常类也继承了其父类的所有方法，如 getMassage()、printStackTrace()、getStackTrace()等。

范例导学

范例 10-5：在招聘系统中限制应聘者的年龄（范例文件：**daima\10\10-5\...\MyExceptionTest.java**）。

本实例创建了自定义异常类 MyException，设置应聘者的年龄必须为 18～60 岁，这个自定义的异常类继承类 Exception，代码如下：

```java
import java.util.InputMismatchException;
import java.util.Scanner;
class MyException extends Exception{                          //自定义异常类
    public MyException() {
        super();
    }
    public MyException(String str){
        super(str);
    }
}

public class MyExceptionTest{
    public static void main(String[] args){
        int age;
        Scanner input=new Scanner(System.in);
        System.out.println("XX 软件公司在线招聘系统");
        System.out.println("----------------------------");
        System.out.println("请输入您的年龄: ");
        try{
            age=input.nextInt();                             //获取年龄
            if(age<18){
                throw new MyException("你太小了，请成年后再来应聘！");
            }
            else if(age>60){
                throw new MyException("您输入的年龄大于 60! 输入有误！");
            }
            else{
                System.out.println("您的年龄为: "+age);
            }
        }
        catch(InputMismatchException e1){
            System.out.println("输入的年龄不是数字！");
        }
        catch(MyException e2){
            System.out.println(e2.getMessage());
        }
    }
}
```

上述代码在 try 语句块中，使用 if...else if...else 语句判断用户输入的年龄是否为小于 18 或大于 60 的数。如果是则抛出自定义异常 MyException，调用自定义异常类 MyException 中的含有一个 String 类型参数的构造方法。在 catch 语句块中捕获该异常，并调用方法 getMessage()打印异常信息。例如，输入数字 12 后，输出结果如下。

```
XX 软件公司在线招聘系统
-----------------------------
请输入您的年龄:
12
你太小了，请成年后再来应聘!
```

编程实战

实战案例 10-5-01：模拟银行存款、取款操作　实现一个简单的程序，模拟银行账户系统，它提供存款和取款功能。为了增强系统的健壮性，创建一个自定义异常，当尝试取出的金额超过账户余额时会抛出该异常。

实战案例 10-5-02：设置年龄不能为负值　编写一个自定义异常类，用于处理用户输入的年龄值为负值的情形，然后在主函数中测试这个自定义异常类。

实战案例 10-5-03：防止数组元素的索引越界　创建一个自定义异常类，用于处理数组元素索引越界的情形，然后在主函数中使用越界索引进行测试。

10.4.2　异常丢失现象

Java 的异常捕获机制也有一些瑕疵，即在某种特定的情况下会出现异常信息丢失的情况，例如下面的代码。

```java
class AException extends Exception{
    public String toString(){
        return "发生异常 AException";
    }
}
class BException extends Exception{
    public String toString(){
        return "发生异常 BException";
    }
}
public class ABTest{
    public static void fun(){
        try{
            try{
                throw new AException();
            }finally{
                throw new BException();
            }
        }catch(Exception e){
            System.out.println(e);
        }

    }
    public static void main(String[] args) {
        fun();
    }
}
```

输出结果如下。

发生异常 BException

上述代码中，方法 fun()中本来是要捕获异常 AException，但从运行结果来看，这个异常并没有被捕获，而是输出了异常 BException 的相关信息。这是明显不合理的，这是由于 Java 虚拟机的机制造成的一点缺陷。究其原因，是当程序执行至 try…catch 代码块的"边界处"时，便转入 finally 代码块，而 throw 语句在字节码层面并非原语操作，所以当程序执行到"throw new AException();"时，Java 虚拟机会把要抛出异常的对象的引用存放到一个局部变量里，并将该变量存放到方法栈的栈顶等待弹出，此时程序计数器指针指向 finally 代码块内的代码，遇到下一个要抛出的异常时，该异常的对象将占用 AException 的对象引用所在的位置，所以程序只会输出"发生异常 BException"。这种现象就是异常丢失，一旦产生异常丢失现象，开发人员就可能会被错误信息误导，从而进行错误的判断和处理。

另外，finally 代码块中通常是一些关闭资源的代码（关闭文件、网络链接等），不建议在 finally 代码块中操作返回值。虽然 finally 代码块本身并不能影响 try 代码块或 catch 代码块中的返回值，但是 finally 代码块中的返回值会覆盖掉 try 代码块或 catch 代码块中的返回值。这是因为程序一旦进入 finally 代码块，原来的返回操作就会被暂停，直到 finally 代码块中的代码执行完毕，才会回到原来暂停的地方继续执行返回操作，这时 finally 代码块中的返回值会覆盖掉之前的返回值。

10.5 综合实战——银行存取款系统

范例功能

实现一个简易的银行存取款系统，能够模拟存款、取款操作。当存款、取款金额不合法或余额不足时，通过异常处理机制输出提示信息，确保系统的健壮性。

学习目标

理解 Java 的异常处理机制，包括常用异常类、使用 try-catch 捕获异常、finally 代码块的用法、声明和抛出异常、自定义异常的创建与抛出等。掌握如何在实际应用中优雅地使用异常处理机制，确保程序的健壮性和可维护性。

具体实现

编写实例文件 BankSystem.java，设计一个简易的银行存取款系统，模拟银行的存款、取款过程。当存款金额为负、取款金额为负、余额不足时，抛出对应的异常，并通过对异常机制的合理优化，使得程序能够有效利用这些异常信息，输出有价值的提示信息。

限于本书篇幅，这里不再列出具体实现代码。

第 11 章　使用集合存储数据

在使用数组保存数据对象时经常会遇到这样的问题，即在预先设定数组长度的时候无法确定到底要保存多少个数据对象。例如，要统计某款手机的库存，因为会经常进货、卖出、退货，实际的库存数据一直会处于变化中，无法使用数组进行处理。为了解决这类问题，Java 提供了集合框架来解决复杂的数据存储。本章将详细讲解 Java 集合框架技术的基本知识，具体知识架构如下。

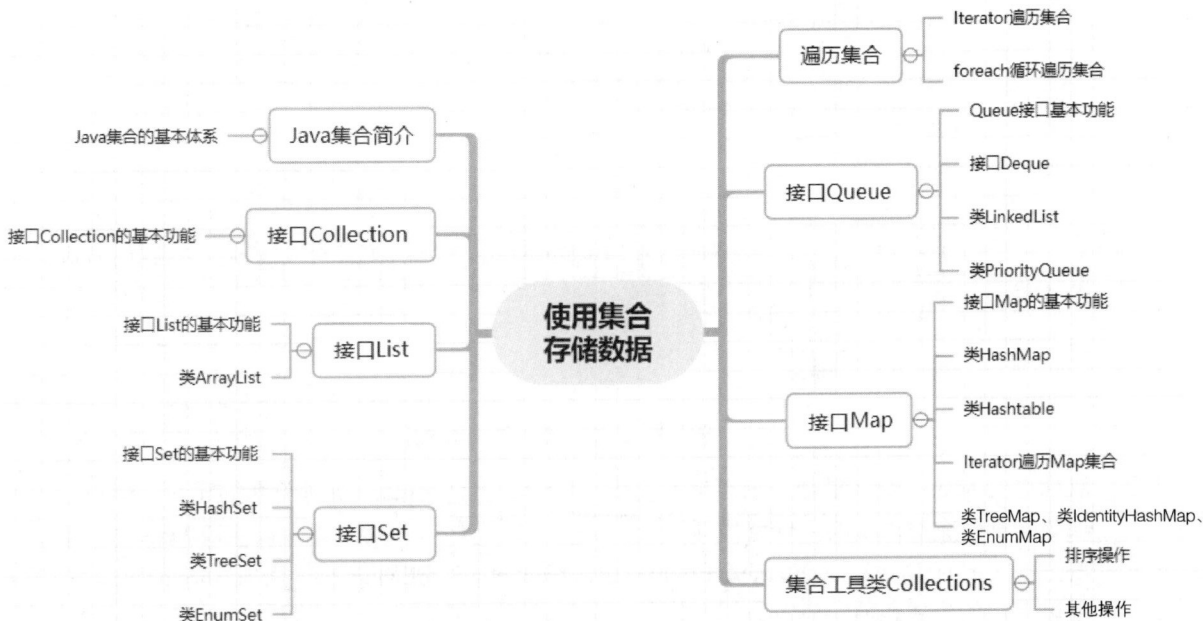

11.1　Java 集合简介

生活中，人们经常使用容器来装东西。在 Java 程序中，集合就像一种容器，可以把多个对象（实际上是对象的引用，但习惯上都称对象）存储在该容器中，并且可以进行数据的添加、删除、清空等操作。与数组不同的是，集合存储的数据长度是可变的。

Java 语言提供了一系列可以使用的接口和类，这些接口和类统称为集合框架（集合类），位于 java.util 包中。按照存储结构的不同，Java 集合可以分为单列集合 Collection 和双列集合 Map，详述如下。

❑　单列集合 Collection：单列集合用于存储一列符合某种规则的元素，以接口 Collection 为根接口，派生出了 List、Queue、Set 等子接口，每一个子接口都有多个可用于构建集合对象的实现类，其继承关系如图 11-1 所示。单列集合的具体说明如下。

> List：代表有序、重复的集合。存储数据的方式与数组类似，它添加的元素是有次序的，而且可以重复。与数组不同的是 List 存储的数据的长度是可变的。List 接口有 ArrayList、LinkedList、Vector 等重要实现类。

> Set：代表无序、不可重复的集合。存储的数据都是无序的，把一个数据添加到 Set 集合后，Set 集合会以特定的规则存储数据，最终数据的存储和显示的次序是不一致的。另外，Set 集合中的元素不能重复。Set 接口有 HashSet、TreeSet、EnumSet 等重要实现类。

> Queue：从 JDK 5 开始增加的一种体系集合，代表一种队列集合。接口 Queue 有 LinkedList、PriorityQueue 等重要实现类。

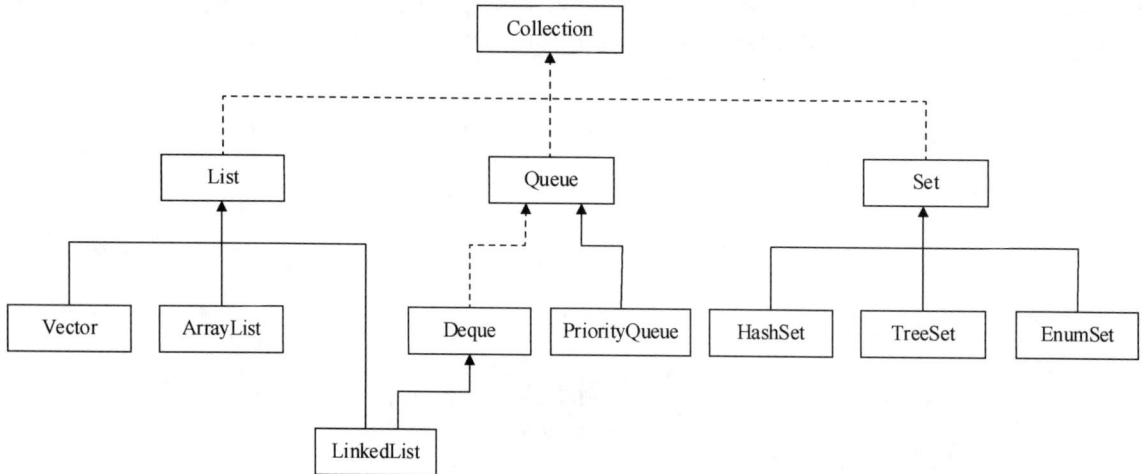

图 11-1　单列集合 Collection 的继承关系

❏ 双列集合 Map：双列集合用于存储具有键（key）、值（value）映射关系的元素，即里面的每项数据都是成对出现的，以键值对（key-value）方式存储。双列集合以接口 Map 为根接口，派生出了 HashMap、Hashtable、EnumMap、TreeSet（实现 Map 的子接口 SortedMap，能够实现以有序的方式存储键值对数据）等重要的实现类，其继承关系如图 11-2 所示。

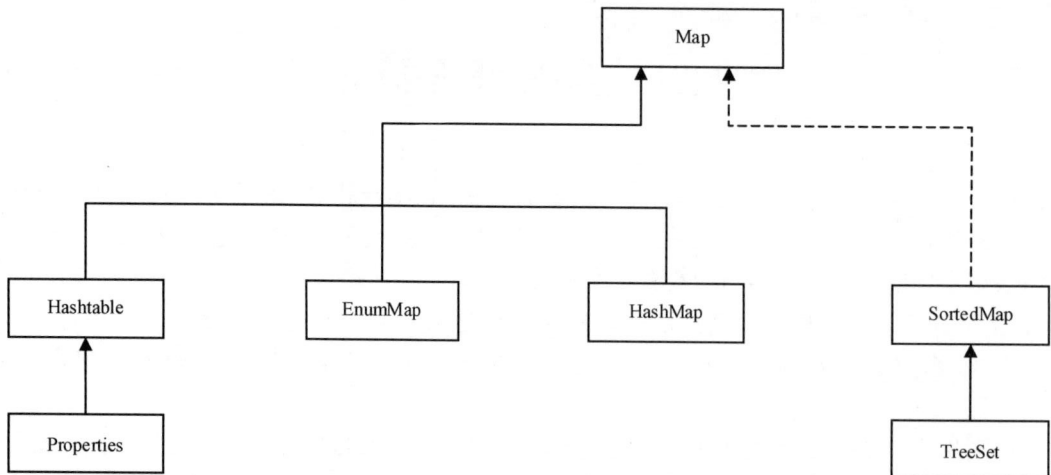

图 11-2　双列集合 Map 的继承关系

11.2　接口 Collection

在 Java 集合框架中有两个根接口，分别是接口 Collection 和接口 Map，本节来简单介绍接口 Collection。

接口 Collection 是单列集合的根接口，里面定义了可用于操作 List 集合、Set 集合、Queue 集合的公用方法。

1.　添加操作

❑　boolean add(Object o)：添加一个 Object 类型的元素到集合中，添加成功则返回 true。

❑　boolean addAll(Collection c)：向集合中批量添加指定集合 c 中的所有元素，添加成功则返回 true。

2.　删除操作

❑　void clear()：清空集合中的所有元素。

❑　boolean remove(Object o)：删除当前集合中的指定元素。

❑　boolean removeAll(Collection c)：从当前集合中删除所有与指定集合 c 中相同的元素，如果当前集合中有元素被删除则返回 true。

❑　boolean retainAll(Collection c)：保留当前集合中那些也包含在指定集合 c 中的元素，从集合中删除集合 c 中不包含的元素，如果当前集合在操作后元素有变化则返回 true。

3.　查询与比较操作

❑　Iterator iterator()：返回与当前 Collection 集合关联的迭代器对象。

❑　int hashCode()：返回当前 Collection 集合的哈希码值。

❑　int size()：返回当前集合的元素个数。

❑　boolean contains(Object o)：判断某个元素是否包含在集合中，如果是则返回 true。

❑　boolean containsAll(Collection c)：判断集合中是否包含了指定集合 c 中的所有元素，如果是则返回 true。

❑　boolean equals(Collection c)：比较当前集合与指定集合 c 是否相同。

❑　boolean isEmpty()：判断当前集合是否为空。如果是则返回 true。

4.　将 Collection 转换为 Object 数组

❑　Object[] toArray()：返回由当前集合中所有元素组成的数组。

❑　Object[] toArray(Object[] a)：返回一个由集合 a 中所有元素组成的数组。运行期间返回的数组和参数 a 的类型相同，需要转换为正确的类型。

11.3　接口 List

接口 List 继承接口 Collection，其实现类可以定义一个允许重复元素存在的有序集合（接口 List 的实现类的对象），Java 开发领域将这类集合称为 List 集合。List 集合是单列集合的一个重要分支。

11.3.1　接口 List 的基本功能

在 Java 程序中，List 接口用于定义有序的、元素可重复的单列集合。在 List 集合中，所有元素以一种线性方式进行存储，在程序中可以通过索引来访问集合中的元素。List 集合中元素的存入顺序与取出顺序一致，默认按元素的添加顺序设置元素的索引。例如，第一次添加的元素索引为 0，第二次添加的元素的索引为 1，以此类推。

接口 List 继承接口 Collection，并在接口 Collection 基本功能的基础上进行了扩充，拥有了更多的方法，具体如下。

- ❑　void add(int index, Object element)：在指定位置 index 上添加元素 element。
- ❑　boolean addAll(int index, Collection c)：将集合 c 的所有元素插入指定位置 index。
- ❑　Object get(int index)：返回当前集合中指定位置 index 处的元素。
- ❑　int indexOf(Object o)：返回指定元素 o 在集合中首次出现的索引位置。如果没有找到元素 o 则返回-1。
- ❑　int lastIndexOf(Object o)：返回指定元素 o 在集合中最后一次出现的索引位置。如果没有找到元素 o 则返回-1。
- ❑　Object remove(int index)：删除指定位置 index 上的元素。
- ❑　Object set(int index, Object element)：用元素 element 取代位置 index 上的元素，并且返回旧的元素。
- ❑　List subList(int fromIndex, int toIndex)：返回从指定位置 fromIndex（包含）到 toIndex（不包含）范围的各个元素组成的子集合。更改子集合（如调用 add()、remove()和 set()）对底层集合也有影响。

11.3.2　类 ArrayList

📚 知识讲解

接口 List 有 3 个常用的实现类，分别是类 ArrayList、LinkedList、Vector，其中以类 ArrayList 和类 LinkedList 最为常用。类 LinkedList 在实现接口 List 的同时也实现了接口 Queue，在接口 Queue 中再对其进行讲解，本节来讲解类 ArrayList 的使用。

ArrayList 是 Java 程序中最常用的一种集合，它封装了一个长度可变的数组对象。当存入的元素超过数组长度时，ArrayList 会在内存中分配一个更大的数组来存储这些元素。正是由于 ArrayList 的底层是通过自动扩容数组来实现容量的动态增加，所以它在插入和删除元素的时候处理效率不佳，因此不建议用 ArrayList 做大量增删操作。另外，由于使用类 ArrayList 创建的集合中的每个元素都有索引，所以元素查询效率很高，适合在大量查询操作场景下使用。

范例导学

范例 11-1：输出显示小菜擅长的编程语言（范例文件：daima\11\11-1\...\ArrayListTest.java）。

本实例使用类 ArrayList 创建 List 集合，然后通过类 ArrayList 的内置方法对集合进行元素的添加和遍历操作，代码如下。

```java
import java.util.*;
public class ArrayListTest{
    public static void main(String[] args) {
        List jn = new ArrayList();                      //新建 List 对象 jn
        System.out.println("小菜的个人简历");
        System.out.println("----------------------");
        jn.add(new String("①HTML5"));                   //向 jn 集合中添加第 1 个元素
        jn.add(new String("②C 语言"));                  //向 jn 集合中添加第 2 个元素
        jn.add(new String("③C++"));                     //向 jn 集合中添加第 3 个元素
        jn.add(1, new String("④Java"));                 //将新字符串对象插入在第二个位置
        System.out.println("擅长的编程语言有: ");
        for (int i = 0 ; i < jn.size() ; i++ ){         //遍历输出集合中的元素
            System.out.println(jn.get(i));
        }
    }
}
```

输出结果如下。

```
小菜的个人简历
----------------------
擅长的编程语言有:
①HTML5
④Java
②C 语言
③C++
```

注意：本实例使用普通 for 循环来遍历集合元素，第 11.4 节将详细讲解集合遍历方法。

编程实战

实战案例 11-1-01：充电 5 分钟，通话两小时　在 ArrayList 集合中添加两个文本元素，分别是"充电 5 分钟"和"通话两小时"，然后遍历输出里面的元素。

实战案例 11-1-02：集合元素的添加和删除　向 ArrayList 集合中添加 3 个元素，然后连续两次删除集合中的第一个元素。

实战案例 11-1-03：删除 ArrayList 集合中的元素　向 ArrayList 集合添加多个元素，然后删除集合中的某个指定元素。

实战案例 11-1-04：修改 ArrayList 集合中的元素　向 ArrayList 集合添加多个元素，然后修改集合中的某个指定元素。

11.4　遍　历　集　合

针对单列集合，除了添加、删除、修改、查找等操作，往往还需要遍历其中的元素。第 11.3.2 节

的范例使用 for 循环遍历并打印了 ArrayList 集合中的元素,这是最简单的遍历操作。在实际的 Java 开发中,遍历集合是使用频率最高的重要操作之一,也比较复杂。

11.4.1 Iterator 遍历集合

接口 Iterator 是 Java 集合框架中专门用于遍历集合的接口,该接口中定义了迭代访问 Collection 集合中的元素的方法,也被称为迭代器。迭代器是一种设计模式,它是一个对象,可以遍历并选择序列中的对象,而开发人员不需要了解该序列的底层结构。迭代器通常被称为"轻量级"对象,因为创建它的代价比较小。

接口 Iterator 被接口 Collection 继承,它提供了如下 4 个常用方法。

- ❑ Iterator iterator():该方法用于返回迭代器对象。在 Java 程序中,调用 Collection 单列集合的方法 iterator()就能返回该集合的迭代器对象。
- ❑ boolean hasNext():判断是否存在另一个可访问的元素。
- ❑ Object next():返回要访问的下一个元素。如果到达集合结尾,则抛出异常。
- ❑ void remove():删除集合里上一次使用方法 next()返回的元素,此方法必须紧跟在方法 next()被调用之后。

通过上述 4 个方法可以看出,对于 Collection 单列集合,调用方法 iterator()可创建一个 Iterator 对象,然后调用 Iterator 对象的方法 hasNext()和 next()就能以迭代方式逐个访问集合中的各个元素。示例代码如下。

```java
import java.util.*;
public class IteratorTest {
    public static void main(String[] args) {
        Collection jn = new ArrayList();      //创建集合
        jn.add("Java 语言");
        jn.add("C 语言");
        jn.add("C++语言");
        jn.add("Python 语言");
        jn.add("C#语言");
        jn.add("HTML5 语言");
        Iterator i = jn.iterator();           //创建迭代器对象
        while (i.hasNext()) {                 //使用方法 hasNext()判断集合中是否存在下一个元素
            System.out.println(i.next());     //打印集合中的元素
        }
    }
}
```

输出结果如下。

```
Java 语言
C 语言
C++语言
Python 语言
C#语言
HTML5 语言
```

通过上述示例可以看出,使用 Iterator 遍历集合的流程如图 11-3 所示。

图 11-3　Iterator 遍历集合的流程

11.4.2　foreach 循环遍历集合

foreach 循环可以遍历数组，同样也可以遍历集合，而且其遍历集合的方式和遍历数组的方式基本一致。示例代码如下。

```java
import java.util.*;
public class ForeachTest {
    public static void main(String[] args) {
        Collection jn = new ArrayList();        //创建集合
        jn.add("Java 语言");
        jn.add("C 语言");
        jn.add("C++语言");
        jn.add("Python 语言");
        jn.add("C#语言");
        jn.add("HTML5 语言");
        //使用 foreach 循环遍历集合
        for(Object obj : jn){
            System.out.println(obj);
        }
    }
}
```

输出结果如下。

```
Java 语言
C 语言
C++语言
Python 语言
C#语言
HTML5 语言
```

11.5　接口 Set

接口 Set 同样是接口 Collection 的一个子接口，但是与接口 List 不同的是，它要求存入的数据是无序而且不重复的。

11.5.1　接口 Set 的基本功能

与接口 List 一样，接口 Set 也继承自接口 Collection。它与接口 Collection 中的方法基本一致，没有做额外的扩展。但是，接口 Set 对所存入的元素做出了更严格的要求，它不允许包含相同的元素，且元素是无序的。另外，Set 集合可以存储 null 值。

接口 Set 的常用实现类有两个，分别是类 HashSet 和 TreeSet，可用于创建 HashSet 集合和 TreeSet 集合。HashSet 集合在存储元素时，会根据对象的哈希值将元素散列存放在集合中，这种方式可以实现高效存取。TreeSet 集合可以对所存入的元素排序，它的底层是用二叉树来实现的。另外，Java 语言还提供了一个专门为枚举类型所设计的 Set 类型，即类 EnumSet。它是一个抽象类，使用了内部位向量表示，因此它是特定 Enum 常量集的非常有效且紧凑的表示形式。

11.5.2　类 HashSet

知识讲解

在 Java 程序中，HashSet 是接口 Set 的典型实现类，开发者可以使用该类来创建 HashSet 集合。类 HashSet 主要提供如下构造方法。

- ❏　HashSet()：构建一个空的哈希集。
- ❏　HashSet(Collection c)：构建一个哈希集，并且添加集合 c 中的所有元素。
- ❏　HashSet(int initialCapacity)：构建一个拥有特定容量的空哈希集。
- ❏　HashSet(int initialCapacity, float loadFactor)：构建一个拥有特定容量和加载因子的空哈希集。loadFactor 是 0.0 至 1.0 之间的一个数。

在大多数时候，使用 Set 集合就是使用这个实现类。HashSet 集合按 Hash 算法来存储元素，因此具有很好的存取和查找性能。向 HashSet 集合中存入一个元素时，HashSet 会调用该对象中的方法 hashCode() 得到该对象的 hashCode 值，然后根据该 HashCode 值来决定该对象在 HashSet 中存储位置。如果该位置上有元素，那么继续调用方法 equals() 和集合中相同位置上的元素进行比较。如果方法 equals() 返回 true，则说明该元素与集合中的元素重复，不能添加到集合中；如果方法 equals() 返回 false，则说明该元素可以存入集合中，调用方法 add() 向集合存入元素，此时集合中的同一个位置会存储两个元素。

◀)) 注意：对于 HashSet 集合，必须注意如下两点。

- ✧　HashSet 集合存储元素时不能保证元素的顺序，也就是存储次序和遍历集合时的显示次序会不一致。
- ✧　方法 hashCode() 和 equals() 是对象元素的，为了保证 HashSet 集合正常工作，要求在存入对象元素时，必须保证创建对象元素的类重写类 Object 的方法 hashCode() 和 equals()。否则，即使对象元素的内容不同，但由于两个对象元素所引用的地址不同，HashSet 集合仍然会认为这是两个不同的对象元素。

范例导学

范例 11-2：输出显示购物车中的 Java 图书（范例文件：daima\11\11-2\...\HashSetTest.java）。

本实例创建了 HashSet 集合，并使用其内置方法对集合中的元素进行添加和遍历操作，代码如下。

```java
import java.util.*;
public class HashSetTest{
    public static void main(String[] args){
        HashSet bookSet=new HashSet ();              //创建一个空的 Set 集合
        String book1=new String("零基础案例学 Java");   //创建元素 book1
        String book2=new String("Java 程序设计 100 例"); //创建元素 book2
        String book3=new String("Java 语言与程序设计");  //创建元素 book3
        String book4=new String("论 Java 的快速开发");   //创建元素 book4
        bookSet.add(book1);                          //将 book1 存储到 Set 集合中
        bookSet.add(book2);                          //将 book2 存储到 Set 集合中
        bookSet.add(book3);                          //将 book3 存储到 Set 集合中
        bookSet.add(book4);                          //将 book4 存储到 Set 集合中
        System.out.println("购物车：");
        Iterator it=bookSet.iterator();
        while(it.hasNext())  {                       //使用 while 循环遍历购物车中的元素
            System.out.println("《"+(String)it.next()+"》"); //输出 Set 集合中的元素
        }
        System.out.println("双十一即将来临，准备采购 "+bookSet.size()+"本 Java 书！");
    }
}
```

输出结果如下。

```
购物车：
《Java 语言与程序设计》
《Java 程序设计 100 例》
《论 Java 的快速开发》
《零基础案例学 Java》
双十一即将来临，准备采购 4 本 Java 书！
```

在上述代码中，首先使用类 HashSet 的构造方法创建了一个 Set 集合，接着创建了 4 个 String 类型的对象，并将这些对象存储到 Set 集合中。再接着使用类 HashSet 中的 iterator()方法获取一个 Iterator 对象，并调用其方法 hasNext()遍历集合元素，再将使用 next()方法读取的元素强制转换为 String 类型并输出。最后调用类 HashSet 中的 size()方法获取集合元素个数。

注意：在本实例中，如果再向 bookSet 集合中添加一个内容为"Java 程序设计 100 例"的 String 对象，则输出的结果与上述执行结果相同，这是由于类 String 重写了类 Object 的方法 hashCode()和 equals()。

编程实战

实战案例 11-2-01：用集合存储某 NBA 球队队员的名字　向 HashSet 集合中添加 4 名球员的名字，然后删除其中的一个元素，最后遍历输出集合里面的球员名字。

实战案例 11-2-02：输出显示某地铁的前 3 站的名称　向 HashSet 集合中添加某地铁前 3 个站点的名称，然后遍历输出这 3 个站点的名称。

11.5.3　类 TreeSet

📚 **知识讲解**

类 TreeSet 是接口 Set 的另一个重要实现类，使用该类可以创建 TreeSet 集合。类 TreeSet 的常用构造方法如下。

- ❏ TreeSet()：构建一个空的树集。
- ❏ TreeSet(Collection c)：构建一个树集，并且添加集合 c 中的所有元素。
- ❏ TreeSet(Comparator c) ：构建一个树集，并且使用特定的比较器对其元素进行排序。Comparator 比较器没有任何数据，它只是比较方法的存放器。
- ❏ TreeSet(SortedSet s)：构建一个树集，添加有序集合 s 中的所有元素，并且使用与有序集合 s 相同的比较器排序。SortedSet 是一个接口，它继承自 Set 接口。SortedSet 集合中的元素是有序的，并且不允许包含重复元素。

TreeSet 集合中的元素也是不可重复的，但是它可以确保集合元素处于排序状态。事实上，类 TreeSet 底层是使用自平衡的排序二叉树来实现的。所谓二叉树结构，具体是指每个节点元素最多有两个子节点的有序树。在整个二叉树结构中，每个节点和其子节点构成一个子树，其中左边的子节点被称为"左子树"，右边的子节点被称为"右子树"，节点本身被称为"根节点"。使用二叉树存储数据时，左子树的元素值小于根节点，而右子树的元素值大于根节点，如图 11-4 所示。

这样，当使用二叉树存储一个新元素时，会首先与二叉树结构中的第一个元素（整个二叉树的根元素）比较大小。如果小于根元素，那么新添加的元素就会进入左边的分支，并且继续和左边分支中的子元素比较大小，直到找到一个合适的位置进行存储；如果新添加的元素大于第一个元素，则该元素会进入右边的分支，并且继续和右边分支中的子元素比较大小，直到找到一个合适的位置进行存储。当然，如果新添加的元素和已有的元素重复，则不会再次添加。

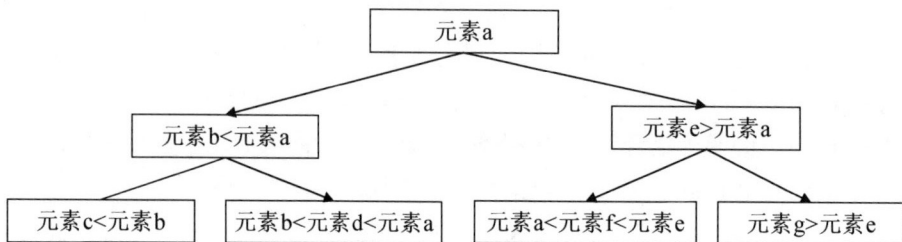

图 11-4　二叉树结构

类 TreeSet 在实现接口 Set 的基础上还增加了如下重要方法。

- ❏ Object first()：获取集合中的第一个元素。
- ❏ Object last()：获取集合中的最后一个元素。
- ❏ Object lower(Object o)：获取集合中位于元素 o 之前的元素。
- ❏ Object higher(Object o)：获取集合中位于元素 o 之后的元素。
- ❏ SortedSet subset(Object o1,Object o2)：获取集合的子集合，范围从 o1（包括）到 o2（不包括）。
- ❏ SortedSet headset(Object o)：获取集合的子集合，范围是所有小于元素 o 的元素。

❏ SortedSet tailSet(Object o)：获取此 Set 的子集合，范围是所有大于或等于元素 o 的元素。

使用 TreeSet 集合可以实现元素的排序功能，该集合支持两种排序方法，分别是自然排序和定制排序，具体如下。

❏ 自然排序：类 TreeSet 会调用集合元素的 compareTo(Object obj)方法来比较元素之间的大小关系，然后将集合元素按照升序排序，这种排序方式就是自然排列。在 Java 中提供了一个接口 Comparable，在该接口中定义了一个 compareTo(Object obj)方法，该方法返回了一个整数值。实现该接口的类必须实现该方法，这样实现了该接口的类的对象就可以比较大小。当一个对象调用该方法与另一个对象进行比较时，例如 obj1.compareTo(obj2)：如果该方法返回 0，则表明这两个对象相等；如果该方法返回一个正整数，则表明 obj1 大于 obj2；如果该方法返回一个负整数，则表明 obj1 小于 obj2。当试图把一个对象添加到 TreeSet 集合时，TreeSet 会调用该对象的 compareTo(Object obj)方法与集合中的其他元素进行比较，这就要求集合中的其他元素与该元素是同一个类的实例。也就是说，向 TreeSet 集合添加的应该是同一个类的对象，否则会引发异常。

❏ 定制排序：TreeSet 的自然排序是根据集合元素的大小进行的，TreeSet 将它们以升序的方式进行排列。如果需要实现定制排序，例如降序排列，可以借助接口 Comparator。该接口里包含方法 compare(Object o1, Object o2)，该方法用于比较 o1 和 o2 的大小。如果该方法返回正整数，则表明 o1 大于 02；如果该方法返回 0，则表明 o1 等于 o2；如果该方法返回负整数，则表明 o1 小于 o2。如果需要实现定制排序，则需要在创建 TreeSet 集合对象时提供一个 Comparator 对象与 TreeSet 集合相关联，由该 Comparator 对象负责集合元素的排序逻辑。

📢 **注意**：在默认情况下，TreeSet 采用自然排序。

📖 **范例导学**

范例 11-3：学生成绩录入系统（范例文件：**daima\10\11-3\...\TreeSetTest.java**）。

本实例假设有 5 名学生参加考试，当老师录入每名学生的成绩后，程序将按照从低到高的排列顺序显示学生成绩，代码如下。

```java
import java.util.*;
class Student implements Comparable {
    private String name;
    private double grade;
    public Student() {

    }
    public Student(String name, double grade) {
        this.name = name;
        this.grade = grade;
    }
    public String getName() {
        return name;
    }
    public void setName(String name) {
        this.name = name;
    }
    public int getGrade() {
        return (int) grade;
    }
}
```

```
    public void setGrade(int grade) {
        this.grade = grade;
    }
    public int compareTo(Object s) {
        Student s1 = (Student)s;
        //比较成绩
        if(this.grade-s1.grade>0)
            return 1;
        if(this.grade-s1.grade==0)
            return this.name.compareTo(s1.name);
        else
            return -1;
    }
    public String toString() {
        return "{" + "姓名=" + name + ", 成绩=" + grade + "}";
    }
}
public class TreeSetTest{
    public static void main(String[] args) {
        TreeSet scores = new TreeSet();                    //创建 TreeSet 集合
        Scanner input = new Scanner(System.in);
        System.out.println("------------学生成绩管理系统------------");
        for (int i = 0; i < 5; i++) {
            System.out.println("第" + (i + 1) + "个学生的姓名: ");
            String name = input.next();
            System.out.println("第" + (i + 1) + "个学生成绩: ");
            double grade = input.nextDouble();
            Student student = new Student(name, grade);
            //将学生成绩转换为 Double 类型, 添加到 TreeSet 集合中
            scores.add(student);
        }
        Iterator it = scores.iterator();                   //创建 Iterator 对象
        System.out.println("学生成绩从低到高的排序为: ");
        while (it.hasNext()) {
            System.out.println(it.next() + " ");
        }
    }
}
```

输出结果如下。

```
------------学生成绩管理系统------------
第 1 个学生的姓名:
小明
第 1 个学生成绩:
99.0
第 2 个学生的姓名:
小红
第 2 个学生成绩:
65.0
第 3 个学生的姓名:
小飞
第 3 个学生成绩:
78.5
第 4 个学生的姓名:
小芳
第 4 个学生成绩:
92.0
第 5 个学生的姓名:
小花
第 5 个学生成绩:
```

86.0
学生成绩从低到高的排序为：
{姓名=小红，成绩=65.0}
{姓名=小飞，成绩=78.5}
{姓名=小花，成绩=86.0}
{姓名=小芳，成绩=92.0}
{姓名=小明，成绩=99.0}

编程实战

实战案例 11-3-01：向集合中添加 3 个元素　向 TreeSet 集合中添加 3 个手机品牌的名称，然后遍历输出这 3 个元素。

实战案例 11-3-02：排序输出某赛季 NBA 常规赛西部前五名　向 TreeSet 集合中添加 NBA 常规赛西部排名前五的球队的名称和排名，然后根据排名顺序打印输出排名前五的球队。

11.5.4　类 EnumSet

知识讲解

EnumSet 是一个专为枚举设计的单列集合类，其中的所有元素都必须是指定枚举类型的枚举值，该枚举类型在创建 EnumSet 集合时被显式或隐式地指定。类 EnumSet 是一个抽象类，但是提供了一系列方法可创建 EnumSet 集合。EnumSet 集合具有如下特点。

- 集合元素是有序的，以枚举值在 Enum 类内的定义顺序来决定集合元素的顺序。
- 在内部以位向量的形式存储，这种存储形式非常紧凑、高效，因此 EnumSet 对象占用内存很小，而且运行效率高。尤其是进行批量操作时，如果其参数也是 EnumSet 集合，则该批量操作的执行速度非常快。
- 不允许加入 null 元素，如果试图插入 null 元素，将抛出异常。
- 如果只是想判断 EnumSet 集合是否包含 null 元素或试图删除 EnumSet 集合的 null 元素，则不会抛出异常。但是，删除操作将返回 false，因为没有 null 元素被删除。

类 EnumSet 中提供了如下方法来创建 EnumSet 集合。

- static EnumSet allOf(Class elementType)：创建一个包含指定枚举类里所有枚举值的 EnumSet 集合。
- static EnumSet complementOf(EnumSet s)：创建一个元素类型与指定 EnumSet 集合中元素类型相同的 EnumSet 集合，新 EnumSet 集合包含原 EnumSet 集合所不包含的、此枚举类剩下的枚举值，即新 EnumSet 集合和原 EnumSet 集合的元素加起来就是该枚举类的所有枚举值。
- static EnumSet copyOf(Collection c)：使用一个普通集合来创建 EnumSet 集合。
- static EnumSet copyOf(EnumSet s)：创建一个与指定 EnumSet 集合具有相同元素类型、相同集合元素的 EnumSet 集合。
- static EnumSet noneOf(Class elementType)：创建一个元素类型为指定枚举类型的空 EnumSet 集合。
- static EnumSet of(E first, E... rest)：创建一个包含一个或多个枚举值的 EnumSet 集合，传入的多个枚举值必须属于同一个枚举类型。
- static EnumSet range(E from, E to)：创建一个包含从 from 枚举值到 to 枚举值范围内的所有枚举值的 EnumSet 集合。

214

🎙️ **范例导学**

范例 11-4:输出某商场在售的手机品牌（范例文件：daima\11\11-4\...\EnumSetTest.java）。

本实例使用类 EnumSet 的内置方法创建了多个 EnumSet 集合,代码如下。

```java
import java.util.*;
enum Season1{
    iPhone,三星,华为,OPPLE
}
public class EnumSetTest{
    public static void main(String[] args) {
        //创建一个 EnumSet 集合,集合元素就是 Season1 枚举类的全部枚举值
        EnumSet es1 = EnumSet.allOf(Season1.class);
        System.out.println("某商场在售的手机品牌有: "+es1);        //输出[iPhone, 三星, 华为, OPPLE]
        //创建一个 EnumSet 空集合,指定其集合元素是 Season1 类的枚举值
        EnumSet es2 = EnumSet.noneOf(Season1.class);
        System.out.println("空的 EnumSet 集合: "+es2);              //输出[]
        //手动添加两个元素
        es2.add(Season1.OPPLE);
        es2.add(Season1.iPhone);
        System.out.println("王老师喜欢的手机品牌有: "+es2);         //输出[iPhone, OPPLE]
        EnumSet es3 = EnumSet.of(Season1.三星, Season1.OPPLE);      //以指定枚举值创建 EnumSet 集合
        System.out.println("张老师喜欢的手机品牌有: "+es3);         //输出[三星, OPPLE]
        EnumSet es4 = EnumSet.range(Season1.三星, Season1.OPPLE);
        System.out.println("舍友大壮的喜欢的手机品牌有: "+es4);      //输出[三星, 华为, OPPLE]
        //新创建的 EnumSet 集合的元素和 es4 集合的元素有相同类型
        //es5 的集合元素 + es4 集合元素 = Season1 枚举类的全部枚举值
        EnumSet es5 = EnumSet.complementOf(es4);
        System.out.println("同桌喜欢的手机品牌有: "+es5);           //输出[iPhone]
    }
}
```

上面的实例演示了 EnumSet 集合的常规用法,输出结果如下。

```
某商场在售的手机品牌有: [iPhone, 三星, 华为, OPPLE]
空的 EnumSet 集合: []
王老师喜欢的手机品牌有: [iPhone, OPPLE]
张老师喜欢的手机品牌有: [三星, OPPLE]
舍友大壮的喜欢的手机品牌有: [三星, 华为, OPPLE]
同桌喜欢的手机品牌有: [iPhone]
```

📚 **编程实战**

实战案例 11-4-01:使用 EnumSet 集合存储一年四季的英文名称　创建一个包含一年四季 4 个元素的枚举类,然后使用 EnumSet 集合存储一年四季的英文名称,并遍历输出。

实战案例 11-4-02:输出表示颜色的枚举值　在枚举中创建多个表示颜色的元素,然后使用 EnumSet 集合遍历输出枚举类中的颜色。

11.6　接口 Queue

接口 Queue 与接口 List、Set 是同一级别的,都继承了接口 Collection。接口 Queue 提供了以队列形式存储和管理数据的方法。接下来讲解接口 Queue 及其实现类在 Java 开发中的使用。

11.6.1　Queue 接口基本功能

所谓队列，具体是指一种先进先出的数据结构，它有如下两个基本操作。

❏　在队列尾部加入一个元素。

❏　从队列头部移除一个元素。

接口 Queue 继承自接口 Collection，提供了以队列形式存储和管理数据的方式，包括插入、移除和检验等针对数据元素的操作方法，具体如下。

❏　add(Object e)：增加一个元素。

❏　remove()：移除并返回队列头部的元素。

❏　element()：返回队列头部的元素。

❏　offer(Object e)：添加一个元素并返回 true，如果队列已满，则返回 false。

❏　poll()：移除并返回队列头部的元素，如果队列为空，则返回 null。

❏　peek()：返回队列头部的元素，如果队列为空，则返回 null。

❏　put(e)：添加一个元素，如果队列已满，则阻塞。

❏　take()：移除并返回队列头部的元素，如果队列为空，则阻塞。

◀》**注意**：上述方法的返回值类型，读者可以根据方法描述来推断。

11.6.2　接口 Deque

接口 Deque 是接口 Queue 的子接口，它扩展了接口 Queue 的功能，支持在两端插入和移除元素。接口 Deque 提供了如下常用方法。

❏　void addFirst(Object e)：将指定元素插入该双向队列的开头。

❏　void addLast(Object e)：将指定元素插入该双向队列的末尾。

❏　Iterator descendingIterator()：返回以该双向队列对应的迭代器，该迭代器将以逆向顺序来迭代队列中的元素。

❏　Object getFirst()：获取但不删除双向队列的第一个元素。

❏　Object getLast()：获取但不删除双向队列的最后一个元素。

❏　boolean offerFirst(Object e)：将指定的元素插入该双向队列的开头。

❏　boolean offerLast(Object e)：将指定的元素插入该双向队列的末尾。

❏　Object peekFirst()：获取但不删除该双向队列的第一个元素。如果此双端队列为空，则返回 null。

❏　Object peekLast()：获取但不删除该双向队列的最后一个元素。如果此双端队列为空，则返回 null。

❏　Object pollFirst()：获取并删除该双向队列的第一个元素。如果此双端队列为空，则返回 null。

❏　Object pollLast()：获取并删除该双向队列的最后一个元素。如果此双端队列为空，则返回 null。

❏　Object pop()：取出该双向队列所表示的栈中的第一个元素。

❏　void push(Object e)：将一个元素放入该双向队列所表示的栈中（即该双向队列的头部）。

❏　Object removeFirst():获取并删除该双向队列的第一个元素。

- ❑ removeFirstOccurrence(Object o)：删除该双向队列中第一次出现的元素 o。
- ❑ Object removeLast()：获取并删除该双向队列的最后一个元素。
- ❑ removeLastOccurrence(Object o)：删除该双向队列中最后一次出现的元素 o。

📢 **注意**：关于接口 Deque，需要注意如下 4 点。

◆ 大多数情况下，Deque 对于它们能够包含的元素个数没有固定限制，既支持有容量限制的双向队列，也支持没有容量限制的双向队列。

◆ Deque 支持通过索引直接访问其中的元素。

◆ 在 Deque 头部和尾部添加或移除元素都非常快速，但在其中部插入或移除元素比较费时。

◆ 不推荐插入 null 元素，null 作为特定返回值表示队列为空。

11.6.3 类 LinkedList

📚 **知识讲解**

在 Java 程序中，类 LinkedList 是一个比较奇怪的类，它是 List 接口的实现类，是一个 List 集合，可以根据索引来随机访问集合中的元素。另外，它还实现了接口 Deque，也能当成双向队列来使用。从底层的数据结构来看，类 LinkedList 是基于双向循环链表的。链表的每个节点都包含一个存储元素的节点、一个指向前一个节点的引用、一个指向后一个节点的引用，从而将所有元素连接在一起，形成双向链结构。在插入和删除元素时，只要修改前后两个关联节点的对象引用关系即可完成操作。因此，对于频繁插入或删除元素的操作，使用类 LinkedList 的效率较高。有关链表的知识，有兴趣的读者可以查阅相关文献资料，这里不再赘述。

另外，因为类 LinkedList 继承了接口 Deque 的出栈和入栈方法，所以类 LinkedList 不仅可以作为双向队列来使用，也可以作为"栈"来使用。

🏌 **范例导学**

范例 11-5：输出显示过去几年 iPhone 手机的型号（范例文件：**daima\11\11-5\...\Iphone.java**）。

本实例使用类 LinkedList 的内置方法对队列进行元素的添加、访问和删除操作，代码如下。

```java
import java.util.*;
public class Iphone {
    public static void main(String[] args) {
    LinkedList ip = new LinkedList();              //使用类 LinkedList 创建队列，存储苹果手机型号
        //向队列中添加元素，通用方法
        ip.add("iPhone 12");
        ip.add("iPhone 13");
        //向队列尾部添加元素，队列方法
        ip.offer("iPhone 14");
        //向队列头部添加元素，双向队列方法
        ip.addFirst("iPhone 11");
        //向队列尾部添加元素，
        ip.offerLast("iPhone 15");
        System.out.print("iPhone 最近 5 年的手机产品有：");
        for (int i = 0; i <ip.size() ; i++ ){
            System.out.print (" "+ip.get(i));  //使用 List 接口的 get(int index)方法
        }
```

```
        System.out.println();
        //访问并不删除队列的最后一个元素
        System.out.println("iPhone 的最新产品是: "+ip.peekLast());
        //访问并删除队列的第一个元素
        System.out.println("iPhone 近 5 年最老的产品是: "+ip. pollFirst());
        //删除该双向队列中第一次出现的元素"iPhone 13"
        ip.removeFirstOccurrence("iPhone 13");
        //输出队列，查看操作结果
        System.out.println("iPhone 系列最近 3 年手机产品有: "+ip);
    }
}
```

输出结果如下。

```
iPhone 最近 5 年的手机产品有: iPhone 11 iPhone 12 iPhone 13 iPhone 14 iPhone 15
iPhone 的最新产品是: iPhone 15
iPhone 近 5 年最老的产品是: iPhone 11
iPhone 系列最近 3 年手机产品有: [iPhone 12, iPhone 14, iPhone 15]
```

编程实战

实战案例 11-5-01：将数组元素添加到 LinkedList 集合　创建一个字符串类型的数组，然后将数组中的元素添加到 LinkedList 集合中，并遍历输出集合中的元素。

实战案例 11-5-02：比较 ArrayList 和 LinkedList 的性能　分别创建 ArrayList 和 LinkedList 对象实例，然后比较两者的性能。

11.6.4　类 PriorityQueue

知识讲解

类 PriorityQueue 是接口 Queue 的另一个重要的实现类，它提供了一种称为优先队列的数据结构。类 PriorityQueue 不仅拥有接口 Queue 的所有可选方法，同时也实现了接口 Collection 的所有可选方法，其常用方法如下：

- ☐　peek()：返回队首元素。
- ☐　poll()：返回队首元素，队首元素出队列。
- ☐　add()：添加元素。
- ☐　size()：返回队列元素个数。
- ☐　isEmpty()：判断队列是否为空，为空返回 true，不为空返回 false。

🔊**注意**：上述方法的返回值类型，读者可以根据方法描述来推断。

类 PriorityQueue 的对象可以存储基本数据类型的包装类（如 Integer，Long 等）的对象或自定义类的对象。

🔊**注意**：优先级队列不允许存储 null 元素。依靠默认顺序的优先级队列不允许插入不可比较的对象，这样做可能会导致程序异常。

对于基本数据类型的包装类的对象，优先队列中的元素默认排列顺序是升序排列，如果想要将其改为降序排列，则需要自己定义 Comparator 比较器。以 Integer 为例，定义语法如下。

```
static Comparator<Integer> cmp = new Comparator<Integer>() {
    public int compare(Integer e1, Integer e2) {
        return e2 - e1;
    }
};
```

📢 **注意**：上述语法使用了泛型，有关泛型的知识在第 12 章中进行讲解。

对于自己定义的类的对象来说，当然也需要自己定义 Comparator 比较器，定义语法如下。

```
static Comparator<自定义类名> cmp = new Comparator<自定义类名>() {
    public int compare(Object e1, Object e2) {
        …                              //比较规则，具体取决于自定义类的构造方法
    }
};
```

📢 **注意**：优先队列中如果出现多个元素相同的情况，则会将这些重复元素"依次排在一起"。例如，当优先队列按从小到大排序时，头部是按指定排序方式确定的最小元素，如果多个元素都是最小值，则头部是其中一个元素，即最小元素中的任意一个。

在 Java 程序中，PriorityQueue 的优先级队列是无界的，但是有一个内部容量，控制着用于存储队列元素的数组大小，它通常至少等于队列的大小。随着不断向优先级队列添加元素，其容量会自动增加，无须指定容量增加策略的细节。另外，类 PriorityQueue 虽然实现了接口 Iterator 的所有可选方法，但方法 iterator() 提供的迭代器不能保证能够以任何特定的顺序遍历优先级队列中的元素。

📖 范例导学

范例 11-6：按照指定规则将一组矩形排序（范例文件：daima\11\11-6\...\Test.java）。

本实例先创建了矩形类 Node，然后在测试类 Test 中定义了按照"先长度升序再宽度降序"的规则排序的比较器，接着创建 PriorityQueue 队列并向其中添加 Node 对象，最后输出队列信息。代码如下。

```
import java.util.*;
class Node{                                          //矩形类
    public Node(int chang,int kuan){
        this.chang=chang;
        this.kuan=kuan;
    }
    int chang;
    int kuan;
}
public class Test {
    //自定义比较器，先比较长度，按长度升序排列，若长度相等再比较宽度，按宽度降序排序
    static Comparator<Node> cNode=new Comparator<Node>() {
        public int compare(Node o1, Node o2) {
            if(o1.chang!=o2.chang)
                return o1.chang-o2.chang;            //长度升序
            else
                return o2.kuan-o1.kuan;              //宽度降序
        }
    };
    public static void main(String[] args) {
        Queue<Node> q=new PriorityQueue<>(cNode);
        Node n1=new Node(1, 2);
        Node n2=new Node(2, 5);
        Node n3=new Node(2, 3);
        Node n4=new Node(3, 3);
        Node n5=new Node(3, 5);
```

```
        q.add(n1);
        q.add(n2);
        q.add(n3);
        q.add(n4);
        q.add(n5);
        System.out.println("5 个矩形按照先长度升序再宽度降序排列的结果: ");
        Node n;
        while(!q.isEmpty()){
            n=q.poll();
            System.out.println("长: "+n.chang+" 宽: " +n.kuan);
        }
    }
}
```

输出结果如下。

```
5 个矩形按照先长度升序再宽度降序排列的结果:
长: 1 宽: 2
长: 2 宽: 5
长: 2 宽: 3
长: 3 宽: 5
长: 3 宽: 3
```

编程实战

实战案例 11-6-01：找出队列中的第一个元素　向 PriorityQueue 队列中添加 4 个元素，然后遍历输出队列中的所有元素，并访问队列中的第一个元素。

实战案例 11-6-02：清空队列中的数据　使用 for 循环向 PriorityQueue 队列中添加多个元素，然后清空队列中的数据。

11.7　接口 Map

在 Java 集合框架中，接口 Map 与接口 Collection 是并列关系。接口 Collection 用于实现单列集合，而接口 Map 用于实现双列集合。本节将详细讲解接口 Map。

11.7.1　接口 Map 的基本功能

在 Java 中，接口 Map 用来实现保存具有映射关系的数据的集合，即 Map 集合。Map 集合里的每个元素都包含两个值：一个是 key（键），另外一个是 value（值）。key 和 value 都可以是任何引用类型的数据。在 Map 集合中，key 不允许重复，即同一个 Map 对象的任何两个 key 通过方法 equals() 比较总是返回 false。key 和 value 之间存在单向一对一关系，即通过指定的 key 总能找到唯一的、确定的 value。当从 Map 集合中取出数据时，只要给出指定的 key，就可以取出对应的 value。接口 Map 中包含了如下几类常用的方法。

1. 添加、删除操作

❑　Object put(Object key, Object value)：将互相关联的键 key 与值 value 放入该 Map 集合。如果该

键已经存在，那么与该键相关的新值将取代旧值，方法返回该键的旧值；如果该键原先并不存在，则返回 null。

- ❑ Object remove(Object key)：从 Map 集合中删除与键 key 相关的映射。
- ❑ void putAll(Map t)：将来自特定 Map 集合 t 的所有元素添加给该 Map 集合。
- ❑ void clear()：从 Map 集合中删除所有映射。

注意：Map 集合中的键和值都可以为 null，但是不能把 Map 集合作为一个键或值添加给自身。

2. 查询操作

- ❑ Object get(Object key)：获取与键 key 相关的值，并且返回与键 key 相关的值。如果没有在该 Map 集合中找到键 key，则返回 null。
- ❑ boolean containsKey(Object key)：判断 Map 集合中是否存在键 key。
- ❑ boolean containsValue(Object value)：判断 Map 集合中是否存在值 value。
- ❑ int size()：返回当前 Map 集合中映射的数量。
- ❑ boolean isEmpty()：判断 Map 集合中是否有任何映射。

3. 视图操作（用于处理映像中的"键值对"）

- ❑ Set keySet()：返回由 Map 集合中的所有键组成的 Set 集合。因为 Map 集合中的所有键必须是唯一的，所以需要用 Set 支持。此外，还可以从该 Set 集合中删除元素，这时键和它相关的值将从原 Map 集合中同时被删除，但是不能添加任何元素。
- ❑ Collection values()：返回由 Map 集合中所有值组成的 Collection 集合，因为 Map 集合中值并不要求是唯一的，所以要用 Collection 支持。此外，还可以从该 Collection 集合中删除元素，这时值和它的键将从原 Map 集合中同时被删除，但是同样不能添加任何元素。
- ❑ Set entrySet()：返回 Map.Entry 对象的 Set 集合，即由 Map 集合中所有键值对组成的 Set 集合。

11.7.2 类 HashMap

知识讲解

类 HashMap 是接口 Map 中使用最多的实现类，用于存储键值映射关系，其键和值允许为 null，但不允许键重复。使用类 HashMap 可以创建 HashMap 集合，该集合也是使用哈希算法来存储键值，所以不保证数据的顺序。事实上，HashMap 集合的内部结构是由数组和链表构成的，数组是主体，链表则是为了解决哈希值冲突而存在的分支结构。准确地说，HashMap 集合内部是水平方向以数组结构为主体并在竖直方向以链表结构进行结合的哈希表结构。当向 HashMap 集合中添加键值对数据时，会先使用键对象的方法 hashCode()得到一个哈希值，这个哈希值对应一个集合中的存储位置，此时会出现如下两种情况。

- ❑ 对应的位置上没有元素，键值对数据可以直接存储到这个位置上。
- ❑ 对应的位置上有数据，调用键对象的方法 equals()比较新插入的元素和已存在的元素的键对象是否相同。如果没有相同的键，则键值对数据会被添加到这个位置上的链表结构中；如果有相同的键，则新添加的键值对数据会覆盖旧的键值对数据。

由于 HashMap 集合采用了上述特殊的哈希表结构，因此其在元素的增、删、改、查操作方面效率比较高。

范例导学

范例 11-7：输出显示三支足球队的主要球员（范例文件：daima\11\11-7\...\HashMapTest.java）。

本实例使用类 HashMap 的内置方法对 HashMap 集合实现元素的添加和遍历操作，代码如下。

```java
import java.util.HashMap;
import java.util.Iterator;
import java.util.Map;
public class HashMapTest {
    public static void main(String[] args) {
        Map map = new HashMap ();                          //使用类 HashMap 创建 Map 集合
        //使用 put()方法向集合 map 中添加元素
        map.put("皇A",new String[] { "拉A", "阿A", "希A", "约A", "伊A", "贝A", "莫A"});
        map.put("巴B", new String[] { "梅B", "苏B", "登B", "布B", "德B", "德BB"});
        map.put("曼C",new String[] { "博C", "德C", "卢C", "卢CC", "林C", "拉C"});
        Iterator iter = map.keySet().iterator();           //创建迭代器，参见第 11.7.4 节
        while (iter.hasNext()) {                            //判断集合 map 中是否有内容
            Object province = iter.next();                 //接收 key 值
            System.out.println(province + "俱乐部的球员有: "); //输出 key 值
            //接收 value 值，并存放到 String 类型的数组中
            String val[] = (String[]) map.get(province);
            for (int i = 0; i < val.length; i++) {         //遍历数组
                System.out.print(val[i] + " ");            //输出数组中的元素
            }
            System.out.println();                          //换行
        }
    }
}
```

输出结果如下。

```
皇A俱乐部的球员有:
拉A 阿A 希A 约A 伊A 贝A 莫A
巴B俱乐部的球员有:
梅B 苏B 登B 布B 德B 德BB
曼C俱乐部的球员有:
博C 德C 卢C 卢CC 林C 拉C
```

编程实战

实战案例 11-7-01：学生管理系统 每名学生都有属于自己的唯一编号，即学号。在毕业时需要将该学生的信息从系统中移除，请使用 HashMap 集合实现学生信息的添加和删除功能，根据用户输入的学号删除这名学生的信息。

实战案例 11-7-02：HashMap 集合的综合应用 创建一个 HashMap 集合，然后使用常用的内置方法操作该集合，要求最少实现添加和删除功能。

11.7.3 类 Hashtable

知识讲解

类 Hashtable 也是 Java 集合框架中的重要成员，可以用来创建 Hashtable 集合。Hashtable 集合和

222

HashMap 集合很相似，可以在哈希表中存储键值对。当使用一个哈希表时，要指定用作键的对象，以及要链接到该键的值，然后该键经过哈希处理，得到的散列码被用作存储在该表中的值的索引。Hashtable 集合同样不能保证其中的键值对数据的顺序，判断两个键是否相等的标准也与 HashMap 集合相同，二者在性能上没有很大的差别。但是，Hashtable 集合与 HashMap 集合存在如下明显区别。

❑　HashMap 不是线程安全的，HashTable 是线程安全的，于是 HashMap 效率偏高些。

❑　HashMap 允许将 null 作为 key 和 value，而 Hashtable 不允许。

范例导学

范例 11-8：某商店手机价格表（范例文件：daima\11\11-8\...\HashtableTest.java）。

本实例使用类 Hashtable 的内置方法对 Hashtable 集合实现元素的添加、遍历和修改操作，代码如下。

```java
import java.util.*;
public class HashtableTest {
  public static void main(String args[]) {
    Hashtable balance = new Hashtable();                    //创建 Hashtable 集合
    String str;
    double bal;
    //向 Hashtable 集合添加数据
    balance.put("手机A", new Double(3434.88));
    balance.put("手机B", new Double(1299.99));
    balance.put("手机C", new Double(5889.00));
    balance.put("手机D", new Double(3889.88));
    balance.put("手机E", new Double(8889.08));
    //遍历输出 Hashtable 集合中的数据
    Iterator iter = balance.keySet().iterator();            //创建迭代器，参见第 11.7.4 节
    while(iter.hasNext()) {
      Object province = iter.next();                        //接收 key 值
      bal = ((Double)balance.get(province)).doubleValue();
      System.out.println(province + ": " + bal);
    }
    System.out.println("------------------------");
    //将手机 A 的价格增加 1000
    bal = ((Double)balance.get("手机A")).doubleValue();
    balance.put("手机A", new Double(bal+1000));
    System.out.println("手机A 的新价格是: " + balance.get("手机A"));
  }
}
```

在上述代码中，首先使用方法 put()向 Hashtable 集合 balance 中添加了 5 款手机的定价信息，然后使用 while 循环遍历输出集合 balance 中的所有信息，最后将集合 balance 中"手机 A"的价格增加 1000。输出结果如下。

```
手机E: 8889.08
手机D: 3889.88
手机C: 5889.0
手机B: 1299.99
手机A: 3434.88
------------------------
手机A 的新价格是: 4434.88
```

编程实战

实战案例 11-8-01：输出某班期中考试前三名　在 Hashtable 集合中创建 3 个键值对信息，表示某

班期中考试前三名的学生信息（排名和学生姓名），然后遍历输出集合中的信息。

实战案例 11-8-02：显示某电商的手机库存　在 Hashtable 集合中保存手机的库存信息，然后分别实现添加、遍历、判断键或值、删除、统计等操作。

🔊**注意**：Hashtable 是一个线程安全的 Map 实现，但 HashMap 是线程不安全的实现，所以 HashMap 比 Hashtable 的性能高一点。如果有多个线程访问同一个 Map 对象，使用 Hashtable 实现类会更好。

11.7.4　Iterator 遍历 Map 集合

与 Collection 单列集合类似，Map 双列集合也可以使用 Iterator 迭代器进行遍历。使用 Iterator 迭代器遍历 Map 集合，有两种遍历方式，下面展开详细讲解。

1. 使用方法 keySet()遍历键

Iterator 迭代器遍历 Map 集合的第一种方法是使用方法 keySet()。该方法是接口 Map 提供的，它可以返回由 Map 集合中所有键组成的 Set 集合。通过该 Set 集合可以获取对应的 Iterator 对象，接着可以使用该 Iterator 对象遍历 Map 集合中所有的键，然后根据键即可获取相应的值。示例代码如下。

```java
import java.util.*;
public class KeySetTest {
    public static void main(String[] args) {
        Map map = new HashMap();                          //创建 Map 集合
        map.put("u1", "清华大学");                         //存储元素
        map.put("u2", "北京大学");
        map.put("u3", "复旦大学");
        map.put("u4", "上海交通大学");
        map.put("u5", "山东大学");
        System.out.println("集合内容: "+map);              //输出集合内容
        System.out.println("------------------------");
        System.out.println("方法 keySet()遍历结果: ");
        Set keySet = map.keySet();                        //获取键的 Set 集合
        Iterator it = keySet.iterator();                  //创建迭代器
        while (it.hasNext()) {
            Object key = it.next();                       //获取遍历到的键
            Object value = map.get(key);                  //获取键所对应的值
            System.out.println(key + ":" + value);
        }
    }
}
```

输出结果如下。

```
集合内容: {u5=山东大学, u1=清华大学, u2=北京大学, u3=复旦大学, u4=上海交通大学}
------------------------
方法 keySet()遍历结果:
u5:山东大学
u1:清华大学
u2:北京大学
u3:复旦大学
u4:上海交通大学
```

上述代码调用 Map 对象的方法 keySet()，获得了由 Map 集合中所有键组成的 Set 集合，然后通过 Iterator 对象遍历 Set 集合的每一个键元素，并通过 Map 对象的方法 get(Object key)获取键对应的值，最后将键和值打印输出。

2. 使用方法 entrySet()遍历键值对

Iterator 迭代器遍历 Map 集合的另外一种方法是使用方法 entrySet()。该方法也是接口 Map 提供的，它可以将 Map 集合中的每个键值对作为一个整体组成 Set 集合并返回。通过该 Set 集合同样可以获取对应的 Iterator 对象，接着可以使用该 Iterator 对象遍历 Map 集合中的所有键值对对象，然后再从键值对对象中取出键和值。示例代码如下。

```java
import java.util.*;
public class EntrySetTest {
    public static void main(String[] args) {
        Map map = new HashMap();                        //创建 Map 集合
        map.put("u1", "清华大学");                        //存储元素
        map.put("u2", "北京大学");
        map.put("u3", "复旦大学");
        map.put("u4", "上海交通大学");
        map.put("u5", "山东大学");
        System.out.println("集合内容: "+map);              //输出集合内容
        System.out.println("-------------------");
        System.out.println("方法 entrySet()遍历结果: ");
        Set entrySet = map.entrySet();                  //获取键值对的 Set 集合
        Iterator it = entrySet.iterator();              //获取 Iterator 对象
        while (it.hasNext()) {
            //获取集合中的键值对对象，并转为 Map.Entry 类型
            Map.Entry entry = (Map.Entry) (it.next());
            Object key = entry.getKey();                //获取 Entry 中的键
            Object value = entry.getValue();            //获取 Entry 中的值
            System.out.println(key + ":" + value);
        }
    }
}
```

输出结果如下。

```
集合内容: {u5=山东大学, u1=清华大学, u2=北京大学, u3=复旦大学, u4=上海交通大学}
-------------------
方法 entrySet()遍历结果:
u5:山东大学
u1:清华大学
u2:北京大学
u3:复旦大学
u4:上海交通大学
```

上述代码首先调用 Map 对象的方法 entrySet()获得由 Map 集合的所有键值对组成的 Set 集合，这个集合中存放了 Map.Entry 类型的元素，每个 Map.Entry 对象代表 Map 集合中的一个键值对，然后使用 Iterator 对象遍历 Set 集合，获得每一个 Map.Entry 对象，接着分别调用 Map.Entry 对象的方法 getKey() 和 getValue()获取键和值。

📢 **注意**：Entry 是接口 Map 的内部类。

11.7.5 类 TreeMap

📚 **知识讲解**

在 Java 程序中，接口 Map 派生了一个子接口 SortedMap，接口 SortedMap 有一个实现类 TreeMap，

可用于创建 TreeMap 集合。与类 TreeSet 相似，TreeMap 集合也基于二叉树结构对其中所有键进行排序，从而保证其中所有的键值对处于有序状态，并且不允许出现重复的键。TreeMap 集合有如下两种排序方式。

❑ 自然排序：在创建 TreeMap 集合时，要求其所有 key 对象都是实现了 Comparable 接口的某一个类的对象，这样其元素就会按照 key 值由小到大排序。

❑ 定制排序：在创建 TreeMap 时，传入一个 Comparator 对象，在该对象中可以自定义排序方式，负责对 TreeMap 集合中所有 key 进行排序。在使用定制排序方式时，不要求 key 实现 Comparable 接口。

范例导学

范例 11-9：员工信息排序系统（范例文件：**daima\11\11-9\...\Person.java、TreeMapDemo01.java、Worker.java、TreeMapDemo2.java**）。

本实例演示了对 TreeMap 集合分别实现自然排序和定制排序的过程，具体实现流程如下。

（1）创建实体类 Person，分别用于设置员工的名字和体重信息，代码如下。

```java
public class Person {
    private final String name;                    //名字
    private final int handsome;                   //体重
    public Person() {                             //无参构造函数
        name = null;
        handsome = 0;
    }
    public Person(String name, int handsome) {    //有参构造函数
        super();
        this.name = name;
        this.handsome = handsome;
    }
    public String getName() {
        return name;
    }
    public int getHandsome() {
        return handsome;
    }
    public String toString() {
        return "姓名:" + this.name + " -->体重 : " + this.handsome + "\n";
    }
}
```

（2）在测试类 TreeMapDemo01 中重写比较方法 compare()，实现定制排序功能，代码如下。

```java
import java.util.*;
import java.util.TreeMap;
public class TreeMapDemo01 {
    public static void main(String[] args) {
        Person p1 = new Person("员工 A", 70);
        Person p2 = new Person("员工 B", 80);
        Person p3 = new Person("员工 C", 75);
        TreeMap<Person,String>map = new TreeMap<Person,String>(      //用到泛型,参见本书第12章
            new java.util.Comparator<Person>() {
                @Override
                public int compare(Person o1, Person o2) {
                    return -(o1.getHandsome() - o2.getHandsome());
                }
```

```
                    }
            );
        map.put(p1, "bjsxt");
        map.put(p2, "bjsxt");
        map.put(p3, "bjsxt");
        Set<Person>persons = map.keySet();
        System.out.println(persons);
    }
}
```

输出结果如下。

```
[姓名:员工 B -->体重 : 80
, 姓名:员工 C -->体重 : 75
, 姓名:员工 A -->体重 : 70
]
```

（3）创建排序类 Worker，设置员工的工资属性信息，并实现接口 Comparable（自然排序），代码如下。

```
public class Worker implements java.lang.Comparable<Worker> {
    private String type;                              //工种
    private double salary;                            //工资
    public Worker() {}
    public Worker(String type, double salary) {
        super();
        this.type = type;
        this.salary = salary;
    }
    public String getType() {
        return type;
    }
    public void setType(String type) {
        this.type = type;
    }
    public double getSalary() {
        return salary;
    }
    public void setSalary(double salary) {
        this.salary = salary;
    }
    @Override
    public int compareTo(Worker o) {
        return this.getSalary() > o.getSalary() ? 1 :(this.getSalary() == o.getSalary() ? 0 : -1);
    }
    @Override
    public String toString() {
        return "工种 : " + this.type + " -->工资 : " + this.salary + "\n";
    }
}
```

（4）在测试类 TreeMapDemo02 中设置 3 名员工的工资信息，并实现自然排序功能。代码如下。

```
import java.util.*;
public class TreeMapDemo2 {
    public static void main(String[] args) {
        Worker w1 = new Worker("工种 A",10000);
        Worker w2 = new Worker("工种 B",30000);
        Worker w3 = new Worker("工种 C",50000);
        //用到泛型，参见本书第 12 章
        //若未实现 Comparable，则报错
        TreeMap<Worker,String>employee = new TreeMap<Worker,String>();
```

```
        employee.put(w1,"bjsxt");
        employee.put(w2,"bjsxt");
        employee.put(w3,"bjsxt");
        System.out.println(employee.keySet());
    }
}
```

输出结果如下。

```
[工种 : 工种 A -->工资  : 10000.0
, 工种 : 工种 B -->工资  : 30000.0
, 工种 : 工种 C -->工资  : 50000.0
]
```

编程实战

实战案例 11-9-01：TreeMap 集合的升序和降序排列 创建两个 TreeMap 集合，一个使用升序排列，一个使用降序排列。

实战案例 11-9-02：TreeMap 集合的综合操作 创建 TreeMap 集合，向集合中添加多个键值对元素，然后分别实现提取指定键、提取第一个键、提取最后一个键、删除某个值等操作。

11.7.6 类 IdentityHashMap

知识讲解

类 IdentityHashMap 与类 HashMap 相似，主要区别是：类 IdentityHashMap 允许 key 值重复，但是 key 必须是两个不同的对象。对于 key1 和 key2，当"key1==key2"时，IdentityHashMap 认为两个 key 相等，而 HashMap 在"key1.equals(key2) == true"时认为两个 key 相等。在 IdentityHashMap 中，提供了与 HashMap 基本相似的方法，也允许使用 null 作为 key 和 value。同时，IdentityHashMap 也不保证键值对的顺序，更不能保证它们的顺序能够随着时间的推移保持不变。

范例导学

范例 11-10：输出热销手机的跑分成绩（范例文件：daima\11\11-10\...\IdentityHashMapTest.java）。

本实例使用 IdentityHashMap 集合存储几组市场主流手机的跑分成绩，其中 key 存储品牌型号，value 存储配置和跑分，最后输出 IdentityHashMap 集合的内容，代码如下：

```java
import java.util.*;
public class IdentityHashMapTest{
    public static void main(String[] args) {
        IdentityHashMap ihm = new IdentityHashMap();
        //下面两行代码将会向 IdentityHashMap 对象中添加 4 个键值对
        ihm.put(new String("小米 14") , "16G+512G: 2043710 分\n");
        ihm.put(new String("小米 14") , "Pro 16G+1024G: 2041656 分\n");
        ihm.put("iQOO 12", "Pro 16G+1024G: 2178873 分\n");
        ihm.put("iQOO 12", "16G+1024G: 2179003 分");
        System.out.println("2024 年 1 月部分热销手机的跑分成绩: ");
        System.out.println("--------------------------------");
        System.out.println(ihm);
    }
}
```

在上面的代码中，试图向 IdentityHashMap 对象中添加 4 个键值对，前两个键值对中的 key 是新创建的字符串对象，它们通过 "==" 比较不相等，所以 IdentityHashMap 会把它们当成两个 key 来处理。后两个键值对中的 key 都是字符串直接量，而且它们完全相同，Java 会缓存字符串直接量，所以它们通过 "==" 比较返回 true，IdentityHashMap 会认为它们是同一个 key，于是后一个键值对会覆盖前一个。输出结果如下。

```
2024 年 1 月部分热销手机的跑分成绩:
--------------------------------
{小米 14=16G+512G: 2043710 分
, 小米 14=Pro 16G+1024G: 2041656 分
, iQOO 12=16G+1024G: 2179003 分}
```

11.7.7　类 EnumMap

知识讲解

在 Java 中，类 EnumMap 是一个专为枚举设计的双列集合类，其中的所有 key 都必须是单个枚举类的枚举值。在 Java 程序中创建 EnumMap 集合时，必须显式或隐式地指定它对应的枚举类。EnumMap 集合内部以数组形式保存数据，这种存储形式非常紧凑、高效。EnumMap 集合会根据 key 的自然顺序（即枚举值在枚举类中的定义顺序）来维护键值对次序，当在程序中通过 keySet()、entrySet()、values() 等方法遍历 EnumMap 集合时可以看到这种顺序。EnumMap 集合不允许使用 null 作为 key 值，但允许使用 null 作为 value 值。如果试图使用 null 作为 key 值，会抛出异常。如果只是查询是否包含值为 null 的 key，或者只是删除值为 null 的 key，都不会抛出异常。

范例导学

范例 11-11：智能手机系统用户体验调查（范例文件：daima\11\11-11\...\EnumMapTest.java）。

本实例首先定义了一个枚举 Phone，然后创建 EnumMap 集合并向其中添加元素，最后输出集合内容，代码如下。

```java
import java.util.*;
enum Phone{
    iOS,Android,WindowsPhone,Symbian,BlackBerryOS,Harmony
}
public class EnumMapTest{
    public static void main(String[] args) {
        //创建一个 EnumMap 集合对象，其中所有 key 必须是枚举类 Phone 的枚举值
        EnumMap<Phone, String> enumMap = new EnumMap<>(Phone.class); //用到泛型,参见本书第 12 章
        enumMap.put(Phone.Android , "版本多,各版本质量有差异,速度还不错! ");
        enumMap.put(Phone.iOS, "苹果手机专用,质量好,速度快,价格高! ");
        enumMap.put(Phone.Harmony , "国产系统,性能可靠! ");
        for (Map.Entry<Phone, String> entry : enumMap.entrySet()) {
            System.out.println(entry.getKey() + ": " + entry.getValue());
        }
    }
}
```

上述代码创建了 EnumMap 集合 enumMap，在创建 enumMap 时指定它的 key 只能是枚举类 Phone 的枚举值。接下来向 enumMap 中添加了 3 个键值对，这 3 个键值对将会以类 Phone 内枚举值的定义顺

序排序。输出结果如下。

```
iOS: 苹果手机专用，质量好，速度快，价格高！
Android: 版本多，各版本质量有差异，速度还不错！
Harmony: 国产系统，性能可靠！
```

11.8　集合工具类 Collections

在 Java 程序的开发过程中，针对集合的操作十分频繁，为此 Java 提供了专门的集合工具类——Collections，可以直接通过它来方便地操作 Set 集合、List 集合和 Map 集合。类 Collections 里提供了大量静态方法，可对集合元素进行排序、查询和修改等操作。

11.8.1　排序操作

知识讲解

在集合工具类 Collections 中，提供了如下方法对 List 集合元素进行排序。

- ❏ static void reverse(List list)：反转指定 List 集合中元素的顺序。
- ❏ static void shuffle(List list)：对 List 集合元素进行随机排序（该方法模拟了"洗牌"动作）。
- ❏ static void sort(List list)：将 List 集合中元素按照默认规则排序。
- ❏ static void sort(List list, Comparator c)：根据指定 Comparator 定义的顺序对 List 集合的元素进行排序。
- ❏ static void swap(List list, int i, int j)：将指定 List 集合中 i 处的元素和 j 处的元素进行交换。
- ❏ static void rotate(List list, int distance)：当 distance 为正数时，将 List 集合的后 distance 个元素移到前面；当 distance 为负数时，将 List 集合的前 distance 个元素移到后面。该方法不会改变集合的长度。

范例导学

范例 11-12：对用户输入的 5 个商品价格进行排序（范例文件：**daima\11\12-12\...\TestSort.java**）。
本实例的功能是对用户输入的 5 个数字进行排序并输出结果，代码如下。

```java
import java.util.ArrayList;
import java.util.Collections;
import java.util.List;
import java.util.Scanner;
public class TestSort{
    public static void main(String[] args)  {
        Scanner input=new Scanner(System.in);
        List prices=new ArrayList();                    //新建集合 prices，用于保存价格
        for(int i=0;i<5;i++){                           //循环输入 5 个价格
            System.out.println("请输入第 "+(i+1)+" 个商品的价格: ");
            int p=input.nextInt();                      //获取输入的价格
            prices.add(Integer.valueOf(p));             //将输入的价格保存到 List 集合中
        }
```

```
        Collections.sort(prices);                              //调用方法 sort()对集合中的元素进行排序
        System.out.println("价格从低到高的排列为: ");
        for(int i=0;i<prices.size();i++){
            System.out.print(prices.get(i)+"\t");
        }
    }
}
```

在上述代码中，循环录入了 5 个价格，并将每个价格都存储到已定义好的 List 集合 prices 中，然后使用类 Collections 中的方法 sort()对该集合的元素进行排序。最后使用 for 循环遍历 prices 集合，输出该集合中的元素。输出结果如下。

```
请输入第 1 个商品的价格:
56
请输入第 2 个商品的价格:
45
请输入第 3 个商品的价格:
37
请输入第 4 个商品的价格:
88
请输入第 5 个商品的价格:
99
价格从低到高的排列为:
37    45    56    88    99
```

编程实战

实战案例 11-12-01：将字母元素按照默认规则排序　向 Collection 集合中添加多个字母元素，然后使用方法 Collections.sort()对集合中的元素进行排序。

实战案例 11-12-02：程序员最爱的网站大排名　在集合中添加多个元素，每个元素都包含一个程序员最爱的网站的名称和排名，然后使用方法 Collections.sort()对集合中的元素进行排序。

11.8.2 其他操作

知识讲解

在类 Collections 中，还提供了一些静态方法，可用于查找或替换集合中的元素，最常用的有如下几个。

- ❑ public static void fill(List list, Object o)：用对象 o 替换 List 集合中的所有元素。
- ❑ static int binarySearch(List list, Object o)：在已经按照自然顺序升序排序的 List 集合中，使用二分法获取元素 o 在集合中的索引。
- ❑ static Object max(Collection coll)：根据元素的自然顺序，返回集合中最大元素。
- ❑ static Object min(Collection coll) ：根据元素的自然顺序，返回集合中的最小元素。
- ❑ static boolean replaceAll(List list,Object o1,Object o2)：用元素 o2 替换 List 集合中所有的元素 o1。
- ❑ static int frequency(Collection coll,Object o)：返回集合中指定元素 o 出现的次数。
- ❑ static void copy(List dest, List src)：将 List 集合 src 中的所有元素复制到 List 集合 dest 中。

范例导学

范例 11-13：替换购物车中的商品（范例文件：daima\11\11-13\...\ShoppingCart.java）。

本实例使用方法 copy() 将一个集合中的内容复制到另一个集合中，代码如下。

```java
import java.util.*;
public class ShoppingCart{
    public static void main(String[] args){
        Scanner input=new Scanner(System.in);
        List srcList=new ArrayList();
        List destList=new ArrayList();
        destList.add("苏打水");               //向集合 destList 中添加元素"苏打水"
        destList.add("木糖醇");               //向集合 destList 中添加元素"木糖醇"
        destList.add("方便面");               //向集合 destList 中添加元素"方便面"
        destList.add("火腿肠");               //向集合 destList 中添加元素"火腿肠"
        destList.add("冰红茶");               //向集合 destList 中添加元素"冰红茶"
        System.out.println("原有商品如下: ");
        for(int i=0;i<destList.size();i++) { //遍历输出集合 destList 中的商品
            System.out.println(destList.get(i));
        }
        System.out.println("----------------------");
        srcList.add("《零基础案例学 Java》");    //向集合 srcList 中添加元素"《零基础案例学 Java》"
        srcList.add("《零基础案例学 Python》"); //向集合 srcList 中添加元素"《零基础案例学 Python》"
        srcList.add("《零基础案例学 C 语言》");  //向集合 srcList 中添加元素"《零基础案例学 C 语言》"
        Collections.copy(destList,srcList);    //调用方法 copy()
        System.out.println("当前商品如下: ");
        for(int i=0;i<destList.size();i++){    //遍历输出集合中的商品
            System.out.println(destList.get(i));
        }
    }
}
```

在上述代码中，创建了两个 List 集合 srcList 和 destList，并向集合 destList 中添加了 5 个元素，向集合 srcList 中添加了 3 个元素。然后调用类 Collections 中的方法 copy() 将集合 srcList 中的所有元素复制到集合 destList 中。由于集合 destList 中含有 5 个元素，而集合 srcList 中只有 3 个元素，所以集合 destList 中的最后两个元素不会被覆盖。输出结果如下。

```
原有商品如下:
苏打水
木糖醇
方便面
火腿肠
冰红茶
----------------------
当前商品如下:
《零基础案例学 Java》
《零基础案例学 Python》
《零基础案例学 C 语言》
火腿肠
冰红茶
```

注意：目标集合的长度至少和源集合的长度相同。如果目标集合的长度更长，则不影响目标集合中的其余元素。如果目标集合长度不够，无法容纳源集合的所有元素，程序将抛出异常。

11.9 综合实战——使用集合解决八皇后问题

范例功能

本实例的功能是使用集合解决八皇后问题。国际象棋的棋盘有 8 行 8 列，64 个单元格，在棋盘上摆放 8 个皇后，使其不能相互攻击，即任意两个皇后不能处在同一行、同一列或同一斜线上，问一共有多少种摆法？

学习目标

掌握 Java 集合框架的使用方法，深入了解集合框架在编程实践中的作用。

具体实现

本实例的实现文件是 Queen8.java，通过递归和回溯系统地探索所有可能的皇后摆放方式，并使用集合高效地追踪和检查占用情况。为了节省篇幅，这里不再列出具体实现代码，输出结果如下。

```
1 0 0 0 0 0 0 0
0 0 0 0 1 0 0 0
0 0 0 0 0 0 0 1
0 0 0 0 0 1 0 0
0 1 0 0 0 0 0 0
0 0 0 0 0 0 1 0
0 1 0 0 0 0 0 0
0 0 0 1 0 0 0 0

1 0 0 0 0 0 0 0
0 0 0 0 0 1 0 0
0 0 0 0 0 0 0 1
0 0 1 0 0 0 0 0
0 0 0 0 0 0 1 0
0 0 0 1 0 0 0 0
0 1 0 0 0 0 0 0
0 0 0 0 1 0 0 0
...                    //省略部分输出结果
解的总数：92
```

第 12 章 泛型和反射

泛型是对 Java 语言中内置数据类型的一种扩展，目的是将类型参数化，可以把类型像方法中的参数那样进行传递。使用泛型后，可以使编译器在编译期间对类型进行检查以提高类型的安全性，减少运行时由于对象类型不匹配而引发的异常。反射是 Java 语言的一种动态获取程序信息以及动态调用对象的功能，具体是指在程序的运行状态中，可以构造任意一个类的对象，可以了解任意一个对象所属的类，可以了解任意一个类的成员变量和方法，可以调用任意一个对象的属性和方法。通过 Java 的反射机制，程序员可以更深入地控制程序的运行过程。本章将详细讲解在 Java 程序中使用泛型和反射的基本知识，具体知识架构如下。

12.1 初 识 泛 型

泛型是一项非常重要的技术，使用泛型可以通过类型参数化的方式处理不同类型的对象，同时又能保证编译时的类型安全。Java 语言引入泛型后，其功能得到了大幅度增强。不仅语言、类型系统和编译器有了较大的变化，而且类库也进行了较大的升级。

12.1.1 Java 集合的缺点

通过对 Java 集合的学习可以知道，当把一个对象加入集合后，集合会忘记这个对象的数据类型，当再次取出对象时，该对象的编译类型会变成 Object 类型（但是运行时的类型没有改变）。Java 集合之所以被设计成这样，是因为设计集合的程序员不会知道需要用它来保存什么类型的对象，所以他们把集合设计成能保存任何类型的对象，只要求具有很好的通用性。但是，这样做会带来如下两个问题。

❏ 集合对元素类型没有任何限制，这样可能引发一些问题。例如，想创建一个只能保存 Pig 对象的集合，但程序也可以轻易地将 Cat 对象"丢"进去，所以可能引发异常。

❏ 当把对象"丢进"集合时，集合丢失了对象的状态信息，只知道它盛装的是 Object 类型，所以取出集合元素后通常还需要进行强制类型转换，这种强制类型转换不但会增加编程的复杂度，而且很可能会引发 ClassCastException 异常。

请看下面的实例，首先创建了一个 List 集合 strList，然后分别向里面添加了 3 个字符串类型的元素和 1 个 int 类型的元素。代码如下。

```java
import java.util.ArrayList;
import java.util.List;
public class CheckT {
    public static void main(String[] args) {
        System.out.println("XX 大学计算机专业二级 Java 考试前三名是: ");
        //向一个 List 集合里同时添加字符串类型对象和 int 类型对象
        List strList = new ArrayList();
        strList.add( "第1名:李磊");                    //向集合中添加第 1 个元素
        strList.add( "第2名:王壮");                    //向集合中添加第 2 个元素
        strList.add( "第3名:大圩");                    //向集合中添加第 3 个元素
        strList.add(4);                               //向集合中添加第 4 个元素
        System.out.println(strList);
        for (Object obj:strList){                     //使用 for 循环遍历集合
            String strList1 = (String)obj;
            System.out.println(strList1);             //输出显示集合中的元素
        }
    }
}
```

输出结果如下。

```
Exception in thread "main" XX 大学计算机专业二级 Java 考试前三名是:
[第1名:李磊, 第2名:王壮, 第3名:大圩, 4]
第1名:李磊
第2名:王壮
第3名:大圩
java.lang.ClassCastException: class java.lang.Integer cannot be cast to class java.lang.String
(java.lang.Integer and java.lang.String are in module java.base of loader 'bootstrap')
    at CheckT.main(CheckT.java:14)
```

在上述代码中，通过代码 strList.add(4)向 List 集合添加一个 int 类型的对象。在编译的时候并不报错，使用方法 System.out.println()能成功地打印集合元素的信息，但是在遍历取出 List 集合中的数据时，试图将 int 类型对象转换成 String 类型，这时候程序会抛出 java.lang.ClassCastException 异常。要想解决这一问题，使程序更加健壮，就必须使用泛型。

12.1.2 泛型的基本概念

泛型的本质是参数化类型，即给类型指定一个参数，然后在使用时再指定此参数具体的值，这样就可以在使用时再决定该类型。这种参数类型可以用在集合、类、接口和方法中，分别被称为泛型集合、泛型类、泛型接口、泛型方法。这里首先讲解泛型集合的基本概念，让大家了解泛型的作用，后文将进一步讲解泛型类、泛型接口和泛型方法。

JDK 中的集合接口、集合类都被定义了泛型，常用的泛型集合类如表 12-1 所示。

表 12-1　常用的泛型集合类

集　合　类	对应的泛型集合类
ArrayList	ArrayList\<E\>
LinkedList	LinkedList\<E\>
HashSet	HashSet\<E\>
TreeSet	TreeSet\<E\>
HashMap	HashMap\<K,V\>
TreeMap	TreeMap\<K,V\>

表 12-1 中，List\<E\>、Set\<E\>中的泛型 E 实际上就是 element（元素）的首字母，Map\<K,V\>中的泛型 K 和 V 就是 key（键）和 value（值）的首字母。这些泛型集合允许存储任何类型的元素，在使用时需要指定泛型类型。假设现在有一个保存图书信息的类 Book，在里面可以保存每本书的编号和名字。可以通过下面的代码创建一个泛型 HashMap 集合 books，这个泛型集合的键类型为 Integer、值类型为 Book。这说明在该 HashMap 集合中存放的键必须是 Integer 类型、值必须是类 Book 的对象实例，否则编译过程会出错。

```
HashMap<Integer, Book> books = new HashMap<Integer, Book>();       //定义泛型 Map 集合
```

使用泛型可以很好地解决 Java 集合的缺点，具体好处如下。

- ❏　保证类型安全：使用泛型可以使程序在编译时进行类型检查，避免运行时出现类型转换错误。
- ❏　提高代码复用：通过使用泛型，开发人员可以编写通用的代码，适用于多种类型的数据。
- ❏　提高代码可读性：使用泛型可以明确地指定代码中使用的数据类型，提高代码的可读性。
- ❏　避免强制类型转：使用泛型可以避免强制类型转换，提高代码的性能。

12.1.3　在集合中使用泛型

📖 知识讲解

通过前文关于泛型的讲解可以知道，使用泛型限定集合元素的数据类型之后，编译器可以在编译 Java 程序时对集合元素进行类型检查，进而在编译的过程中发现类型错误，避免在运行时发生 ClassCastException 异常。将类型检查从运行时移至编译时可使程序员更容易地找到错误，提高程序的可靠性。

🖱 范例导学

范例 12-1：列出深受青少年喜爱的几款服装品牌（范例文件：daima\12\12-1\...\FanxingTest.java）。

首先创建一个普通的 List 集合 strList，然后分别向里面添加 3 个字符串类型的元素和 1 个 int 类型的元素，代码如下。

```
import java.util.*;
public class FanxingTest{
    public static void main(String[] args) {
        List strList = new ArrayList();          //创建一个只想保存字符串类型元素的 List 集合
        strList.add("鸿星尔克");                   //向集合中添加第 1 个元素
        strList.add("李宁");                       //向集合中添加第 2 个元素
        strList.add("特步");                       //向集合中添加第 3 个元素
        System.out.println("深受青少年喜爱的服装品牌有: ");
        strList.add(5);                            //不小心把一个 Integer 对象丢进集合
        for (int i = 0; i < strList.size() ; i++ ){
            //从 strList 里取出的全部是 Object 类型, 强制转换为字符串类型, 在转换最后一个元素时将出现异常
            String str = (String)strList.get(i);
            System.out.println(str);
        }
    }
}
```

上述代码创建了一个 List 集合，希望此集合只保存字符串类型的元素，但没有对这个集合进行任何限制。然后把一个 Integer 对象放入 List 集合，于是导致程序在强制类型转换时引发 ClassCastException 异常。输出结果如下。

```
Exception in thread "main" 深受青少年喜爱的服装品牌有:
鸿星尔克
李宁
特步
java.lang.ClassCastException: class java.lang.Integer cannot be cast to class java.lang.String
(java.lang.Integer and java.lang.String are in module java.base of loader 'bootstrap')
    at FanxingTest.main(FanxingTest.java:12)
```

接下来，使用泛型改进程序，代码如下。

```
import java.util.*;
public class FanxingTest{
    public static void main(String[] args) {
        List<String> strList = new ArrayList<String>();   //创建一个只想保存字符串类型元素的 List 集合
        strList.add("鸿星尔克");                            //向集合中添加第 1 个元素
        strList.add("李宁");                                //向集合中添加第 2 个元素
        strList.add("特步");                                //向集合中添加第 3 个元素
        //strList.add(5);                                   //这行代码将引起编译异常
        System.out.println("深受青少年喜爱的服装品牌有: ");
        for (int i = 0; i < strList.size() ; i++ ){
            String str = strList.get(i);                    //本行代码无须强制类型转换
            System.out.println(str);
        }
    }
}
```

输出结果如下。

```
深受青少年喜爱的服装品牌有:
鸿星尔克
李宁
特步
```

上述代码创建了一个泛型集合 strList，此集合只能保存字符串类型的元素，不能保存其他类型的元素。创建这种泛型集合的方法非常简单，先在集合接口和类的后面增加尖括号，然后在尖括号里添加数据类型，表明这个集合接口、集合类只能保存特定类型的元素。因为集合 strList 只能添加字符串类型的元素，所以不能将 Integer 对象放入该集合。同时，在取出该集合的元素时，不需要进行强制类型转换，因为集合 strList 可以"记住"它的所有元素都是字符串类型。

编程实战

实战案例 12-1-01：使用泛型 Set 集合 使用泛型 Set 集合（如 HashSet）来存储字符串类型的元素，并分别实现添加、查询、移除元素以及获取集合大小等基本操作。

实战案例 12-1-02：使用泛型 Map 集合 使用泛型 Map 集合（如 HashMap）来存储以字符串为键、整数为值的键值对信息，然后分别实现添加、查询、删除元素以及获取集合大小等基本操作。

12.2　泛型类和泛型接口

从 JDK 1.5 开始，可以为任何类、接口增加泛型声明。虽然集合是泛型的重要使用场所，但并不是只有集合类、集合接口才可以使用泛型声明。

12.2.1　定义泛型类和接口

知识讲解

1. 泛型类

除了可以定义泛型集合，还可以定义泛型类，即限定类的类型参数。泛型类的声明和非泛型类的声明类似，只是在类名后面添加了类型参数声明部分。具体语法格式如下。

```
public class class_name<data_type1,data_type2,…>{}
```

其中，class_name 表示类的名称，data_ type1、data_type2 等表示类型参数。Java 泛型支持声明一个以上的类型参数，只需要将类型用逗号隔开即可。一个泛型的类型参数，也被称为一个类型变量，是用于指定一个泛型类型名称的标识符。因为泛型类能接收一个或多个参数，所以这些类被称为参数化的类或参数化的类型。

在实例化泛型类时，需要指明泛型类中的类型参数代表的具体类型。如果不指定具体类型，则默认采用 Object 类型。

2. 泛型接口

除了可以定义泛型集合、泛型类，还可以定义泛型接口，泛型接口类似于泛型类。定义泛型接口的语法格式如下。

```
interface interface-name<type-param-list> { }
```

其中，interface-name 表示接口名称，type-param-list 表示用逗号分隔的类型参数列表。当实现泛型接口时，必须指定类型参数，语法格式如下。

```
class class-name<type-param-list> implements interface-name<type-arg-list> {}
```

一般来说，如果一个类实现了一个泛型接口，那么该类也必须是泛型的。但是，如果一个类实现了一个特定类型的泛型接口，那么它不需要是泛型的。例如，下面的代码是正确的。

```
class MyClass implements MinMax<Integer> { }
```

范例导学

范例 12-2：输出显示电商平台最受欢迎的 Java 图书（范例文件：daima\12\12-2\...\Book.java）。

本实例创建了泛型类 Book<T>，并创建了参数为书籍信息类型 Book<T>的构造方法 Book(T[] bookInfo)，代码如下。

```java
public class Book<T> {                              //定义带泛型的 Book<T>类
    private T[] bookInfo;                           //数组类型形参：书籍信息
    public Book(T[] bookInfo) {                     //参数为书籍信息的 Book<T>类构造方法
        this.bookInfo = bookInfo;                   //为书籍信息赋值
    }
    public void showBookInfo() {                    //显示书籍信息的方法
        System.out.println("电商平台最受欢迎的 Java 书");
        System.out.println("------------------------------------------");
        //输出显示提示信息
        for (int i = 0; i < bookInfo.length; i++) { //遍历并输出数组类型形参 bookInfo 中的元素
            System.out.print(bookInfo[i] + "\t");
        }
    }
    public static void main(String[] args) {
        //定义 String 类型的数组 info
        String[] info = { "《零基础学 Java》", "xx 科技", "129.80", "附赠源码" };
        Book<String> book = new Book<String>(info); //创建 String 类型的 book 对象
        book.showBookInfo();                        //调用显示书籍信息的方法
    }
}
```

输出结果如下。

```
电商平台最受欢迎的 Java 书
------------------------------------------
《零基础学 Java》      xx 科技    129.80    附赠源码
```

编程实战

实战案例 12-2-01：打印输出某学生的资料　创建一个表示学生的泛型类 Stu，在该类中包括 3 个属性，分别是姓名、年龄和性别。然后在测试类中实例化泛型类 Stu，并打印输出某学生的资料。

实战案例 12-2-02：输出斐波纳契数列的前 n 项　创建一个泛型接口，然后通过自定方法输出显示斐波纳契数列的前 n 项。

12.2.2　派生子类

知识讲解

在 Java 程序中，可以从泛型类中派生一个子类。在创建带泛型声明的接口或父类之后，可以为该接口创建实现类，或从该父类中派生出子类。但是，当子类也是泛型类时，子类和父类的泛型类型要一致；当子类不是泛型类时，父类要明确指出泛型的数据类型。例如，使用泛型类 Fru<T>派生子类 A，下面的代码是错误的。

```java
public class A extends Fru<T>{}
```

正确代码如下。

```
public class A extends Fru<String>{}
```

范例导学

范例 12-3：输出显示小鸟的银行卡账户信息（范例文件：daima\12\12-3\...\BankList.java）。

在本实例中，首先创建了泛型父类 Bank<T>，然后创建了泛型子类 BankList<T>，代码如下。

```
import java.text.DecimalFormat;
import java.util.Date;
class Bank<T> {
    T bankName;                              //银行名称
    T time;                                 //存款时间
    T username;                             //户名
    T cardNum;                              //卡号
    T currency;                             //币种
    T inAccount;                            //存款金额
    T leftAccount;                          //账户余额
}
public class BankList<T> extends Bank<T> {
    public static void main(String[] args) {
        BankList<Object> list = new BankList<Object>();  //创建一个 Object 类型的 BankList 对象
        list.bankName = "中国工商银行";         //初始化银行名称
        list.time = new Date();                 //初始化存款时间
        list.username = "小鸟";                 //初始化户名
        list.cardNum = "1111 7222 8888 3333 789";  //初始化卡号
        list.currency = "RMB";                  //初始化币种
        list.inAccount = 8000.00;               //初始化存款金额
        list.leftAccount = 10000.00;            //初始化账户余额
        //创建 DecimalFormat 对象，用来格式化 Double 类型的对象
        DecimalFormat df = new DecimalFormat("###,###.##");
        System.out.println(                     //输出上述信息
                        "银行名称: " + list.bankName
            + "\n 存款时间: " + list.time
            + "\n 户    名: " + list.username
            + "\n 卡    号: " + list.cardNum
            + "\n 币    种: " + list.currency
            + "\n 存款金额: " + df.format(list.inAccount)
            + "\n 账户余额: " + df.format(list.leftAccount)
            );
    }
}
```

输出结果如下。

```
银行名称:中国工商银行
存款时间: Wed May 22 12:55:10 CST 2024
户   名:小鸟
卡   号: 1111 7222 8888 3333 789
币   种: RMB
存款金额: 8,000
账户余额: 10,000
```

编程实战

实战案例 12-3-01：重写泛型类中的方法　创建一个泛型父类，并在里面创建一个自定义方法。然后在继承于该泛型父类的子类中重写父类中的方法。

实战案例 12-3-02：重写泛型接口中的方法 创建一个泛型接口，并在里面创建一个自定义方法。然后在该泛型接口的实现类中重写这个方法。

12.3 类型通配符

当在 Java 程序中使用一个泛型类时（包括创建对象或声明变量），应该为这个泛型类传入一个类型实参，如果没有传入类型实参则会引起泛型警告。类型通配符表示一种未知类型，并且对这种未知类型存在约束关系。

12.3.1 类型通配符介绍

假如 SubClass 是 SuperClass 的子类型（子类或者子接口），而 G 是具有泛型声明的类或者接口，那么 G<SubClass>是 G<SuperClass>的子类型并不成立。例如，List<String> 并不是 List<Object> 的子类。在 Java 程序中，数组和集合有所不同，接下来将二者进行对比。

```
//下面的程序编译正常、运行正常
Number[] nums = new Integer[7];
nums[0] = 9;
System.out.println(nums[0]);
//下面的程序编译正常,运行时发生异常
Integer[] ints = new Integer[5];
Number[] nums2 = ints;
nums2[0] = 0.4;
System.out.println(nums2[0]);
//下面的程序发生编译异常
List<Integer> iList = new ArrayList<Integer>();
List<Number> nList = iList;
```

在 Java 中，如果 SubClass 是 SuperClass 的子类型（子类或者子接口），那么 SubClass[] 依然是 SuperClass[]的子类型，但 G<SubClass>不是 G<SuperClass>的子类型。

为了表示各种泛型 List 的父类型，可以将一个问号"？"作为类型实参传给 List 集合，写作 List<?>（意思是未知元素类型的 List 集合）。这个问号"？"被称作泛型通配符，它可以匹配任何类型。例如下面的代码。

```
public void test(List<?> c){
    …
}
```

现在可以使用任何类型的 List 集合来调用它，程序依然可以访问集合 c 中的元素，其类型是 Object。这种写法适用于任何支持泛型声明的接口和类，例如 Set<?>、Collection<?>、Map<?, ?>等。

这种带通配符的 List 仅表示它是各种泛型 List 的父类型，并不能把元素加入其中，例如下面的代码会引发编译错误。

```
List<?> c = new ArrayList<String>();
c.add(new Object());                //本行代码会引发编译错误
```

这是因为不知道集合 c 中的元素类型，所以不能向其中添加对象。唯一的例外是 null，它是所有引用类型的实例。例如，下面代码是正确的。

```
List<?> c = new ArrayList<String>();
c.add(null);
```

12.3.2 使用类型通配符

📚 知识讲解

在 Java 程序中，问号"?"就是一个通配符，它只能在"<>"中使用。例如下面的代码。

```
public static void fun(List<?> list) {…}
```

在上述代码中，可以向 fun()方法传递 List<String>、List<Integer>等类型的参数。当传递 List<String>类型的参数时，表示给"?"赋值为 String；当传递 List<Integer>类型的参数时，表示给"?"赋值为 Integer。

🖋 范例导学

范例 12-4：输出显示某运动服装品牌 2024 年的营收数据（范例文件：daima\12\12-4\...\Canvas. java）。

在本实例中，分别创建了 3 种数据类型的泛型集合：List<String>、List<Integer>和 List<Number>。在方法 getData()中使用了类型通配符，表示这个方法的参数可以是上述 3 种数据类型的泛型集合。代码如下。

```
import java.util.*;
public class Canvas {
    public static void main(String[] args) {
        List<String> name = new ArrayList<String>();
        List<Integer> age = new ArrayList<Integer>();
        List<Number> number = new ArrayList<Number>();
        name.add("某知名运动服装品牌");
        age.add(2024);
        number.add(28900000000.15);
        getData(name);
        getData(age);
        getData(number);

    }
    public static void getData(List<?> data) {
        System.out.println(data.get(0));
    }
}
```

在上述代码中，因为方法 getData()的参数是 List 类型的，所以 name、age 和 number 都可以作为这个方法的实参，这就是通配符的作用。输出结果如下。

```
某知名运动服装品牌
2024
2.890000000015E10
```

📒 编程实战

实战案例 12-4-01：在 Set 集合中使用泛型通配符　实现一个泛型处理类 SetProcessor，其中包含一个静态方法 processSet()，该方法使用泛型通配符来处理不同类型的 Set 集合。

实战案例 12-4-02：在 Map 集合中使用泛型通配符　实现一个针对 Map 集合的泛型处理类，其中包含一个方法 processMap()，该方法使用泛型通配符来处理不同键值类型的 Map 集合。

12.4　泛　型　方　法

如果一个方法被声明成泛型方法，那么它将拥有一个或多个类型参数。不过与泛型类不同，这些类型参数只能在它所修饰的泛型方法中使用。

知识讲解

首先讨论一个问题：假如尝试写一个方法，用一个 Object 类型的数组和一个 Collection 类型的集合作为参数，实现把数组中所有 Object 类型的元素放入 Collection 类型的集合中的功能。那么，是否可以考虑用下面的代码实现？

```
static void fromArrayToCollection(Object[] a, Collection<?> c) {
    for (Object o : a) {
        c.add(o);                                    //可能出现编译异常
    }
}
```

上面定义的方法中，关键问题在于形参 c，它的数据类型是 Collection<Object>。正如前面所介绍的，Collection<Object> 不是 Collection<String> 的父类型，所以上述方法的功能非常有限，只能将 Object 类型数组的元素复制到 Object 类型的 Collection 集合中（Object 的子类不行），即下面的代码会引发编译异常。

```
String[] str = {"a", "b"};
List<String> strList = new ArrayList<String>();
//Collection<String> 对象不能当成 Collection<Object>类型调用，下面的代码出现编译异常
fromArrayGToCollection(str, strList);
```

为什么会引起编译异常呢？这是因为上面方法的参数类型不可以使用 Collection<String>，即使用通配符 Collection<?> 也是不可行的，因为不能把对象放进一个未知类型的集合。解决这个问题的办法是使用泛型方法。在 Java 程序中，定义泛型方法的语法格式如下。

```
[访问权限修饰符] [static] [final] <类型参数列表> 返回值类型 方法名([形式参数列表])
```

在上述格式中，访问权限修饰符（包括 private、public、protected）、static 和 final 都必须写在类型参数列表的前面，返回值类型必须写在类型参数表的后面。示例代码如下。

```
public static <T> void List(T book) {              //定义泛型方法
    if (book != null) {
        System.out.println(book);
    }
}
```

上述代码定义了一个泛型方法，其中参数类型使用"T"来代替。

泛型方法所在的类可以是泛型类，也可以不是泛型类。也就是说，泛型方法与其所在的类是不是泛型类没有关系。但是泛型类中的任何方法，本质上都是泛型方法，所以在实际开发中，很少会在泛

型类中再用上面的形式来定义泛型方法。

类型参数可以用在方法体中修饰局部变量，也可以用在方法的参数列表中，修饰形式参数。另外，泛型方法可以是实例方法，也可以是静态方法。

在 Java 程序中，通常有如下两种引用泛型方法的形式。

```
对象名|类名.<实际类型>方法名(实际参数表);
[对象名|类名].方法名(实际参数表);
```

如果泛型方法是实例方法，要使用对象名作为前缀。如果是静态方法，则可以使用对象名或类名作为前缀。如果是在类的内部调用，且采用第二种形式，则前缀都可以省略。这两种调用形式的差别在于前面是否显式地指定了实际类型。是否要使用实际类型，需要根据泛型方法的声明形式以及调用时的实际情况（就是看编译器能否从实际参数表中获得足够的类型信息）来决定。

最后，使用泛型方法来解决本节开头示例的问题，具体代码如下。

```java
static <T> void fromArrayToCollection(T[] a, Collection<T> c){
    for (T o : a){
        c.add(o);
    }
}
```

📝 范例导学

范例 12-5：输出显示某知名服装品牌 2024 年的营收数据（范例文件：daima\12\12-5\...\CTest.java）。

在本实例创建了类 Fuzhuang，并在该类中分别定义了有参构造方法和泛型方法，代码如下。

```java
class Fuzhuang {
    private int id;                                       //年
    private String name;                                  //名称
    private int price;                                    //营收数据
    public Fuzhuang (int id,String name,int price) {      //构造方法
        this.id=id;
        this.name=name;
        this.price=price;
    }
    public String toString(){                             //重写 toString()方法
        return this.id+this.name+this.price+"亿元! ";
    }
    public <T> void List(T Fuzhuang) {                    //定义泛型方法
        if(Fuzhuang!=null){
            System.out.println(Fuzhuang);
        }
    }
}
public class CTest {
    public static void main(String[] args) {
        Fuzhuang stu=new Fuzhuang (2024,"某知名服装品牌营收",364);
        stu.List(stu);                                    //调用泛型方法
    }
}
```

在上述代码中，首先定义了类 Fuzhuang，并在该类中定义了泛型方法 List List(T Fuzhuang)，该方法的返回值类型为 void，类型参数使用 "T" 来代替。在调用该泛型方法时，将一个 Fuzhuang 对象作为参数传递到该方法中，相当于指明该泛型方法的参数类型为 Fuzhuang。输出结果如下。

```
2024某知名服装品牌营收 364 亿元!
```

另外，在 Java 泛型中有如下非常重要的格式。

```
<T extends Comparable<T>>
```

上述格式中，T 是一个泛型类型参数。extends Comparable<T> 指定了 T 必须是实现了接口 Comparable 的类型，或者 T 本身就是一个 Comparable 类型。这种格式用于泛型方法或泛型类的声明中，用来定义泛型类型参数 T 的约束条件。它并不是直接定义方法参数，而是定义了可以作为方法参数的类型范围。

例如，在下面的代码中，printMax()是一个泛型方法，它接收两个类型为 T 的参数。由于 T 被约束为 Comparable<T>，所以这两个参数可以被比较，并且可以找到它们中的最大值。

```
public class MyClass {
    //泛型方法声明，使用<T extends Comparable<T>>来约束类型参数 T
    public static <T extends Comparable<T>> void printMax(T a, T b) {
        T max = (a.compareTo(b) > 0) ? a : b;
        System.out.println("Max: " + max);
    }
}
```

编程实战

实战案例 12-5-01：提取最大值　自定义泛型方法，该方法的功能是提取 3 个数字中的最大值。

实战案例 12-5-02：提取中间数　自定义泛型方法，该方法的功能是可以根据参数类型分别提取整型列表和浮点数列表中元素的中间数。

12.5　反射机制

Java 的反射机制是一种强大的工具，它允许程序在运行时动态地获取类的信息、创建对象、调用方法等，这种能力使得 Java 语言在运行时具有很高的灵活性和动态性。

12.5.1　反射机制的概念与作用

反射机制是 Java 语言的一个重要特性，在学习反射机制之前，大家应该先了解两个概念，编译期和运行期，简述如下。

- ❑　编译期：指把源码交给编译器并编译成计算机可以执行的文件的过程。在 Java 中，编译期就是把 Java 代码编译成 class 文件的过程。编译期只是做了一些翻译功能，并没有把代码放在内存中运行起来，而只是把代码当成文本进行操作，例如检查错误等。
- ❑　运行期：指把编译后的文件交给计算机执行，直到程序运行结束。也就是说，运行期就把在磁盘中的代码放到内存中执行。

所谓 Java 反射机制，具体是指在程序的运行状态中，可以构造任意一个类的对象，可以了解任意一个对象所属的类，可以了解任意一个类的成员变量和方法，可以调用任意一个对象的属性和方法。Java 反射机制的功能十分强大，在 java.lang.reflect 包中提供了对该功能的支持。

众所周知，Java 中的所有类均继承于类 Object，在类 Object 中定义了一个 getClass() 方法，该方法返回同一个类型为 Class 的对象。例如下面的示例代码。

```
JLabel label1 = new JLabel();              //创建 JLabel 对象
Class labelCls = label1.getClass();        //获取 Class 对象
```

利用类 Class 的对象 labelCls，可以访问类 JLabel 的对象 labelCls 的描述信息、类 JLabel 的信息以及基类 Object 的信息。表 12-2 列出了可以通过反射机制访问的信息。

表 12-2　反射可访问的常用信息

类　型	访问方法	返回值类型	说　明
包路径	getPackage()	Package 对象	获取该类的存放路径
类名称	getName()	String 对象	获取该类的名称
继承类	getSuperclass()	Class 对象	获取该类继承的类
实现接口	getInterfaces()	Class 型数组	获取该类实现的所有接口
构造方法	getConstructors()	Constructor 型数组	获取所有权限为 public 的构造方法
	getConstructor(Class<?>...parameterTypes)	Constructor 对象	获取权限为 public 的指定构造方法
	getDeclaredConstructors()	Constructor 对象	获取所有构造方法
	getDeclaredConstructor(Class<?>...parameterTypes)	Constructor 对象	获取指定构造方法
方法	getMethods()	Method 型数组	获取所有权限为 public 的方法
	getMethod(String name, Class<?>...parameterTypes)	Method 对象	获取权限为 public 的指定方法
	getDeclaredMethods()	Method 对象	获取所有方法
	getDeclaredMethods(String name, Class<?>...parameterTypes)	Method 对象	获取指定方法
成员变量	getFields()	Field 型数组	获取所有权限为 public 的成员变量
	getField(String name)	Field 对象	获取权限为 public 的指定成员变量
	getDeclareFileds()	Field 型数组	获取所有成员变量
	getDeclaredField(String name)	Field 对象	获取指定成员变量
内部类	getClasses()	Class 型数组	获取所有权限为 public 的内部类
	getDeclaredClasses()	Class 型数组	获取所有内部类
内部类的声明类	getDeclaringClass()	Class 对象	如果该类为内部类，则返回它的成员类，否则返回 null

12.5.2　访问构造方法

在 Java 程序中，为了能够动态获取构造方法的信息，可以通过下列方法之一创建一个 Constructor 类型的对象或者数组。

❑　public Constructor<?>[] getConstructors()。

❑　public Constructor<T> getConstructor(Class<?>... parameterTypes)。

❑　public Constructor<?>[] getDeclaredConstructors()。

❑　public Constructor<T> getDeclaredConstructor(Class<?>... parameterTypes)。

如果想访问指定的构造方法，可以根据该构造方法的入口参数的类型来访问。例如，想访问一个入口参数类型依次为 int 和 String 类型的构造方法，可以通过如下两种方式实现。

```
objectClass.getDeclaredConstructor(int.class,String.class);
objectClass.getDeclaredConstructor(new Class[]{int.class,String.class});
```

每个 Constructor 对象表示一个构造方法，利用 Constructor 对象的方法可以操作构造方法。类 Constructor 中的常用内置方法如表 12-3 所示。

表 12-3 类 Constructor 的常用方法

方法名称	说　明
isVarArgs()	查看该构造方法是否允许带可变数量的参数，如果允许，返回 true，否则返回 false
getParameterTypes()	按照声明顺序，以 Class 数组的形式获取该构造方法各个参数的类型
getExceptionTypes()	以 Class 数组的形式获取该构造方法可能抛出的异常类型
newInstance(Object … initargs)	通过该构造方法，利用指定参数创建一个该类型的对象，如果未设置参数则表示采用默认无参的构造方法
setAccessible(boolean flag)	设置反射对象的"可访问"标志为指示的布尔值。为 true 时表示反射对象在使用时应抑制 Java 语言访问控制检查；为 false 时表示反射对象在使用时应执行 Java 语言访问控制检查
getModifiers()	获取可以解析出该构造方法所采用修饰符的整数

通过类 java.lang.reflect.Modifier 可以解析出方法 getMocMers() 的返回值所表示的修饰符信息。在该类中提供了一系列用来解析的静态方法，既能够查看是否被指定的修饰符修饰，还能够以字符串的形式获得所有修饰符。表 12-4 列出了类 Modifier 中的常用静态方法。

表 12-4 类 Modifier 中的常用静态方法

静态方法名称	说　明
isStatic(int mod)	如果使用 static 修饰符修饰则返回 true，否则返回 false
isPublic(int mod)	如果使用 public 修饰符修饰则返回 true，否则返回 false
isProtected(int mod)	如果使用 protected 修饰符修饰则返回 true，否则返回 false
isPrivate(int mod)	如果使用 private 修饰符修饰则返回 true，否则返回 false
isFinal(int mod)	如果使用 final 修饰符修饰则返回 true，否则返回 false
toString(int mod)	以字符串形式返回所有修饰符

例如，判断对象 con 所代表的构造方法是否被 public 修饰，并以字符串形式获取该构造方法的所有修饰符，代码如下。

```
int modifiers = con.getModifiers();          //获取可以解析出该构造方法所采用修饰符的整数
boolean isPublic = Modifier.isPublic(modifiers);   //判断修饰符整数是否为 public
string allModifiers = Modifier.toString(modifiers);
```

12.5.3　访问成员变量

在 Java 程序中，为了能够动态获取成员变量的信息，可以通过下列方法之一创建一个 Field 类型的对象或数组：

- ❏ public Field[] getFields()。
- ❏ public Field getField(String name)。
- ❏ public Field[] getDeclaredFields()。
- ❏ public Field getDeclaredField(String name)。

上述方法返回的 Field 对象代表一个成员变量。例如，要访问一个名称为 price 的成员变量，示例代码如下。

```
object.getDeclaredField("price");
```

类 Field 中的常用方法如表 12-5 所示。

表 12-5　类 Field 中的常用方法

方法名称	说　　明
getName()	获得该成员变量的名称
getType()	获取表示该成员变量的 Class 对象
get(Object obj)	获得指定对象 obj 中成员变量的值，返回值为 Object 类型
set(Object obj, Object value)	将指定对象 obj 中成员变量的值设置为 value
getInt(Object obj)	获取指定对象 obj 中类型为 int 的成员变量的值
setInt(Object obj, int i)	将指定对象 obj 中类型为 int 的成员变量的值设置为 i
setFloat(Object obj, float f)	将指定对象 obj 中类型为 float 的成员变量的值设置为 f
getBoolean(Object obj)	获取指定对象 obj 中类型为 boolean 的成员变量的值
setBoolean(Object obj, boolean b)	将指定对象 obj 中类型为 boolean 的成员变量的值设置为 b
getFloat(Object obj)	获取指定对象 obj 中成员类型为 float 的成员变量的值
setAccessible(boolean flag)	此方法可以设置是否忽略权限直接访问 private 等私有权限的成员变量
getModifiers()	获得可以解析出该成员变量所采用修饰符的整数

调用类 Field 中的方法动态获取类中各个成员变量信息的具体步骤如下。

（1）创建类 Book1，在该类中依次声明一个 String、int、float 和 boolean 类型的成员变量，并设置不同的访问权限。类 Book1 的最终的代码如下。

```
class Book1 {
    String name;
    public int id;
    private float price;
    protected boolean isLoan;
}
```

（2）编写测试类 Test01，在方法 main()中通过反射访问类 Book1 中的所有成员变量，并将该成员的名称和类型信息输出到控制台。类 Test01 的代码如下。

```
import java.lang.reflect.Constructor;
import java.lang.reflect.Field;
public class Test01 {
    public static void main(String[] args) {
        Book1 book = new Book1();
        //动态获取类 Book1
        Class class1 = book.getClass();
        //获取 Book1 类的所有成员变量
```

```java
Field[] declaredFields = class1.getDeclaredFields();
//遍历所有成员变量
for(int i = 0;i < declaredFields.length;i++) {
    //获取类中的成员变量
    Field field = declaredFields[i];
    System.out.println("成员变量名称为: " + field.getName());
    Class fieldType = field.getType();
    System.out.println("成员变量类型为: " + fieldType);
    boolean isTurn = true;
    while(isTurn) {
        try {
            //如果该成员变量的访问权限为 private, 则抛出异常
            isTurn = false;
            System.out.println("修改前成员变量的值为: " + field.get(book));
            //判断成员变量类型是否为 int
            if(fieldType.equals(int.class)) {
                System.out.println("利用 setInt()方法修改成员变量的值");
                field.setInt(book, 100);
            //判断成员变量类型是否为 float
            } else if(fieldType.equals(float.class)) {
                System.out.println("利用 setFloat()方法修改成员变量的值");
                field.setFloat(book, 29.815f);
            //判断成员变量类型是否为 boolean
            } else if(fieldType.equals(boolean.class)) {
                System.out.println("利用 setBoolean()方法修改成员变量的值");
                field.setBoolean(book, true);
            } else {
                System.out.println("利用 set()方法修改成员变量的值");
                field.set(book, "Java 编程");
            }
            System.out.println("修改后成员变量的值为: " + field.get(book));
        } catch (Exception e) {
            System.out.println("在设置成员变量值时抛出异常, 下面执行setAccessible()方法");
            field.setAccessible(true);
            isTurn = true;
        }
    }
    System.out.println("====================================");
    }
    }
}
```

运行上述代码，将依次动态访问类 Book1 中的所有成员。输出结果如下。

```
成员变量名称为: name
成员变量类型为: class java.lang.String
修改前成员变量的值为: null
利用 set()方法修改成员变量的值
修改后成员变量的值为: Java 编程
====================================
成员变量名称为: id
成员变量类型为: int
修改前成员变量的值为: 0
利用 setInt()方法修改成员变量的值
修改后成员变量的值为: 100
====================================
成员变量名称为: price
成员变量类型为: float
在设置成员变量值时抛出异常, 下面执行 setAccessible()方法
修改前成员变量的值为: 0.0
利用 setFloat()方法修改成员变量的值
```

```
修改后成员变量的值为: 29.815
====================================
成员变量名称为: isLoan
成员变量类型为: boolean
修改前成员变量的值: false
利用 setBoolean()方法修改成员变量的值
修改后成员变量的值为: true
====================================
```

12.5.4 访问成员方法

在 Java 程序中，为了能够动态获取成员方法的信息，可以通过下列方法之一创建一个 Method 类型的对象或者数组。

- ❑ public Method[] getMethods()。
- ❑ public Method getMethod(String name, Class<?>... parameterTypes)。
- ❑ public Method[] getDeclaredMethods()。
- ❑ public Method getDeclaredMethods(String name,Class<?>...parameterTypes)。

如果要访问指定的方法，需要根据该方法的入口参数的类型来访问。假如要访问一个名称为 max，入口参数类型依次为 int 和 String 类型的方法，通过下面的两种方式均可以实现。

```
objectClass.getDeclaredConstructor("max",int.class,String.class);
objectClass.getDeclaredConstructor("max",new Class[]{int.class,String.class});
```

类 Method 中常用的方法如表 12-6 所示。

表 12-6 类 Method 中常用的方法

方法名称	说　　明
getName()	获取该方法的名称
getParameterType()	按照声明顺序，以 Class 数组的形式返回该方法各个参数的类型
getReturnType()	以 Class 对象的形式获取该方法的返回值类型
getExceptionTypes()	以 Class 数组的形式获取该方法可能抛出的异常类型
invoke(Object obj,Object...args)	利用 args 参数执行指定对象 obj 中的该方法，返回值为 Object 类型
isVarArgs()	查看该方法是否允许带有可变数量的参数，如果允许返回 true，否则返回 false
getModifiers()	获取可以解析出该方法所采用修饰符的整数

调用类 Method 中的方法动态获取类中各成员方法信息的具体步骤如下：

（1）创建类 Book2，并编写 4 个具有不同访问权限的方法。Book2 类的最终代码如下。

```
class Book2 {
    //default 修饰
    static void staticMethod() {
        System.out.println("执行 staticMethod()方法");
    }
    //public 修饰
    public int publicMethod(int i) {
        System.out.println("执行 publicMethod()方法");
        return 100 + i;
    }
    //protected 修饰
```

```
    protected int protectedMethod(String s, int i) throws NumberFormatException {
        System.out.println("执行 protectedMethod()方法");
        return Integer.valueOf(s) + i;
    }
    //private 修饰
    private String privateMethod(String... strings) {
        System.out.println("执行 privateMethod()方法");
        StringBuffer sb = new StringBuffer();
        for (int i = 0; i < sb.length(); i++) {
            sb.append(strings[i]);
        }
        return sb.toString();
    }
}
```

（2）编写测试类 Test02，在方法 main()中通过反射访问类 Book2 中的所有成员方法，并将该方法是否带可变类型参数、入口参数类型和可能抛出的异常类型信息输出到控制台。类 Test02 的代码如下。

```
import java.lang.reflect.Constructor;
import java.lang.reflect.Method;
public class Test02 {
    public static void main(String[] args) {
        Book2 book = new Book2();
        //动态获取类 Book2
        Class class1 = book.getClass();
        //类获取 Book2 的所有方法
        Method[] declaredMethods = class1.getDeclaredMethods();
        for (int i = 0; i < declaredMethods.length; i++) {
            Method method = declaredMethods[i];
            System.out.println("方法名称为: " + method.getName());
            System.out.println("方法是否带有可变数量的参数: " + method.isVarArgs());
            System.out.println("方法的参数类型依次为: ");
            //获取所有参数类型
            Class[] methodType = method.getParameterTypes();
            for (int j = 0; j < methodType.length; j++) {
                System.out.println(methodType[j]);
            }
            //获取返回值类型
            System.out.println("方法的返回值类型为: " + method.getReturnType());
            System.out.println("方法可能抛出的异常类型有: ");
            //获取所有可能抛出的异常
            Class[] methodExceptions = method.getExceptionTypes();
            for (int j = 0; j < methodExceptions.length; j++) {
                System.out.println(methodExceptions[j]);
            }
            boolean isTurn = true;
            while (isTurn) {
                try { //如果该成员方法的访问权限为 private，则抛出异常
                    isTurn = false;
                     if (method.getName().equals("staticMethod")) {        //没有参数的方法
                        method.invoke(book);
                    } else if (method.getName().equals("publicMethod")) {     //一个参数的方法
                        System.out.println("publicMethod(10)的返回值为: " +
                            method.invoke(book, 10));
                    } else if (method.getName().equals("protectedMethod")) { //两个参数的方法
                        System.out.println("protectedMethod(\"10\",15)的返回值为: " +
                            method.invoke(book, "10", 15));
                    } else if (method.getName().equals("privateMethod")) {{//可变数量参数的方法
                        Object[] parameters =
                            new Object[] { new String[] { "J", "A", "V", "A" } };
```

```
                        System.out.println("privateMethod()的返回值为: " +
                            method.invoke(book, parameters));
                    }
                } catch (Exception e) {
                    System.out.println("在设置成员方法值时抛出异常，下面执行 setAccessible()方法");
                    //设置为允许访问 private 方法
                    method.setAccessible(true);
                    isTurn = true;
                }
            }
            System.out.println("=========================================================");
        }
    }
}
```

运行测试类 test02，将依次动态访问类 Book2 中的所有成员方法。

访问方法 staticMethod()的输出结果如下。

```
方法名称为: staticMethod
方法是否带有可变数量的参数: false
方法的参数类型依次为:
方法的返回值类型为: void
方法可能抛出的异常类型有:
执行 staticMethod()方法
=========================================================
```

访问方法 publicMethod()的输出结果如下。

```
方法名称为: publicMethod
方法是否带有可变数量的参数: false
方法的参数类型依次为:
int
方法的返回值类型为: int
方法可能抛出的异常类型有:
执行 publicMethod()方法
publicMethod(10)的返回值为: 110
=========================================================
```

访问方法 protectedMethod()的输出结果如下。

```
方法名称为: protectedMethod
方法是否带有可变数量的参数: false
方法的参数类型依次为:
class java.lang.String
int
方法的返回值类型为: int
方法可能抛出的异常类型有:
class java.lang.NumberFormatException
执行 protectedMethod()方法
protectedMethod("10",15)的返回值为: 25
=========================================================
```

访问方法 privateMethod()的输出结果如下。

```
方法名称为: privateMethod
方法是否带有可变数量的参数: true
方法的参数类型依次为:
class [Ljava.lang.String;
方法的返回值类型为: class java.lang.String
方法可能抛出的异常类型有:
在设置成员方法值时抛出异常，下面执行 setAccessible()方法
执行 privateMethod()方法
```

```
privateMethod() 的返回值为:
========================================================
```

12.6　综合实战——对集合实现二分查找操作

范例功能

在 Java 中，列表（List）是一种实现了接口 List 的数据结构，它可以被看作是一种线性表的实现。本实例展示了在 Java 中对列表实现二分查找的过程。二分查找也称为折半查找（binary search），是一种高效的查找算法，它通过不断地将搜索区间一分为二来逐步缩小搜索范围。为了使用二分查找，列表必须是有序的，并且元素需要采用顺序存储结构。本实例利用 Java 泛型提供了一个灵活且类型安全的查找方法，可以适用于任何实现了接口 Comparable 的元素类型，并且提供了自定义 Comparator 的元素类型，从而增强了程序的健壮性和复用性。

学习目标

深入理解泛型在集合中的作用，进一步掌握在集合中通过泛型提高程序健壮性的技巧。

具体实现

编写实例文件 Main.java，实现对列表的二分查找。为了节省篇幅，这里不再列出具体实现代码。输出结果如下。

```
值 [1] 在位置: 0
值 [20] 在位置: 19
值 [15] 在位置: 14
值 [6] 在位置: 5
值 [55] 不在列表中
```

第 13 章　常用类库与正则表达式

Java 语言为广大开发人员提供了功能强大的内置基础类库，通过这些类库及其内置方法能够帮助开发者快速开发出功能强大的 Java 程序，提高开发效率，降低开发难度。对于初学者来说，建议以 Java API 文档为参考进行编程演练，遇到问题时反复查阅 API 文档，逐步掌握尽可能多的类。正则表达式是用于描述一组字符串特征的模式，用来匹配特定的字符串。它通过特殊字符+普通字符进行模式描述，从而达到文本匹配的目的。由于正则表达式可以很方便地提取开发者想要的信息，所以被集成到了各种文本编辑器/文本处理工具当中。本章将详细讲解 Java 中的几个常用类库和正则表达式的相关知识，具体知识架构如下。

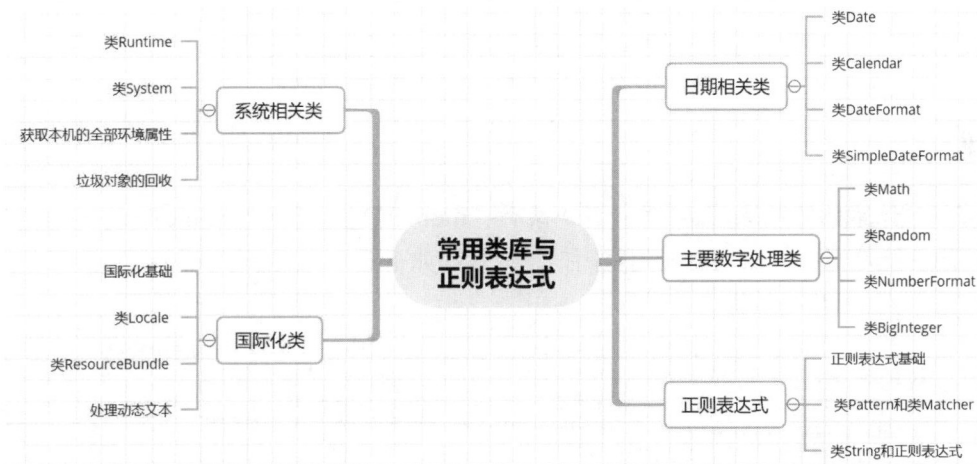

13.1　系统相关类

在 Java 类库中，类 Runtime 和类 System 是两个与系统相关的重要类。其中，类 Runtime 是运行时操作类；类 System 代表系统，很多系统级的属性和控制方法都放置在该类的内部。

13.1.1　类 Runtime

知识讲解

在 Java 语言中，类 Runtime 是运行时操作类，是一个封装了 JVM（Java 虚拟机）进程的类，每一个 JVM 都对应着一个类 Runtime 的实例，此实例由 JVM 运行时为其实例化。所以在 JDK 文档中，读者不会发现任何有关类 Runtime 中对构造方法的定义，这是因为类 Runtime 本身的构造方法是私有化的（单例设计），如果想取得一个 Runtime 实例，只能通过以下方式实现。

```
Runtime run = Runtime.getRuntime();
```

类 Runtime 中提供了一个静态的 getRuntime()方法，利用该方法可以取得类 Runtime 的实例。类 Runtime 的实例提供了对运行时环境的访问。表 13-1 给出了类 Runtime 中的常用方法。

表 13-1　类 Runtime 的常用方法

方法定义	类　　型	描　　述
public static Runtime getRuntime()	普通	取得类 Runtime 的实例
public int availableProcessors()	普通	返回 Java 虚拟机的可用的处理器数量
public long freeMemory()	普通	返回 Java 虚拟机中的空闲内存量
public long maxMemory()	普通	返回 Java 虚拟机的最大内存量
public void gc()	普通	运行垃圾回收器，释放空间
public Process exec(String command) throws IOException	普通	执行本机命令

在 Java 程序中，使用类 Runtime 可以取得 Java 虚拟机中的内存空间，包括最大内存空间、空闲内存空间等，通过这些信息可以清楚地知道 Java 虚拟机的内存使用情况。

范例导学

范例 13-1：计算机优化加速器系统（范例文件：daima\13\13-1\...\RuntimeTest.java）。

本实例的功能是查看 Java 虚拟机的空间信息，代码如下。

```
public class RuntimeTest{
    public static void main(String args[]){
        Runtime run = Runtime.getRuntime();                       //通过静态方法进行实例化操作
        System.out.println("JVM最大内存量: " + run.maxMemory()) ;//最大内存，机器不同环境也会有所不同
        System.out.println("JVM空闲内存量: " + run.freeMemory()) ;  //取得程序运行的空闲内存
        String str = "Hello " + "World" + "!!!" +"\t" + "Welcome " + "To " + "BEIJING" + "~" ;
        System.out.println(str) ;
        for(int x=0;x<1000;x++){
            str += x ;                                            //循环修改内容，会产生多个垃圾
        }
        System.out.println("操作 String 之后的,JVM空闲内存量: " + run.freeMemory()) ;
        run.gc() ;                                                //进行垃圾回收，释放空间
        System.out.println("垃圾回收之后,计算机得到了优化加速, 现在JVM空闲内存量是: " + run.freeMemory()) ;
    }
}
```

在上述代码中，通过 for 循环修改了 String 类型变量 str 中的内容，这样的操作必然会产生大量的垃圾，占用系统的内存区域，导致 JVM 空闲内存量有所减少。当调用方法 gc()进行垃圾回收时，垃圾回收器会将不再使用的对象标记为可回收，并在稍后的时间里清理这些对象并释放它们的内存。但是，垃圾回收器可能并不会立即清理这些可回收对象，同时垃圾回收器运行时还可能会有新的对象被创建，此时调用方法 freeMemory()返回的 JVM 空闲内存量可能比调用方法 gc()前还要小。然后，在稍后的一段时间里，垃圾回收器会清理这些可回收对象，JVM 空闲内存量也会逐渐变大。输出结果如下。

```
JVM最大内存量: 1044381696
JVM空闲内存量: 65785344
Hello World!!!    Welcome To BEIJING~
操作 String 之后的,JVM空闲内存量: 63963136
垃圾回收之后,计算机得到了优化加速, 现在JVM空闲内存量是: 7553904
```

📖 编程实战

实战案例 13-1-01：查看当前 Java 虚拟机可用处理器的数量　使用类 Runtime 中的方法查看当前 Java 虚拟机可用处理器的数量。

实战案例 13-1-02：查看当前 Java 虚拟机的最大内存和空闲内存　使用类 Runtime 中的方法查看当前 Java 虚拟机的最大内存和空闲内存。

实战案例 13-1-03：打开计算机中的记事本文件　使用类 Runtime 中的方法打开计算机中的某个记事本文件。

13.1.2　类 System

📘 知识讲解

在 Java 程序中，类 System 是读者在日常学习中经常接触的，系统输出方法 System.out.println() 就是类 System 的重要方法之一。实际上，类 System 是一些与系统相关的属性和方法的集合。该类中所有的属性和方法都是静态的，要想调用这些属性和方法，直接使用类 System 来调用即可。表 13-2 列出了类 System 的一些常用方法。

表 13-2　类 System 的常用方法

定　　义	类　　型	描　　述
public static void exit(int status)	普通	系统退出，如果 status 为非 0 值，就表示退出
public static void gc()	普通	运行垃圾收集器，调用的是类 Runtime 中的方法 gc()
public static long currentTimeMillis()	普通	返回以 ms 为单位的当前时间
public static void arraycopy(Object src,int srcPos,Object dest,int destPos,int length)	普通	进行数组复制操作
public static Properties getProperties()	普通	取得当前系统的全部属性
public static String getProperty(String key)	普通	根据键值取得属性的具体内容

🖥️ 范例导学

范例 13-2：计算程序运行时间（范例文件：daima\13\13-2\...\SystemTest.java）。

本实例的功能是计算"由 0 累加到 300000000 的求和程序"的运行时间，代码如下。

```java
public class SystemTest{
    public static void main(String args[]){
        long startTime = System.currentTimeMillis() ;      //取开始计算之前的时间
        long sum = 0 ;                                      //声明变量
        for(long i=0;i<300000000;i++){                      //执行累加操作
            sum += i ;
        }
        long endTime = System.currentTimeMillis() ;         //取计算之后的时间
        System.out.println("程序运行时间: " + (endTime-startTime) +"毫秒! ") ;
                                                            //结束时间减去开始时间
    }
}
```

输出结果如下。

程序运行时间：111 毫秒！

编程实战

实战案例 13-2-01：查看当前计算机系统的版本　使用类 System 中的内置方法，获取当前计算机的操作系统版本信息。

实战案例 13-2-02：计算打印九九乘法表的时间　使用嵌套循环打印输出九九乘法表，并使用类 System 中的内置方法计算这个程序的运行时间。

13.1.3　获取本机的全部环境属性

在 Java 中，获取系统属性的方法有如下两种。

❑　使用类 System 中的方法 getProperties()得到系统的各种属性，该方法返回一个 Properties 类型的对象，类 Properties 继承自类 Hashtable，其中定义了系统各种属性的键值对。然后，调用该 Properties 对象的方法 getProperty(String key)获取所需的系统属性。

❑　直接使用方法 System.getProperty(String key)获取所需的系统属性。

实际上，上述两种方法是等价的。System.getProperty(String key)方法内部调用了 System 类内部声明的 Properties 对象的 getProperty(String key)方法。

这里分别用上述两种方法获取本机的环境属性信息，代码如下。

```java
import java.util.Properties;
public class SystemTest2 {
    public static void main(String[] args) {
        //使用类 Properties
        Properties properties = System.getProperties();
        System.out.print("java 版本号: ");
        System.out.println(properties.getProperty("java.version"));
        System.out.print("java 厂商: ");
        System.out.println(properties.getProperty("java.vendor"));
        System.out.print("java 厂商网址: ");
        System.out.println(properties.getProperty("java.vendor.url"));
        System.out.println("----------------------------------------------------------------");
        //直接使用方法 System.getProperty()
        System.out.print("java 版本号: ");
        System.out.println(System.getProperty("java.version"));
        System.out.print("java 厂商: ");
        System.out.println(System.getProperty("java.vendor"));
        System.out.print("java 厂商网址: ");
        System.out.println(System.getProperty("java.vendor.url"));
        System.out.print("用户名: ");
        System.out.println(System.getProperty("user.name"));
        System.out.print("用户运行程序的当前目录: ");
        System.out.println(System.getProperty("user.dir"));
        System.out.print("用户主目录: ");
        System.out.println(System.getProperty("uer.home"));
        System.out.print("文件分隔符: ");
        System.out.println(System.getProperty("file.separator"));
        System.out.print("操作系统名称: ");
        System.out.println(System.getProperty("os.name"));
        System.out.print("操作系统版本号: ");
```

```
            System.out.println(System.getProperty("os.version"));
        }
}
```

输出结果如下。

```
java 版本号: 17.0.10
java 厂商: Oracle Corporation
java 厂商网址: https://java.oracle.com/
------------------------------------------------------------
java 版本号: 17.0.10
java 厂商: Oracle Corporation
java 厂商网址: https://java.oracle.com/
用户名: QDJD
用户运行程序的当前目录: D:\cheshi\ceshi
用户主目录: null
文件分隔符: \
操作系统名称: Windows 10
操作系统版本号: 10.0
```

13.1.4　垃圾对象的回收

　　Java 为开发者提供了垃圾自动回收机制，能够不定期地自动释放内存空间。在类 System 中有一个方法 gc()，此方法也可以进行垃圾的回收，而且此方法实际上是对类 Runtime 中的方法 gc()的封装，二者功能类似。一个对象如果不再被任何栈内存所引用，那么此对象就可以称为垃圾对象，等待被回收。实际上等待的时间是不确定的，所以可以直接调用方法 System.gc()进行垃圾对象回收。

　　在实际的开发应用中，垃圾内存的释放基本上都是由系统自动完成的，除非特殊的情况，一般都很少直接去调用方法 gc()。但是，如果在一个对象被回收之前要进行某些操作该怎么办呢？实际上在类 Object 中有一个方法 finalize()，该方法的声明如下。

```
protected void finalize() throws Throwable{
    …
}
```

　　在 Java 程序中，类 Object 的任意一个子类只需要重写该方法即可在对象被回收之前进行某些操作。接下来，在类 Person 中自定义方法 finalize()，用于在对象被回收之前进行某些操作，代码如下。

```
class Person{
    private String name ;
    private int age ;
    public Person(String name,int age){
        this.name = name ;
        this.age = age;
    }
    public String toString(){                              //重新方法 toString()
        return this.name + ", 年龄" + this.age + "岁";
    }
    public void finalize() throws Throwable{               //在对象被回收时默认调用此方法
        System.out.println("利雅得胜利足球俱乐部" + this) ;
    }
}
public class SystemTest3{
    public static void main(String args[]){
        Person per = new Person("某某某",40) ;
        per = null ;                                       //断开引用
        System.gc() ;                                      //强制进行垃圾回收
    }
}
```

上述程序中强制进行了垃圾回收，而且在对象 per 被回收前调用了方法 finalize()。如果在方法 finalize()中出现了异常，则程序并不会受到影响，会继续执行。输出结果如下。

利雅得胜利足球俱乐部球员克里斯蒂亚诺·罗纳尔多，年龄 34 岁

📢**注意**：方法 finalize()声明抛出 Throwable 异常，这是因为垃圾回收器在调用方法 finalize()时，如果发生了异常，垃圾回收器会捕获这个异常并且继续执行垃圾回收过程，不会将异常传播到调用者。

13.2　国　际　化　类

国际化操作是在开发中较为常见的一种需求。什么是国际化操作呢？实际上就是指一个程序可以同时适应多门语言。如果现在程序的使用者是中国人，则会以中文为显示文字；如果现在程序的使用者是英国人，则会以英语为显示文字。也就是说，可以通过国际化操作让一个程序适应各个国家的语言要求。

13.2.1　国际化基础

在 Java 程序中，通常使用类 Locale 来实现 Java 程序的国际化。除此之外，还需要属性文件和类 ResourceBundle 的支持。属性文件是指后缀为.properties 的文件，文件中的内容保存结构为 key→value 形式。因为国际化的程序只是显示语言的不同，所以可以根据不同的语言定义不同的属性文件。属性文件中保存真正要使用的文字信息，要访问这些属性文件，可以使用类 ResourceBundle 来完成。

假如现在有一个程序要求可以同时适应法语、英语、中文的显示，那么此时就必须使用国际化。可以根据各个不同的语言配置不同的资源文件（资源文件有时也称为属性文件，因为其后缀为.properties），所有的资源文件以 key→value 的形式出现，在程序执行中只是根据 key 找到 value 并将 value 的内容进行显示。也就是说，只要 key 的值不变，value 的内容可以任意更换。在 Java 程序中，必须通过以下 3 个类实现 Java 程序的国际化操作。

❑　java.util.Locale：用于表示一种语言的类。
❑　java.util.ResourceBundle：用于访问资源文件。
❑　java.text.MessageFormat：用于格式化资源文件的占位字符串。

使用上述 3 个类的操作流程是：先通过类 Locale 指定区域码，然后使用类 ResourceBundle 根据类 Locale 指定的区域码找到相应的资源文件，如果资源文件中存在动态文本，则使用类 MessageFormat 进行格式化。

13.2.2　类 Locale

要想实现 Java 程序的国际化，首先需要掌握类 Locale 的基本知识。表 13-3 列出了类 Locale 中的构造方法。

表 13-3　类 Locale 的构造方法

方法定义	类　型	描　述
public Locale(String language)	构造	根据语言代码构造一个语言环境
public Locale(String language,String country)	构造	根据语言和国家构造一个语言环境

实际上，对于各个国家的语言，都有对应的 ISO 编码。例如，中文的编码为 zh-CN，美国英语的编码为 en-US，法语的编码为 fr-FR。对于各个国家对应的编码，没有必要死记硬背，只需要知道几个常用的就可以了。如果想知道全部的国家编码，可以直接搜索 ISO 国家编码。

13.2.3　类 ResourceBundle

📚 **知识讲解**

在 Java 程序中，类 ResourceBundle 的主要作用是读取属性文件。读取属性文件时可以直接指定属性文件的名称（指定名称时不需要文件的后缀），也可以根据类 Locale 所指定的区域码来选取指定的资源文件。类 ResourceBundle 中的常用方法如表 13-4 所示。要想使用 ResourceBunlde 对象，需要直接通过类 ResourceBundle 中的静态方法 getBundle()取得。

表 13-4　类 ResourceBundle 中的常用方法

方　法	类　型	描　述
public static final ResourceBundle getBundle (String baseName)	普通	取得类 ResourceBundle 的实例，并指定要操作的资源文件名称
public static final ResourceBundle getBundle (String baseName,Locale locale)	普通	取得类 ResourceBundle 的实例，并指定要操作的资源文件名称和区域码
public final String getString(String key)	普通	根据 key 从资源文件中取出对应的 value
public static final void clearCache()	普通	清除缓存信息

🖊️ **范例导学**

范例 13-3：输出显示邮件的内容（范例文件：daima\13\13-3\...\MyLabels.properties、InterT123. java）。

在本实例中，使用到了资源文件 MyLabels.properties，其内容如下。

```
how_are_you = Welcome to CSDN course
```

接下来，使用类 ResourceBundle 的静态方法 getBundle(String baseName)获取资源文件中的信息，代码如下。

```java
import java.util.Locale;
import java.util.ResourceBundle;

public class InterT123 {
    public static void main(String[] args) {
        System.out.println("Current Locale: " + Locale.getDefault());
        ResourceBundle mybundle = ResourceBundle.getBundle("MyLabels");
        System.out.println("邮件的内容是: " + mybundle.getString("how_are_you"));
    }
}
```

输出结果如下。

```
Current Locale: zh_CN
邮件的内容是: Welcome to CSDN course
```

13.2.4 处理动态文本

知识讲解

在前面介绍的国际化操作中，所有资源内容都是固定的。但是，输出的信息中如果包含了一些动态文本，则必须使用占位符表示出动态文本的位置。在 Java 中，通过 "{编号}" 格式设置占位符。在使用占位符之后，程序可以直接通过类 MessageFormat 对信息进行格式化，为占位符动态设置文本的内容。在 Java 程序中，类 MessageFormat 是类 Format 的子类。类 Format 主要实现格式化操作，除了子类 MessageFormat，它还有 NumberFormat、DateFormat 两个子类。在进行国际化操作时，不光只有文字需要处理，数字显示、日期显示都要符合各个区域的要求。

范例导学

范例 13-4：分别以中文、英语、法语输出的信息（范例文件：**daima\13\13-4\...\Message_zh_CN**、**Message_en_US、Message_fr_FR、Test.java**）。

假设现在要分别以中文、英语、法语输出的信息"你好，***！"（以中文为例）。其中，"***"代表的内容是由程序动态设置的。此时可以创建如下 3 个属性文件。

❑ 中文的属性文件 Message_zh_CN.properties，内容如下。

```
info = \u4f60\u597d\uff0c{0}\uff01
```

以上信息就是中文的"你好，{0}！"。

❑ 英语的属性文件 Message_en_US.properties，内容如下。

```
info = Hello,{0}!
```

❑ 法语的属性文件 Message_fr_FR.properties，内容如下。

```
info = Bonjour,{0}!
```

在以上 3 个属性文件中，都加入了 "{0}"，表示一个占位符，如果有更多的占位符，则直接在后面继续加上 "{1}" "{2}" 即可。然后就可以继续使用类 Locale 和类 ResourceBundle 读取资源文件的内容。但是，读取之后要处理占位符的内容，所以要使用类 MessageFormat。主要使用类 MessageFormat 的方法 format(String pattern,Object…arguments)。在该方法中，第 1 个参数表示包含占位符的字符串模式，第 2 个参数是一个可变参数，用于替换模式字符串中的占位符。代码如下。

```java
import java.util.ResourceBundle ;
import java.util.Locale ;
import java.text.* ;
public class Test {
    public static void main(String[] args) {
        //定义用于替换模式字符串中的占位符的动态文本内容
        String[] friendNames = {"我的朋友", "my friend", "mon ami"};
        //定义要使用的语言环境
        String[] localeStrings = {"zh CN", "en US", "fr FR"};
        //循环遍历不同的语言环境和朋友名称
```

```
        for (int i = 0; i < localeStrings.length; i++) {
            Locale locale = new Locale(localeStrings[i]);
            ResourceBundle bundle = ResourceBundle.getBundle("Message", locale);
            String greetingTemplate = bundle.getString("info");
            String formattedGreeting = MessageFormat.format(greetingTemplate, friendNames[i]);
            System.out.println("Locale: " + locale + "; Info: " + formattedGreeting);
        }
    }
}
```

上述代码通过方法 MessageFormat.format()设置了动态文本的内容，输出结果如下。

```
Locale: zh_cn; Info: 你好，我的朋友！
Locale: en_us; Info: Hello,my friend!
Locale: fr_fr; Info: Bonjour,mon ami!
```

13.3　日期相关类

在开发 Java 程序的过程中，经常会遇到操作日期类型的情形。Java 对日期的操作提供了良好的支持，主要使用包 java.util 中的类 Date、类 Calendar 以及包 java.text 中的 SimpleDateFormat 等实现。

13.3.1　类 Date

知识讲解

在 Java 程序中，类 Date 是一个较为简单的操作类，在开发中直接使用该类的构造方法就可以得到一个完整的日期。Date 类有很多构造方法，其中大部分都已经不推荐使用，表 13-5 列出了目前最常用的两种构造方法。

表 13-5　Date 类目前最常用的两种构造方法

方　　法	类　　型	描　　述
Date()	构造	创建一个 Date 对象，并且初始值为系统当前时间
Date(long date)	构造	创建一个 Date 对象，参数为指定时间距基准时间的毫秒数

Date 类提供了很多方法，可以对日期进行相应的操作，如日期的对比、获取年、获取月等，其中大部分已经被其他日期类及其相关方法所取代，目前还比较常用的方法如表 13-6 所示。

表 13-6　Date 类的常用方法

方　　法	类　　型	描　　述
boolean after(Date when)	普通	判断当前日期对象是否在指定日期之后
boolean before(Date when)	普通	判断当前日期对象是否在指定日期之前
long getTime()	普通	获取自 1970-01-01 00:00:00 到当前时间对象的毫秒数
void setTime(long time)	普通	设置当前 Date 对象的日期值，参数为毫秒数

范例导学

范例 13-5：输出显示当前的日期（范例文件：daima\13\13-5\...\DateT1.java）。

本实例使用类 Date 显示当前的日期，代码如下。

```
import java.util.Date ;
public class DateT1{
    public static void main(String args[]){
        Date date = new Date() ;                //直接实例化 Date 对象
        System.out.println("当前日期为: " + date) ;
    }
}
```

输出结果如下。

```
当前日期为: Fri Jun 07 10:29:24 CST 2024
```

从程序的运行结果看，已经得到了系统的当前日期，但是这个日期的格式并不是大家平常看到的格式。要想按照自定义的格式显示时间，可以使用类 Calendar 完成操作。

编程实战

实战案例 13-5-01：显示当前时间到基准时间的毫秒数　使用类 Date 的内置方法输出显示当前时间距离 1970 年 1 月 1 日 00:00:00 的毫秒数。

实战案例 13-5-02：判断两个日期的前后关系　分别使用表 13-5 给出的构造方法创建一个 Date 对象，然后判断这两个日期的前后关系。

13.3.2　类 Calendar

知识讲解

在 Java 程序中，可以通过类 Calendar 取得当前的时间，并且可以精确到毫秒。类 Calendar 本身是一个抽象类，但是它提供了类方法 getInstance()，可以获得其实例对象。类 Calendar 提供了如表 13-7 所示的常量，分别表示常用的日期字段。

表 13-7　类 Calendar 中的常量

常　　量	类　　型	描　　述
public static final int YEAR	int	获取年
public static final int MONTH	int	获取月
public static final int DAY_OF_MONTH	int	获取日
public static final int HOUR_OF_DAY	int	获取小时，24 小时制
public static final int MINUTE	int	获取分
public static final int SECOND	int	获取秒
public static final int MILLISECOND	int	获取毫秒
public static final int DAY_OF_WEEK	int	获取星期几

除了表 13-7 中所示的常量，类 Calendar 还提供了一些常用方法，如表 13-8 所示。

表 13-8　类 Calendar 提供的方法

方　　法	类　　型	描　　述
public static Calendar getInstance()	普通	根据默认的时区实例化对象
public boolean after(Object when)	普通	判断一个日期是否在指定日期之后
public boolean before(Object when)	普通	判断一个日期是否在指定日期之前
public int get(int field)	普通	返回指定日历字段的值
public void set(int year, int month, int date)	普通	设置指定字段的日历
public final Date getTime()	普通	返回一个表示此 Calendar 对象的时间值
public int getActualMaximum(int field)	普通	返回给定字段在当前日期下的最大值。例如，Calendar.DAY_OF_MONTH 返回当前月的最大天数

范例导学

范例 13-6：实现一个万年历系统（范例文件：**daima\13\13-6\...\CalendarTest.java**）。

在本实例中，使用类 Calendar 创建了一个日历对象实例，代码如下。

```java
import java.util.Calendar;
public class CalendarTest{
    public static void main(String[] args){
        Calendar calendar=Calendar.getInstance();                //创建 Calendar 对象
        calendar.set(2024,04,01);                                //设置指定字段的日历
        //判断 2024 年 5 月 1 日是一周中的第几天
        int index=calendar.get(Calendar.DAY_OF_WEEK)-1;
        char[] title={'日','一','二','三','四','五','六'};          //存放日历的头部
        int daysArray[][]=new int[6][7];            //存放日历的数据
        int daysInMonth=31;                         //该月的天数
        int day=1;                                  //自动增长
        for(int i=index;i<7;i++){
            daysArray[0][i]=day++;                  //填充第一周的日期数据，即日历中的第一行
        }
        for(int i=1;i<6;i++){
            for(int j=0;j<7;j++){                   //填充其他周的日历数据
                if(day>daysInMonth){               //如果当前 day 表示本月最后一天，则停止向数组赋值
                    i=6;
                    break;
                }
                daysArray[i][j]=day++;
            }
        }
        System.out.println("--------------------2024 年 5 月----------------------\n");
        for(int i=0;i<title.length;i++){
            System.out.print(title[i]+"\t");
        }
        System.out.print("\n");
        for(int i=0;i<6;i++){                       //控制行
            for(int j=0;j<7;j++)  {                 //控制列
                if(daysArray[i][j]==0){
                    if(i!=0)  {
                        return;                     //如果到月末，则完成显示日历的任务，停止该方法的执行
                    }
                    System.out.print("\t");
```

```
            continue;
        }
        System.out.print(daysArray[i][j]+"\t");
    }
    System.out.print("\n");
    }
}
}
```

上述代码看似复杂，其实很简单。Calendar 对象 calendar 所表示的时间就是方法 set()中的参数值。需要注意的是，Calendar 中的月份从 0 开始，也就是全年 12 个月分别由 0~11 表示。所以，在上述代码中， Calendar 对象 calendar 表示的实际时间为 2024 年 5 月 1 日。输出结果如下。

```
--------------------2024 年 5 月--------------------

日    一    二    三    四    五    六
                  1    2    3    4
5    6    7    8    9    10   11
12   13   14   15   16   17   18
19   20   21   22   23   24   25
26   27   28   29   30   31
```

编程实战

实战案例 13-6-01：显示当前的日期　创建一个 Calendar 对象实例，用于打印输出当前的日期，要求格式是 "****年*月*日"。

实战案例 13-6-02：用指定格式显示一个时间　使用 Calendar 分别设置指定的年、月、日、小时、分、秒，然后用指定格式打印输出这个时间。例如，打印输出：Thu Feb 15 23:59:59 CST 2024。

13.3.3　类 DateFormat

知识讲解

虽然使用类 java.util.Date 获取的时间是一个非常正确的时间，但是因为其显示的格式不理想，所以无法符合人们的习惯。此时就可以考虑对其进行格式化操作，转换为符合人们习惯的日期格式。其实，类 DateFormat 与类 MessageFormat 都属于类 Format 的子类，专门用于格式化数据使用。类 DateFormat 是一个抽象类，无法直接进行实例化，该类提供了一些静态方法，可以直接取得其实例对象。类 DateFormat 的常用方法如表 13-9 所示。

表 13-9　DateFormat 类的常用方法

方　　法	类　型	描　　述
getDateInstance()	普通	获取日期格式器，该格式器具有默认语言环境的默认格式化风格
getDateInstance(int style, Locale aLocale)	普通	根据 Locale 获取日期格式器
getDateTimeInstance()	普通	获取时间格式器，该格式器具有默认语言环境的默认格式化风格
getDateTimeInstance(int dateStyle, int timeStyle,Locale aLocale)	普通	根据 Locale 获取时间格式器
format(Date date)	普通	将一个 Date 对象实例格式化为日期/时间字符串

范例导学

范例 13-7:查询并显示当前的时间(范例文件:daima\13\13-7\...\DateFormatTest.java)。

在本实例中,使用类 DateFormat 中的方法 getDateInstance()和 getDateTimeInstance()分别显示当前的日期和时间,代码如下。

```java
import java.text.DateFormat;
import java.util.Date;
import java.util.Locale;
public class DateFormatTest{
    public static void main(String args[]){
        //获取不同格式化风格和中国环境的日期
        DateFormat df1 = DateFormat.getDateInstance(DateFormat.SHORT, Locale.CHINA);
        DateFormat df2 = DateFormat.getDateInstance(DateFormat.FULL, Locale.CHINA);
        DateFormat df3 = DateFormat.getDateInstance(DateFormat.MEDIUM, Locale.CHINA);
        DateFormat df4 = DateFormat.getDateInstance(DateFormat.LONG, Locale.CHINA);
        //获取不同格式化风格和中国环境的时间
        DateFormat df5 = DateFormat.getTimeInstance(DateFormat.SHORT, Locale.CHINA);
        DateFormat df6 = DateFormat.getTimeInstance(DateFormat.FULL, Locale.CHINA);
        DateFormat df7 = DateFormat.getTimeInstance(DateFormat.MEDIUM, Locale.CHINA);
        DateFormat df8 = DateFormat.getTimeInstance(DateFormat.LONG, Locale.CHINA);
        //将 Date 对象格式化为不同格式化风格的日期字符串
        String date1 = df1.format(new Date());
        String date2 = df2.format(new Date());
        String date3 = df3.format(new Date());
        String date4 = df4.format(new Date());
        //将 Date 对象格式化为不同格式化风格的时间字符串
        String time1 = df5.format(new Date());
        String time2 = df6.format(new Date());
        String time3 = df7.format(new Date());
        String time4 = df8.format(new Date());
        //输出
        System.out.println("SHORT: " + date1 + " " + time1);
        System.out.println("FULL: " + date2 + " " + time2);
        System.out.println("MEDIUM: " + date3 + " " + time3);
        System.out.println("LONG: " + date4 + " " + time4);
    }
}
```

输出结果如下。

```
SHORT: 2024/6/7 下午2:46
FULL: 2024 年 6 月 7 日星期五 中国标准时间 下午 2:46:55
MEDIUM: 2024 年 6 月 7 日 下午 2:46:55
LONG: 2024 年 6 月 7 日 CST 下午 2:46:55
```

13.3.4 类 SimpleDateFormat

知识讲解

在 Java 程序中,经常需要将一种日期/时间格式转换为另外一种日期/时间格式。例如,将 "2024-10-19 10:11:30.345" 转换为 "2024 年 10 月 19 日 10 时 11 分 30 秒 345 毫秒"。从这两种日期/时间格式中可以看出,日期/时间的字段完全一样,只是格式有所不同。在 Java 中,要想实现上述转换功能,必须使用包 java.text 中的类 SimpleDateFormat 完成。在使用该类时,需要先定义出一个完整的日期/时间转化模板，在模板中通过特定的日期/时间标记可以将一个日期/时间格式中的日期/时间字段提取出来。日期/时间格式化模板标记如表 13-10 所示。

表 13-10　日期/时间格式化模板标记

标　记	描　述
y	年，年份是 4 位数字，所以需要使用 yyyy 表示
M	年中的月份，月份是两位数字，所以需要使用 MM 表示
d	月中的天，天是两位数字，所以需要使用 dd 表示
H	一天中的小时（24 小时），小时是两位数字，使用 HH 表示
m	小时中的分钟，分钟是两位数字，使用 mm 表示
s	分钟中的秒，秒是两位数字，使用 ss 表示
S	毫秒，毫秒是 3 位数字，使用 SSS 表示

有了日期/时间格式化模板后，还需要使用类 SimpleDateFormat 中的方法才可以完成日期/时间格式转换，该类中的常用方法如表 13-11 所示。

表 13-11　类 SimpleDateFormat 中的常用方法

方　　法	类　型	描　述
public SimpleDateFormat(String pattern)	构造	通过一个指定的模板构造对象
public Date parse(String source) throws ParseException	普通	将一个包含日期/时间的字符串转换为 Date 类型
public final String format(Date date)	普通	将一个 Date 类型按照指定格式转换为 String 类型

范例导学

范例 13-8：输出显示某知名足球决赛的开赛时间（范例文件：**daima\13\13-8\...\SimpleDateFormat Test.java**）。

在本实例中，使用类 SimpleDateFormat 设置了显示日期/时间的格式，代码如下。

```java
import java.text.* ;
import java.util.* ;
public class SimpleDateFormatTest{
    public static void main(String args[]){
        String strDate = "2024-5-14 10:11:30.345" ;
        String pat1 = "yyyy-MM-dd HH:mm:ss.SSS" ;    //准备第一个模板，从字符串中提取出日期/时间字段
        //准备第二个模板，将提取出的日期/时间字段转换为指定的格式
        String pat2 = "yyyy 年 MM 月 dd 日 HH 时 mm 分 ss 秒 SSS 毫秒" ;
        SimpleDateFormat sdf1 = new SimpleDateFormat(pat1) ;    // 实例化模板对象
        SimpleDateFormat sdf2 = new SimpleDateFormat(pat2) ;    // 实例化模板对象
        Date d = null ;
        try{
            d = sdf1.parse(strDate) ;                    //将给定的字符串中的日期提取出来
        }catch(Exception e){                             //如果提供的字符串格式有错误，则进行异常处理
            e.printStackTrace() ;                        //打印异常信息
        }
        //将提取出的日期/时间字段转换为指定的格式
        System.out.println("某知名足球决赛的开赛时间是："+sdf2.format(d)) ;
    }
}
```

在上述代码中，首先使用第一个模板将字符串中表示的日期/时间的字段提取出来，然后再使用第二个模板将这些日期/时间字段重新转化为新的格式。输出结果如下。

某知名足球决赛的开赛时间是：2024 年 05 月 14 日 10 时 11 分 30 秒 345 毫秒

编程实战

实战案例 13-8-01：显示当前时间中的秒　使用类 SimpleDateFormat 的内置方法，设置只输出显示当前时间中的秒。

实战案例 13-8-02：以指定格式显示当前日期　使用类 SimpleDateFormat 的内置方法，设置以 MMMM 格式显示当前日期。

实战案例 13-8-03：用三种格式显示当前日期/时间　使用 SimpleDateFormat 中的内置方法，用如下三种格式显示当前的日期/时间。

- ✧ yyyy-MM-dd HH:mm:ss.SSS。
- ✧ yyyy 年 MM 月 dd 日 HH 时 mm 分 ss 秒 SSS 毫秒。
- ✧ yyyyMMddHHmmssSSS。

13.4　主要数字处理类

在解决实际问题时，对数字的处理是非常普遍的，如数学问题、随机数问题等。为了应对这些问题，Java 提供了相关的数字处理类，包括类 Math（为各种数学计算提供了工具方法）、类 Random（为处理随机数问题提供了各种方法）、类 NumberFormat、类 BigInteger 等。

13.4.1　类 Math

知识讲解

在 Java 程序中，类 Math 是实现数学运算操作的类，其中提供了一系列的数学操作方法，如求绝对值、三角函数等。类 Math 中提供的所有方法都是静态方法，直接由类名调用即可。类 Math 中的常用方法如下。

- ❑ public static int abs(int a)、public static long abs(long a)、public static float abs(float a)、public static double abs(double a)：求绝对值。
- ❑ public static double acos(double a)：求反余弦函数。
- ❑ public static double asin(double a)：求反正弦函数。
- ❑ public static double atan(double a)：求反正切函数。
- ❑ public static double ceil(double a)：返回最小的大于 a 的整数。
- ❑ public static double cos(double a)：求余弦函数。
- ❑ public static double exp(double a)：求 e 的 a 次幂。
- ❑ public static double floor(double a)：返回最大的小于 a 的整数。

❑ public static double log(double a)：求对数。

❑ public static double pow(double a, double b)：求 a 的 b 次幂。

❑ public static double sin(double a)：求正弦函数。

❑ public static double sqrt(double a)：求 a 的开平方。

❑ public static double tan(double a)：求正切函数。

❑ public static double random()：返回 0 到 1 之间的随机数。

❑ public static double toRadians(double d)：用于将角度转换为弧度。

❑ public static long round(double a)：求浮点数 a 四舍五入的结果。

范例导学

范例 13-9：解答 5 道数学题（范例文件：daima\13\13-9\...\MathTest.java）。

本实例使用类 Math 中的常用方法实现了几个基本的数学运算，代码如下。

```java
public class MathTest{
    public static void main(String args[]){
        //类 Math 中的方法都是静态方法，直接由类名调用即可
        System.out.println("老帅重返海布里，向后辈们提出了 5 道数学题：") ;
        System.out.println("求 9.0 的平方根：" + Math.sqrt(9.0)) ;
        System.out.println("求 10 与 30 中的最大值：" + Math.max(10,30)) ;
        System.out.println("求 10 与 30 中的最小值：" + Math.min(10,30)) ;
        System.out.println("求 2 的 3 次方：" + Math.pow(2,3)) ;
        System.out.println("求 33.6 四舍五入后的结果：" + Math.round(33.6)) ;
    }
}
```

输出结果如下。

```
老帅重返海布里，向后辈们提出了 5 道数学题：
求 9.0 的平方根：3.0
求 10 与 30 中的最大值：30
求 10 与 30 中的最小值：10
求 2 的 3 次方：8.0
求 33.6 四舍五入后的结果：34
```

编程实战

实战案例 13-9-01：计算 3 个数字的绝对值 使用内置方法 Math.abs()，分别计算 3 个不同数字的绝对值。

实战案例 13-9-02：将一个角度值转换为弧度值 使用内置方法 Math.toRadians()，将一个指定的角度值转换为弧度。

实战案例 13-9-03：计算一个数字的反余弦值 使用内置方法 Math.acos()，计算一个数字的反余弦值。

实战案例 13-9-04：计算一个数字的反正切值 使用内置方法 Math.atan()，计算一个数字的反正切值。

13.4.2 类 Random

知识讲解

在 Java 程序中，类 Random 是一个随机数产生类，可以指定一个随机数的范围，然后随机产生在

此范围中的数字。类 Random 提供了如下重要方法。

- ❏ public boolean nextBoolean()：返回一个随机的布尔值。
- ❏ public double nextDouble()：返回一个随机的双精度浮点型值。
- ❏ public int nextInt()：返回一个随机整数。
- ❏ public int nextInt(int n)：返回一个随机的介于 0~n 的 int 型值，包含 0 而不包含 n。
- ❏ public void setSeed(long seed)：设置 Random 对象中的种子数。
- ❏ public long nextLong()：返回一个随机的长整型值。
- ❏ public float nextFloat()：返回一个随机的单精度浮点型值。

范例导学

范例 13-10：机选一注 30 选 7 的彩票（范例文件：daima\13\13-10\...\RandomTest.java）。

本实例使用类 Random 生成了 7 个不大于 30 的随机整数，代码如下。

```
import java.util.Random ;
public class RandomTest{
    public static void main(String args[]){
        Random r = new Random() ;                       //实例化 Random 对象
        System.out.println("为你随机选择的彩票号码如下: ") ;
        for(int i=0;i<7;i++){
            System.out.print(r.nextInt(30) + "\t") ;    //输出随机生成的数字
        }
    }
}
```

上述程序在 for 循环中使用类 Random 的方法 nextInt(int n)生成了 7 个不大于 30 的随机数。因为方法 nextInt(int n)每次运行产生的数字都是随机的，所以每次运行后的结果不同。某次输出结果如下：

```
为你随机选择的彩票号码如下:
12  11  29  10  20  13  2
```

注意：在类 Math 中也有一个方法 random()，该方法的作用是生成一个[0,1.0)区间内的随机小数。事实上，类 Math 中的方法 random()就是直接调用类 Random 中的方法 nextDouble()实现的。

13.4.3 类 NumberFormat

知识讲解

在 Java 中，类 NumberFormat 用于数字格式化，它可以按照本地的风格习惯进行数字的显示。类 NumberFormat 是一个抽象类，和类 MessageFormat 一样，都是 Format 的子类，在实际操作中可以直接使用类 NumberFormat 提供的静态方法为其实例化。类 NumberFormat 的常用方法如表 13-12 所示。

表 13-12　类 NumberFormat 的常用方法

方　　法	类　　型	描　　述
public static Locale[] getAvailableLocales()	普通	返回所有语言环境的数组
public static NumberFormat getInstance()	普通	返回默认语言环境的通用数值格式

续表

方 法	类 型	描 述
public static NumberFormat getInstance(Locale inLocale)	普通	返回指定语言环境的通用数值格式
public static NumberFormat getCurrencyInstance()	普通	返回当前默认语言环境的货币格式
public static NumberFormat getCurrencyInstance(Locale inLocale)	普通	返回指定环境的货币格式
public static final NumberFormat getIntegerInstance()	普通	返回当前默认环境的整数格式
public static NumberFormat getIntegerInstance(Locale inLocale)	普通	返回指定语言环境的整数格式
public static final NumberFormat getNumberInstance()	普通	返回当前默认环境的通用数值
public static NumberFormat getNumberInstance(Locale inLocale)	普通	返回指定语言环境的通用数值
public static final NumberFormat getPercentInstance()	普通	返回当前默认环境的百分比格式
public static NumberFormat getPercentInstance(Locale inLocale)	普通	返回指定语言环境的百分比格式
public final String format(数值)	普通	将某个数值格式化为符合某个国家或地区习惯的数值字符串
public Number parse(String source)	普通	将符合某个国家或地区习惯的数值字符串解析为对应的数值
public void setMaximumFractionDigits(int newValue)	普通	设置数值的小数部分最大位数
public void setMinimumFractionDigits(int newValue)	普通	设置数值的小数部分最小位数
public void setMaximumIntegerDigits(int newValue)	普通	设置数值的整数部分最大位数
public void setMinimumIntegerDigits(int newValue)	普通	设置数值的整数部分最小位数

类 NumberFormat 有一个比较常用的子类——DecimalFormat。它也是类 Format 的一个子类，主要作用是格式化数字。在格式化数字时，使用类 DecimalFormat 要比直接使用类 NumberFormat 更加方便，因为可以直接指定按用户自定义的方式进行格式化操作。与类 SimpleDateFormat 似，使用类 DecimalFormat 进行自定义格式化操作时，必须指定格式化操作的模板，模板标记如表 13-13 所示。

表 13-13 类 DecimalFormat 的格式化模板标记

标 记	位 置	描 述
0	数字	代表阿拉伯数字，每一个 0 表示一位阿拉伯数字，如果该位不存在则显示 0
#	数字	代表阿拉伯数字，每一个#表示一位阿拉伯数字，如果该位不存在则不显示
.	数字	小数点分隔符或货币的小数分隔符
−	数字	代表负号
,	数字	分组分隔符
E	数字	分隔科学记数法中的尾数和指数
;	子模式边界	分隔正数和负数子模式
%	前缀或后缀	乘以 100 并显示为百分数
\u2030	前缀或后缀	乘以 1000 并显示为千分数
¤(\u00A4)	前缀或后缀	货币记号，由货币号替换。如果两个连续出现，则用国际货币符号替换；如果出现在某个模式中，则使用货币小数分隔符，而不使用小数分隔符
'	前缀或后缀	用于在前缀或后缀中为特殊字符加引号。例如，"'#'#" 可以将 123 格式化为"#123"。要创建单引号本身，则连续使用两个单引号，例如，"# o''clock"

类 DecimalFormat 的常用方法如下。

- ❑ public DecimalFormat()：构造方法，使用默认语言环境的默认模式和符号创建对象。
- ❑ public DecimalFormat(String pattern)：构造方法，按照 pattern 指定的模板创建对象。
- ❑ public String format(Object number)：普通方法，将一个数字格式化为字符串。

范例导学

范例 13-11：输出显示某球星的转会费（范例文件：daima\13\13-11\...\NumberFormatT1.java）。

本实例分别使用类 NumberFormat 和类 DecimalFormat 设置了数字的显示格式，代码如下。

```
import java.text.DecimalFormat;
import java.text.NumberFormat;
public class NumberFormatT1{
    public static void main(String args[]){
        NumberFormat nf = null ;
        nf = NumberFormat.getInstance() ;
        System.out.println("某球星的转会费是" + nf.format(180000000)+"欧元") ;
        DecimalFormat df1 = new DecimalFormat("0.00");
        System.out.println("某球星的转会费是" +df1.format(180000000)+"欧元");
    }
}
```

输出结果如下。

```
某球星的转会费是180,000,000 欧元
某球星的转会费是180000000.00 欧元
```

编程实战

实战案例 13-11-01：格式化处理小数　使用类 NumberFormat 的内置方法，格式化处理一个小数，并分别设置其整数部分和小数部分的位数。

实战案例 13-11-02：格式化显示不同格式的数字　使用类 DecimalFormat，自定义格式化模板，输出显示不同格式的数字。

13.4.4　类 BigInteger

知识讲解

在 Java 程序中，如果面对一个非常大的数字，在编程时肯定无法使用基本类型来接收。在 Java 发展初期，遇到大数字时往往会使用类 String 进行接收，然后再采用拆分的方式进行计算，但是这种操作非常麻烦。为了解决这个问题，Java 专门提供了类 BigInteger，这是一个表示大整数的类，定义在 java.math 包中。如果一个整型数据超过了整数的最大类型长度 long，数据无法装入，就可以使用类 BigInteger 进行操作。类 BigInteger 封装了各个常用的基本运算，表 13-14 列出了该类的常用方法。

表 13-14　BigInteger 类的常用方法

方　　法	类　　型	描　　述
public BigInteger(String val)	构造	将一个字符串转换为 BigInteger 类型的数据

续表

方　法	类　型	描　述
public BigInteger add(BigInteger val)	普通	加法
public BigInteger subtract(BigInteger val)	普通	减法
public BigInteger multiply(BigInteger val)	普通	乘法
public BigInteger divide(BigInteger val)	普通	除法
public BigInteger max(BigInteger val)	普通	返回两个大数字中的最大值
public BigInteger min(BigInteger val)	普通	返回两个大数字中的最小值
public BigInteger[] divideAndRemainder (BigInteger val)	普通	除法操作，返回一个 BigInteger 型数组，该数组的第 1 个元素为除法的商，第 2 个元素为除法的余数

表 13-14 列出的只是类 BigInteger 中的常用方法，读者可以自行查阅 JDK 文档来了解其他方法的具体用法。

范例导学

范例 13-12：简易计算器系统（范例文件：daima\13\13-12\...\BigIntegerTest.java）。

本实例使用类 BigInteger 实现对大数的基本运算操作，代码如下。

```java
import java.math.BigInteger ;
public class BigIntegerTest{
    public static void main(String args[]){
        BigInteger bi1 = new BigInteger("123456789000000000000000009") ;    //创建BigInteger对象
        BigInteger bi2 = new BigInteger("987654321000000000000000008") ;    //创建BigInteger对象
        System.out.println("加法操作: " + bi2.add(bi1)) ;                    //加法操作
        System.out.println("减法操作: " + bi2.subtract(bi1)) ;               //减法操作
        System.out.println("乘法操作: " + bi2.multiply(bi1)) ;               //乘法操作
        System.out.println("除法操作: " + bi2.divide(bi1)) ;                 //除法操作
        System.out.println("最大数: " + bi2.max(bi1)) ;                      //求出最大数
        System.out.println("最小数: " + bi2.min(bi1)) ;                      //求出最小数
        BigInteger result[] = bi2.divideAndRemainder(bi1) ;                 //求出余数的除法操作
        System.out.println("商是: " + result[0] + "; 余数是: " + result[1]) ;
    }
}
```

输出结果如下。

```
加法操作: 1111111110000000000000000017
减法操作: 864197531999999999999999999
乘法操作: 121932631112635269000000009876543201000000000000000072
除法操作: 8
最大数: 987654321000000000000000008
最小数: 123456789000000000000000009
商是: 8; 余数是: 8999999999999999936
```

13.5　正则表达式

在开发 Java 程序的过程中，难免会遇到需要匹配、查找、替换、判断字符串的情况，而这些情况有时又比较复杂，如果用纯编码方式解决，往往会浪费大量的时间和精力。为此，Java 引入了正则表达式。

13.5.1　正则表达式基础

正则表达式是一种可以用于模式匹配和替换的规范，一个正则表达式就是由普通的字符（如字符 a 到 z）以及特殊字符（元字符）组成的文本模式，它使用单个字符串来描述、匹配一系列符合某个句法规则的字符串，通常被用来检索、替换那些符合某个模式（规则）的文本。Java 通过 java.util.regex 包为正则表达式提供了支持。学习正则表达式的第一步是了解其符号定义。

1.　基本符号

正则表达式中常用的基本符号如表 13-15 所示。

表 13-15　正则表达式的基本符号

符　号	符　号	示　例	解　释	匹配输入
\	转义符，用于将特殊字符转义为普通字符	*	符号"*"	*
[]	可接收的字符列表	[efgh]	e、f、g、h 中的任意一个字符	e、f、g、h
[^]	不接收的字符列表	[^abc]	除 a、b、c 之外的任意一个字符，包括数字和特殊符号	m、q、5、*
|	匹配"|"前后两个表达式中的任意一个	ab|cd	ab 或者 cd	ab、cd
()	将子表达式分组	(abc)	将字符串 abc 作为一组	abc
-	连字符	A-Z	任意单个大写字母	任意一个大写字母

2.　限定符

限定符将可选数量的数据添加到正则表达式，常用限定符如表 13-16 所示。

表 13-16　常用限定符

符　号	含　义	示　例	解　释	匹配输入	不匹配输入
*	指定字符重复 0 次或 n 次	(abc)*	仅包含任意多个字符串 abc，等效于\w*	abc、abcabcabc	a、abca
+	指定字符重复 1 次或 n 次	m+(abc)*	以至少 1 个 m 开头，后接任意多个字符串 abc	m、mabc、mabcabc	ma、abc
?	指定字符重复 0 次或 1 次	m+abc?	以至少 1 个 m 开头，后面 ab 连续出现 1 次或多次，c 出现 0 次或 1 次	mab、mabc、mmab、mmabc、mmababc	ab、abc、mabcc
{n}	只能输入 n 个字符	[abcd]{3}	由字母 a、b、c、d 组成的长度为 3 的任意字符串	abc、dbc、adc	a、aa、dcbd
{n,}	指定至少 n 个字符	[abcd]{3,}	由字母 a、b、c、d 组成的长度不小于 3 的任意字符串	aab、dbc、aaabdc	a、cd、bb
{n,m}	指定至少 n 个但不多于 m 个字符	[abcd]{3,5}	由字母 a、b、c、d 组成的长度不小于 3、不大于 5 的任意字符串	abc、abcd、aaaaa、bcdab	ab、ababab、a
^	指定起始字符	^[0-9]+[a-z]*	以至少 1 个数字开头，后接任意多个小写字母的字符串	123、6aa、555edf	abc、aaa、a33
$	指定结束字符	^[0-9]\-[a-z]+$	以 1 个数字开头，后接连字符"－"，并以至少 1 个小写字母结尾的字符串	1-abc、9-z、5-hello	12-abc、1-Abc

3. 匹配字符集

匹配字符集是预定义的用于正则表达式中的符号集。它们通常代表一组字符，正则表达式引擎会匹配这组字符中的任意一个字符。表 13-17 给出了正则表达式中常用的匹配字符集。

表 13-17　正则表达式中的部分常用匹配字符集

符　号	含　义	示　例	解　释	匹配输入	不匹配输入
.	匹配除\n 以外的任意单个字符	a..b	以 a 开头、b 结尾，中间包括 2 个任意字符，长度为 4 的字符串	aaab、aefb、a35b、a#*b	ab 、 aaaa 、a347b
\d	匹配单个数字字符，相当于[0-9]	\d{3}(\d)?	包含 3 个或 4 个任意数字的字符串	123、9876	12、98768
\D	匹配单个非数字字符，相当于[^0-9]	\D(\d)*	以单个非数字字符开头、后接任意多个数字的字符串	a、A342	aa、AA78、1234
\w	匹配单个数字、大小写字母字符，相当于[0-9a-zA-Z]	\d{3}\w{4}	以 3 个数字字符开头的、长度为 7 的、由数字和字母组成的字符串	234abcd、12345Pe	58a、Ra46
\W	匹配单个非数字、大小写字母字符，相当于[^0-9a-zA-Z]	\W+\d{2}	以至少 1 个非数字或字母的字符开头、2 个数字字符结尾的字符串	!@#45、	12、abc34

4. 字符转义

如果想匹配元字符本身，如匹配"*"，就会出现问题，因为"*"会被解释成别的意思。这时就得使用"\"来取消这些字符的特殊意义。因此，匹配"*"时，应该使用"*"。当然，匹配"\"本身时，也得使用"\\"。例如，deerchao\.net 匹配 deerchao.net，C:\\Windows 匹配 C:\Windows。注意，在 Java 中，用"\\."匹配"."。

13.5.2　类 Pattern 和类 Matcher

知识讲解

Java 中的正则表达式机制是通过 java.util.regex 包提供的类 Pattern 和类 Matcher 来实现。这个机制允许开发者构造复杂的文本匹配模式，然后利用这些模式在字符串中进行搜索、匹配、替换等操作，从而实现对文本的高效处理。其中，类 Pattern 负责编译和存储正则表达式模式，而类 Matcher 则负责使用这个模式去匹配和操作字符串。在 Java 程序中，可以先用一个 Pattern 对象订制一个合法的正则表达式模式，然后用一个 Matcher 对象在这个给定的 Pattern 对象的模式控制下进行字符串的匹配工作。

类 Pattern 中的常用方法如表 13-18 所示。

表 13-18　类 Pattern 中的常用方法

方　法	类　型	描　述
public static Pattern compile(String regex)	普通	指定正则表达式规则
public Matcher matcher(CharSequence input)	普通	返回 Matcher 类实例
public String[] split(CharSequence input)	普通	字符串拆分
public static boolean matches(String regex, CharSequence input)	普通	编译给定正则表达式并尝试将输入与其匹配

如果想获取类 Pattern 的实例对象，可以调用其方法 compile()。如果要验证一个字符串是否符合该 Pattern 对象指定的规范或进行相应的其他操作，则可以使用类 Matcher 实现。类 Matcher 中的常用方法如表 13-19 所示。

表 13-19　类 Matcher 中的常用方法

方　　法	类　　型	描　　述
public boolean matches()	普通	执行验证
public String replaceAll(String replacement)	普通	字符串替换
public boolean find()	普通	尝试查找与该模式匹配的输入序列的下一个子序列

注意：在 Java 中，CharSequence 是一个接口，它代表字符序列的一种通用表示或结构，类 String 实现了这个接口。

综上所述，在 Java 程序中使用正则表达式的典型流程可以总结如下。

❑ 定义正则表达式：根据需求编写一个正则表达式字符串。

❑ 编译正则表达式：使用类 Pattern 的方法 compile() 将正则表达式字符串编译为 Pattern 对象。

❑ 创建 Matcher 对象：通过 Pattern 对象的方法 matcher()，传入待匹配的字符串，创建一个 Matcher 对象。

❑ 执行匹配操作：使用 Matcher 对象的方法（如 matches() 等）来执行匹配操作，并获取匹配结果。

❑ 处理匹配结果：根据匹配结果执行相应的操作，如提取信息、替换文本等。

范例导学

范例 13-13：验证会员输入的日期格式是否合法（范例文件：**daima\13\13-13\...\PaMaTest.java**）。

本实例使用类 Pattern 和类 Matcher 验证一个字符串是否为合法的日期格式，代码如下。

```
import java.util.regex.Pattern ;
import java.util.regex.Matcher ;
public class PaMaTest{
    public static void main(String args[]){
        String str = "2024-12-27" ;                    //待验证的字符串
        String pat = "\\d{4}-\\d{2}-\\d{2}" ;          //指定的正则表达式，代表一种日期格式
        Pattern p = Pattern.compile(pat) ;             //创建 Pattern 对象
        Matcher m = p.matcher(str) ;                   //创建 Matcher 对象
        System.out.println(" "2024-12-27"是合法的日期格式吗? ") ;
        if(m.matches()){                               //进行验证
            System.out.println("日期格式合法! ") ;
        }else{
            System.out.println("日期格式不合法! ") ;
        }
    }
}
```

在上述代码中，字符 "\" 是需要进行转义的，"\\" 实际上表示的是 "\"，所以 "\\d" 表示的是 "\d"。输出结果如下。

```
"2024-12-27"是合法的日期格式吗?
日期格式合法!
```

微课学堂

微课案例 13-13-01：提取一个 QQ 号码是否合法　根据给定用来表示 Pattern 和来表示 Matcher，验证某字符串是否为一个 QQ 号码。

微课案例 13-13-02：验证某个字符串是否合法字符串　使用类 Pattern 中的内置方法，验证其是否字符串中是否包含了某个特定的子字符串。

微课案例 13-13-03：拆分字符串　使用类 Pattern 中的内置方法来拆分某个指定的字符串，参考源码字符串中的筛选字进行拆分。

13.5.3　类 String 和正则表达式

知识讲解

正则表达式是一种强大的字符串处理工具，可以对字符串进行查找、提取、分割、替换等操作。

类 String 提供了以下 4 个和正则表达式相关的常用方法。
□ boolean matches(String regex)：判断某字符串是否匹配指定的正则表达式 regex。
□ String replaceAll(String regex, String replacement)：将当前字符串中所有匹配正则表达式 regex 的子串替换成字符串 replacement。
□ String replaceFirst(String regex, String replacement)：将当前字符串中第一个匹配正则表达式 regex 的子串替换成字符串 replacement。
□ String[] split(String regex)：以与正则表达式 regex 匹配的子串作为分隔符，把当前字符串分割成多个子串。

范例导学

范例 13-14：编写文本类型（范例文件：daima\13\13-14\...\RegexStringTest.java）。

本案例使用方法 replaceAll()替换源字符串中的所有匹配内容，代码如下。

```java
public class RegexStringTest {
    public static void main(String[] args) {
        String originalString = "Hello, World! World is beautiful.";
        System.out.println("原字符串：" + originalString);
        //将所有的World(不区分大小写)替换为Universe
        String replacedString = originalString.replaceAll("(w|W)orld", "Universe");
        System.out.println("替换后：" + replacedString);
    }
}
```

输出结果如下。

原字符串：Hello, World! World is beautiful.
替换后：Hello, Universe! Universe is beautiful.

微课学堂

微课案例 13-14-01：提取字符串重复的单词　创建一个英文字符串（包含英语短句和空格），然后提取该字符串中的每一个单词。

　　实战案例 13-14-02：替换字符串中的第一个指定内容　创建一个字符串，然后使用指定内容替换该字符串中的第一个指定内容。

　　实战案例 13-14-03：删除字符串中的空格　创建一个字符串（包含多个空格），然后删除该字符串中的所有空格。

13.6　综合实战——万年历系统

范例功能

　　本实例使用 Java 内置类库实现了一个万年历系统。该系统提供了简单的交互界面，可以让用户选择查询某年某月的日历或退出程序。当选择查询某年某月的日历时，按照程序提示输入特定的年份和月份，程序将计算并展示出相应月份的日历视图。

学习目标

　　掌握 Java 中日期/时间的处理方式，熟悉 Java 内置类的使用。此外，通过本实战案例，还可以增强编程逻辑和算法设计能力，以及代码组织和架构能力。

具体实现

　　编写实例文件 CalendarApp.java，具体实现目标如下。
- ☑　提供简单的交互界面，供用户选择查询某年某月的日历或退出程序。
- ☑　接收从控制台输入的年份和月份。
- ☑　计算输入月份的天数。
- ☑　计算输入月份的第一天是星期几。
- ☑　按照标准格式输出该月的日历。
- ☑　退出程序。

第 14 章 I/O 流编程

在计算机系统中，通常会保存各种各样的文件，如文件夹、Word 文件、记事本文件、压缩文件等。当今主流的编程语言都提供了对文件进行操作的接口，作为一门面向对象的高级编程语言，Java 自然也不例外。它提供了 I/O 流系统，专门帮助开发人员快速操作文件。本章将详细讲解 Java 的 I/O 流系统，具体知识架构如下。

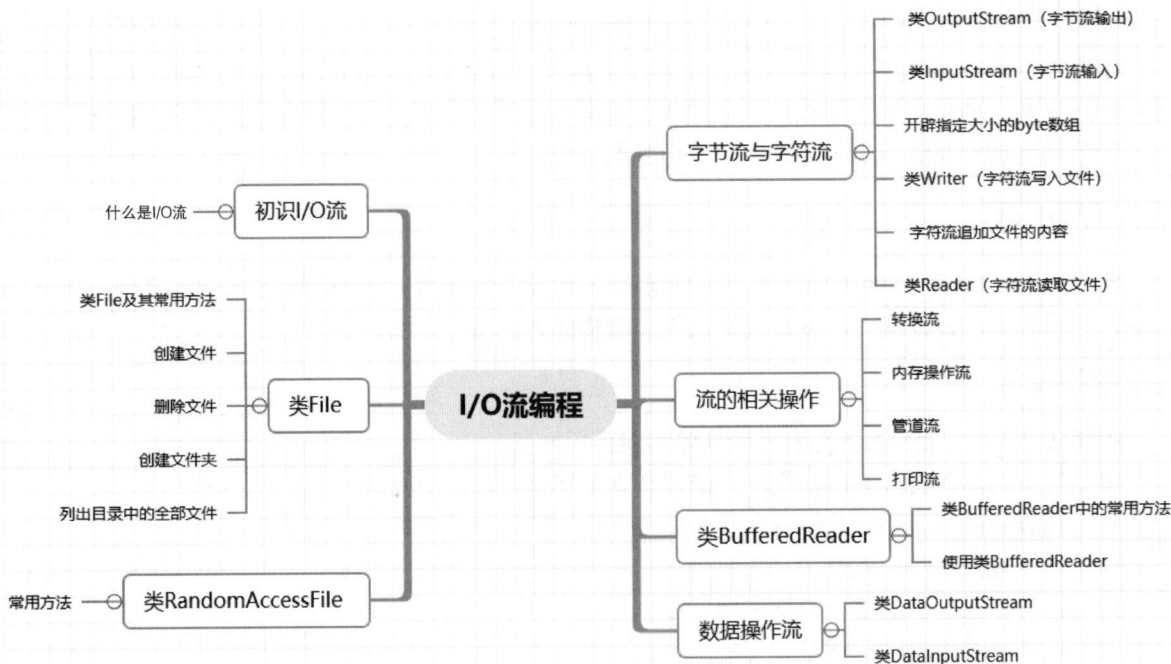

```
                                                    ┌─ 类OutputStream（字节流输出）
                                                    ├─ 类InputStream（字节流输入）
                                     ┌─ 字节流与字符流 ┤─ 开辟指定大小的byte数组
                                     │                ├─ 类Writer（字符流写入文件）
                      ┌─ 初识I/O流 ─┤                ├─ 字符流追加文件的内容
          什么是I/O流 ─┤             │                └─ 类Reader（字符流读取文件）
                                     │
                      ┌─ 类File及其常用方法          ┌─ 转换流
                      ├─ 创建文件                    ├─ 内存操作流
            ┌─ 类File ┤─ 删除文件      I/O流编程 ─┤─ 流的相关操作 ┤─ 管道流
                      ├─ 创建文件夹                  └─ 打印流
                      └─ 列出目录中的全部文件
                                                    ┌─ 类BufferedReader中的常用方法
          常用方法 ─ 类RandomAccessFile              ├─ 类BufferedReader ┤─ 使用类BufferedReader
                                                    │
                                                    └─ 数据操作流 ┤─ 类DataOutputStream
                                                                  └─ 类DataInputStream
```

14.1 初识 I/O 流

在程序运行过程中，变量、数组、对象和集合中所存储的数据都是暂时的，它们仅在程序执行期间存在。一旦程序终止，这些数据便会随之消失。为了长期保存由程序生成的数据，开发人员需要将这些数据写入磁盘文件中。这样做不仅确保了数据的持久性，而且还使得这些数据能被其他程序所共享和使用。

无论是哪一种开发语言，都离不开对硬盘数据的处理，Java 自然也不例外。为了方便、高效地处理硬盘数据，Java 提供了 I/O 流系统。什么是 I/O 流呢？I/O 流就是数据输入/输出流，也称为数据流。简单来说，I/O 流就是数据流的输入/输出方式。其中，输入模式用于从数据源（如文件、网络等）读取数据，而输出模式则用于将数据写入指定的目标（如文件、网络等）。通过 I/O 流系统，程序能够灵活地处理各种数据，实现数据的持久化和共享。

Java 中的 I/O 操作指的是通过 Java 程序实现数据的输入与输出。这些操作主要依赖于 java.io 包中提供的类，它们为文件的读写、网络通信等提供了丰富的功能。在 Java 程序中进行 I/O 操作时，需要先导入 java.io 包。java.io 包的构成如图 14-1 所示，该包中包含多个重要的类，其中最常用的 6 个类是 File、RandomAccessFile、OutputStream、InputStream、Writer 和 Reader。熟练掌握这些类的使用方法，就等同于把握了 Java I/O 操作的核心，从而能够灵活地应对各种数据的输入与输出需求。

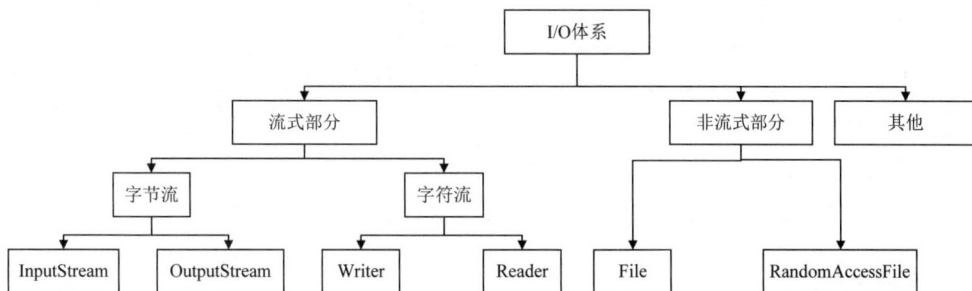

图 14-1　java.io 包的构成

14.2　类 File

在整个 java.io 包中，唯一与文件本身有关的类就是 File。使用类 File 可以实现创建文件、删除文件等常用的操作。

14.2.1　类 File 及其常用方法

在 Java 程序中，若要使用类 File 操作文件，首先需要通过其构造方法进行实例化。在实例化类 File 时，必须设置好文件路径。例如，使用构造方法 File(String pathname)创建对象时，必须向其中传递一个正确的文件路径参数。假如要操作计算机 E 盘根目录下的文件 test.txt，则路径应写成 E:\\test.txt，其中"\\"表示"\"。此外，为了执行具体的文件操作，还需要使用类 File 中定义的一系列普通方法。表14-1 列出了类 File 中常用的常量、构造方法和普通方法。

表 14-1　类 File 中常用的常量、构造方法和普通方法

方法/常量	类　型	描　　述
public static final String pathSeparator	常量	表示路径的分隔符，Windows 下为";"
public static final String separator	常量	表示目录名称的分隔符，Windows 下为"\"
public File(String pathname)	构造	创建 File 类对象，传入完整路径
public File(String parent,String child)	构造	创建 File 对象，parent 表示上级目录，child 表示指定的子目录或文件名
public File(File obj,String child)	构造	基于给定的父目录（File 对象 obj）和子文件或子目录的名称（child）创建一个新的 File 对象

续表

方法/常量	类 型	描 述
public boolean createNewFile() throws IOException	普通	创建新文件
public boolean delete()	普通	删除文件
public boolean exists()	普通	判断文件是否存在
public boolean isDirectory()	普通	判断给定的路径是否为一个目录
public long length()	普通	返回文件的大小
public String[] list()	普通	列出指定目录的全部内容，只列出名称
public File[] listFiles()	普通	列出指定目录的全部内容，会列出路径
public boolean mkdir()	普通	创建一个目录
public boolean renameTo(File dest)	普通	为已有的文件重新命名

14.2.2 创建文件

知识讲解

在 Java 程序中，创建类 File 的实例对象后，可以使用方法 createNewFile()创建一个新文件。但是，该方法使用 throws 关键字抛出 IOException 异常，所以必须使用 try…catch 语句进行异常处理。

范例导学

范例 14-1：创建一个记事本文件（范例文件：daima\14\14-1\...\FileT1.java）。
本实例创建了一个 File 对象实例 f，用于创建一个记事本文件，代码如下。

```java
import java.io.File ;
import java.io.IOException ;
public class FileT1{
    public static void main(String args[]){
        File f = new File("F:\\奔驰 GLA.txt") ;  //创建类 File 的对象
        try{
            f.createNewFile() ;                  //创建文件，根据给定的路径创建
        }catch(IOException e){
            e.printStackTrace();                 //输出异常信息
        }
    }
}
```

在运行上述代码后，发现在 F 盘根目录下创建了一个名为"奔驰 GLA.txt"的记事本文件。这里需要注意的是，在不同的操作系统中，目录名称的分隔符是不一样的。例如，Windows 中使用反斜杠"\"表示目录名称的分隔符，而在 Linux 中使用正斜杠"/"表示目录名称的分隔符。

编程实战

实战案例 14-1-01：比较两个文件是否相同 使用类 File 创建两个对象实例，分别赋值为两个文件的绝对路径，然后比较这两个文件是否相同。

实战案例 14-1-02：判断指定的文件夹是否为目录　设置一个指定的文件路径，然后判断这个路径是否为一个目录。

14.2.3　删除文件

知识讲解

如果要删除一个文件，可以使用类 File 中的方法 delete()实现。

范例导学

范例 14-2：删除指定的记事本文件（范例文件：daima\14\14-2\...\FileT2.java）。

本实例创建了一个 File 对象实例 f，然后使用方法 delete()删除了范例 14-1 创建的记事本文件"奔驰 GLA.txt"，代码如下。

```java
import java.io.File ;
public class FileT2{
    public static void main(String args[]){
        File f = new File("F:"+File.separator+"奔驰 GLA.txt") ;    //创建类 File 的对象
        f.delete() ;                                           //删除文件
    }
}
```

在运行上述代码后，发现范例 14-1 中在 F 盘根目录下创建的记事本文件"奔驰 GLA.txt"被删除掉了。上述代码虽然能够成功删除文件，但是也存在一个问题——在删除文件前并不能保证文件存在。因此，最好对以上代码进行一些改进，在删除文件前先判断文件是否存在，如果存在则执行删除操作。判断一个文件是否存在，可以直接使用类 File 提供的方法 exists()。

编程实战

实战案例 14-2-01：删除一个不需要的文件　假设在计算机中存在一个不需要的记事本文件"面试技巧.txt"，请编写程序删除这个文件。

实战案例 14-2-02：安全地删除一个文件　使用类 File 中的内置方法判断某个文件是否存在，如果存在则删除这个文件。

14.2.4　创建文件夹

知识讲解

在 Java 程序中，可以使用类 File 中的方法 mkdir()创建一个指定的文件夹。

范例导学

范例 14-3：创建一个保存 Java 实例的文件夹（范例文件：daima\14\14-3\...\FileT3.java）。

本实例创建了一个 File 对象实例 f，然后使用方法 mkdir()创建了一个文件夹，代码如下。

```
import java.io.File ;
public class FileT3{
    public static void main(String args[]){
        String pathname = "F:"+File.separator+"测试"+ File.separator+"Java 实例";
        File f = new File(pathname) ;                    //创建类 File 的对象
        f.mkdir() ;                                       //创建文件夹
    }
}
```

运行上述代码后，会在 F 盘中的"测试"文件夹下创建一个名为"Java 实例"的文件夹，如图 14-2 所示。

图 14-2　执行结果

编程实战

实战案例 14-3-01：创建一个保存学习资料的文件夹　编写程序，在指定位置创建一个保存学习资料的文件夹，命名为"学习资料"。

实战案例 14-3-02：安全地创建一个文件夹　编写程序，在指定的位置创建一个指定名称的文件夹，在创建前需要先判断该位置下是否存在同名的文件夹。

14.2.5　列出目录中的全部文件

知识讲解

在 Java 程序中，假设给出了一个具体的目录，通过类 File 提供的方法可以直接列出这个目录下的所有内容，具体方法如下。

- ❑　public String[] list()：返回一个字符串数组，用于列出指定目录下的所有文件名和子目录名。
- ❑　public File[] listFiles()：返回一个 File 对象数组，用于代表指定目录下的所有文件和子目录。

范例导学

范例 14-4：列出某个目录中的全部文件（范例文件：daima\14\14-4\...\FileT4.java）。

本实例创建了一个 File 对象实例 f，然后使用方法 list() 获取某个目录下的所有文件名和子目录名，代码如下：

```
import java.io.File ;
public class FileT4{
    public static void main(String args[]){
        String pathname = "F:"+File.separator+"测试"+ File.separator;
        File f = new File(pathname) ;                    //创建类 File 的对象
        String str[] = f.list() ;                        //获取给定目录中的内容
```

```
        for(int i=0;i<str.length;i++){
            System.out.println(str[i]) ;
        }
    }
}
```

在运行上述代码后，会输出显示 F 盘中的"测试"文件夹下的所有文件名和子目录名，如图 14-3
所示。

（a）F 盘中的"测试"文件夹　　　　　　　　　　　（b）程序输出结果

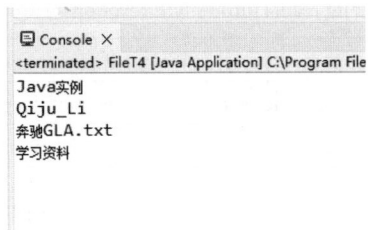

图 14-3　执行结果

编程实战

实战案例 14-4-01：列出 F 盘根目录下的所有内容　创建 File 对象实例，然后使用方法 listFiles()
并结合 for 循环遍历输出 F 盘中所有内容。

实战案例 14-4-02：输出显示 F 盘根目录的详细信息　编写程序，综合使用类 File 中的方法，输出
显示 F 盘根目录的详细信息，包括所有文件和子目录的名称、文件类型及大小。

14.3　类 RandomAccessFile

在 Java 程序中，类 File 只是针对文件本身进行操作的，如果要对文件内容进行操作，可以使用类
RandomAccessFile 实现。

知识讲解

类 RandomAccessFile 是一个随机读写类，它允许程序对文件进行随机访问，即允许程序直接跳转
到文件的任何位置进行读写操作。类 RandomAccessFile 中的常用方法如表 14-2 所示。

表 14-2　RandomAccessFile 类的常用操作方法

方　　　法	类　　型	描　　　述
public RandomAccessFile(File file,String mode) throws FileNotFoundException	构造	接收类 File 的对象，指定要操作的文件，同时设置文件的打开方式。r 为只读，w 为只写，rw 为读写
public RandomAccessFile(String name,String mode) throws FileNotFoundException	构造	不再使用 File 类对象表示文件，而是直接输入一个固定的文件路径
public void close() throws IOException	普通	关闭操作
public void seek(long pos) throws IOException	普通	指定程序在文件中进行读写操作的位置

续表

方　　法	类　　型	描　　述
public long getFilePointer() throws IOException	普通	返回文件中的当前位置
public long length() throws IOException	普通	返回此文件长度
public int skipBytes(int n) throws IOException	普通	跳过文件中的 n 个字节
public int read() throws IOException	普通	读取文件的下一个字节，并返回读到的字节。如果已读到文件末尾，返回-1
public int read(byte[] b) throws IOException	普通	将最多 b.length 个字节的数据读入一个字节数组
public final byte readByte() throws IOException	普通	读取一个字节
public final int readInt() throws IOException	普通	从文件读取 4 个字节并返回一个 int 型整数
public final void writeBytes(String s) throws IOException	普通	将一个字符串写入文件中。它将字符串中的每个字符直接转换为其对应的字节值，并将这些字节值写入文件
public final void writeInt(int v) throws IOException	普通	将一个 int 型数据以 4 个字节的形式写入文件

通过表 14-2 中的方法 seek(long pos)，可以指定程序跳转到文件中的指定位置进行读写。这相当于在文件中设置了一个指针，程序根据此指针的位置进行读写。

📢 **注意**：当使用 rw 方式创建 RandomAccessFile 对象时，如果要写入的文件不存在，系统会自动创建。

范例导学

范例 14-5：向文件中写入宝马 3 系 2024 款的 3 种车型（范例文件：daima\14\14-5\...\Random AccessT1.java）。

在本实例中分别创建了 File 对象实例 f 和 RandomAccessFile 对象实例 rdf，代码如下：

```java
import java.io.File ;
import java.io.RandomAccessFile ;
public class RandomAccessT1{
    //所有的异常直接抛出，程序中不再进行处理
    public static void main(String args[]) throws Exception{
        File f = new File("F:" + File.separator + "test.txt") ;  //指定要操作的文件
        RandomAccessFile rdf = null ;                            //创建类 RandomAccessFile 的对象
        rdf = new RandomAccessFile(f,"rw") ;                     //读写模式,如果文件不存在,会自动创建
        String name = null ;
        name = "2024BMW320i   " ;                                //创建字符串 name
        rdf.writeBytes(name) ;                                   //将 name 写入文件之中
        name = "2024BMW320Li   " ;                               //更新字符串 name
        rdf.writeBytes(name) ;                                   //将 name 写入文件之中
        name = "2024BMW325Li" ;                                  //更新字符串 name
        rdf.writeBytes(name) ;                                   //将 name 写入文件之中
        System.out.println("文件长度: " + rdf.length()) ;        //输出文件长度
        rdf.seek(4) ;                                            //跳转到文件的第 4 个字节位置处
        System.out.println("当前位置: " + rdf.getFilePointer()) ; //输出文件中的当前位置
        int byteRead = rdf.read();                               //从当前位置读取一个字节
        System.out.println("Read byte: " + byteRead) ;           //输出读取到的内容
        System.out.println("读取一字节后的位置: " + rdf.getFilePointer()) ;
        rdf.close() ;                                            //关闭
    }
}
```

执行程序，会在 F 盘根目录创建文件 test.txt，并向其中写入指定数据，如图 14-4 所示。

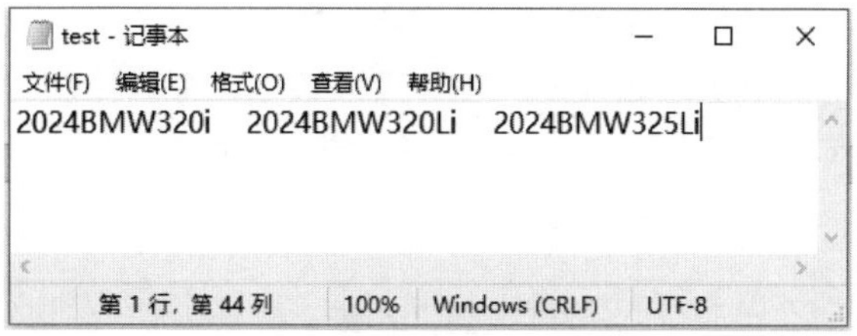

同时，输出结果如下。

```
文件长度：43
当前位置：4
Read byte: 66
读取一字节后的位置：5
```

图 14-4　执行结果

上述实例代码中，向文件 test.txt 写入数据后，使用方法 seek()将程序在文件中的读写位置跳转到第 4 字节。此时调用方法 read()，程序会读取文件中数据的第 4 字节的信息（从文件开头算起，以 0 为起始索引），而该处为字符为 B，对应的 ASCII 码为 66，所以该方法返回的结果为 66。方法 read()被调用一次后，文件的当前位置下移一位，由 4 变为 5。

编程实战

实战案例 14-5-01：记录 3 名员工的信息　使用类 RandomAccessFile 创建指定的记事本文件，然后依次向里面写入 3 名员工的信息（包括姓名和年龄）。

实战案例 14-5-02：读取文件中的指定内容　使用类 RandomAccessFile 读取记事本文件中的内容。例如，本实战案例准备了记事本文件 test.txt，读取其文本数据中从第 100 字节开始的 100 字节的内容。

14.4　字节流与字符流

在 Java 程序中，所有的数据都是以流的方式进行传输或保存的。按数据流方向的不同，I/O 流分为输入流和输出流。程序需要数据时要使用输入流读取数据，而当程序需要将一些数据保存起来时就要使用输出流。在 java.io 包中，实现流操作功能的类主要有两种，分别是字节流类和字符流类，这两个类都有输入和输出操作。

❑ 字节流：主要用于处理二进制数据，以字节为单位进行读写操作，Java I/O 库中的抽象类 InputStream 和 OutputStream 及其子类提供了对字节流的高效处理支持。

❑ 字符流：主要用于处理文本数据，它由字符组成。在 Java 中，字符流通过类 Reader 和 Writer 及其子类来实现文本数据的输入和输出。需要注意的是，字符在内存中通常占用两个字节（在 UTF-16 编码下），但字符流在处理时会考虑字符编码，使得文本数据的读写更加便捷和准确。

14.4.1　类 OutputStream

知识讲解

在 Java 程序中，类 OutputStream（字节流输出）是 I/O 包中所有字节输出流类的超类，定义该类的格式如下。

```
public abstract class OutputStream extends Object implements Closeable, Flushable {}
```

从以上定义中可以发现，类 OutputStream 是一个抽象类，如果要使用该类，必须通过其子类创建实例对象。如果要向文件写入数据，可以使用类 FileOutputStream，通过向上转型得到 OutputStream 的实例对象。类 OutputStream 的主要操作方法如表 14-3 所示。

表 14-3　类 OutputStream 的常用方法

方　　　法	类　　型	描　　　述
public void close() throws IOException	普通	关闭输出流
public void flush() throws IOException	普通	刷新输出流
public void write(byte[] b) throws IOException	普通	将一个 byte 型数组写入数据流
public void write(byte[] b,int off,int len) throws IOException	普通	将一个 byte 型数组的指定部分写入数据流
public abstract void write(int b) throws IOException	普通	将一个字节写入数据流

在 Java 程序中，类 FileOutputStream 的构造方法如下。

```
public FileOutputStream(File file) throws FileNotFoundException{}
```

上述构造函数用于创建一个文件输出流以写入指定的 File 对象表示的文件，它需要接收一个 File 对象作为参数，该对象封装了要写入数据的文件路径。

类 OutputStream 实现了 Closeable 和 Flushable 两个接口，其中接口 Closeable 的定义格式如下。

```
public interface Closeable{
    void close() throws IOException
}
```

接口 Flushable 的定义格式如下。

```
public interface Flushable{
    void flush() throws IOException
}
```

通过这两个接口中定义的方法可以发现，接口 Closeable 表示可关闭，接口 Flushable 表示可刷新。类 OutputStream 为这两个接口中的方法提供了实现，用户在操作时通常不需要直接关注这两个接口，而是可以直接使用类 OutputStream 及其子类来进行数据的输出操作。这样，用户可以更专注于数据的传输和处理，而不必担心底层资源的关闭和刷新细节。

范例导学

范例 14-6：在记事本文件中写入奥迪 A4 的广告词（范例文件：daima\14\14-6\...\Output StreamT1.java）。

本实例创建了一个 File 对象实例 f，然后创建了 OutputStream 对象实例 out，进而向文件 test.txt 中写入数据，代码如下。

```
import java.io.File ;
import java.io.OutputStream ;
import java.io.FileOutputStream ;
public class OutputStreamT1{
    //异常抛出，不处理
    public static void main(String args[]) throws Exception{
        //第 1 步，创建类 File 的对象
        File f= new File("F:" + File.separator + "test.txt") ;
        //第 2 步，创建类 OutputStream 的对象，通过其子类实现
```

```
        OutputStream out = null ;              //声明类 OutputStream 的对象
        out = new FileOutputStream(f) ;        //通过对象多态性，进行实例化
        //第 3 步，进行写入操作
        String str = "奥迪 A4L，值得信赖！" ;        //准备一个字符串
        byte b[] = str.getBytes() ;            //只能输出 byte 型数组，所以将字符串变为 byte 型数组
        out.write(b) ;                         //将内容输出，保存文件
        //第 4 步，关闭输出流
        out.close() ;
    }
}
```

执行程序后，将在 F 盘根目录下创建文件 test.txt，并写入数据"奥迪 A4L，值得信赖！"如图 14-5 所示。

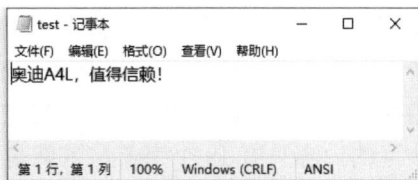

14.4.2 类 InputStream

知识讲解

图 14-5 执行结果

在 Java 程序中，可以通过类 InputStream（字节流输入）从文件中读取内容。与类 OutputStream 一样，类 InputStream 本身也是一个抽象类，必须依靠其子类 FileInputStream 创建实例。类 InputStream 中的主要方法如表 14-4 所示。

表 14-4 InputStream 类的常用方法

方　　法	类　　型	描　　述
public int available() throws IOException	普通	取得输入文件的大小
public void close() throws IOException	普通	关闭输入流
public abstract int read() throws IOException	普通	读取内容，以数字的方式读取
public int read(byte[] b) throwsIOException	普通	将内容读到 byte 型数组中，同时返回读入的个数

类 FileInputStream 的构造方法如下。

```
public FileInputStream(File file) throws FileNotFoundException {}
```

范例导学

范例 14-7：读取并显示记事本文件中的奥迪汽车的广告词（范例文件：daima\14\14-7\...\Input StreamT1.java）。

本实例创建了一个 File 对象实例 f，然后创建了 InputStream 对象实例 input，进而读取文件 test.txt 中的内容，代码如下。

```
import java.io.File ;
import java.io.InputStream ;
import java.io.FileInputStream ;
public class InputStreamT1{
    //异常抛出，不处理
    public static void main(String args[]) throws Exception{
        //第 1 步，创建类 File 的对象
        File f= new File("F:" + File.separator + "test.txt") ;
        //第 2 步，创建类 InputStream 的对象，通过其子类实现
        InputStream input = null ;
```

```
        input = new FileInputStream(f) ;              //通过对象多态性，进行实例化
        //第 3 步，进行读取操作，所有的内容都读到 byte 数组中
        byte b[] = new byte[1024] ;
        input.read(b) ;                               //读取内容
        //第 4 步，关闭输入流
        input.close() ;
        System.out.println(new String(b)) ;           //把 byte 数组转变为字符串输出
    }
}
```

执行程序，将读取范例 14-6 中在 F 盘根目录下创建的文件 test.txt 中的数据，输出结果如下。

奥迪 A4L，值得信赖！

在上述实例代码中，文件 test.txt 中写有数据"奥迪 A4L，值得信赖！"在程序运行过程中，test.txt 中的数据虽然已经被读取进来，但是后面有很多个空格，这是因为开辟的 byte 型数组大小为 1024，而实际的内容只有 19 个字节，也就是说存在 1005 个空白的字节，在将 byte 数组变为字符串时也将这 1005 个空白字节转为字符串，这样的操作肯定是不合理的。如果要解决以上问题，则要观察方法 read()，在此方法上有一个返回值，此返回值表示向数组中写入了多少个数据。

编程实战

实战案例 14-7-01：读取在键盘中输入的数据 通过 InputStream 接收用户在键盘中输入的内容，然后打印输出用户输入的内容。

实战案例 14-7-02：读取指定文件的内容并计算长度 准备一个记事本文件，然后读取文件中的内容，并计算所读取内容的长度。

实战案例 14-7-03：将一个文件的内容复制到另外一个文件中 分别创建文件对象，然后尝试将一个记事本文件的内容复制到另外一个记事本文件中，要求使用 InputStream 和 OutputStream 实现。

14.4.3 开辟指定大小的 byte 数组

知识讲解

范例 14-7 虽然指定了 byte 数组的范围，但是却开辟了很多无用的空间，造成了资源的浪费。那么，此时能否根据文件的数据量来选择开辟空间的大小呢？要想完成这样的操作，就要从类 File 着手，因为类 File 中存在一个方法 length()，此方法可以取得文件的大小。

范例导学

范例 14-8：根据文件的数据量来选择开辟空间的大小（范例文件：**daima\14\14-8\...\Input StreamT2.java**）。

本实例中创建了一个 File 对象实例 f，然后又创建了 InputStream 对象实例 input，代码如下。

```java
import java.io.File ;
import java.io.InputStream ;
import java.io.FileInputStream ;
public class InputStreamT2{
    public static void main(String args[]) throws Exception{      //异常抛出，不处理
        //第 1 步，使用类 File 找到一个文件
```

```
        File f= new File("F:" + File.separator + "test.txt") ;      //创建 File 对象
        //第 2 步，通过子类实例化父类对象
        InputStream input = null ;                                    //准备好一个输入的对象
        input = new FileInputStream(f) ;                              //通过对象多态性，进行实例化
        //第 3 步，进行读操作，数组大小由文件长度决定
        byte b[] = new byte[(int)f.length()] ;
        int len = input.read(b);                                      //读取内容
        //第 4 步、关闭输入流
        input.close() ;
        System.out.println("读入数据的长度: " + len) ;
        System.out.println("内容为: " + new String(b)) ;              //把 byte 数组变为字符串输出
    }
}
```

输出结果如下。

```
读入数据的长度: 19
内容为: 奥迪A4L，值得信赖!
```

在上述代码中，文件 test.txt 中写有数据"奥迪 A4L，值得信赖!"

范例导学

除上述方法外，也可以使用方法 read()，通过循环从文件中一个个地把内容读取进来。例如，下面的实例演示了这一方法的实现过程。

范例 14-9：输出 Java 之父对 C 语言之父的评价（范例文件：daima\14\14-9\...\InputStreamT3.java）。

本实例创建了一个 File 对象实例 f，然后又创建了一个 InputStream 对象实例 input，并使用方法 read()循环读取了记事本文件中的内容，代码如下。

```
import java.io.File ;
import java.io.InputStream ;
import java.io.FileInputStream ;
public class InputStreamT3{
    public static void main(String args[]) throws Exception{      //异常抛出，不处理
        //第 1 步，使用 File 类找到一个文件
        File f= new File("F:" + File.separator + "test.txt") ;    //创建 File 对象
        //第 2 步，通过子类实例化父类对象
        InputStream input = null ;                                 //准备好一个输入的对象
        input = new FileInputStream(f) ;                           //通过对象多态性，进行实例化
        //第 3 步，进行读操作
        byte b[] = new byte[(int)f.length()] ;                     //数组大小由文件长度决定
        for(int i=0;i<b.length;i++){
            b[i] = (byte)input.read() ;                            //读取内容
        }
        //第 4 步，关闭输入流
        input.close() ;
        System.out.println("Java 之父评价 C 语言: " + new String(b)) ;  //把 byte 数组变为字符串输出
    }
}
```

输出结果如下。

```
Java 之父评价 C 语言: 我用尽了形容词!
```

在上述代码中，文件 test.txt 中写有数据"我用尽了形容词!"

范例导学

范例 14-9 的代码还存在一个问题，即是在明确知道了被读取文件的长度的前提下指定 byte 数组的

空间的。如果此时不知道要输入的内容有多大，那就只能通过判断是否读到文件末尾的方式来读取文件。例如，下面的实例演示了这个判断过程。

范例 14-10：输出小菜的准考证信息（范例文件：daima\14\14-10\...\InputStreamT4.java）。

本实例创建了一个 File 对象实例 f，然后又创建了一个 InputStream 对象实例 input，并使用 while 循环判断是否读到文件的末尾，代码如下。

```java
import java.io.File ;
import java.io.InputStream ;
import java.io.FileInputStream ;
public class InputStreamT4{
    public static void main(String args[]) throws Exception{        //异常抛出，不处理
        //第1步，使用类 File 找到一个文件
        File f= new File("F:" + File.separator + "test.txt") ;        //创建 File 对象
        //第2步，通过子类实例化父类对象
        InputStream input = null ;                                     //准备好一个输入的对象
        input = new FileInputStream(f) ;                               //通过对象多态性，进行实例化
        //第3步，进行读操作
        byte b[] = new byte[1024] ;
        int len = 0 ;
        int temp = 0 ;                                                 //接收每一个读取进来的数据
        while((temp=input.read())!=-1){
            //表示还有内容，文件没有读完
            b[len] = (byte)temp ;
            len++ ;
        }
        //第4步，关闭输入流
        input.close() ;
        System.out.println("准考证信息为: " + new String(b,0,len)) ;    //把 byte 数组变为字符串输出
    }
}
```

上述代码中判断 temp 接收到的内容是否为-1。正常情况下不会返回-1，只有当输入流的内容已经读到底，才会返回这个数字。通过此数字可以判断输入流中是否还有其他内容。输出结果如下。

准考证信息为: 姓名: 小菜; 年龄: 19; 准考证号: 0101010101; 性别: 男

在上述代码中，文件 test.txt 中写有数据"姓名: 小菜; 年龄: 19; 准考证号: 0101010101; 性别: 男"。

14.4.4 类 Writer（字符流写入文件）

知识讲解

在 Java 中，类 Writer 是一个专门用于处理字符流输出的抽象类。由于它的抽象性质，无法直接对其实例化。在实际应用中，当需要向文件写入内容时，通常会选择使用类 Writer 的一个具体子类，如类 FileWriter。类 Writer 提供了向文件写入字符数据的功能，其常用方法如表 14-5 所示。

表 14-5　类 Writer 的常用方法

方　　法	类　　型	描　　述
public abstract void close() hrows IOException	普通	关闭输出流
public void write(String str) throws IOException	普通	将字符串输出
public void write(char[] cbuf) throws IOException	普通	将字符数组输出
public abstract void flush() throws IOException	普通	强制性清空缓存

在 Java 程序中，类 FileWriter 构造方法的定义格式如下。

```
public FileWriter(File file) throws IOException{}
```

类 Writer 除实现了接口 Closeable 和 Flushable 之外，还实现了接口 Appendable，此接口的定义格式如下。

```
public interface Appendable{
    Appendable append(CharSequence csq) throws IOException ;
    Appendable append(CharSequence csq,int start,int end) throws IOException ;
    Appendable append(char c) throws IOException
}
```

接口 Appendable 表示内容是否可以被追加，接收的参数是 CharSequence 类型。实际上，类 String 就实现了接口 Appendable，但由于 String 对象的不可变性，尝试向其追加内容实际上会创建一个新的 String 对象。

范例导学

范例 14-11：输出奥迪 A6 的广告词（范例文件：daima\14\14-11\...\WriterT1.java）。

本实例的功能是使用字符流 Writer 向文件中写入指定的内容，代码如下。

```
import java.io.File ;
import java.io.Writer ;
import java.io.FileWriter ;
public class WriterT1{
    public static void main(String args[]) throws Exception{        //异常抛出，不处理
        //第 1 步，使用类 File 找到一个文件
        File f= new File("F:" + File.separator + "test.txt") ;       //创建 File 对象
        //第 2 步，通过子类实例化父类对象
        Writer out = null ;                                          //准备好一个输出的对象
        out = new FileWriter(f)  ;                                   //通过对象多态性，进行实例化
        //第 3 步，进行写操作
        //准备一个字符串
        String str = "不断领先时代的创新者，无不在内心深处，蕴含着一股无可阻挡的进取激情。" +
                     "正如全新上市的奥迪\r\n"+"A6，由内而外，众多高端配备升级，强大而又豪华。" ;

        out.write(str) ;                                             //将内容输出，保存文件
        //第 4 步，关闭输出流
        out.close() ;
    }
}
```

通过上述代码可以看出，整个程序与 OutputStream 的操作流程并没有什么太大的区别，唯一的好处是，可以直接输出字符串，而不用将字符串变为 byte 数组之后再输出。执行程序，将在 F 盘根目录下的文件 test.txt 中写入数据，结果如图 14-6 所示。如果文件 test.txt 不存在，则新创建该文件，并写入数据。

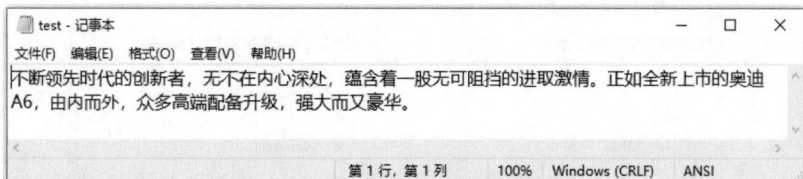

图 14-6　执行结果

编程实战

　　实战案例 14-11-01：向一个文件中写入指定字符串　使用 Write 向一个指定的记事本文件写入字符串 "Hello World!!!"

　　实战案例 14-11-02：向一个文件中写入含换行格式的字符串　使用 Write 向一个指定的记事本文件中写入含换行格式的字符串 "\r\nLIXINGHUA\r\nHello World!!!"

14.4.5　字符流追加文件的内容

知识讲解

　　在 Java 程序中，当使用字符流操作时，可以直接使用类 FileWriter 中的如下构造方法实现文件内容追加功能。

```
public FileWriter(File file, boolean append) throws IOException { }
```

通过上述构造方法，就可以将 append 的值设置为 true，表示追加文件内容。

范例导学

　　范例 14-12：输出京东 618 畅销的两本 Java 书（范例文件：daima\14\14-12\...\WriterT2.java）。

　　本实例创建了一个 File 对象实例 f，然后又创建了一个 Writer 对象实例 out，并设置字符输出流向文件中追加内容，代码如下。

```java
import java.io.File ;
import java.io.Writer ;
import java.io.FileWriter ;
public class WriterT2{
    public static void main(String args[]) throws Exception{    //异常抛出，不处理
        //第 1 步，使用类 File 找到一个文件
        File f= new File("F:" + File.separator + "test.txt") ;    //创建 File 对象
        //第 2 步，通过子类实例化父类对象
        Writer out = null ;                                       //准备好一个输出的对象
        out = new FileWriter(f,true)  ;                           //通过对象多态性，进行实例化
        //第 3 步，进行写入操作
        String str = "\r\n《大话 Java 开发》\r\n《零基础学 Java》" ;    //准备一个字符串
        out.write(str) ;                                          //将内容输出，保存文件
        //第 4 步，关闭输出流
        out.close() ;
    }
}
```

执行程序，可以在 F 盘根目录下的文件 test.txt 中追加两行文本内容，执行结果如图 14-7 所示。

（a）原来的内容　　　　（b）追加后的内容

图 14-7　执行结果

编程实战

实战案例 14-12-01：向指定文件中写入字符串　使用类 Writer 向某个记事本文件中写入指定的字符串，例如写入字符串 "This\n is\n an\n example\n"。

实战案例 14-12-02：向指定文件写入多行内容　使用类 Writer 中的 write()方法，循环向指定的记事本文件中写入多行内容。

14.4.6　类 Reader

在 Java 程序中，类 Reader（字符流读取文件）是所有字符流输入类的父类，它的常用子类如下。

❏ 类 CharArrayReader：将字符数组转换为字符输入流，从中读取字符。

❏ 类 StringReader：将字符串转换为字符输入流，从中读取字符。

❏ 类 BufferedReader：为其他字符输入流提供读缓冲区。

❏ 类 InputStreamReader：将字节输入流转换为字符输入流，可以指定字符编码。

❏ 类 FileReader：从类 InputStreamReader 继承而来，功能是按字符读取流中的数据。

类 Reader 有如下两个构造方法。

❏ protected Reader()：创建一个新的字符流读取器。

❏ protected Reader(Object lock)：创建一个新的字符流读取器，其内容将在给定对象 lock 上同步。

在类 Reader 中定义了许多方法，这些方法对其所有子类都是有效的。类 Reader 中的大多数方法与本节前面介绍的类 InputStream 的方法相同，例如 close()、read()等，这些方法的用法跟 InputStream 类中的同名方法相同。类 Reader 中常用方法的具体说明如表 14-6 所示。

表 14-6　类 Reader 中的常用方法

方　法　名	说　　　明
close()	关闭流并释放与之关联的所有系统资源
mark(int readAheadLimit)	标记输入流中的当前位置
reset()	将输入流的读取位置重置到最近一次调用方法 mark()时的位置
read()	读取单个字符，并返回该字符的 ASCII 码值。如果到达流的末尾，则返回-1
read(char[] cbuf)	将字符读入指定的字符数组中。返回读入的字符数，如果到达流的末尾，则返回-1
read(char[] cbuf,int off,int len)	将字符读入数组的指定部分。off 表示数组开始存储的下标，len 表示希望读取的字符数。返回实际读取的字符数，如果到达流的末尾，则返回-1

在现实应用中，通常不直接使用类 Reader，而是使用其子类 BufferedReader 和 FileReader。例如下面的代码，使用类 FileReader 创建了 Reader 对象，进而在 while 循环中使用方法 read()从 F 盘根目录下的文件 test.txt 中依次读取单个字符。

```
import java.io.*;
class FileReaderTest{
    public static void sop(Object obj) {
        System.out.print(obj);
    }
    public static void main(String[] args)throws IOException{
        File f= new File("F:" + File.separator + "test.txt") ;    //创建 File 对象
```

```
        Reader fr = new FileReader(f);              //创建一个 Reader 对象
        //调用方法 read()
        //一次读取一次字符，而且会自动往后面读取字符
        int ch = 0;
        while((ch=fr.read())!=-1){
             sop((char)ch);
        }
        fr.close();
    }
}
```

14.5 流的相关操作

除了基本的字节流和字符流，Java 的 io 包还提供了一些与 I/O 相关的类库，如转换流、内存操作流、管道流、打印流等。

14.5.1 转换流

知识讲解

在整个 Java 的 io 包中，除基本的字节流和字符流之外，还存在一组"字节流-字符流"的转换流类。具体说明如下。

❑ OutputStreamWriter：是类 Writer 的子类，用来将字符流转换为字节流。它接收字符型数据，但背后是通过字节流来处理输出。

❑ InputStreamReader：是类 Reader 的子类，用来将字节流转换为字符流。它接收字节型数据，但背后是通过字符流来处理输入。

如果以文件操作为例，内存中的字符数据需要用类 OutputStreamWriter 转换为字节流才能保存在文件中，在读取时需要将读入的字节流通过 InputStreamReader 转换为字符流。不管如何操作，最终全部是以字节的形式保存在文件中。

📢 注意：类 FileOutputStream 是类 OutputStream 的直接子类，类 FileInputStream 也是类 InputStream 的直接子类。但是，字符流的两个操作类却有一些特殊。类 FileWriter 并不是类 Writer 的直接子类，而是类 OutputStreamWriter 的子类；类 FileReader 也不是类 Reader 的直接子类，而是类 InputStreamReader 的子类。从这些类的继承关系就可以清楚地发现，不管是使用字节流还是字符流，实际上最终都是以字节的形式操作输入/输出流的。

范例导学

范例 14-13：输出小菜的本月工资条（范例文件：daima\14\14-13\...\OutputStreamWriterT.java）。

本实例创建了一个 File 对象实例 f，然后又创建了一个 Writer 对象实例 out，并使用转换流 OutputStreamWriter 将字节输出流包装起来，代码如下。

```
import java.io.* ;
```

```
public class OutputStreamWriterT{
    //所有异常抛出
    public static void main(String args[]) throws Exception  {
        File f = new File("F:" + File.separator + "test.txt");
        Writer out = null ;                                        //字符输出流
        //字节流变为字符流
        out = new OutputStreamWriter(new FileOutputStream(f));    //将字节输出流包装起来
        out.write("工资: 80000 | 奖金: 4000 | 交通补助: 200");    //使用字符流输出
        out.close();
    }
}
```

执行程序，可以在 F 盘根目录下创建文件 test.txt，并写入指定的内容，结果如图 14-8 所示。

编程实战

实战案例 14-13-01：向指定文件中写入字符串   *使用 OutputStreamWriter 向指定的记事本文件中写入一个字符串。*

实战案例 14-13-02：向指定文件中写入字符数组   *使用 OutputStreamWriter 向指定的记事本文件中写入一个字符数组。*

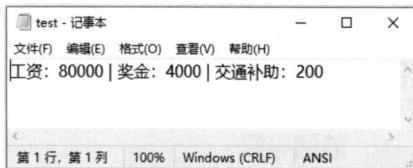

图 14-8   执行结果

14.5.2   内存操作流

知识讲解

前面所讲解的输出和输入都是基于文件实现的，其实也可以将输出的位置设置在内存上，此时就要使用类 ByteArrayInputStream 和类 ByteArrayOutputStream 来完成输入和输出功能。

类 ByteArrayInputStream 的功能是将内容写入内存中，它继承自类 InputStream 并实现了其所有方法，其主要方法如表 14-7 所示。

表 14-7   类 ByteArrayInputStream 的主要方法

方 法	类 型	描 述
public ByteArrayInputStream(byte[] buf)	构造	创建一个新的输入流，使用指定的字节数组作为其缓冲区
public ByteArrayInputStream(byte[] buf,int offset, int length)	构造	创建一个新的输入流，使用指定字节数组的一个子序列作为其缓冲区
public int read()	普通	从此输入流中读取下一个数据字节。如果到达流的末尾，则返回-1
public int read(byte[] b, int off, int len)	普通	从此输入流中将最多 len 个字节的数据读入字节数组 b 中
public void close()	普通	关闭此输入流并释放与该流关联的所有系统资源

类 ByteArrayOutputStream 的功能是将内存中的数据输出，它继承自类 OutputStream 并扩展了其功能，其主要方法如表 14-8 所示。

表 14-8　类 ByteArrayOutputStream 中的主要方法

方　　法	类　　型	描　　述
public ByteArray OutputStream()	构造	创建一个新的输出流，其缓冲区容量默认为 32 字节，但可以根据需要自动增长
ByteArrayOutputStream(int size)	构造	创建一个新的输出流，并指定缓冲区的初始大小（以字节为单位）
public void write(int b)	普通	将指定的字节写入此输出流
public void write(byte[] b, int off, int len)	普通	将指定的字节数组 b 的子序列写入此输出流。子序列从偏移量 off 开始，长度为 len 字节
public void write(byte[] b)	普通	将 b.length 个字节从指定的字节数组写入此输出流
public int size()	普通	返回缓冲区中当前的字节数
public void close()	普通	关闭此输出流并释放与此流相关联的任何系统资源

范例导学

范例 14-14：将字符串中的大写字母转换为小写（范例文件：daima\14\14-14\...\ByteArrayT.java）。

本实例创建了一个 String 对象实例 str，然后又创建了一个 ByteArrayInputStream 对象实例 bis 和一个 ByteArrayOutputStream 对象实例 bos，并使用方法 toLowerCase() 将 str 中的大写字母转换为小写，代码如下。

```java
import java.io.* ;
public class ByteArrayT{
    public static void main(String args[]){
        String str = "HELLOWORLD" ;                      //定义一个字符串，全部由大写字母组成
        ByteArrayInputStream bis = null ;                //内存输入流
        ByteArrayOutputStream bos = null ;               //内存输出流
        bis = new ByteArrayInputStream(str.getBytes()) ; //向内存中输出内容
        bos = new ByteArrayOutputStream() ;              //准备从内存中读取内容
        int temp = 0 ;
        while((temp=bis.read())!=-1){                    //如果内容不为空
            char c = (char) temp ;                       //读取的数字变为字符
            bos.write(Character.toLowerCase(c)) ;        //写入输出流，并将大写字母变为小写
        }
        //所有的数据全部都在 bos 中
        String newStr = bos.toString() ;                 //取出内容
        try{
            bis.close() ;                                //读取完毕后，关闭内存操作流
            bos.close() ;
        }catch(IOException e){                            //有异常则抛出异常
            e.printStackTrace() ;
        }
        System.out.println(newStr) ;
    }
}
```

输出结果如下。

```
helloworld
```

从执行结果中可以看出，字符串中的大写字母已经变成了小写字母，而这种转换操作都是在内存中完成的。内存操作流特别适用于在生成临时信息时使用，因为这些信息通常不需要长期存储。如果确实需要将这些临时信息保存到文件中，那么在代码执行完毕后，还需要删除对应的临时文件。在这

种情况下，使用内存操作流是最合适的选择。

编程实战

实战案例 14-14-01：从内存的字节数组中读取数据　使用 ByteArrayInputStream 从一个字节数组中读取数据，然后将读取到的数据转换为 int 型数据并输出。

实战案例 14-14-02：输出显示字节数组中的数据　使用 ByteArrayOutputStream 输出显示字节数组中的数据。

14.5.3　管道流

在 Java 中，管道流可以实现两个线程间的通信，这两个线程是指管道输出流（PipedOutputStream）和管道输入流（PipedInputStream）。如果要进行管道输出，必须把输出流连到输入流上。在 Java 语言中，使用类 PipedOutputStream 中的如下方法可以实现连接管道的功能。

```
public void connect (PipedInputStream snk) throws IOException{
    …
}
```

注意：有关线程的知识，将在第 16 章进行详细讲解。

在下面的实例中，定义了两个线程类，在线程类 Send 中定义了管道输出流（PipedOutputStream 对象实例 pos），在线程类 Receive 中定义了管道输入流（PipedInputStream 对象实例 pis）。操作时只需要使用类 PipedOutputStream 中提供的 connection()方法就可以将两个线程管道连接在一起，线程启动后会自动进行管道的输入、输出操作，代码如下。

```java
import java.io.IOException;
import java.io.PipedInputStream;
import java.io.PipedOutputStream;
class Send implements Runnable{                        //定义线程类 Send
    private PipedOutputStream pos = null ;             //管道输出流
    public Send(){
        this.pos = new PipedOutputStream() ;          //实例化输出流
    }
    public void run(){
        String str = "矢志不渝,追求完美! " ;            //要输出的内容
        try{
            this.pos.write(str.getBytes()) ;
        }catch(IOException e){
            e.printStackTrace() ;
        }
        try{
            this.pos.close() ;                        //关闭
        }catch(IOException e){
            e.printStackTrace() ;
        }
    }
    public PipedOutputStream getPos(){                 //得到此线程的管道输出流
        return this.pos ;
    }
}
class Receive implements Runnable{                     //定义线程类 Receive
    private PipedInputStream pis = null ;              //管道输入流
    public Receive(){
        this.pis = new PipedInputStream() ;           //实例化输入流
    }
```

```
    public void run(){
        byte b[] = new byte[1024] ;              //接收内容
        int len = 0 ;
        try{
            len = this.pis.read(b) ;             //读取内容
        }catch(IOException e){
            e.printStackTrace() ;
        }
        try{
            this.pis.close() ;                   //关闭
        }catch(IOException e){
            e.printStackTrace() ;
        }
        System.out.println("我的理念是: " + new String(b,0,len)) ;
    }
    public PipedInputStream getPis(){            //得到此线程的管道输入流
        return this.pis ;
    }
}
public class Guan{
    public static void main(String args[]){
        Send s = new Send() ;                    //新建类 Send 的实例对象 s
        Receive r = new Receive() ;              //新建类 Receive 的实例对象 r
        try{
            s.getPos().connect(r.getPis()) ;     //连接管道
        }catch(IOException e){
            e.printStackTrace() ;
        }
        new Thread(s).start() ;                  //启动线程
        new Thread(r).start() ;                  //启动线程
    }
}
```

输出结果如下。

我的理念是：矢志不渝,追求完美!

14.5.4 打印流

知识讲解

在 Java 的 io 包中，打印流是输出信息最方便的类之一，主要包括字节打印流（PrintStream）和字符打印流（PrintWriter）。通过打印流，可以方便地打印各种数据类型，如小数、整数、字符串等。类 PrintStream 是 OutputStream 的子类，其常用方法如表 14-9 所示。

表 14-9 类 PrintStream 的常用方法

方　　法	类　型	描　　述
public PrintStream(File file) throws FileNotFoundException	构造	通过一个 File 对象实例化类 PrintStream
public PrintStream(OutputStream out)	构造	接收 OutputStream 对象,实例化类 PrintStream
public PrintStream printf(Locale l,String format,Object... args)	普通	根据指定的 Locale 进行格式化输出
public PrintStream printf(String format, Object... args)	普通	根据本地环境格式化输出
public void print(boolean b)	普通	此方法被重载很多次,输出任意数据
public void println(boolean b)	普通	此方法被重载很多次,输出任意数据并换行

类 PrintStream 通过其构造方法能够直接接收 OutputStream 对象。相较于类 OutputStream，它提供了更为便捷的数据输出功能，相当于对类 OutputStream 进行了重新包装，使得数据输出变得更加方便。将输出流的实例传递给打印流后，可以极大地简化内容的输出过程。这种设计就像送礼时进行精美的包装，使得整体更加出色，这种设计模式被称为装饰设计模式。

从 JDK 1.5 开始，Java 对类 PrintStream 进行了扩展，增加了格式化的输出方式。这一功能主要通过方法 printf()实现，它允许开发者以更加灵活和便捷的方式进行数据输出。在使用方法 printf()进行格式化输出时，需要指定输出数据的类型，这些数据类型有特定的格式化表示，如表 14-10 所示。这一改进使得 PrintStream 在数据处理和输出方面更加强大、灵活。

表 14-10　格式化输出

字　　符	描　　述
%s	表示内容为字符串
%d	表示内容为整数
%f	表示内容为小数
%c	表示内容为字符

范例导学

范例 14-15：在记事本文件中保存 QQ 密码（范例文件：daima\14\14-15\...\PrintT.java）。

本实例创建了一个 PrintStream 对象实例 ps，使用打印流向记事本文件中写入数据，代码如下。

```java
import java.io.* ;
public class PrintT{
    public static void main(String arg[]) throws Exception{
        PrintStream ps = null ;                   //声明打印流对象
        //如果使用 FileOuputStream 实例化，意味着输出指向文件
        ps = new PrintStream(new FileOutputStream(new File("F:" + File.separator + "test.txt"))) ;
        ps.print("我的") ;                        //写入文本
        ps.println("QQ 密码是") ;                 //写入文本
        ps.print("guanxijing123") ;               //写入文本
        ps.close() ;                              //关闭
    }
}
```

在输出内容时，与使用 OutputStream 直接输出相比，上述代码明显方便了许多。执行程序，可以在 F 盘根目录下创建文件 test.txt，并写入指定的内容，结果如图 14-9 所示。

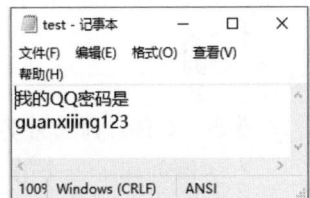

图 14-9　执行结果

14.6　类 BufferedReader

在 Java 中，类 BufferedReader 用于从字符输入流中高效地读取文本，它通过一个内部缓冲区机制来存储输入字节数据，以提高读取性能。

知识讲解

在 Java 中，类 BufferedReader 是一个非常重要的类，它继承自类 Reader，并为字符输入流提供了

缓冲功能，它的常用方法如表 14-11 所示。

表 14-11　类 BufferedReader 的常用方法

方　　法	类　　型	描　　述
public BufferedReader(Reader in)	构造	创建一个使用默认大小的输入缓冲区的缓冲字符输入流
public String readLine() throws IOException	普通	读取文本文件中的一行，或从其他字符输入流中读取一行文本
public int read() throws IOException	普通	读取单个字符
public int read(char[] cbuf)	普通	尝试读取尽可能多的字符，但最多不会超过数组 cbuf 的长度

在 Java 程序中，类 BufferedReader 被设计为只能接收字符输入流的对象。由于每个中文字符通常占据两个字节，而 System.in（类 InputStream 的一个对象实例）是一个字节输入流，因此需要使用 InputStreamReader 这样的转换类，将 System.in 这个字节输入流转换为字符输入流。这样，就可以将这个字符流传递给 BufferedReader，并利用方法 readLine() 方便地等待和读取用户的输入信息。例如，下面的实例代码，首先创建了一个 BufferedReader 对象实例 buf，然后使用方法 readLine() 读取用户从控制台输入的一行文字。

```java
import java.io.* ;
public class BufferedReaderT{
    public static void main(String args[]){
        BufferedReader buf = null ;                                    //声明 BufferedReader 对象
        buf = new BufferedReader(new InputStreamReader(System.in)) ;   //将字节流转换为字符流
        String str = null ;                                            //接收输入内容
        System.out.print("请输入你的新年愿望: ") ;                      //提示输入信息
        try{
            str = buf.readLine() ;                                     //读取一行数据
        }catch(IOException e){
            e.printStackTrace() ;                                      //如果有异常则输出异常信息
        }
        System.out.println("你的新年愿望是: " + str) ;                  //显示输入的信息
    }
}
```

输出结果如下。

```
请输入你的新年愿望: 成为一名优秀的 Java 程序员!
你的新年愿望是: 成为一名优秀的 Java 程序员! ·
```

范例导学

范例 14-16：简易计算器系统（范例文件：daima\14\14-16\...\ExecT.java）。

本实例创建了一个 BufferedReader 对象实例 buf，然后使用方法 readLine() 读取用户输入的两个数字，并计算这两个数字的和，代码如下。

```java
import java.io.* ;
public class ExecT{
    public static void main(String args[]) throws Exception{
        int i = 0 ;
        int j = 0 ;
        BufferedReader buf = null ;                                    //声明 BufferedReader 对象
        buf = new BufferedReader(new InputStreamReader(System.in)) ;
        String str = null ;
        System.out.print("请输入第一个数字: ") ;
        str = buf.readLine() ;                                         //接收数据
```

```
        i = Integer.parseInt(str) ;                    //将接收到的字符串类型转变为整型
        System.out.print("请输入第二个数字: ") ;
        str = buf.readLine() ;                         //接收数据
        j = Integer.parseInt(str) ;                    //将接收到的字符串类型转变为整型
        System.out.println(i + " + " + j + " = " + (i + j)) ;
    }
}
```

输出结果如下。

```
请输入第一个数字: 10000
请输入第二个数字: 1560
10000 + 1560 = 11560
```

上述代码中，由于从键盘接收过来的内容全部是采用字符串的形式存放的，所以需要通过包装类 Integer 将字符串转换为基本数据类型。

编程实战

实战案例 14-16-01：逐行读取某记事本文件中的内容 逐行读取指定记事本文件中的内容，并打印输出读取到的内容。

实战案例 14-16-02：读取某指定文件中的前 5 个字符 准备一个记事本文件，然后读取这个文件中的前 5 个字符。

实战案例 14-16-03：以指定"速度"读取文件中的内容 创建一个指定大小的字符数组，然后从某个记事本文件中循环读取数组容量大小的内容。

14.7 数据操作流

Java 的 io 包提供了两个与平台无关的数据操作流，分别为数据输出流（DataOutputStream）和数据输入流（DataInputStream）。数据输出流会按照一定的格式将数据输出，数据输入流会按照一定的格式将数据读入，这样可以方便地对数据进行处理。例如，有如表 14-12 所示的一组表示订单的数据，可以使用数据输出流将其内容保存到文件中，也可以使用数据输入流从文件中将其读取进来。

表 14-12 订单数据

商 品 名	价 格	数 量
帽子	98	3
衬衣	30	2
裤子	50	1

14.7.1 类 DataOutputStream

知识讲解

在 Java 程序中，类 DataOutputStream 是 OutputStream 的间接子类，定义此类的格式如下。

```
public class DataOutputStream extends FilterOutputStream implements DataOutput{}
```

类 DataOutputStream 继承自类 FilterOutputStream（类 FilterOutputStream 是 OutputStream 的子类），同时实现了接口 DataOutput，在接口 DataOutput 中定义了一系列写入各种数据的方法。

在进行数据输出时一般都会直接使用类 DataOutputStream，只有在对象序列化时才有可能直接操作接口 DataOutput。类 DataOutputStream 中的常用方法如表 14-13 所示。

表 14-13　类 DataOutputStream 的常用方法

方　　法	类　　型	描　　述
public DataOutputStream(OutputStream out)	构造	实例化对象
public void writeInt(int v) throws IOException	普通	写入一个 int 型值
public void writeDouble(double v) throws IOException	普通	写入一个 double 型值
public void writeChars(String s) throws IOException	普通	写入一个字符串
public void writeChar(int v) throws IOException	普通	写入一个 char 型值
public void writeUTF(String s) throws IOException	普通	以 UTF-8 编码的形式写入一个字符串

范例导学

范例 14-17：在文件中保存订单信息（范例文件：daima\14\14-17\...\DataOutputStreamT.java）。

本实例分别创建了一个 File 对象实例 f 和一个 DataOutputStream 对象实例 dos，然后使用 for 循环将数组 header、names、prices 和 nums 中的数据写入文件 order.txt 中，即把表 14-12 所示的一组表示订单数据写入文件 order.txt 中，代码如下。

```
import java.io.DataOutputStream;
import java.io.File;
import java.io.FileOutputStream;
import java.io.IOException;
public class DataOutputStreamT {
    public static void main(String args[]) throws IOException {
        DataOutputStream dos = null;
        File f = new File("F:" + File.separator + "order.txt");
        dos = new DataOutputStream(new FileOutputStream(f));
        String header[] = {"商品名", "价格", "数量"};
        String names[] = {"帽子", "衬衣", "裤子"};
        int prices[] = {98, 30, 50};
        int nums[] = {3, 2, 1};
        //写入表头
        for (int i = 0; i < header.length; i++) {
            dos.writeUTF(header[i]);
            dos.writeChar('\t');                              //写入分隔符
        }
        dos.writeChar('\n');                                  //换行
        //写入具体信息
        for (int i = 0; i < names.length; i++) {
            dos.writeUTF(names[i]);
            dos.writeInt(prices[i]);
            dos.writeInt(nums[i]);
            dos.writeChar('\n');                              //换行
        }
        dos.close();                                          //关闭输出流
    }
}
```

上述代码中，使用类 DataOutputStream 对文件输出流进行包装，以便能够按照特定的数据类型（如字符串、浮点数、整数）写入数据。执行程序，会在 F 盘根目录下创建文件 order.txt，并把表 14-12 所示的订单数据写入该文件，执行结果如图 14-10 所示。但是，文件 order.txt 显示为乱码。这是因为 DataOutputStream 以二进制格式写入数据，而不是以文本格式，使用方法 writeUTF ()、writeChar()和 writeInt()写入的数据并不能直接被文本编辑器以正确的格式读取。

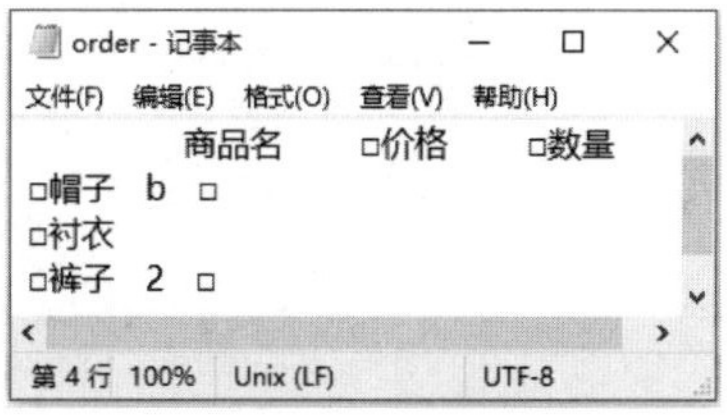

图 14-10　执行结果

14.7.2　类 DataInputStream

知识讲解

在 Java 程序中，类 DataInputStream 是类 InputStream 的间接子类，定义此类的格式如下。

```
public class DataInputStream extends FilterInputStream implements DataInput{}
```

类 DataInputStream 能够读取并使用类 DataOutputStream 输出的数据，它继承自类 FilterInputStream （FilterInputStream 是 InputStream 的子类），同时实现了接口 DataInput，在接口 DataInput 中定义了一系列读入各种数据的方法。

在进行数据读取时一般都会直接使用类 DataInputStream，只有在对象序列化时才有可能直接操作接口 DataInput。类 DataInputStream 中的常用方法如表 14-14 所示。

表 14-14　类 DataInputStream 的常用方法

方　　法	类　　型	描　　述
public DataInputStream(InputStream in)	构造	实例化对象
public int readInt() throws IOException	普通	从输入流中读取一个 int 型值
public float readFloat() throws IOException	普通	从输入流中读取一个单精度浮点数
public double readDouble() throws IOException	普通	从输入流中读取一个双精度浮点数
public char readChar() throws IOException	普通	从输入流中读取一个字符
public String readLine() throws IOException	普通	从输入流中读取下一行文本
public String readUTF() throws IOException	普通	从输入流中读取一个使用 UTF-8 编码的字符串

范例导学

范例 14-18：读取订单中的数据信息（范例文件：daima\14\14-18\...\DataInputStreamT.java）。

本实例分别创建了一个 File 对象实例 f 和一个 DataInputStream 对象实例 dis，然后读取范例 14-17 创建的文件 order.txt 中的内容，代码如下。

```java
import java.io.DataInputStream;
import java.io.File;
import java.io.FileInputStream;
import java.io.IOException;
public class DataInputStreamT {
    public static void main(String args[]) throws IOException {
```

```
DataInputStream dis = null;
File f = new File("F:" + File.separator + "order.txt");
dis = new DataInputStream(new FileInputStream(f));
try {
    //读取表头
    for (int i = 0; i < 3; i++) {                    //表头有 3 个字段
        String header = dis.readUTF();               //读取表头字段，该方法与方法 writeUTF() 对应
        System.out.print(header + "\t");
        dis.readChar();                              //读取分隔符\t
    }
    dis.readChar();                                  //读取换行符\n
    System.out.println();                            //换行
    //读取具体信息
    while (dis.available() > 0) {
        String name = dis.readUTF();                 //读取商品名，该方法与方法 writeUTF() 对应
        System.out.print(name + "\t");

        int price = dis.readInt();                   //读取价格
        System.out.print(price + "\t");

        int num = dis.readInt();                     //读取数量
        System.out.println(num + "\t");

        dis.readChar();                              //读取换行符\n
    }
} catch (IOException e) {
    //捕获 EOFException 并处理
    if (!(e instanceof java.io.EOFException)) {
        throw e;
    }
} finally {
    if (dis != null) {
        dis.close();                                 //关闭输入流
    }
}
}
```

通过上述代码可以确保正确读取范例 14-17 创建的文件 order.txt 中的内容，不会出现乱码，输出结果如图 14-11 所示。

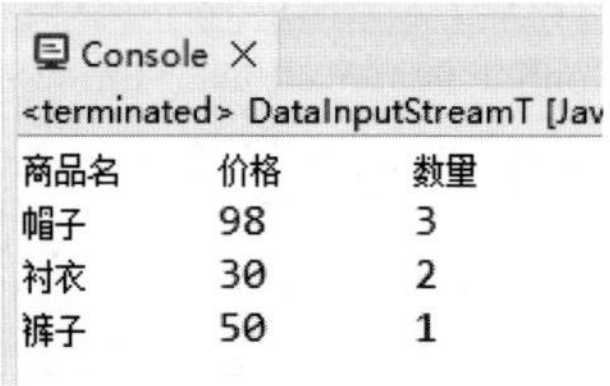

Console ×
<terminated> DataInputStreamT [Jav

商品名	价格	数量
帽子	98	3
衬衣	30	2
裤子	50	1

图 14-11　输出结果

14.8　综合实战——学生信息管理系统

范例功能

本实例实现了一个基本的学生管理系统，在本地文件中保存学生的基本信息。

学习目标

巩固 Java 文件操作的基本知识，掌握在文本文件中保存、查看、修改和删除数据信息的方法。

具体实现

编写实例文件 Student.java，设计类 Student 来封装学生的信息，包括学号、姓名、年龄和所在城

市，提供 Getter()和 Setter()方法来操作学生的属性；编写实例文件 StudentManagerSystem.java，设计类 StudentManagerSystem，该类提供如下功能。

- ❏ 初始化学生数据：从文件加载学生数据到内存。
- ❏ 持久化学生数据：将内存中的学生数据写入文件。
- ❏ 提供一个简单的控制台菜单供用户选择，并实现如下操作。
    - ➢ 查看所有学生。
    - ➢ 添加学生信息。
    - ➢ 修改学生信息（设定只能根据学号修改对应学生的其他信息）。
    - ➢ 删除学生信息（设定根据学号删除对应学生的所有信息，包括学号）。
    - ➢ 退出系统。

限于本书篇幅，这里不再列出这两个文件的具体实现代码。

15 chapter 第 15 章 GUI 编程

Swing 是 Java 语言内置的、开发 GUI 程序（图形用户界面程序）的组件技术。Swing 建立在 AWT（Java 最早的图形用户界面库，现在已经被逐渐淘汰）技术之上，一经推出便受到了开发者的欢迎。本章将向读者介绍使用 Swing 开发 GUI 程序的一些基本知识，具体知识架构如下。

15.1 GUI 开发基础

图形用户界面（graphic user interface，GUI）是指采用图形方式显示的计算机操作用户界面。它是一种人与计算机交互的界面显示格式，允许用户使用鼠标等输入设备操纵屏幕上的图标或菜单选项，从而选择命令、调用文件、启动程序或执行其他一些日常任务，极大地提升了用户与计算机交互的便捷性和直观性。

15.1.1 GUI 的发展历程

早期，计算机向用户提供的是单调的、枯燥的、纯字符状态的命令行界面（CLI）。直到现在，还可以依稀看到它们的身影，例如 Windows 10 系统中的"命令提示符"窗口。后来，Apple 公司率先在计算机的操作系统中实现了图形化的用户界面，但由于该公司封闭的市场策略，即自己完成计算机硬件、操作系统、应用软件一条龙的产品，与其他 PC 不兼容，使得该公司错过了一次占领全球 PC 市场的好机会。后来，Microsoft 公司推出了风靡全球的 Windows 操作系统，凭借着优秀的图形化用户界面，一举奠定了其在操作系统领域的地位。

在图形用户界面风行于世的今天，一个应用软件没有良好的 GUI 是无法让用户接受的，而 Java 语言也深知这一点的重要性，它提供了一套可以轻松构建 GUI 的工具。Java 提供了如下 4 个内置库开发 GUI 程序：

- ❏ java.awt：主要提供字体/布局管理器。
- ❏ javax.swing：主要提供各种组件（窗口/按钮/文本框），是当前商业开发中的常用库。
- ❏ java.awt.event：事件处理，后台功能的实现。
- ❏ JavaFX：是一个开源的下一代客户端应用平台，适用于基于 Java 构建的桌面、移动端和嵌入式系统。

15.1.2 初识 Swing

在 Java 程序中，开发人员可以利用 Swing 内置的丰富组件接口和函数，以少量的代码开发出功能强大的 GUI 程序。开发 Swing 界面程序的主要步骤是导入 Swing 包、选择界面风格、设置顶层容器、设置按钮和标签、将组件添加到容器上、为组件添加边框、处理事件、辅助技术支持，如图 15-1 所示。

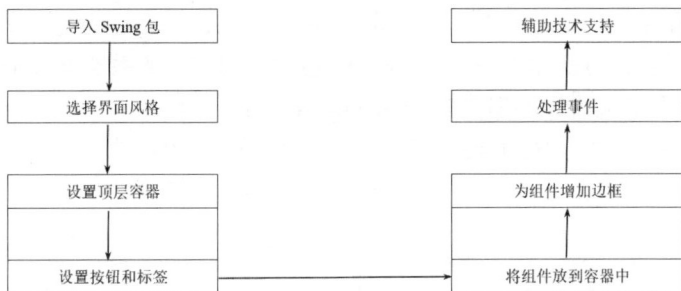

图 15-1 Swing 开发步骤

Swing 是由 Java 语言实现的，遵守一种被称为 MVC（model-view-controller，模型-视图-控制器）的设计模式。其中，模型（model）用于维护组件的各种状态，视图（view）是组件的可视化表现，控制器（controller）用于控制对于各种事件、组件做出怎样的响应。当模型发生改变时，它会通知所有依赖它的视图，然后视图使用控件指定其相应机制。Swing 使用 UI 代理来包装视图和控制器，同时使用另一个模型对象来维护该组件的状态。例如，按钮 JButton 有一个维护其状态信息的模型 ButtonModel 对象。Swing 组件的模型是自动设置的，因此一般都使用 JButton，而无须关心 ButtonModel 对象。因此，Swing 的 MVC 实现也被称为 Model-Delegate（模型-代理）。对于一些简单的 Swing 组件，通常无须关心它对应的 Model 对象，但对于一些高级 Swing 组件，如 JTree、JTable 等，需要维护复杂的数据，这些数据就是由该组件对应的 Model 来维护的。另外，通过创建类 Model 的子类或通过实现适当的接口，可以为组件建立自己的模型，然后使用方法 setModel() 把模型与组件联系起来。

15.1.3 Swing 包

Swing 类库由许多包组成，通过这些包中的类相互协作来完成 GUI 设计。其中，javax.swing 包是

Swing 提供的最大的包，几乎所有 Swing 组件都在该包中，表 15-1 中列出了常用的 Swing 包。

表 15-1　Swing 常用包

包　名　称	描　　述
javax.swing	提供一组"轻量级"组件，尽量让这些组件在所有平台上的工作方式都相同
javax.swing.border	提供围绕 Swing 组件绘制特殊边框的类和接口
javax.swing.event	提供 Swing 组件触发的事件
javax.swing.filechooser	提供 JFileChooser 组件使用的类和接口
javax.swing.table	提供用于处理 javax.swing.JTable 的类和接口
javax.swing.text	提供类 HTMLEditorKit 和创建 HTML 文本编辑器的支持类
javax.swing.tree	提供处理 javax.swingJTree 的类和接口

在 javax.swing.event 包中定义了事件和事件监听器类，该包与 AWT 的 event 包类似。Java.awt.event 和 javax.swing.event 都包含事件类和监听器接口，它们分别响应由 AWT 组件和 Swing 组件触发的事件。例如，当在树组件中接收到需要节点扩展（或折叠）的通知时，要实现 Swing 的 TreeExpansionListener 接口，并把一个 TreeExpansionEvent 实例传送给 TreeExpansionListener 接口中定义的方法，而 TreeExpansionListener 和 TreeExpansionEvent 都是在 javax.swing.event 包中定义的。

虽然 Swing 的表格组件（JTable）在 javax.swing 包中，但它的支持类却在 javax.swing.table 包中。表格模型、图形绘制类和编辑器等也都在 javax.swing.table 包中。

与 JTable 类一样，Swing 中的树 JTree（用于按层次组织数据的结构组件）也在 javax.swing 包中，而它的支持类却在 javax.swing.tree 包中。javax.swing.tree 包提供树模型、树节点、树单元编辑类和树绘制类等支持类。

15.1.4　Swing 中的组件

在 Java 程序中，Swing 是 AWT 的扩展，它提供了许多新的图形界面组件。Swing 组件以字母"J"开头，除了拥有与 AWT 类似的按钮（JButton）、标签（JLabel）、复选框（JCheckBox）、菜单（JMenu）等基本组件，还增加了丰富的高层组件集合，如表格（JTable）、树（JTree）。

Swing 组件在 javax.swing 包中定义，分为顶层容器和轻量级组件。其中，顶层容器包括 JFrame、JApplet、JDialog 和 JWindow，它们继承自 AWT 中的类 Container。轻量级组件包括常见的按钮组件、文本框组件等。Swing 中常用的组件如表 15-2 所示。

表 15-2　Swing 中的常用组件

组　　件	描　　述
JButton	基本按钮组件，单击按钮后可以触发事件
JCheckBox	复选框组件，允许用户选择多个选项
JRadioButton	单选按钮组件，用户只能选择一个选项
JLabel	显示文本或图像的标签组件

组　件	描　述
JMenu	菜单组件，提供多个菜单选项
JTable	表格组件，显示二维表格数据
JTree	树形组件，用于展示分层数据结构
JPanel	轻量级容器，用于组织其他组件
JScrollPane	滚动面板，支持在视图中查看大量数据
JSplitPane	分割面板，用于创建分割视图布局
JToolBar	工具栏组件，提供常用操作按钮
JInternalFrame	内部框架组件，用于在应用程序内部创建独立的子窗口
JRootPane	根面板组件，提供基本的布局支持
JLayeredPane	分层面板组件，支持图层分层管理
JDesktopPane	桌面面板组件，管理内部窗口的显示
JColorChooser	颜色选择器组件，用于选择颜色
JFileChooser	文件选择器组件，用于选择文件或目录
JFrame	顶层容器，用于创建窗口应用程序的主窗口
JApplet	顶层容器，用于创建在 Web 浏览器中运行的小应用程序
JDialog	顶层容器，用于创建对话框窗口
JWindow	顶层容器，用于创建没有标题栏的窗口

在现实应用中，还可以将 Swing 组件按照功能来划分，分为如下几类。

❑　顶层容器：JFrame、JApplet、JDialog 和 JWindow。

❑　中间容器：JPanel、JScrollPane、JSplitPane、JToolBar 等。

❑　特殊容器：在用户界面上具有特殊作用的中间容器，如 JInternalFrame、JRootPane、JLayeredPane 和 JDestopPane 等。

❑　基本组件：实现人机交互的组件，如 JButton、JComboBox、JList、JMenu、JSlider 等。

❑　不可编辑信息的显示组件：向用户显示不可编辑信息的组件，如 JLabel、JProgressBar、JToolTip 等。

❑　可编辑信息的显示组件：向用户显示能被编辑的格式化信息的组件，如 JTable、JTextArea 和 JTextField 等。

❑　特殊对话框组件：可以直接产生特殊对话框的组件，如 JColorChooser 和 JFileChooser 等。

15.2　窗　口　容　器

在 Swing 中，任何其他组件都必须位于一个顶层容器中。JFrame 窗口和 JPanel 面板是常用的顶层容器，本节将详细介绍这两个容器的使用方法。

15.2.1　JFrame 窗口

📖 **知识讲解**

JFrame 用来设计类似于 Windows 系统中窗口形式的界面。JFrame 是 Swing 组件的顶层容器，该类继承了 AWT 的类 Frame，支持 Swing 体系结构的高级 GUI 属性。类 JFrame 中的常用构造方法如下。

❏　JFrame()：构造一个初始时不可见的新窗体。

❏　JFrame(String title)：创建一个具有指定标题（title）的不可见的新窗体。

创建一个类 JFrame 的实例对象后，其他组件并不能直接放到容器上面，需要将组件添加至内容窗格，而不是直接添加至 JFrame 对象。演示代码如下。

```
frame.getContentPane().add(b);
```

使用类 JFrame 创建 GUI 界面时，其组件的布局组织示意如图 15-2 所示。

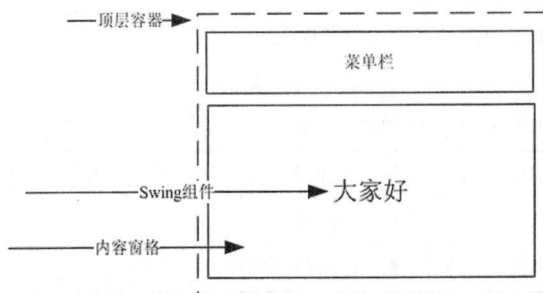

图 15-2　JFrame 窗口组件组织

在图 15-2 中，显示有"大家好"的 Swing 组件需要放到内容窗格上面，内容窗格再放到 JFrame 顶层容器的上面。菜单栏可以直接放到顶层容器 JFrame 上，而不通过内容窗格。内容窗格是一个透明的没有边框的中间容器。

类 JFrame 中常用的内置方法如表 15-3 所示。

表 15-3　类 JFrame 的常用内置方法

方　　法	说　　明
getContentPane()	返回此窗体的 ContentPane 对象。每个 JFrame 都有一个 ContentPane，窗口能显示的所有组件都添加在这个 ContentPane 中
getDefaultCloseOperation()	返回用户在此窗体上单击"关闭"按钮时执行的操作
setTitle(String title)	设置窗口的标题
setContentPane(Container contentPane)	设置窗体的 Content Pane 属性，即给窗体添加 contentPane 作为内容面板
setDefaultCloseOperation(int operation)	设置用户在此窗体上单击"关闭"按钮时默认执行的操作
setDefaultLookAndFeelDecorated (boolean defaultLookAndFeelDecorated)	设置 JFrame 窗口使用的 Windows 外观（如边框、小部件、标题等）
setIconImage(Image image)	设置要作为此窗口图标显示的图像

续表

方　　法	说　　明
setJMenuBar(JMenuBar menubar)	设置此窗体的菜单栏
setLayout(LayoutManager manager)	设置使用 manager 布局
setSize(int width,int height)	设置窗体大小
setBounds(int x, int y, int width, int height)	设置窗体的位置和大小
add(Component comp)	向容器中添加组件
setVisible(boolean value)	设置显示或隐藏组件
setAlwaysOnTop(boolean value)	设置窗体是否始终保持在所有其他窗口的顶部
setLocation(int x, int y)	设置窗体在屏幕中的显示位置

范例导学

范例 15-1：在窗体中显示"响应号召，就地过年"的宣传语（范例文件：daima\15\15-1\...\ JFrameTest.java）。

使用类 JFrame 创建一个窗口，设置窗口的标题为"就地过年"，并向窗口内添加文本"响应号召，就地过年"，代码如下。

```
import javax.swing.JFrame;
import javax.swing.JLabel;
import java.awt.*;
public class JFrameTest extends JFrame{
    public JFrameTest(){
        setTitle("就地过年");                              //设置显示窗口标题
        setSize(400,200);                                  //设置窗口显示尺寸
        setDefaultCloseOperation(JFrame.EXIT_ON_CLOSE);    //设置窗口是否可以关闭
        JLabel jl=new JLabel("响应号召，就地过年");         //创建一个标签
        Container c=getContentPane();                      //获取当前窗口的内容窗格
        c.add(jl);                                         //将标签组件添加到内容窗格上
        setVisible(true);                                  //设置窗口是否可见
    }
    public static void main(String[] agrs){
        new JFrameTest();                                  //创建一个实例对象
    }
}
```

在上述代码中，因为创建的类 JFrameTest 继承于类 JFrame，所以类 JFrameTest 可以直接使用类 JFrame 中的内置方法。

在构造方法中，方法 setTitle()用来设置窗口标题；方法 setDefaultCloseOperation()用来设置响应方式，即当单击"关闭"按钮时退出该程序；使用类 JLabel 创建了一个标签对象 jl，其参数是标签的文本提示信息；使用方法 getContentPane()获取了内容窗格对象，并使用方法 add()将标签添加到内容窗格上；使用方法 setVisible()设置窗口可见。程序运行后的结果如图 15-3 所示。

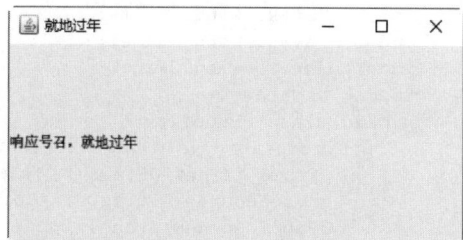

图 15-3　执行结果

编程实战

实战案例 15-1-01：创建一个基本的窗口　使用类 JFrame 创建一个基本的图形用户界面窗口，里面包含一个按钮。

实战案例 15-1-02：始终在桌面最顶层显示窗体　使用类 JFrame 创建一个窗体，并且使用其内置方法 setAlwaysOnTop(true)设置该窗体始终保持在所有其他窗口的顶部。

实战案例 15-1-03：设置窗体在屏幕中的位置　使用类 JFrame 创建一个窗体，并且使用其内置方法 setLocation(int x, int y)设置该窗体在屏幕中的显示位置。

15.2.2　JPanel 面板

知识讲解

JPanel 是 Swing 中的一个面板组件，它是一种中间层容器，能容纳组件并将组件组合在一起，但它本身必须添加到其他容器中使用。类 JPanel 中常用的构造方法如下。

❏　JPanel()：使用默认的布局管理器创建新面板，默认的布局管理器为 FlowLayout。

❏　JPanel(LayoutManager layout)：创建指定布局管理器的 JPanel 对象。

类 JPanel 中常用的方法如表 15-4 所示。

表 15-4　类 JPanel 中常用的方法

方　　法	说　　明
Component add(Component comp)	将指定的组件 comp 追加到当前面板的尾部
void remove(Component comp)	从面板中移除指定的 comp 组件
void setFont(Font f)	设置面板的字体为 f
void setLayout(LayoutManager mgr)	设置面板使用的布局管理器是 mgr
void setBackground(Color c)	设置面板的背景色是 c

范例导学

范例 15-2：在窗口中显示春节的放假通知（范例文件：daima\15\15-2\...\JPanelTest.java）。

编写一个使用 JPanel 组件的窗口程序。要求设置标题为"放假通知"，然后向窗口中添加一个面板，面板上显示的文本为"春节假期明日开始，放假 7 天！"并设置面板背景色为白色。代码如下。

```java
import javax.swing.JFrame;
import javax.swing.JLabel;
import javax.swing.JPanel;
import java.awt.*;
public class JPanelTest{
    public static void main(String[] agrs){
        JFrame jf=new JFrame("放假通知");          //创建一个 JFrame 对象
        jf.setBounds(300, 100, 400, 200);         //设置窗口大小和位置
        JPanel jp=new JPanel();                    //创建一个 JPanel 对象
        JLabel jl=new JLabel("春节假期明日开始，放假 7 天！ ");  //创建一个标签
        jp.setBackground(Color.white);             //设置背景色
```

```
    jp.add(jl);                                        //将标签添加到面板
    jf.add(jp);                                        //将面板添加到窗口
    jf.setVisible(true);                               //设置窗口可见
    jf.setDefaultCloseOperation(JFrame.EXIT_ON_CLOSE);
  }
}
```

在上述代码中，首先创建了一个 JFrame 对象，并设置其大小和位置，然后分别创建了一个 JPanel 对象（面板）和一个 JLabel 对象（标签），调用方法 setBackground()设置面板的背景色为白色，调用类 JPanel 的方法 add()将标签添加到面板，再调用类 JFrame 的方法 add()将面板添加到窗口，最后调用方法 setVisible()将窗口设置为可见。程序运行后的结果如图 15-4 所示。

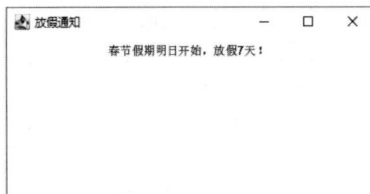

图 15-4　执行结果

15.3　常用布局管理器

在向 Swing 容器中添加组件时，需要考虑组件的位置和大小。如果不使用布局管理器，则需要先在纸上画好各个组件的位置并计算组件间的距离，再向容器中添加。这样虽然能够灵活控制组件的位置，但实现起来却非常烦琐。为了加快开发速度，Java 提供了一些布局管理器，它们可以将组件进行统一管理，这样开发人员就不需要考虑组件是否会重叠等问题。本节将详细介绍 Swing 中常用的布局类型。其中，所有的布局类型都实现了接口 LayoutManager。

15.3.1　边框布局管理器

知识讲解

BorderLayout（边框布局管理器）是 JWindow、JFrame 和 JDialog 的默认布局管理器。边框布局管理器将窗口分为 5 个区域：North、South、East、West 和 Center。其中，North 表示北，将占据面板的上方；South 表示南，将占据面板的下方；East 表示东，将占据面板的右侧；West 表示西，将占据面板的左侧；中间区域 Center 是在东、南、西、北都填满后剩下的区域。图 15-5 是边框布局管理器的区域划分示意图。

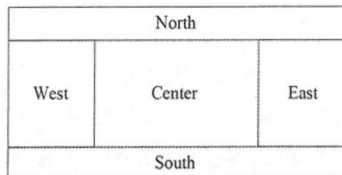

图 15-5　边框布局管理器区域划分

注意：边框布局管理器并不要求所有区域都必须有组件，如果某个区域没有组件，则相邻区域会自动扩展，以占据剩余空间。如果单个区域中添加的不止一个组件，那么后来添加的组件将覆盖原来的组件，所以该区域中只显示最后添加的一个组件。

BorderLayout 布局管理器中的构造方法如下。
- BorderLayout()：创建一个边框布局，组件之间没有间隙。
- BorderLayout(int hgap,int vgap)：创建一个边框布局。其中，hgap 表示组件之间的横向间隔，

vgap 表示组件之间的纵向间隔，单位是像素。

范例导学

范例 15-3：将窗体分成"射雕五绝"5 个部分（范例文件：daima\15\15-3\...\BorderLayoutTest.java）。

本实例使用 BorderLayout 将窗口分割为 5 个区域，并在每个区域添加一个按钮，代码如下。

```java
import javax.swing.JButton;
import javax.swing.JFrame;
import java.awt.*;
public class BorderLayoutTest{
    public static void main(String[] agrs){
        JFrame frame=new JFrame("射雕五绝");            //创建 Frame 窗口
        frame.setSize(400,200);
        frame.setLayout(new BorderLayout());            //为 Frame 窗口设置布局为 BorderLayout
        JButton button1=new JButton ("北丐");
        JButton button2=new JButton("西毒");
        JButton button3=new JButton("中神通");
        JButton button4=new JButton("东邪");
        JButton button5=new JButton("南帝");
        frame.add(button1,BorderLayout.NORTH);
        frame.add(button2,BorderLayout.WEST);
        frame.add(button3,BorderLayout.CENTER);
        frame.add(button4,BorderLayout.EAST);
        frame.add(button5,BorderLayout.SOUTH);
        frame.setBounds(300,200,600,300);
        frame.setVisible(true);
        frame.setDefaultCloseOperation(JFrame.EXIT_ON_CLOSE);
    }
}
```

在上述代码中，分别指定了 BorderLayout 布局的东、南、西、北、中间区域中要填充的按钮，程序运行后的结果如图 15-6 所示。

编程实战

实战案例 15-3-01：边框布局的简单应用　使用 BorderLayout 布局将窗体简单地分割成 5 个部分，但是有意将部分区域不添加组件，查看效果。

实战案例 15-3-02：将窗体分割成 5 个不同颜色的部分　使用 BorderLayout 布局将窗体分割成 5 个部分，并尝试将各部分设置为不同的颜色。

图 15-6　执行结果

15.3.2　流式布局管理器

知识讲解

FlowLayout（流式布局管理器）是 JPanel 和 JApplet 的默认布局管理器。它会将组件按照从上到下、从左到右的顺序逐行进行放置。与其他布局管理器不同的是，FlowLayout 布局管理器不限制它所管理组件的大小，而是允许它们有自己的最佳大小。

FlowLayout 布局管理器中的常用构造方法如下。

❑ FlowLayout()：创建一个流式布局管理器，使用默认的居中对齐方式和默认 5 像素的水平和垂直间隔。

❑ FlowLayout(int align)：创建一个流式布局管理器，使用默认 5 像素的水平和垂直间隔。其中，参数 align 表示组件的对齐方式，其取值必须是 FlowLayout.LEFT、FlowLayout.RIGHT 和 FlowLayout.CENTER 这 3 个值中的一个，分别指定组件在容器中居左对齐、居右对齐和居中对齐。

❑ FlowLayout(int align, int hgap,int vgap)：创建一个流式布局管理器。其中，align 表示组件的对齐方式；hgap 表示组件之间的横向间隔，vgap 表示组件之间的纵向间隔，单位是像素。

范例导学

范例 15-4：向窗体添加 9 个按钮（范例文件：daima\15\15-4\...\FlowLayoutTest.java）。

本实例创建了一个窗口，设置标题为"添加 9 个按钮"，接着创建了一个面板，然后使用类 FlowLayout 对面板进行布局，向容器内添加 9 个按钮，并设置按钮间的横向和纵向间隔都为 20 像素，代码如下。

```java
import javax.swing.JButton;
import javax.swing.JFrame;
import javax.swing.JPanel;
import java.awt.*;
public class FlowLayoutTest{
    public static void main(String[] agrs){
        JFrame jFrame=new JFrame("添加 9 个按钮");        //创建 Frame 窗口
        JPanel jPanel=new JPanel();                        //创建面板
        JButton btn1=new JButton("1");                     //创建按钮
        JButton btn2=new JButton("2");
        JButton btn3=new JButton("3");
        JButton btn4=new JButton("4");
        JButton btn5=new JButton("5");
        JButton btn6=new JButton("6");
        JButton btn7=new JButton("7");
        JButton btn8=new JButton("8");
        JButton btn9=new JButton("9");
        jPanel.add(btn1);                                  //向面板中添加按钮
        jPanel.add(btn2);
        jPanel.add(btn3);
        jPanel.add(btn4);
        jPanel.add(btn5);
        jPanel.add(btn6);
        jPanel.add(btn7);
        jPanel.add(btn8);
        jPanel.add(btn9);
        //向 JPanel 添加 FlowLayout 布局管理器，使 9 个按钮在面板中居中对齐，按钮间的横向和纵向间隔都为 20 像素
        jPanel.setLayout(new FlowLayout(FlowLayout.CENTER,20,20));
        jPanel.setBackground(Color.gray);                  //设置背景色
        jFrame.add(jPanel);                                //添加面板到容器
        jFrame.setBounds(300,200,300,150);                 //设置容器的大小
        jFrame.setVisible(true);
        jFrame.setDefaultCloseOperation(JFrame.EXIT_ON_CLOSE);
    }
}
```

上述代码向 JPanel 面板添加了 9 个按钮，并使用 FlowLayout 布局管理器使 9 个按钮在面板中居中对齐，按钮间的横向和纵向间隔都为 20 像素。此时，这些按钮将在面板上按照从上到下、从左到右的顺序排列，如果一行剩余空间不够容纳组件，将会换行显示。程序执行后的结果如图 15-7 所示。

图 15-7 执行结果

编程实战

实战案例 15-4-01：水平布局 4 个按钮　使用流式布局管理器在窗体中水平放置 4 个按钮。

实战案例 15-4-02：使用 for 循环布局 8 个按钮　使用流式布局管理器，利用 for 循环在窗体中水平放置 8 个按钮。

15.3.3　卡片布局管理器

知识讲解

CardLayout（卡片布局管理器）允许多个组件（通常是面板）共享一个显示空间，并且一次只显示其中一个组件。CardLayout 布局管理器将容器视为一系列重叠的"卡片"（实际上是组件），每张"卡片"占据整个容器的空间。在任何时候，都只有一张"卡片"（一个组件）是可见的，而其他的"卡片"则是隐藏的。这种布局方式非常适合在有限的空间内展示多个不同的视图或步骤，用户可以通过某种交互操作（如单击按钮）来切换不同的"卡片"。CardLayout 卡片布局管理器中的常用构造方法如下。

- ❏ CardLayout()：创建一个卡片布局管理器，默认间隔为 0。
- ❏ CardLayout(int hgap, int vgap)：创建一个卡片布局管理器，并指定组件间的水平间隔（hgap）和垂直间隔（vgap）。

CardLayout 卡片布局管理器中的常用方法如下。

- ❏ first(Container parent)：显示布局中的第一张卡片。
- ❏ last(Container parent)：显示布局中的最后一张卡片。
- ❏ next(Container parent)：显示当前卡片之后的下一张卡片。
- ❏ previous(Container parent)：显示当前卡片的前一张卡片。
- ❏ show(Container parent, String name)：显示指定名字的卡片。

范例导学

范例 15-5：模拟会员用户登录系统（范例文件：daima\15\15-5\...\CardLayoutTest.java）。

本实例使用类 CardLayout 对容器内的两个面板进行布局。其中，第一个面板上包括 3 个按钮，第二个面板上包括 3 个文本框，最后调用类 CardLayout 的方法 show() 显示指定面板的内容。代码如下。

```java
import javax.swing.JButton;
import javax.swing.JFrame;
import javax.swing.JPanel;
import javax.swing.JTextField;
import java.awt.*;
public class CardLayoutTest{
```

```
public static void main(String[] agrs){
    JFrame frame=new JFrame("卡片布局管理器");        //创建 Frame 窗口
    JPanel p1=new JPanel();                          //面板 1
    JPanel p2=new JPanel();                          //面板 2
    JPanel cards=new JPanel(new CardLayout());       //卡片布局的面板
    p1.add(new JButton("登录按钮"));
    p1.add(new JButton("注册按钮"));
    p1.add(new JButton("找回密码按钮"));
    p2.add(new JTextField("用户名文本框",20));
    p2.add(new JTextField("密码文本框",20));
    p2.add(new JTextField("验证码文本框",20));
    cards.add(p1,"card1");                           //向卡片布局面板中添加面板 1
    cards.add(p2,"card2");                           //向卡片布局面板中添加面板 2
    CardLayout cl=(CardLayout)(cards.getLayout());
    cl.show(cards,"card1");                          //调用方法 show()显示面板 1
    frame.add(cards);
    frame.setBounds(300,200,400,200);
    frame.setVisible(true);
    frame.setDefaultCloseOperation(JFrame.EXIT_ON_CLOSE);
    }
}
```

上述代码中，创建了一个使用卡片式布局的面板 cards，该面板包含两个大小相同的子面板 p1 和 p2。需要注意的是，在将 p1 和 p2 添加到面板 cards 中时使用了含有两个参数的方法 add()，该方法的第二个参数用来标识子面板。当需要显示某一个面板时，只需要调用类 CardLayout 的方法 show()，并在参数中指定子面板所对应的字符串即可。目前程序显示的是 p1 面板，执行后的结果如图 15-8 所示。如果将代码 cl.show(cards,"card1")中的 card1 换成 card2，则会显示 p2 面板，执行后的结果如图 15-9 所示。

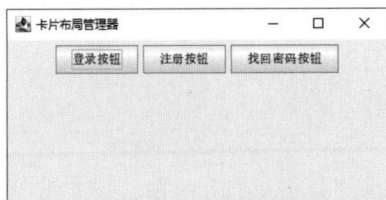

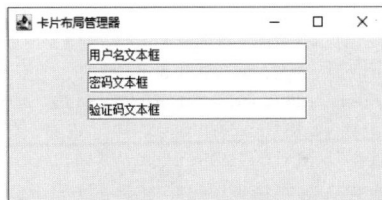

图 15-8　执行结果　　　　　　图 15-9　将 card1 换成 card2 后的执行结果

编程实战

实战案例 15-5-01：在窗体中循环显示 3 个按钮　使用卡片布局管理器在窗体界面中布局 3 个按钮，并设置这 3 个按钮在窗体中循环显示。

实战案例 15-5-02：通过按钮控制卡片的切换　深入了解 CardLayout 卡片布局管理器的相关方法，然后设计并实现一个基于卡片布局管理器的切换界面，要求通过按钮控制不同卡片的显示与隐藏。

15.3.4　网格布局管理器

知识讲解

GridLayout（网格布局管理器）为组件的放置位置提供了更大的灵活性，它将容器分成 n 行 m 列且大小相等的网格，可以按照从左到右、从上到下的顺序将组件填充到网格中。GridLayout 网格布局管理器中的构造方法如下。

❑ GridLayout(int rows,int cols)：创建一个指定行（rows）和列（cols）的网格布局管理器，其中所有组件的大小一样，组件之间没有间隔。

❑ GridLayout(int rows,int cols,int hgap,int vgap)：创建一个指定行（rows）和列（cols）的网格布局管理器，并且指定组件之间横向（hgap）和纵向（vgap）的间隔，单位是像素。

这里需要注意的是：网格中所有组件的大小都相同，因为每个单元格都具有相同的大小；如果添加的组件数量超过了网格的单元格数量，那么额外的组件将不会显示；如果网格中的单元格数量多于添加的组件数量，那么剩余的单元格将保持空白。

范例导学

范例 15-6：实现一个简易的计算器界面（范例文件：daima\15\15-6\...\GridLayoutTest.java）。

本实例使用网格布局管理器设计一个简易的计算器界面，代码如下。

```
import javax.swing.JButton;
import javax.swing.JFrame;
import javax.swing.JPanel;
import java.awt.*;
public class GridLayoutTest{
    public static void main(String[] args) {
        JFrame frame=new JFrame("GridLayou 布局管理器");
        JPanel panel=new JPanel();                        //创建面板
        //指定面板的布局为 GridLayout，4 行 4 列，间隙为 5 像素
        panel.setLayout(new GridLayout(4,4,5,5));
        panel.add(new JButton("7"));                      //添加按钮
        panel.add(new JButton("8"));
        panel.add(new JButton("9"));
        panel.add(new JButton("/"));
        panel.add(new JButton("4"));
        panel.add(new JButton("5"));
        panel.add(new JButton("6"));
        panel.add(new JButton("*"));
        panel.add(new JButton("1"));
        panel.add(new JButton("2"));
        panel.add(new JButton("3"));
        panel.add(new JButton("-"));
        panel.add(new JButton("0"));
        panel.add(new JButton("."));
        panel.add(new JButton("="));
        panel.add(new JButton("+"));
        frame.add(panel);                                 //添加面板到容器
        frame.setBounds(450,300,400,300);
        frame.setVisible(true);
        frame.setDefaultCloseOperation(JFrame.EXIT_ON_CLOSE);
    }
}
```

在上述代码中，将面板设置为 4 行 4 列、横纵间隙都为 5 像素的网格布局，然后在该面板上添加了 16 个按钮。程序执行后的结果如图 15-10 所示。

图 15-10　执行结果

编程实战

实战案例 15-6-01：在窗体中布局 5 个按钮　使用 GridLayout 在窗体中布局 5 个按钮，将按钮分为两列，第一列显示 3 个按钮，第二列显示两个按钮。

实战案例 15-6-02：将窗体划分为 3 行 3 列　使用 GridLayout 布局，将窗体划分为 3 行 3 列的网格布局，并在里面添加 9 个按钮。

15.4　基本组件

在创建了容器并指定了其布局管理方式之后，便可以向该容器中添加各种组件，如标签、按钮、单选框和多选框等。

15.4.1　按钮组件

在本章前面的范例中，已经多次用过按钮组件。在 Swing 中，按钮组件类 JButton 的常用构造方法如下。

- ❒　JButton()：创建一个无标签文本、无图标的按钮。
- ❒　JButton(Icon icon)：创建一个无标签文本、有图标的按钮。
- ❒　JButton(String text)：创建一个有标签文本、无图标的按钮。
- ❒　JButton(String text,Icon icon)：创建一个有标签文本、有图标的按钮。

另外，类 JButton 还包含如下常用方法。

- ❒　addActionListener(ActionListener listener)：为按钮组件注册 ActionListener 以进行监听。
- ❒　void setIcon(Icon icon)：设置按钮的默认图标。
- ❒　void setText(String text)：设置按钮的文本。
- ❒　void setMargin(Insets m)：设置按钮边框和标签之间的空白。
- ❒　void setMnemonic(int nmemonic)：设置按钮的键盘快捷键，所设置的快捷键在实际操作时需要结合 Alt 键实现。

❑ void setEnable(boolean flag)：启用或禁用按钮。

❑ void setToolTipText(String text)：设置按钮的提示文字。

❑ void setEnabled(boolean b)：设置按钮是否可用。

❑ void setBorder(Border border)：设置按钮的边框。Border 是 Swing 提供的一个接口，用于表示组件的边框。一旦获取了 Border 对象，就可以调用 setBorder(Border b)方法为指定组件设置边框。接口 Border 有很多实现类，如 LineBorder、MatteBorder、BevelBorder 等，这些类都提供了相应的构造方法用于创建 Border 对象。类 BorderFactory 是 Swing 库中的一个工具类，它提供了一系列静态方法，这些方法可以快速地创建出具有不同样式的边框对象，而这些边框对象都实现了接口 Border，因此它们可以被设置到任何 Swing 组件上。所以，在 Java 程序中为组件添加边框的步骤如下。

➤ 使用类 BorderFactory 或接口 Border 的其他实现类创建 Border 对象。

➤ 调用组件的 setBorder(Border b)方法为该组件设置边框。

❑ void setBorderPainted(boolean b)：设置是否绘制按钮的边框，默认绘制边框。

❑ void setPreferredSize(Dimension d)：设置按钮的尺寸。类 Dimension 用来封装单个对象中组件的宽度和高度（尺寸），创建一个 Dimension 对象时，可以指定宽度和高度，这两个值都是以像素为单位的。

下面的代码演示了使用类 JButton 创建不同样式的按钮。

```java
import java.awt.*;
import javax.swing.*;
public class JButtonDemo{
    public static void main(String[] args){
        JFrame frame=new JFrame("Java 按钮组件示例");              //创建 Frame 窗口
        frame.setSize(400, 200);
        JPanel jp=new JPanel();                                   //创建 JPanel 对象
        JButton btn1=new JButton("普通按钮");                      //创建 JButton 对象
        JButton btn2=new JButton("带背景颜色的按钮");
        btn2.setBackground(Color.YELLOW);                         //设置按钮背景色
        JButton btn3=new JButton("不可用按钮");
        btn3.setEnabled(false);                                   //设置按钮不可用
        JButton btn4=new JButton("无边框按钮");
        btn4.setBorderPainted(false);                             //设置按钮无边框
        JButton btn5=new JButton("有边框按钮");
        btn5.setBorder(BorderFactory.createLineBorder(Color.RED,8)); //添加红色线型边框
        JButton btn6=new JButton("自定义尺寸的按钮");
        Dimension preferredSize=new Dimension(260, 60);           //设置按钮尺寸
        btn6.setPreferredSize(preferredSize);
        jp.add(btn1);
        jp.add(btn2);
        jp.add(btn3);
        jp.add(btn4);
        jp.add(btn5);
        jp.add(btn6);
        frame.add(jp);
        frame.setBounds(300, 200, 600, 300);
        frame.setVisible(true);
        frame.setDefaultCloseOperation(JFrame.EXIT_ON_CLOSE);
    }
}
```

执行结果如图 15-11 所示。

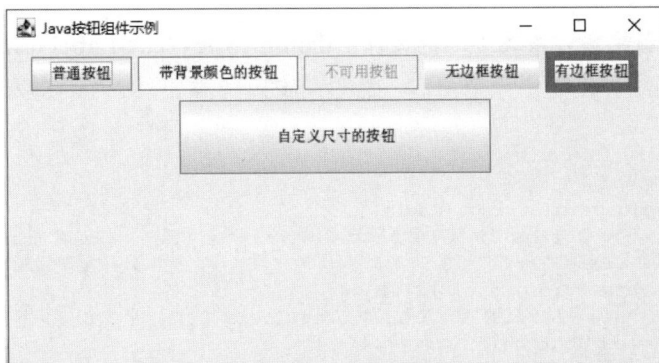

图 15-11　执行结果

15.4.2　标签组件

📚 **知识讲解**

在 Swing 中，标签是一种可以包含文本和图片的非交互组件，可以显示单行文本、多行文本，甚至是 HTML 文本。可以使用类 JLabel 创建标签，该类的主要构造方法如下。

- ❏ JLabel()：创建无图像并且标题为空字符串的标签。
- ❏ JLabel(Icon image)：创建具有指定图像的标签。
- ❏ JLabel(String text)：创建具有指定文本的标签。
- ❏ JLabel(String text, Icon icon, int horizontalAlignment)：创建具有指定文本、图像和水平对齐方式的标签。horizontalAlignment 的取值 JLabel.LEFT、JLabel.RIGHT、JLabel.CENTER。

类 JLabel 中的常用方法如表 15-5 所示。

表 15-5　类 JLabel 中的常用方法

方法名称	说　　明
void setText(String text)	定义 JLabel 将要显示的单行文本
void setIcon(Icon image)	定义 JLabel 将要显示的图标
void setIconTextGap(int iconTextGap)	如果 JLabel 同时显示图标和文本，则此属性定义它们之间的间隔
void setHorizontalTextPosition(int textPosition)	设置 JLabel 的文本相对其图像的水平位置
void setHorizontalAlignment(int alignment)	设置 JLabel 内容沿 X 轴的对齐方式
String getText()	返回 JLabel 所显示的文本
Icon getIcon()	返回 JLabel 所显示的图像
Component getLabelFor()	返回此 JLabel 所标记的组件
int getIconTextGap()	返回 JLabel 的文本和图像之间的间隔量（以像素为单位）
int getHorizontalTextPosition()	返回 JLabel 的文本相对其图像的水平位置
int getHorizontalAlignment()	返回 JLabel 沿 X 轴的对齐方式

范例导学

范例 15-7：模拟电影票预订系统（范例文件：**daima\15\15-7\...\JLabelTest.java**）。

本实例使用 JFrame 组件创建了一个窗口，然后向窗口中添加了 2 个标签和 2 个按钮，代码如下。

```java
import java.awt.*;
import javax.swing.*;
public class JLabelTest{
    public static void main(String[] agrs){
        JFrame frame=new JFrame("模拟电影票预订系统");      //创建 Frame 窗口
        JPanel jp=new JPanel();                             //创建面板
        jp.setLayout(new GridLayout(2,2));
        JLabel label1=new JLabel("《满江红》",JLabel.CENTER);   //创建标签
        JButton btn1=new JButton("开始选票");
        JLabel label2=new JLabel();
        label2.setText("《流浪地球2》");
        label2.setHorizontalAlignment(JLabel.CENTER);
        JButton btn2=new JButton("开始选票");
        jp.add(label1);                                     //添加标签到面板
        jp.add(btn1);                                       //添加按钮到面板
        jp.add(label2);
        jp.add(btn2);
        frame.add(jp);
        frame.setBounds(300,200,400,100);
        frame.setVisible(true);
        frame.setDefaultCloseOperation(JFrame.EXIT_ON_CLOSE);
    }
}
```

执行结果如图 15-12 所示。

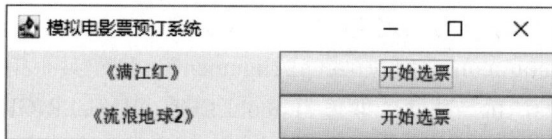

图 15-12 执行结果

编程实战

实战案例 15-7-01：设计放假通知 创建一个窗体，使用标签显示一个放假通知，要求在标签中显示图片和文本。

实战案例 15-7-02：在窗体中显示不同形式的内容 创建一个窗体，并在里面添加 3 个标签，第一个标签仅显示文本，第二个标签仅显示图片，第三个标签同时显示文本和图片。

15.4.3 单行文本框组件

知识讲解

在 Swing 中，使用类 JTextField 可以实现一个单行文本框，它允许用户输入单行的文本信息。类 JTextField 包含如下常用的构造方法。

❑ JTextField()：创建一个默认的文本框。

❑ JTextField(String text)：创建一个指定初始化文本信息的文本框。

❑ JTextField(int columns)：创建一个指定列数（可容纳字符数量）的文本框。

类 JTextField 的常用方法如下。

❑ void setText(String t)：设置文本字段的内容。

❑ void setColumns(int columns)：设置文本字段的列数。

❑ void setFont(Font f)：设置文本字段的字体。

❑ void setForeground(Color c)：设置文本字段的前景色（文本颜色）。

❑ void setHorizontalAlignment(int alignment)：设置文本字段的文本水平对齐方式。

范例导学

范例 15-8：展示 3 种样式的单行文本框（范例文件：daima\15\15-8\...\JTextFieldTest.java）。

本实例首先使用 JFrame 组件创建一个窗口，然后向窗口中添加 3 个 JTextField 文本框，代码如下。

```java
import java.awt.*;
import javax.swing.*;
public class JTextFieldTest{
    public static void main(String[] agrs){
        JFrame frame=new JFrame("Java文本框组件");           //创建 Frame 窗口
        JPanel jp=new JPanel();                              //创建面板
        JTextField txtfield1=new JTextField();              //创建文本框
        txtfield1.setText("普通文本框");                      //设置文本框的内容
        JTextField txtfield2=new JTextField(28);            //创建指定列数的文本框
        txtfield2.setFont(new Font("楷体",Font.BOLD,16));    //修改字体样式
        txtfield2.setText("指定长度和字体的文本框");
        JTextField txtfield3=new JTextField(35);            //创建指定列数的文本框
        txtfield3.setText("内容居中对齐的文本框");
        txtfield3.setHorizontalAlignment(JTextField.CENTER); //居中对齐
        jp.add(txtfield1);
        jp.add(txtfield2);
        jp.add(txtfield3);
        frame.add(jp);
        frame.setBounds(300,200,500,100);
        frame.setVisible(true);
        frame.setDefaultCloseOperation(JFrame.EXIT_ON_CLOSE);
    }
}
```

上述代码中，文本框 txtfield1 使用类 JTextField 的默认构造方法创建；文本框 txtfield2 在创建时指定了列数，然后又修改了文本的字体样式；文本框 txtfield3 同样在创建时指定了列数，然后又设置文本为居中对齐。执行结果如图 15-13 所示。

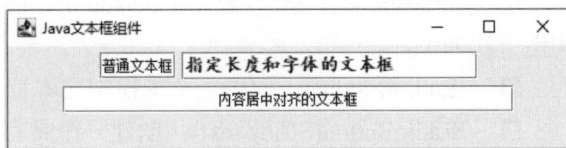

图 15-13　执行结果

编程实战

实战案例 15-8-01：创建会员登录框　创建一个会员登录框，分别提供输入用户名和密码的文本框。

实战案例 15-8-02：用户注册表单界面　在窗体中实现一个用户注册表单界面，用户可以在表单中分别输入用户名、密码和邮箱地址。

15.4.4　复选框和单选按钮组件

知识讲解

1. 复选框

在 Swing 中，使用类 JCheckBox 可以实现一个复选框。复选框是一种允许用户进行多项选择的组件，即用户可以同时选中多个复选框，以实现更灵活的数据输入和选项选择。每个复选框都具有选中和未选中两种状态，并且这两种状态是互斥的，意味着一个复选框不可以同时处于选中和未选中状态。类 JCheckBox 继承自类 JToggleButton。JToggleButton 是一个可以切换状态的按钮，而 JCheckBox 正是利用了这一特性来实现复选框的功能。类 JCheckBox 包含如下构造方法。

- ❐ JCheckBox()：创建一个默认的复选框，在默认情况下，既未指定文本，也未指定图像，并且未被选择。
- ❐ JCheckBox(String text)：创建一个指定文本的复选框。
- ❐ JCheckBox(Icon icon)：创建一个带有指定图像的复选框。
- ❐ JCheckBox(String text,boolean selected)：创建一个指定文本和选择状态的复选框。

另外，类 JCheckBox 还提供了如下常用方法。

- ❐ void setSelected(boolean b)：设置复选框的选中状态。如果 b 的值为 true，则复选框被选中；如果为 false，则复选框未被选中。
- ❐ boolean isSelected()：返回复选框的选中状态。如果复选框被选中，则返回 true，否则返回 false。
- ❐ void setText(String text)：设置复选框的文本。
- ❐ String getText()：获取复选框的文本。

2. 单选按钮

在 Swing 中，使用类 JRadioButton 可以实现单选按钮。单选按钮组件同样具有选中和未选中两种状态，它允许用户从一组选项中选择一个。一般情况下，需要使用类 ButtonGroup 来管理一组单选按钮，确保这些按钮之间实现单选（互斥）的功能。如果一个单选按钮没有被添加到任何 ButtonGroup 对象中，那么它将不再具有单选的特性。

类 JRadioButton 继承自类 JToggleButton，而类 JToggleButton 继承自类 AbstractButton，它的常用构造方法如下。

- ❐ JRadioButton()：创建一个未指定文本且未选择的单选按钮。
- ❐ JRadioButton(String text)：创建一个具有指定文本且未选择的单选按钮。
- ❐ JRadioButton(String text, boolean selected)：创建一个具有指定文本和选择状态的单选按钮。
- ❐ JRadioButton(String text, Icon icon)：创建一个具有指定文本、图像，但未选择的单选按钮。
- ❐ JRadioButton(String text, Icon icon, boolean selected)：创建一个具有指定文本、图像和选择状态的单选按钮。

另外，类 JRadioButton 还提供了如下常用方法。

- ❐ void setText(String text)：设置单选按钮上显示的文本。
- ❐ String getText()：获取单选按钮上显示的文本。

❏ void setIcon(Icon defaultIcon)：设置单选按钮在默认状态下显示的图标。

❏ Icon getIcon()：获取单选按钮的图标。

❏ void setSelected(boolean b)：设置单选按钮的选择状态。如果 b 的值为 true，则按钮被选中；如果为 false，则按钮未被选中。

❏ boolean isSelected()：返回单选按钮的选择状态。如果按钮被选中，则返回 true，否则返回 false。

类 ButtonGroup 一般与类 JRadioButton 一起使用，它的主要方法如下。

❏ ButtonGroup()，构造方法，用于创建一个新的 ButtonGroup 对象。

❏ void add(AbstractButton b)，将按钮添加到组中。

❏ void remove(AbstractButton b)，从组中移除指定的按钮。

❏ void clearSelection()，清除选中状态，从而使得组中没有按钮被选中。

❏ int getButtonCount()，返回组中的按钮数。

范例导学

范例 15-9：某社区流行编程语言问卷调查（范例文件：daima\15\15-9\...\JCheckBoxTest.java）。

本实例首先使用 JFrame 组件创建了一个窗口，然后使用类 JCheckBox 创建了一些复选框，代码如下。

```java
import java.awt.*;
import javax.swing.*;
public class JCheckBoxTest{
    public static void main(String[] agrs){
        JFrame frame=new JFrame("Java复选框组件");          //创建 Frame 窗口
        JPanel jp=new JPanel();                             //创建面板
        JLabel label=new JLabel("流行编程语言有: ");
        label.setFont(new Font("楷体",Font.BOLD,16));       //修改字体样式
        JCheckBox chkbox1=new JCheckBox("C#", true);        //创建指定文本和状态的复选框
        JCheckBox chkbox2=new JCheckBox("C++");             //创建指定文本的复选框
        JCheckBox chkbox3=new JCheckBox("Java");            //创建指定文本的复选框
        JCheckBox chkbox4=new JCheckBox("Python");          //创建指定文本的复选框
        JCheckBox chkbox5=new JCheckBox("PHP");             //创建指定文本的复选框
        JCheckBox chkbox6=new JCheckBox("C语言");           //创建指定文本的复选框
        jp.add(label);
        jp.add(chkbox1);
        jp.add(chkbox2);
        jp.add(chkbox3);
        jp.add(chkbox4);
        jp.add(chkbox5);
        jp.add(chkbox6);
        frame.add(jp);
        frame.setBounds(300,200,400,100);
        frame.setVisible(true);
        frame.setDefaultCloseOperation(JFrame.EXIT_ON_CLOSE);
    }
}
```

在上述代码中，一共创建了 6 个复选框，在创建第一个复选框时指定其处于选中状态。执行结果如图 15-14 所示。

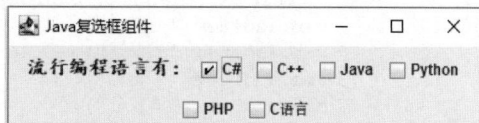

图 15-14　执行结果

编程实战

实战案例 15-9-01：最喜欢的两个季节　在窗体中设置 4 个复选框供用户选择，这 4 个复选框分别

表示春、夏、秋、冬，提示用户选择他们最喜欢的两个季节。

实战案例 15-9-02：一个简单的投票应用　在窗体中创建一组单选按钮，让用户在 Java、Python、C++、C 语言、JavaScript 中选择一门他们最喜欢的编程语言。

15.4.5　下拉列表组件

在 Swing 中，下拉列表由类 JComboBox 实现。该组件的特点是将多个选项折叠在一起，只显示最前面的或被选中的一个。在选择列表中的某个选项时，需要单击下拉列表右边的下三角按钮，这时候会弹出包含所有选项的列表。用户可以在列表中进行选择，也可以根据需要直接输入所要的选项，还可以输入选项中没有的内容。类 JComboBox 中的常用构造方法如下。

- ❏　JComboBox()：创建一个空的 JComboBox 对象。
- ❏　JComboBox(ComboBoxModel aModel)：创建一个下拉列表，其项目由指定的 ComboBoxModel 提供。ComboBoxModel 是 Swing 中的一个接口，它用于定义下拉列表的数据模型。同时，该接口定义了一系列方法，这些方法可以管理下拉列表中的项目，包括添加、删除项目，获取项目的数量，以及获取当前选中的项目等。
- ❏　JComboBox(Object[] items)：创建一个 JComboBox 对象，其初始项目由指定的 Object 数组提供。

类 JComboBox 提供了多个成员方法，用于操作下拉列表中的选项，具体如下。

- ❏　void addItem(Object anObject)：将指定的对象作为选项添加到下拉列表中。
- ❏　void insertItemAt(Object anObject,int index)：在下拉列表中的指定索引处插入选项。
- ❏　void removeItem(Object anObject)：在下拉列表中删除指定的选项。
- ❏　void removeItemAt(int anIndex)：在下拉列表中删除指定位置的选项。
- ❏　void removeAllItems()：从下拉列表中删除所有选项。
- ❏　int getItemCount()：返回下拉列表中的选项个数。
- ❏　Object getItemAt(int index) ：获取指定索引处的列表项，索引从 0 开始。
- ❏　int getSelectedIndex()：获取当前在下拉列表中选中的项目的索引。
- ❏　Object getSelectedItem()：获取当前在下拉列表中选中的项目。

下面的代码创建了一个下拉列表组件 cmb，然后调用方法 addItem()向其中添加了 4 个选项。

```java
import javax.swing.*;
public class JComboBoxDemo{
    public static void main(String[] args){
        JFrame frame=new JFrame("Java 下拉列表组件示例");
        JPanel jp=new JPanel();                  //创建面板
        JLabel label1=new JLabel("证件类型: ");   //创建标签
        JComboBox cmb=new JComboBox();           //创建下拉列表
        cmb.addItem("--请选择--");                //向下拉列表中添加选项
        cmb.addItem("身份证");
        cmb.addItem("驾驶证");
        cmb.addItem("军官证");
        jp.add(label1);
        jp.add(cmb);
        frame.add(jp);
        frame.setBounds(300,200,400,200);
        frame.setVisible(true);
```

```
        frame.setDefaultCloseOperation(JFrame.EXIT_ON_CLOSE);
    }
}
```

执行结果如图 15-15 所示。

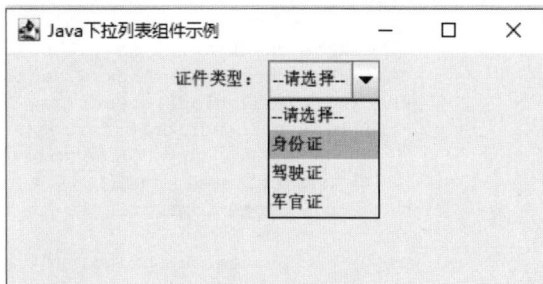

图 15-15 执行结果

15.5 事 件 监 听

在 Swing 中，事件监听机制用于处理用户与 GUI 组件的交互。当用户执行操作（如单击按钮、输入文本）时，会触发对应的事件。为了响应这些事件，可以为组件添加实现了特定事件监听器接口的实例，即事件监听器。本节将讲解常用的 3 种事件，即动作事件、键盘事件、鼠标事件。

15.5.1 动作事件

📖 知识讲解

在 Swing 中，动作事件（ActionEvent）监听器是一种用于监听和处理动作事件的组件。当用户执行某个动作时（如单击按钮、选择复选框等），会触发一个动作事件，然后监听器会捕获这个事件并执行相应代码。创建动作事件监听器时需要实现接口 ActionListener，该接口定义了方法 actionPerformed()，该方法在动作事件发生时被调用。一般情况下，为组件添加动作事件监听器的步骤如下。

- ❏ 使用组件（如按钮）的方法 addActionListener(ActionListener l)将监听器注册到该组件上。
- ❏ 创建一个实现了接口 ActionListener 的类，通常是一个匿名内部类。
- ❏ 在这个类中实现方法 actionPerformed(ActionEvent e)。这个方法接收一个 ActionEvent 对象作为参数，该对象包含了事件的相关信息，如事件源（触发事件的组件）。

事件监听器经常使用方法 getSource()来识别哪个组件触发了事件。这样，一个监听器就可以被多个组件共享，并通过方法 getSource()来区分是哪个组件触发了事件。同时，如果某个组件不需要事件监听器时，可以使用方法 removeActionListener()删除监听器。

✍ 范例导学

范例 15-10：模拟点餐系统（范例文件：daima\15\15-10\...\ActionEventExample.java）。

本实例在窗口中创建了两个 JCheckBox 对象和一个 JButton 对象，并为这些组件添加相应的动作事件监听器，代码如下。

```java
import javax.swing.*;
import java.awt.*;
import java.awt.event.*;
public class ActionEventExample {
    public static void main(String[] args) {
```

```
        JFrame frame = new JFrame("点餐系统");                        //创建窗口
        frame.setSize(250, 200);
        frame.setDefaultCloseOperation(JFrame.EXIT_ON_CLOSE);
        JPanel panel = new JPanel();
        panel.setLayout(new FlowLayout(FlowLayout.CENTER,20,20));
        JCheckBox checkBox1 = new JCheckBox("宫保鸡丁");              //创建复选框
        JCheckBox checkBox2 = new JCheckBox("京酱肉丝");
        checkBox1.addActionListener(new ActionListener() {          //为复选框添加动作事件监听器
            public void actionPerformed(ActionEvent e) {
                JCheckBox cb = (JCheckBox) e.getSource();
                if (cb.isSelected()) {
                    System.out.println("选择宫保鸡丁");
                } else {
                    System.out.println("取消选择宫保鸡丁");
                }
            }
        });
        checkBox2.addActionListener(new ActionListener() {          //为复选框添加动作事件监听器
            public void actionPerformed(ActionEvent e) {
                JCheckBox cb = (JCheckBox) e.getSource();
                if (cb.isSelected()) {
                    System.out.println("选择京酱肉丝");
                } else {
                    System.out.println("取消选择京酱肉丝");
                }
            }
        });
        panel.add(checkBox1);                                       //将复选框添加到面板
        panel.add(checkBox2);
        JButton button = new JButton("点餐");                        //创建按钮
        button.addActionListener(new ActionListener() {            //为按钮添加动作事件监听器
            public void actionPerformed(ActionEvent e) {
                System.out.println("点餐了! 点餐了! ");
            }
        });
        panel.add(button);                                          //将按钮添加到面板
        frame.add(panel);                                           //将面板添加到窗口
        frame.setVisible(true);
    }
}
```

程序执行后，显示如图 15-16 所示的窗体。在该窗体中，依次进行如下操作。

☐ 选择"宫保鸡丁"复选框，再取消选择。
☐ 选择"京酱肉丝"复选框，再取消选择。
☐ 单击"点餐"按钮。

控制台输出结果如下。

```
选择宫保鸡丁
取消选择宫保鸡丁
选择京酱肉丝
取消选择京酱肉丝
点餐了! 点餐了!
```

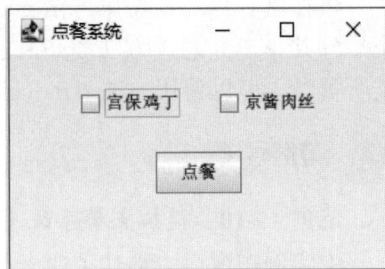

图 15-16　程序执行后的窗体

编程实战

实战案例 15-10-01：提交文本框中的信息　提供一个文本框供用户输入信息，输入信息并单击"提交"按钮后将输入的内容通过对话框显示出来。

实战案例 15-10-02：简易问卷调查程序 实现一个"你最喜欢的编程语言"问卷调查程序，通过下拉列表组件显示投票选项，用户选择某选项并单击"提交问卷"按钮后通过对话框显示投票结果。

15.5.2 键盘事件

在 Swing 中，几乎所有的可交互的组件都有可能发生键盘事件。键盘事件主要通过类 KeyEvent 来捕获，可以通过为组件添加实现了接口 KeyListener 的监听器类来处理相应的键盘事件。接口 KeyListener 中定义了 3 个抽象方法来处理不同类型的键盘事件，具体如下。

```
public interface KeyListener extends EventListener {
    public void keyTyped(KeyEvent e);        //发生击键事件时被触发，按下并释放键
    public void keyPressed(KeyEvent e);      //按键被按下时被触发，手指按下键但不松开
    public void keyReleased(KeyEvent e);     //按键被释放时被触发，手指从按下的键上松开
}
```

上述 3 个抽象方法均以类 KeyEvent 的对象作为参数。类 KeyEvent 提供了关于键盘事件的信息，其常用方法如下。

- ❏ Object getSource()：获得触发此次事件的组件对象。
- ❏ char getKeyChar()：获得与此事件中的键相关联的字符。
- ❏ int getKeyCode()：获得与此事件中的键相关联的整数 keyCode（虚拟键码）。
- ❏ String getKeyText(int keyCode)：获得描述 keyCode 的标签，如 A、F1、Shift 等。
- ❏ boolean isControlDown()：判断 Ctrl 键在此次事件中是否被按下。
- ❏ boolean isAltDown()：判断 Alt 键在此次事件中是否被按下。
- ❏ boolean isShiftDown()：判断 Shift 键在此次事件中是否被按下。
- ❏ boolean isActionKey()：判断触发键盘事件的键是否为一个动作键。

一般情况下，为组件添加键盘事件监听器的步骤如下。

- ❏ 使用组件的方法 addKeyListener(KeyListener l)将监听器注册到该组件上。
- ❏ 创建一个实现了接口 KeyListener 的类，通常是一个匿名内部类。
- ❏ 根据需要在这个类中实现接口 KeyListener 的相应抽象方法。

15.5.3 鼠标事件

在 Swing 中，所有组件都能发生鼠标事件。鼠标事件主要通过类 MouseEvent 来捕获，可以通过为组件添加实现了接口 MouseListener 的监听器类来处理相应的鼠标事件。接口 MouseListener 中定义了 5 个抽象方法来处理不同类型的鼠标事件，具体如下。

```
public interface MouseListener extends EventListener {
    public void mouseEntered(MouseEvent e);     //光标移入组件时被触发
    public void mousePressed(MouseEvent e);     //鼠标按键被按下时被触发
    public void mouseReleased(MouseEvent e);    //鼠标按键被释放时被触发
    public void mouseClicked(MouseEvent e);     //发生单击事件时被触发
    public void mouseExited(MouseEvent e);      //光标移出组件时被触发
}
```

上述 5 个抽象方法均以类 MouseEvent 的对象作为参数。类 MouseEvent 用于封装与鼠标事件相关

其信息，其常用方法如下。

□ int getClickCount(): 获得鼠标的单击次数。例如，在双击事件中，这个方法将返回 2。

□ int getButton(): 获得发生此事件的按钮编号，返回值通常是类 MouseEvent 中定义的按钮常量之一。在 MouseEvent 中定义了 3 个代表按钮状态和功能的常量：BUTTON1，常量值为 1，代表鼠标左键；BUTTON2，常量值为 2，代表鼠标中键；BUTTON3，常量值为 3，代表鼠标右键。

□ Object getSource(): 获得触发此次事件的事件组件对象。

一般情况下，为组件添加鼠标事件监听器的步骤如下。

□ 使用组件的方法 addMouseListener(MouseListener l)将鼠标监听器注册到指定组件上。

□ 创建一个实现了接口 MouseListener 的类，通常是一个匿名内部类。

□ 根据需要在这个类中实现接口 MouseListener 的相应响应方法。

15.6 工具条组件

在 Java 中，工具条组件主要用于提供一个快速访问常用命令的可移动的栏区域，它通常位于窗口的顶部或底部，也可以设置为悬浮的窗口，方便用户随时使用。

知识讲解

在 Swing 中，通过类 JToolBar 来创建工具条组件。类 JToolBar 包含了如下两个重要参数。

□ name: 代表工具条的名称。

□ orientation: 代表工具条的方向，其值为 JToolBar.HORIZONTAL 和 JToolBar.VERTICAL 之一。

工具条类 JToolBar 的构造方法如下：

□ JToolBar(): 创建工具条，默认的方向为 JToolBar.HORIZONTAL（水平）。

□ JToolBar(int orientation): 创建具有指定方向的工具条。

□ JToolBar(String name): 创建具有指定名称的工具条。

□ JToolBar(String name,int orientation): 创建具有指定名称和方向的工具条。

类 JToolBar 提供了如下常用方法。

□ void add(Component c): 向工具条中添加一个组件。

□ void add(Component c, int index): 根据索引在指定位置向工具条中添加一个组件。

□ void remove(Component c): 从工具条中移除一个组件。

□ void remove(int index): 从工具条中根据指定索引移除指定的组件。

□ void setOrientation(int orientation): 设置工具条的方向（水平或垂直）。

□ int getOrientation(): 获取工具条的方向。

□ void setFloatable(boolean b): 设置工具条是否可浮动。

□ boolean isFloatable(): 获取工具条是否可浮动。

□ void setRollover(boolean rollover): 设置工具条是否启用鼠标滚动效果。

□ boolean getRollover(): 获取工具条是否启用鼠标滚动效果。

- ❏ void setMargin(Insets m)：设置工具条的外边距。Insets 是一个用于表示容器边界与其中组件之间距离（即外边距或内边距）的类。
- ❏ Insets getMargin()：获取工具条的外边距。
- ❏ Dimension getPreferredSize()：获取工具条的推荐大小。
- ❏ Dimension getMinimumSize()：获取工具条的最小大小。
- ❏ Dimension getMaximumSize()：获取工具条的最大大小。

范例导学

范例 15-11：实现简易的工具条（范例文件：daima\15\15-11\...\JToolBarTest.java）。

本实例首先创建了一个窗体对象，窗体顶部设置了一个工具条，工具条里面包含 3 个按钮，每个按钮均添加了事件监听器，代码如下：

```java
import javax.swing.*;
import java.awt.*;
import java.awt.event.ActionEvent;
import java.awt.event.ActionListener;
public class JToolBarTest {
    public static void main(String[] args) {
        JFrame frame = new JFrame("Java 工具条示例");          //创建窗体
        frame.setDefaultCloseOperation(JFrame.EXIT_ON_CLOSE);
        frame.setSize(300, 200);
        JToolBar toolBar = new JToolBar();                    //创建工具条
        String[] buttonTexts = {"按钮 1", "按钮 2", "按钮 3"}; //创建包含 3 个按钮名称文本的字符串数组
        //遍历数组，创建 3 个按钮，为每个按钮添加事件监听，并将其添加到工具条
        for (String text : buttonTexts) {
            JButton button = new JButton(text);
            button.addActionListener(new ActionListener() {
                @Override
                public void actionPerformed(ActionEvent e) {
                    //当按钮被单击时，显示一个与该按钮相关的消息对话框
                    JOptionPane.showMessageDialog(frame,
                        ((JButton)e.getSource()).getText() + "被点击! ");
                }
            });
            toolBar.add(button);                              //将按钮添加到工具条上
        }
        frame.getContentPane().add(toolBar, BorderLayout.NORTH);  //将工具条添加到窗体
        frame.setVisible(true);
    }
}
```

执行程序，初始结果如图 15-17 所示。单击"按钮 1"按钮，弹出对应的消息对话框，如图 15-18 所示。

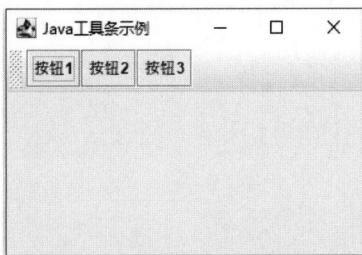

图 15-17　执行后的初始结果　　　　图 15-18　单击"按钮 1"按钮后

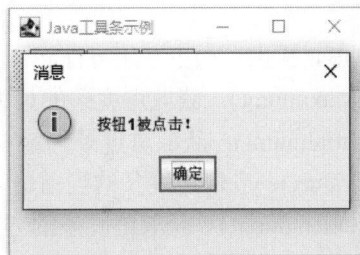

编程实战

实战案例 15-11-01：创建工具条并进行事件监听 使用 JToolBar 创建包含"打开""保存"和"复制"按钮的水平工具条，通过事件监听器响应用户的操作。单击任意按钮时，控制台显示对应信息。

实战案例 15-11-02：实现一个垂直工具条 创建一个垂直方向的工具条，包含两个按钮，为该工具条设置外边距、方向、浮动性和悬停效果，并通过事件监听器响应用户单击按钮的操作。

15.7 进度条组件

进度条是图形用户界面中广泛使用的 GUI 组件。例如，当启动 Eclipse 程序时，需要加载较多的资源，启动速度较慢，此时程序会在启动界面中显示一个进度条，用以表示该软件启动完成的比例，如图 15-19 所示。在 Swing 中，通过类 JProgressBar 和类 ProgressMonitor 可以实现进度条组件。限于本书篇幅，这里仅对类 JProgressBar 进行讲解。

图 15-19 执行效果

知识讲解

在 Swing 中，使用类 JProgressBar 可以创建一个水平或垂直的进度条，并且可以通过设置不同的属性来定制该进度条的外观和行为。类 JProgressBar 的构造方法如下。

- ❏ JProgressBar()：创建一个默认的进度条，其最小值和最大值默认为 0 和 100，初始值默认为 0。
- ❏ JProgressBar(int orient)：创建一个具有指定方向的进度条，最小值和最大值默认为 0 和 100，初始值默认为 0。参数 orient 用来指定进度条的方向，取值可以是 JProgressBar.VERTICAL 或 JProgressBar.HORIZONTAL，分别表示垂直方向和水平方向。
- ❏ JProgressBar (int min,int max)：创建一个具有指定最小值和最大值的水平进度条，初始值默认为最小值。
- ❏ JProgressBar(int orient, int min, int max)：创建一个具有指定方向、最小值和最大值的进度条，初始值默认为最小值。
- ❏ JProgressBar (int min,int max,int value)：创建一个具有指定最小值、最大值和初始值的水平进度条。

类 JprogressBar 提供了如下常用方法。

- ❏ int getMaximum()：获取进度条的最大值。
- ❏ int getMinimum()：获取进度条的最小值。
- ❏ int getValue()：获取进度条的当前值。
- ❏ int getOrientation()：获取进度条的方向。
- ❏ void setMinimum(int min)：设置进度条的最小值。
- ❏ void setMaximum(int max)：设置进度条的最大值。

❑ void setValue(int n)：设置进度条的当前值。

❑ void setOrientation(int orientation)：设置进度条的方向（水平或垂直）。

❑ void setStringPainted(boolean b)：设置是否在进度条上显示字符串（如百分比）。

❑ void setIndeterminate(boolean newValue)：设置进度条是否为不确定模式（即连续动画而不是特定进度）。

❑ void setBorderPainted(boolean b)：设置是否为进度条绘制边框。

❑ boolean isStringPainted()：判断是否在进度条上显示字符串。

❑ boolean isIndeterminate()：判断进度条是否处于不确定模式。

范例导学

范例 15-12：模拟手机充电进度条效果（范例文件：daima\15\15-12\...\JProgressBarTest.java）。

本实例在窗体中创建了一个 JProgressBar 对象实例 bar，用于显示一个水平进度条效果，并且设置可以通过复选框选择该进度条的外形（是否绘制边框，是否为不确定模式），代码如下。

```java
import java.awt.*;
import javax.swing.*;
import java.awt.event.*;
public class JProgressBarTest{
    JFrame frame = new JFrame("模拟手机充电进度条");
    JCheckBox indeterminate = new JCheckBox("随机进度");
    JCheckBox noBorder = new JCheckBox("无边框");
    JProgressBar bar = new JProgressBar(JProgressBar.HORIZONTAL);        //创建一条水平进度条
    public void init(){
        JPanel jp1=new JPanel();
        jp1.add(indeterminate);
        jp1.add(noBorder);
        JPanel jp2=new JPanel();
        JPanel jp3=new JPanel();
        jp3.add(bar);
        frame.setLayout(new BorderLayout());
        frame.getContentPane().add(jp1,BorderLayout.SOUTH);
        frame.getContentPane().add(jp2,BorderLayout.NORTH);
        frame.getContentPane().add(jp3,BorderLayout.CENTER);
        bar.setMinimum(0);                                              //设置进度条的最大值和最小值
        bar.setMaximum(100);
        bar.setStringPainted(true);                                    //设置在进度条中显示完成百分比
        noBorder.addActionListener(new ActionListener(){
            public void actionPerformed(ActionEvent event){
                bar.setBorderPainted(!noBorder.isSelected());          //设置是否绘制进度条的边框
            }
        });
        indeterminate.addActionListener(new ActionListener(){
            public void actionPerformed(ActionEvent event){
                bar.setIndeterminate(indeterminate.isSelected());        //设置进度条是否为不确定模式
                bar.setStringPainted(!indeterminate.isSelected());//设置进度条是否显示完成百分比
            }
        });
        frame.setDefaultCloseOperation(JFrame.EXIT_ON_CLOSE);
        frame.setSize(300, 120);
        frame.setVisible(true);
        //采用循环方式来不断改变进度条的完成进度
        for (int i = 0 ; i <= 100 ; i++){
```

```
                bar.setValue(i);                           //改变进度条的完成进度
                try{
                    //让当前线程休眠100毫秒，使用了线程的有关知识，参见本书第16章
                    Thread.sleep(100);
                }
                catch (Exception e){
                    e.printStackTrace();
                }
            }
        }
    public static void main(String[] args) {
        new JProgressBarTest().init();
    }
}
```

执行程序，初始结果如图 15-20 所示。选择"无边框"复选框，进度条外观变为如图 15-21 所示的样式。取消选择"无边框"复选框，选择"随机进度"复选框，进度条外观变为如图 15-22 所示的样式。同时选择"随机进度"复选框和"无边框"复选框，进度条外观变为如图 15-23 所示的样式.

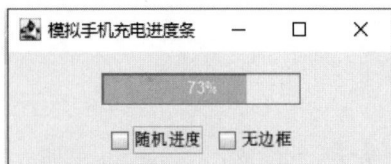

图 15-20 确定进度（有边框）

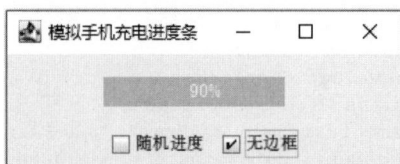

图 15-21 确定进度（无边框）

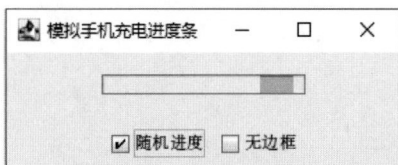

图 15-22 随机进度（有边框）

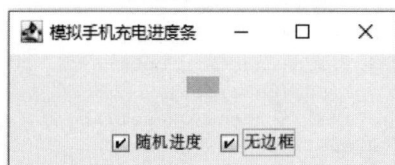

图 15-23 随机进度（无边框）

编程实战

实战案例 15-12-01：任务完成状况进度条　使用 JProgressBar 创建进度条，在单击"开始任务"按钮后模拟执行长时间任务的进度，任务完成后会弹出对话框通知用户。

实战案例 15-12-02：展示游戏关卡的进度条　使用 JProgressBar 创建一个表示小游戏加载进度的界面，模拟一个虚拟的小游戏加载过程，同时在进度条上显示加载的"游戏关卡"。

15.8　综合实战——星座选择器

范例功能

本实例实现一个十二星座选择器。用户可以选择一个星座，可以删除指定的星座，也可以向系统中添加星座。

学习目标

巩固使用 Swing 组件创建和管理图形用户界面的相关知识，理解并掌握使用事件监听机制响应用户操作，提高实际编程能力。

具体实现

编写实例文件 SampeDemo.java，预期执行结果如图 15-24 所示。

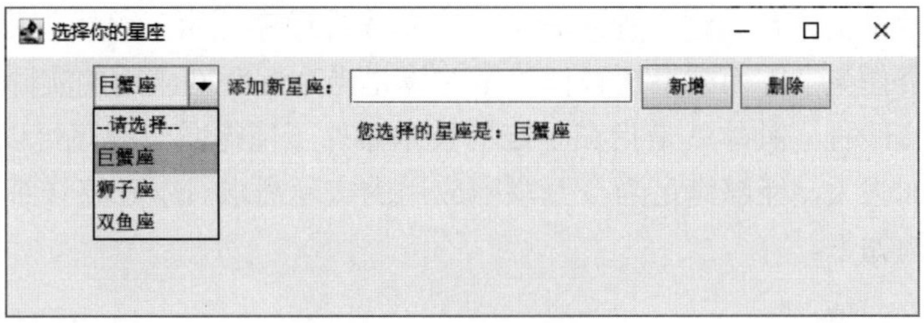

图 15-24　预期执行结果

第 16 章　多线程

多线程并发是当今 Java 开发领域十分常见的一个概念，那么究竟什么是多线程呢？如果一个程序在同一时间只能做一件事情，那么这个程序就是一个单线程程序。由于单线程程序需要在上一个任务完成之后才开始下一个任务，因而效率比较低，很难满足当今互联网应用的实际需求，所以 Java 引入了多线程机制。所谓多线程，具体就是指在一定的技术条件下使得同一程序可以同时完成多个任务。多线程程序的功能更加强大，能够满足当今互联网应用的实际需求。本章将详细讲解 Java 多线程的基本知识，具体知识架构如下。

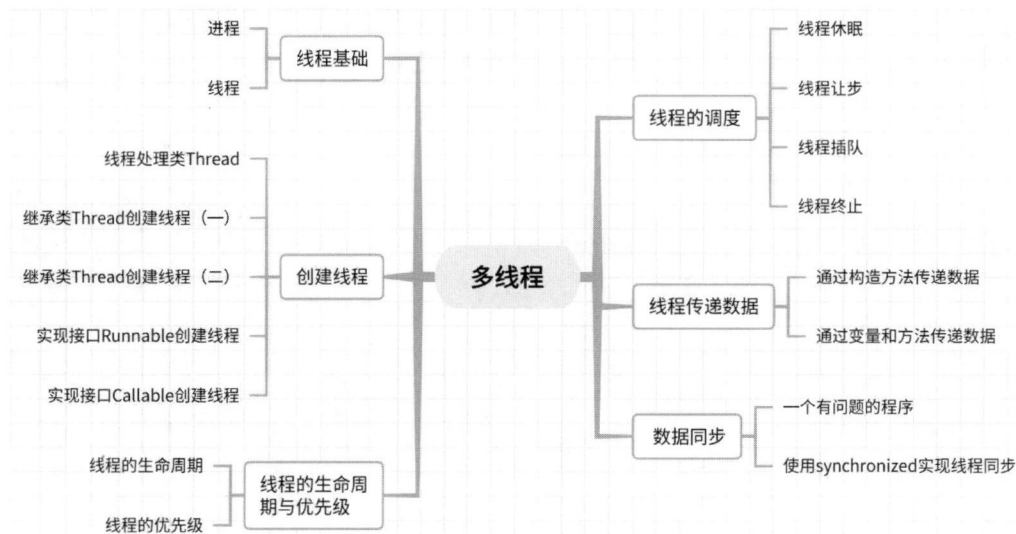

16.1　线 程 基 础

在学习 Java 多线程之前，首先来了解进程与线程这两个重要的概念。

16.1.1　进程

众所周知，计算机的核心是 CPU，它承担了所有的计算任务，而操作系统是计算机的管理者，它负责任务的调度、资源的分配和管理，统领所有计算机硬件。应用程序是具有某种功能的程序，它运行于操作系统之上。

进程是一个具有一定独立功能的程序在一个数据集合上的一次动态执行的过程，是操作系统进行资源分配和调度的一个独立单位，是应用程序运行的载体。进程是一种抽象的概念，从来没有统一的标准定义，它一般由程序、数据集合和进程控制块 3 部分组成。程序用于描述进程要完成的功能，是控制进程执行的指令集；数据集合是程序在执行时所需要的数据和工作区；程序控制块包含进程的描述信息和控制信息，是进程存在的唯一标志。

在操作系统中，进程是独立存在的，它拥有自己独立的资源，多个进程可以在同一个处理器上并发执行且互不影响。每一个进程都包括创建、运行、消亡 3 个阶段。日常使用的计算机可以同时运行多个程序，打开 Windows 任务管理器，在"进程"选项卡中就可以查看进程，如图 16-1 所示。通过图 16-1 可以看到 Microsoft Edge、Microsoft Word 以及此时计算机正在运行的其他程序，正常关闭程序或者通过鼠标右键结束进程，都可以使这个进程消亡。

图 16-1　计算机进程

进程具有如下特征。
- 动态性：进程是程序的一次执行过程，是临时的、有生命期的，是动态产生、动态消亡的。
- 并发性：任何进程都可以同其他进程一起并发执行。
- 独立性：进程是系统进行资源分配和调度的一个独立单位。
- 结构性：进程由程序、数据集合和进程控制块 3 部分组成。

注意：实际上，计算机并行运行的所有进程并不是同时执行的，因为计算机中所有的程序都是由 CPU 执行的，而 CPU 只有有限多个核心。一个 CPU 核心只能同时执行一个进程，但是操作系统会给各个同时打开的程序分配占用时间，例如在这段时间里可以执行 Microsoft Edge，这段时间段过后则切换到 Microsoft Word，之后再切换到其他程序。由于 CPU 的执行速度很快，人们根本觉察不到它是在切换执行，所以会有一种计算机同时执行多个程序的感觉。当然，后面讲到的多线程同样如此。

16.1.2　线程

在早期的操作系统中并没有线程的概念，进程就是拥有资源并独立运行的最小单位，也是程序执行的最小单位。任务调度采用的是时间片轮转的抢占式调度方式，而进程是任务调度的最小单位，每个进程都被分配了各自独立的一块内存，使得各个进程之间内存地址相互隔离。后来，随着计算机技术的发展，对 CPU 的要求越来越高，进程之间的切换开销较大，越来越无法满足复杂程序的要求，于是线程应运而生。线程是程序执行中一个单一的顺序控制流程，是程序执行流的最小单元，是 CPU 调度和分派的基本单位。一个进程中可以有一个或多个线程，各个线程之间共享程序的内存空间（也就是所在进程的内存空间）。一个标准的线程由线程 ID、当前指令指针 PC、寄存器和堆栈组成，而一个进程则由内存空间（程序、数据、进程空间、打开的文件）和一个或多个线程组成。打开 Windows 任务管理器，单击"性能"选项卡，可以查看当前系统的线程数，如图 16-2 所示。通过图 16-2 可以看出，当前系统的总进程数为 163、总线程数为 2790，总线程数要比总进程数多很多，原因正是一个进程中可以有多个线程同时执行。在 Java 开发中，多个线程在同一时间段内交替执行称为并发，而多个线程同时执行称为并行。

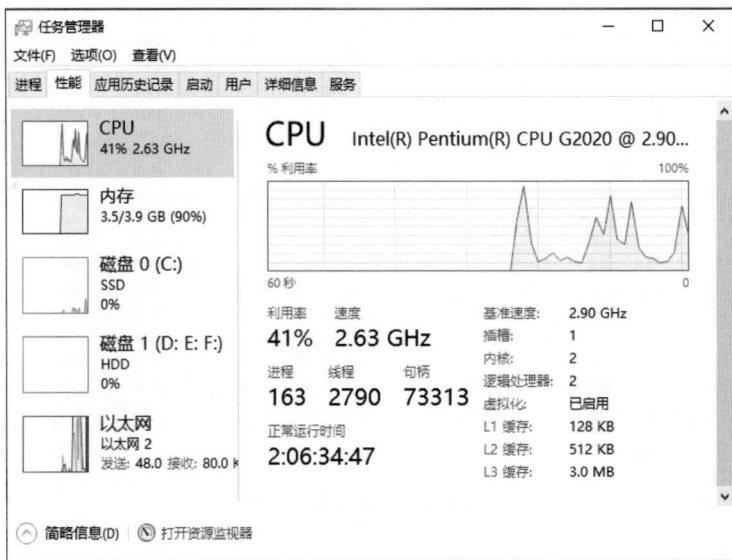

图 16-2　当前系统的进程与线程

16.2　创 建 线 程

在 Java 程序中，创建线程的方法主要有 3 种，继承类 Thread、实现接口 Runnable、实现接口 Callable。

16.2.1　线程处理类 Thread

由于 Java 是一门面向对象的编程语言，所以其线程模型也是面向对象的。Java 通过类 Thread 将线程所必需的功能都封装了起来。要想建立一个线程，必须要有一个线程执行方法，这个线程执行方法和类 Thread 中的内置方法 run() 相对应。在类 Thread 中还有一个内置方法 start()，这个方法负责建立线程，当调用方法 start()成功创建线程后，会自动调用类 Thread 的方法 run()运行这个线程。因此，任何继承类 Thread 的 Java 类都可以通过类 Thread 中的方法 start()来建立线程。如果想运行自己的线程执行方法，就要重写类 Thread 中的方法 run()。

类 Thread 的构造方法被重载了 8 次，各个构造方法的定义如下。

```
public Thread( ){ }
public Thread(Runnable target){ }
public Thread(String name){ }
public Thread(Runnable target, String name){ }
public Thread(ThreadGroup group, Runnable target){ }
public Thread(ThreadGroup group, String name){ }
public Thread(ThreadGroup group, Runnable target, String name){ }
public Thread(ThreadGroup group, Runnable target, String name, long stackSize){ }
```

在上述构造方法中，各个参数的具体说明如下。

❑ Runnable target：实现了接口 Runnable 的类的实例。需要注意的是，类 Thread 也实现了接口 Runnable，因此继承类 Thread 的类的实例也可以作为 target 传入构造方法（关于接口 Runnable，将在第 16.2.4 节讲解）。

❑ String name：线程的名称，此名称可以在建立 Thread 实例后通过类 Thread 的方法 setName()设置，也可以通过类 Thread 的方法 getName()获取。如果不设置线程的名称，线程就使用默认的名称：Thread-N。其中，N 是线程建立的顺序，是一个不重复的正整数。

❑ ThreadGroup group：当前建立的线程所属的线程组。如果不指定线程组，所有的线程都被加到一个默认的线程组中。

❑ long stackSize：线程栈的大小，这个值一般是 CPU 页面的整数倍。例如，在 x86 平台下，页面大小通常是 4KB，默认的线程栈大小是 12KB。

16.2.2　继承类 Thread 创建线程（一）

知识讲解

在 Java 程序中，即使是一个普通的 Java 类，只要继承类 Thread，就可以成为一个线程类，并且可以通过类 Thread 的方法 start()来执行线程代码。继承类 Thread 创建线程的步骤如下。

❑ 创建一个类，继承类 Thread，重写方法 run()，将所要完成的任务代码写进方法 run()中。

❑ 创建类 Thread 的子类的对象。

❑ 调用该对象的方法 start()，该方法表示先开启线程，然后调用方法 run()。

📢 注意：虽然类 Thread 的子类可以直接实例化，但在子类中必须重写类 Thread 的方法 run()才能真正运行线程的代码。

范例导学

范例 16-1：模拟某篮球比赛前的球员入场情景（范例文件：daima\16\16-1\...\ Thread1.java）。

某篮球比赛规定，参赛球队可以上场 12 名球员。本实例模拟该篮球比赛前的球员入场情景，代码如下。

```
public class Thread1 {
```

```java
    public static void main(String[] args) {
        System.out.println("篮球比赛开始,两队球员开始入场: ");
        A a=new A();
        a.start();                                    //开启线程
        //为了确保一个队的队员全部入场后另一个队再入场,这里使用了线程插队方法join()
        //有关方法join()的知识,参见第16.4.3节
        try {
            a.join();
        } catch (InterruptedException e) {
            e.printStackTrace();
        }
        B b=new B();
        b.start();
    }
}
class A extends Thread {                         //继承类 Thread 创建线程
    public void run() {                          //重写方法 run()
        for (int i = 1; i <= 12; i++) {
            System.out.println("创新队的队员"+ i);
        }
    }
}
class B extends Thread {
    public void run() {
        for (int i = 1; i <= 12; i++) {
            System.out.println("开拓队的队员"+ i);
        }
    }
}
```

上述代码分别通过继承类 Thread 的方式创建了线程 A 和线程 B,然后先启动线程 A,后启动线程 B。但是在具体执行过程中,在线程 A 未执行完成时线程 B 就可能开始执行,导致输出结果混乱。所以在开启线程 A 后,调用了线程插队方法 join(),以保证线程 A 执行完成后再执行线程 B。有关线程插队方法 join()的知识,在 16.4.3 节进行讲解。输出结果如下。

```
篮球比赛开始,两队球员开始入场:
创新队的队员1
创新队的队员2
...                                                 //略去部分输出
创新队的队员12
开拓队的队员1
开拓队的队员2
...                                                 //略去部分输出
开拓队的队员12
```

编程实战

实战案例 16-1-01:获取线程的名称 使用继承类 Thread 的方式创建一个线程,并使用方法 getName()获取该线程的名称。

实战案例 16-1-02:批量创建并启动 10 个线程 使用继承类 Thread 的方式批量创建并启动 10 个线程。

16.2.3 继承类 Thread 创建线程(二)

知识讲解

在使用继承类 Thread 的方式创建线程时,通过类 Thread 的一个重载构造方法 public Thread(String name)可以设置该线程的名称。除此之外，还可以使用类 Thread 的方法 setName()修改该线程的名称。要想通过类 Thread 的构造方法 public Thread(String name)来直接设置线程名称，必须在其子类中定义一个传递线程名称的构造方法，并在该构造方法中调用类 Thread 的构造方法 public Thread(String name)。

范例导学

范例 16-2：输出某篮球队的前五位队员名单（范例文件：daima\16\16-2\...\Thread2.java）。

在本实例中，为线程类 Thread2 设计了两个构造方法，然后创建了 5 个线程 thread1、thread2、thread3、thread4 和 thread5，使用构造方法直接设置了线程 thread1 的名称，并使用方法 setName()修改了线程 thread2 的名称，代码如下。

```java
public class Thread2 extends Thread{
    private String number;
    public Thread2(String number){
        super();
        this.number = number;
    }
    public Thread2(String number, String name){
        super(name);
        this.number = number;
    }
    public void run(){
        System.out.println(number + ":" + this.getName());
    }
    public static void main(String[] args){
        Thread2 thread1 = new Thread2 ("1号", "李明");        //直接设置线程名称
        Thread2 thread2 = new Thread2 ("2号");
        Thread2 thread3 = new Thread2 ("3号");
        Thread2 thread4 = new Thread2 ("4号");
        Thread2 thread5 = new Thread2 ("5号");
        thread2.setName("王强");                              //修改线程名称
        thread1.start();                                     //启动线程
        thread2.start();
        thread3.start();
        thread4.start();
        thread5.start();
    }
}
```

上述代码在线程类 Thread2 中设计了如下两个构造方法。

❑ public Thread2 (String number)：此构造方法有一个参数 number，这个参数用来标识当前建立的线程。在这个构造方法中仍然调用了类 Thread 的无参构造方法 public Thread( )。

❑ public Thread2 (String number, String name)：此构造方法有两个参数。参数 number 和第一个构造方法中参数 number 的含义相同，参数 name 则是传入的线程名称。这个构造方法调用了类 Thread 的构造方法 public Thread(String name)。

在方法 main()中创建了 thread1、thread2、thread3、thread4 和 thread5 这 5 个线程。其中，thread1 通过构造方法来直接设置线程名称，thread2 通过方法 setName()来修改线程名称，thread3、thread4 和 thread5 未设置线程名称。输出结果如下。

```
1号:李明
2号:王强
3号:Thread-1
5号:Thread-3
4号:Thread-2
```

注意，因为上述代码没有设置线程的优先级，所以每一次的执行结果是不一样的。

📣 编程实战

实战案例 16-2-01：设置线程名称　创建一个线程，使用方法 setName() 设置该线程的名称，并在方法 run() 中调用方法 getName() 获取该线程的名称。

实战案例 16-2-02：批量创建并启动 10 个自定义了名称的线程　优化实战案例 16-1-02 的代码，批量创建并启动 10 个自定义了名称的线程。

16.2.4　实现接口 Runnable 创建线程

📖 知识讲解

在 Java 的线程模型中，除了类 Thread，还有一个标识某个 Java 类是否可作为线程类的接口 Runnable，此接口只有一个抽象方法 run()，也就是 Java 线程模型的线程执行方法。实现接口 Runnable 创建线程的步骤如下。

- ❏　创建一个类并实现接口 Runnable。
- ❏　重写 run() 方法，将所要完成的任务代码写进方法 run() 中。
- ❏　创建实现了接口 Runnable 的类的对象，将该对象当作类 Thread 的构造方法中的参数传进去。
- ❏　使用类 Thread 的构造方法创建一个对象，并调用方法 start() 即可运行该线程。

📢 **注意**：继承类 Thread 创建线程和实现接口 Runnable 创建线程从本质上来说是一种方法，即都是通过类 Thread 来建立线程，并运行方法 run()。但是，通过继承类 Thread 来建立线程，虽然实现起来更容易，但是由于 Java 不支持多继承，这个线程类如果继承了类 Thread 就不能再继承其他的类，因此 Java 线程模型提供了通过实现接口 Runnable 的方法来建立线程，这样线程类可以在必要的时候继承和业务有关的类。

📖 范例导学

范例 16-3：输出显示小菜的暑期计划（范例文件：**daima\16\16-3\...\MyRunnable.java**）。
本实例演示了通过实现接口 Runnable 的方法创建线程的过程，代码如下。

```java
public class MyRunnable implements Runnable{
    public void run(){
        System.out.println(Thread.currentThread().getName());
    }
    public static void main(String[] args){
        MyRunnable t1 = new MyRunnable();
        MyRunnable t2 = new MyRunnable();
        Thread thread1 = new Thread(t1, "线程1: 实习");
        Thread thread2 = new Thread(t2);
        thread2.setName("线程2: 学习Java");
        thread1.start();
        thread2.start();
    }
}
```

输出结果如下。

线程1：实习
线程2：学习 Java

◀)) **注意**：方法 currentThread()是类 Thread 的一个静态方法，它可以直接通过类名调用，返回当前正在
执行的线程的引用，使得用户可以查询或修改该线程的状态。

编程实战

　　实战案例 16-3-01：使用两个线程分别打印相同范围内的整数　　定义一个实现了接口 Runnable 的
类，并重写方法 run()，功能是打印当前线程的名称和0～4的整数值。然后在方法 main()中创建该类的
两个实例，并将它们分别作为目标传递给 Thread 对象创建线程，接着启动这两个线程。

　　实战案例 16-3-02：使用两个线程分别打印不同范围内的整数　　定义一个实现了接口 Runnable 的
类，并重写方法 run()，功能是打印当前线程的名称和指定范围的整数值。然后在方法 main()中创建该
类的两个实例，每个实例都指定不同的数字范围，并将它们分别作为目标传递给 Thread 对象创建，接
着启动这两个线程。

16.2.5　实现接口 Callable 创建线程

知识讲解

　　继承类 Thread 创建线程和实现接口 Runnable 创建线程都有一个缺陷，即在执行完任务之后无法获
取线程的执行结果。如果想获取线程的执行结果，必须通过共享变量或者使用线程通信的方式来实现，
这样操作起来比较烦琐。于是，Java 提供了接口 Callable 来解决这个问题，该接口内有一个方法 call()，
这个方法是线程执行体，有返回值且可以抛出异常。

　　接口 Callable 不是接口 Runnable 的子接口，不能直接作为类 Thread 构造方法的参数，而且方法
call()有返回值，是被调用者。为此，Java 提供了接口 Future，该接口有一个实现类 FutureTask，该类实
现了接口 Runnable，封装了 Callable 对象的方法 call()的返回值，所以该类可以作为参数传递给类
Thread 的构造方法。接口 Future 了提供如下重要方法。

- ❏　boolean cancel(boolean b)：试图取消任务的执行。如果任务已经完成、已经被取消，或者由于
某种原因无法被取消，那么此方法将失败。如果任务成功被取消，则返回 true；如果取消失
败，则返回 false。
- ❏　boolean isCancelled()：如果在任务正常完成前成功地将其取消，则返回 true。
- ❏　boolean isDone()：如果任务已完成，则返回 true。

实现接口 Callable 创建线程的步骤如下。

- ❏　创建一个类并实现接口 Callable。
- ❏　重写方法 call()，将所要完成的任务的代码写进方法 call()中。需要注意的是，方法 call()有返
回值，并且可以抛出异常。
- ❏　如果要获取运行该线程后的返回值，需要创建接口 Future 的实现类的对象，即类 FutureTask 的
对象，调用该对象的方法 get()可获取方法 call()的返回值。
- ❏　使用类 Thread 的有参构造方法创建对象，将类 FutureTask 的对象当作参数传进去，然后调用

方法 start() 开启并运行该线程。

范例导学

范例 16-4：计算 0 到 10000 的和并返回结果（范例文件：**daima\16\16-4\...\CallableTest.java**）。

本实例演示了通过实现接口 Callable 创建线程的过程，代码如下。

```java
import java.util.concurrent.Callable;
import java.util.concurrent.ExecutionException;
import java.util.concurrent.FutureTask;
public class CallableTest{
    public static void main(String[] args) throws InterruptedException, ExecutionException {
        CallableThreadTest ctd = new CallableThreadTest();
        //通过实现接口 Callable 创建线程，需要类 FutureTask 的支持
        FutureTask<Integer> result = new FutureTask<Integer>((Callable<Integer>) ctd);
        new Thread(result).start();
        //接收线程执行后的结果
        Integer sum = result.get();
        System.out.println(sum);
    }
}
class CallableThreadTest implements Callable<Integer>{
    @Override
    public Integer call() throws Exception {
        int sum = 0;
        for (int i = 0; i <= 10000; i++) {
            sum += i;
        }
        return sum;
    }
}
```

输出结果如下。

```
50005000
```

编程实战

实战案例 16-4-01：计算 1000 的阶乘　通过实现接口 Callable 创建一个线程，功能是计算 1000 的阶乘并返回计算结果。

实战案例 16-4-02：找出小于 100 的所有素数　通过实现接口 Callable 创建一个线程，功能是查找小于 100 的所有素数并返回查找结果。

16.3　线程的生命周期与优先级

在 Java 程序中，任何对象都有生命周期，线程也不例外。在多线程环境中，为了便于系统对线程的调度，Java 为线程设置了优先级，优先级高的线程将优先执行。

16.3.1　线程的生命周期

线程是一个动态执行的过程，它也有一个从产生到死亡的过程，这个过程称为线程的生命周期。

在一个线程的生命周期中，包含如下 5 种状态。

- ❑ 新建状态：当程序使用 new 关键字创建一个线程后，该线程处于新建状态，此时 JVM 会给它分配一块内存，但不可运行。
- ❑ 就绪状态：当线程对象调用了方法 start()之后，该线程处于就绪状态，JVM 会为它创建方法调用栈和程序计数器。处于就绪状态的线程并没有开始运行，只是表示该线程可以运行了。获得 CPU 的使用权之后线程即可开始运行。
- ❑ 运行状态：当处于就绪状态的线程占用了 CPU，开始执行程序代码，便进入运行状态。并发执行时，如果占用 CPU 的时间超时，则会执行其他线程。一旦线程进入可执行状态，它会在就绪与运行状态下转换，同时也有可能进入等待、休眠、阻塞或死亡状态。当处于运行状态下的线程调用类 Thread 中的方法 wait()时，该线程便进入等待状态，进入等待状态的线程必须调用类 Thread 中的方法 notify()才能被唤醒，而方法 notifyAll()是将所有处于等待状态下的线程唤醒；当线程调用类 Thread 中的方法 sleep()时，会进入休眠状态。

🔊 **注意**：线程只能从就绪状态进入运行状态。

- ❑ 阻塞状态：当线程因为某种原因放弃 CPU 使用权而暂时停止运行时，将进入阻塞状态。处于阻塞状态的线程直到其进入就绪状态才有机会转到运行状态。在实际开发中，线程主要由于以下原因进入阻塞状态。
  - ➢ 当线程调用了某个对象的方法 wait()时，会进入阻塞状态，如果想进入就绪状态，需要使用方法 notify()或方法 notifyAll()唤醒该线程。
  - ➢ 当在一个线程中调用了另一个线程的方法 join()时，当前线程将进入阻塞状态。在这种情况下，要等到新加入的线程运行结束才会结束阻塞状态，并进入就绪状态。
  - ➢ 当线程调用了类 Thread 的方法 sleep()时，会进入阻塞状态。在这种情况下，需要等到睡眠时间结束，线程才会自动进入就绪状态。
  - ➢ 当线程试图获取某个对象的同步锁（第 16.6.2 节讲解）时，如果该锁被其他线程持有，则当前线程就会进入阻塞状态，如果想从阻塞状态进入就绪状态必须获取到其他线程持有的锁。
  - ➢ 当线程在运行过程中发出 I/O 请求时，线程也会进入阻塞状态。
- ❑ 死亡状态：当线程的方法 run()、方法 call()执行完毕时，或者线程抛出一个未捕获的异常或错误时，将进入死亡状态。

图 16-3 描述了线程生命周期中的各种状态及其转换。

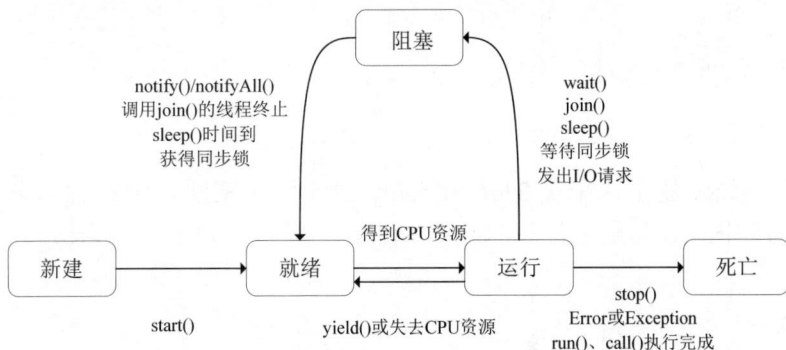

图 16-3　线程的生命周期状态图

16.3.2　线程的优先级

在 Java 中，处于就绪状态的线程会根据它们的优先级存放在可运行池中，优先级高的线程运行的机会比较多，优先级低的线程运行的机会比较少。一个线程的优先级设置遵从以下原则。

❑ 在一个线程中开启另外一个新线程，则新开线程称为该线程的子线程，子线程的初始优先级与父线程相同。

❑ 线程创建后，可通过调用类 Thread 的方法 setPriority()改变优先级，而方法 getPriority()用于获取线程的优先级。

❑ 线程的优先级是 1~10 之间的正整数，用类 Thread 中的静态常量来表示，具体如下。

➢ static int MAX_PRIORITY：取值为 10，表示最高优先级。

➢ static int NORM_PRIORITY：取值为 5，表示默认优先级。

➢ static int MIN_PRIORITY：取值为 1，表示最低优先级。

注意：如果什么都没有设置，线程优先级的默认值是 5。

接下来，通过一个实例来演示线程优先级，代码如下。

```java
public class PriorityTest {
    public static void main(String[] args) throws InterruptedException {
        //创建 ThreadPriority 实例
        System.out.println("点菜的顺序如下: ");
        ThreadPriority tp1 = new ThreadPriority("北京烤鸭");
        ThreadPriority tp2 = new ThreadPriority("西湖醋鱼");
        ThreadPriority tp3 = new ThreadPriority("东安子鸡");
        tp1.setPriority(Thread.MIN_PRIORITY);               //设置优先级
        tp2.setPriority(Thread.MAX_PRIORITY);
        tp3.setPriority(Thread.NORM_PRIORITY);
        tp1.start();                                         //开启线程
        tp2.start();
        tp3.start();
    }
}
class ThreadPriority extends Thread {
    private final String cuisine;
    public ThreadPriority(String cuisine) {
        this.cuisine = cuisine;
    }
    @Override
    public void run() {
        for (int i = 0; i < 5; i++) {
            System.out.println(cuisine + i);
        }
    }
}
```

在上述代码中，先创建了 3 个类 ThreadPriority 的实例对象并指定线程的名称，再使用方法 setPriority()设置线程的优先级，最后调用方法 start()启动线程。预期的输出结果如下。

```
点菜的顺序如下:
西湖醋鱼 0
西湖醋鱼 1
西湖醋鱼 2
西湖醋鱼 3
西湖醋鱼 4
```

```
东安子鸡 0
东安子鸡 1
东安子鸡 2
东安子鸡 3
东安子鸡 4
北京烤鸭 0
北京烤鸭 1
北京烤鸭 2
北京烤鸭 3
北京烤鸭 4
```

然而需要注意的是，尽管设置了线程的优先级，但实际执行顺序并不总是严格按照设置的优先级来进行。这是因为 Java 线程调度器可能会根据操作系统的调度策略和当前系统的负载情况来决定线程的执行顺序。

16.4　线程的调度

前面学习了线程，了解了线程的创建及其生命周期，那么计算机又是如何调度这些线程，进而让它们有序工作的呢？本节就来解读这个问题。

16.4.1　线程休眠

知识讲解

在 Java 程序中，一旦线程开始执行方法 run()，就会持续下去，直到这个方法 run()执行完成，这个线程才退出。但是，类 Thread 提供了方法 sleep()，该方法可使正在执行的线程进入阻塞状态，也叫线程休眠。休眠时间内该线程是不运行的，休眠时间结束后该线程才继续运行。在实际开发中，如果想让优先级低的线程抢占 CPU 资源，就需要调用方法 sleep()，进而让正在执行的线程暂停一段固定的时间，在暂停的时间内，线程让出 CPU 资源，让优先级低的线程有机会运行。

范例导学

范例 16-5：模拟龟兔赛跑（范例文件：daima\16\16-5\...\Guitu.java）。

龟兔赛跑是家喻户晓的经典故事，这里简化如下。

- ❑　龟兔同时起步，全程 10 米。兔子跑步的能力强，每 5 毫秒跑 1 米；乌龟跑步的能力弱，每 10 毫秒跑 1 米。
- ❑　兔子跑到 2 米的时候，睡 10 毫秒，接着跑。
- ❑　兔子跑到 5 米的时候，睡 50 毫秒，接着跑。
- ❑　兔子跑到 80 米的时候，睡 50 毫秒，接着跑。
- ❑　乌龟全程一直跑。

本实例创建了线程 Tortoise 和 Rabbit，分别模拟兔子和乌龟跑步。兔子跑步的能力强，优先级别高；乌龟跑步的能力弱，优先级别低。兔子中途停下来睡觉 3 次，每睡觉一次，调用一次方法 sleep()。代码如下。

```java
class Tortoise implements Runnable{
    @Override
    public void run() {
        for (int i = 1; i <=10; i++) {
            try {
                Thread.sleep(10);                                //每隔10毫秒跑一次，全程一直跑
                System.out.println(Thread.currentThread().getName()+"跑了"+i+"米");
            } catch (Exception e) {
            }
        }
    }
}
class Rabbit implements Runnable{
    public void run() {
        try {
            for (int i = 1; i <=10; i++) {
                Thread.sleep(5);                                //每隔5毫秒跑一次
                System.out.println(Thread.currentThread().getName()+"跑了"+i+"米");
                if(i==2){                                       //兔子跑到2米的时候，睡10毫秒，接着跑
                    System.out.println("=============兔子跑到2米的时候，睡10毫秒，接着跑=============");
                    Thread.sleep(10);                           //休眠，进入阻塞状态
                }
                if(i==5){                                       //兔子跑到5米的时候，再睡50毫秒，接着跑
                    System.out.println("=============兔子跑到5米的时候，再睡50毫秒,接着跑=============");
                    Thread.sleep(50);                           //休眠，进入阻塞状态
                }
                if(i==8){                                       //兔子跑到8米的时候，再睡50毫秒，接着跑
                    System.out.println("=============兔子跑到8米的时候，再睡50毫秒,接着跑=============");
                    Thread.sleep(50);
                }
            }
        } catch (Exception e) {
            e.printStackTrace();
        }
    }
}
public class Guitu {
    public static void main(String[] args) {
        System.out.println("=========================比赛开始=========================");
        Thread t1 = new Thread(new Rabbit(),"兔子");            //兔子线程
        t1.setPriority(10);                                     //设置级别
        t1.start();                                             //启动线程
        Thread t2 = new Thread(new Tortoise(),"乌龟");          //乌龟线程
        t2.setPriority(1);                                      //设置级别
        t2.start();                                             //启动线程
    }
}
```

输出结果如下。

```
=========================比赛开始=========================
乌龟跑了1米
兔子跑了1米
兔子跑了2米
=============兔子跑到2米的时候，睡10毫秒，接着跑=============
乌龟跑了2米
乌龟跑了3米
兔子跑了3米
乌龟跑了4米
```

```
兔子跑了 4 米
兔子跑了 5 米
===============兔子跑到 5 米的时候,再睡 50 毫秒,接着跑============
乌龟跑了 5 米
乌龟跑了 6 米
乌龟跑了 7 米
乌龟跑了 8 米
兔子跑了 6 米
乌龟跑了 9 米
兔子跑了 7 米
兔子跑了 8 米
===============兔子跑到 8 米的时候,再睡 50 毫秒,接着跑============
乌龟跑了 10 米
兔子跑了 9 米
兔子跑了 10 米
```

编程实战

实战案例 16-5-01：设置让线程在指定条件下休眠　创建一个线程,然后让该线程在指定条件下休眠 1000 毫秒。

实战案例 16-5-02：计算线程执行的总时间　使用方法 sleep()让主方法 main()的线程休眠 2000 毫秒,然后分别打印该线程的开始时间、结束时间、运行时间。

16.4.2　线程让步

知识讲解

线程让步可以通过方法 yield()来实现,该方法是类 Thread 提供的,它和方法 sleep ()相似,都可以让当前正在运行的线程暂停。但是,方法 yield()不会阻塞当前线程,它只是将当前线程转换成就绪状态,让系统的调度器重新调度一次。当某个线程调用方法 yield ()之后,只有与当前线程优先级相同或者比当前线程优先级更高的线程才能获得执行的机会。

范例导学

范例 16-6：猫咪和小狗快乐地玩耍（范例文件：daima\16\16-6\...\YieldTest.java）。

本实例创建并启动了 Cat 和 Dog 两个线程,并调用方法 yield()让线程 Cat 给线程 Dog 让步,代码如下。

```java
class Cat extends Thread{
    String who;
    public Cat (String who, String name){
        super(name);
        this.who = who;
    }
    public void run() {
        for (int i = 1; i < 7; i++){
            if (i % 3 == 0){
                System.out.println(this.getName() + "玩累了，休息一下" );
                Thread.yield();
            }
            System.out.println(this.getName() + "愉快地玩耍" + i );
```

```
        }
    }
}
class Dog extends Thread{
    String who;
    public Dog (String who, String name){
        super(name);
        this.who = who;
    }
    public void run() {
        for (int i = 1; i < 10; i++){
            System.out.println(this.getName() + "愉快地玩耍" + i );
        }
    }
}
public class YieldTest {
    public static void main(String []args) throws InterruptedException {
        Cat A = new Cat("A", "猫咪");
        Dog B = new Dog("B", "小狗");
        A.start();
        B.start();
    }
}
```

输出结果如下。

```
猫咪愉快地玩耍 1
猫咪愉快地玩耍 2
小狗愉快地玩耍 1
猫咪玩累了，休息一下
猫咪愉快地玩耍 3
猫咪愉快地玩耍 4
猫咪愉快地玩耍 5
猫咪玩累了，休息一下
猫咪愉快地玩耍 6
小狗愉快地玩耍 2
小狗愉快地玩耍 3
小狗愉快地玩耍 4
小狗愉快地玩耍 5
小狗愉快地玩耍 6
小狗愉快地玩耍 7
小狗愉快地玩耍 8
小狗愉快地玩耍 9
```

通过该实例可以看到，当一个线程调用了方法 yield()之后，就会由运行状态转换到就绪状态，从而让其他具有相同优先级或更高优先级的等待线程获得执行机会。但是，并不能保证在当前线程调用方法 yield()之后，其他具有相同优先级或更高优先级的线程就一定能获得执行权，也可能当前线程又进入运行状态，继续运行。

编程实战

实战案例 16-6-01：实现线程让步　创建一个线程，然后使用方法 yield()实现线程让步功能，让当前线程由运行状态进入就绪状态。

实战案例 16-6-02：查看方法 yield()对线程运行时间的影响　创建一个线程，使用方法 yield()设置这个线程让步，然后运行该线程并统计其运行时间。接着将其中调用方法 yield()的代码注释掉，重新运行程序，查看运行时间的变化。

16.4.3 线程插队

📑 **知识讲解**

类 Thread 提供了方法 join()，该方法可以实现线程"插队"的功能。当某个线程在执行中调用其他线程的方法 join() 时，该线程被阻塞，直到方法 join() 所属的线程结束。

📖 **范例导学**

范例 16-7：小菜帮妈妈买酱油（范例文件：daima\16\16-7\...\JoinTest.java）。

本实例创建并启动了 Mother 和 Xiaocai 两个线程，并调用方法 join() 让线程 Xiaocai 插队到线程 Mother 中，代码如下。

```java
//妈妈线程
class Mother extends Thread{
    public void run() {
        System.out.println("妈妈洗菜...");
        System.out.println("妈妈切菜...");
        System.out.println("妈妈发现没有酱油了...");
        //通知小菜去买酱油
        Xiaocai1 x = new Xiaocai1();
        x.start();
        try {
            x.join();                          //调用方法join()，开始插队
        } catch (InterruptedException e) {
            e.printStackTrace();
        }
        System.out.println("妈妈炒菜...");
        System.out.println("全家一起吃饭...");
    }
}
//小菜线程
class Xiaocai1 extends Thread{
    public void run() {
        try {
            System.out.println("小菜下楼梯");
            Thread.sleep(1000);
            System.out.println("小菜一直往前走...");
            System.out.println("小菜买到了酱油...");
            System.out.println("小菜跑回来...");
            Thread.sleep(1000);
            System.out.println("小菜把酱油给妈妈...");
        } catch (InterruptedException e) {
            e.printStackTrace();
        }
    }
}
public class JoinTest {
    public static void main(String[] args) {
        Mother m = new Mother();
        m.start();
    }
}
```

输出结果如下。

```
妈妈洗菜...
妈妈切菜...
妈妈发现没有酱油了...
小菜下楼梯
小菜一直往前走...
小菜买到了酱油...
小菜跑回来...
小菜把酱油给妈妈...
妈妈炒菜...
全家一起吃饭...
```

📢 **注意**：除了无参的方法 join()，类 Thread 还提供带有时间参数的插队方法 join(long millis)，该方法提供了一个超时机制，它允许当前线程在等待目标线程（方法 join(long millis)所属的线程）完成时设置一个最大等待时间。如果在这个时间内目标线程没有完成，当前线程将不再等待目标线程，而是会继续执行。

🖥 编程实战

实战案例 16-7-01：使用方法 join()实现线程插队　创建两个线程，在第二个线程中使用方法 join()插入第一个线程，最后在测试类中创建第二个线程的实例并运行。

实战案例 16-7-02：使用方法 join(long millis)实现线程插队　创建两个线程，在第一个线程中使用方法 join(long millis)插入第二个线程，并设置一个最大等待时间，最后在测试类中创建第一个线程的实例并运行。

16.4.4　线程终止

📚 知识讲解

在 Java 程序中，可以通过如下 3 种方法终止线程。

❑ 使用退出标志使线程正常退出，也就是当方法 run()完成后线程终止。当方法 run()执行完毕，线程就会退出。但是，有时方法 run()是永远不会结束的，如在服务端程序中使用线程监听客户端请求，或是其他需要无限次循环处理的任务。在这种情况下，一般是将这些任务放在一个循环中，如 while 循环。如果想让循环永远运行下去，可以使用 while(true){...}来处理。但要想使 while 循环在某一特定条件下退出，最直接的方法就是设一个 boolean 类型的标志，并通过设置这个标志的值为 true 或 false 来控制 while 循环是否退出。

❑ 使用方法 stop()强行终止线程（这个方法不推荐使用，已经被 Java 淘汰，因为它可能发生不可预料的结果）。

❑ 使用方法 interrupt()中断线程。在 Java 程序中，每个线程内部都维护一个标志位，称为中断状态，它是一个布尔类型的变量，用于表示线程是否已被请求中断。类 Thread 提供了方法 interrupt()，用于请求中断一个线程，该方法可以被任何拥有线程引用的代码调用。方法 interrupt() 并不会立即终止线程，而是设置了线程的中断状态，线程必须自己检查这个状态，并在适当的时候响应中断。通常情况下，线程需要在执行可以阻塞的操作（如 sleep()、join()等）时检查中断状态，如果这些操作检测到线程的中断状态为 true，则会抛出

InterruptedException 异常。线程在捕获到该异常后，会响应中断，如清理资源、安全地中止执行等。另外，类 Thread 还提供了静态方法 interrupted()和非静态的方法 isInterrupted()，用来检查线程的中断状态。这两个方法的区别是：方法 interrupted()用来判断当前线是否被中断，同时清除中断状态；方法 isInterrupted()用来判断当前线程是否被中断，但不会清除中断状态，可以在同一个线程中多次调用，每次调用都可以正确地反映线程的中断状态。

范例导学

范例 16-8：电梯超重报警系统（范例文件：daima\16\16-8\...\Elevator.java）。

本实例演示了使用退出标志终止线程的情形，代码如下。

```java
public class Elevator {
    public static void main(String[] args) {
        Thread elevatorThread = new Thread(new Capacity());
        elevatorThread.start();
    }
}
class Capacity implements Runnable {
    private static final int MAX_WEIGHT = 1000;
    private static final int PASSENGER_WEIGHT = 60;
    private int totalWeight = 0;
    private int passengerCount = 0;
    private boolean running = true;
    @Override
    public void run() {
        while (running) {
            try {
                Thread.sleep(1000);                      //模拟每次电梯门开闭的时间间隔
                //模拟乘客进入
                passengerCount++;
                totalWeight += PASSENGER_WEIGHT;
                System.out.println("现电梯里已有乘客 " + passengerCount + " 人。");
                //检查是否超载
                if (totalWeight > MAX_WEIGHT) {
                    throw new InterruptedException("电梯超载");
                }
            } catch (InterruptedException e) {
                System.out.println(e.getMessage() + "，电梯发出预警提示音...");
                System.out.println("电梯最多可容纳 " + (passengerCount - 1) + " 位体重为 " +
                        PASSENGER_WEIGHT + "kg的乘客。");
                running = false;
            }
        }
    }
}
```

输出结果如下。

```
现电梯里已有乘客1人。
现电梯里已有乘客2人。
现电梯里已有乘客3人。
现电梯里已有乘客4人。
现电梯里已有乘客5人。
现电梯里已有乘客6人。
现电梯里已有乘客7人。
现电梯里已有乘客8人。
现电梯里已有乘客9人。
现电梯里已有乘客10人。
现电梯里已有乘客11人。
```

```
现电梯里已有乘客 12 人。
现电梯里已有乘客 13 人。
现电梯里已有乘客 14 人。
现电梯里已有乘客 15 人。
现电梯里已有乘客 16 人。
现电梯里已有乘客 17 人。
电梯超载，电梯发出预警提示音...
电梯最多可容纳 16 位体重为 60kg 的乘客。
```

范例 16-9：使用方法 interrupt()终止线程（范例文件：daima\16\16-9\...\ThreadInterrupt.java）。

本范例演示了当线程由于使用方法 sleep()而处于阻塞状态时，使用方法 interrupt()终止该线程的情形，代码如下。

```java
public class ThreadInterrupt extends Thread {
    public void run() {
        try {
            sleep(50000);                                    //延迟 50 秒
        } catch (InterruptedException e) {
            System.out.println(e.getMessage());
        }
    }
    public static void main(String[] args) throws Exception {
        Thread thread = new ThreadInterrupt();
        thread.start();
        System.out.println("在 50 秒之内按任意键中断线程!");
        System.in.read();
        thread.interrupt();
        thread.join();
        System.out.println("线程已经退出!");
    }
}
```

运行程序，在 50 秒内按任意键（这里按 m 键），再按 Enter 键，输出结果如下。

```
在 50 秒之内按任意键中断线程!
m
sleep interrupted
线程已经退出!
```

16.5　线程传递数据

在传统的同步开发模式下，当调用一个方法时，通过这个方法的参数将数据传入，并通过这个方法的返回值来返回最终的计算结果。但在多线程的异步开发模式下，数据的传递和返回与同步开发模式有很大的区别。由于线程的运行和结束是不可预料的，所以在传递和返回数据时无法像方法一样通过参数和 return 语句来返回数据。通常在使用线程时都需要有一些初始化数据，然后线程利用这些数据进行加工处理，并返回结果。在这个过程中，最先要做的就是向线程中传递数据。

16.5.1　通过构造方法传递数据

知识讲解

在 Java 程序中，创建线程时必须建立一个类 Thread 或其子类的实例。因此，不难想到在调用 start()

方法之前通过线程类的构造方法将数据传入线程，并将传入的数据使用类变量保存起来，以便线程使用（其实就是在方法 run()中使用）。

📖 **范例导学**

范例 16-10：输出小菜学习 Java 编程的目标（范例文件：daima\16\16-10\...\MyThread1.java）。

本范例创建了类 MyThread1 和构造方法 MyThread1()，然后使用这个构造方法来传递数据，代码如下。

```
public class MyThread1 extends Thread{
    private String name;                       //定义私有属性 name
    public MyThread1(String name){             //构造方法
        this.name = name;
    }
    public void run() {
        System.out.println("小菜的目标是" + name);   //打印文本
    }
    public static void main(String[] args){
        Thread thread = new MyThread1("成为CTO");
        thread.start();
    }
}
```

输出结果如下。

小菜的目标是成为 CTO

由于这种方法是在创建线程对象的同时传递数据的，因此在线程运行之前这些数据就已经到位，不会造成数据在线程运行后才传入的现象。如果要传递更复杂的数据，可以使用集合等数据结构。

16.5.2 通过变量和方法传递数据

📚 **知识讲解**

一般有两次向对象实例传入数据的机会，一次是在建立对象时通过构造方法将数据传入，另一次是在类中定义一系列 public 的方法或变量（也可称之为字段），然后在建立完对象实例后，通过对象实例进行赋值。

使用构造方法来传递数据虽然比较安全，但如果要传递的数据比较多时，就会造成很多不便。由于 Java 没有默认参数，要想实现类似默认参数的效果，就要使用重载，这样不但会使构造方法本身过于复杂，也会使构造方法的数量大增。因此，要想避免这种情况，就要通过类方法或类变量来传递数据。

📖 **范例导学**

范例 16-11：输出 35 岁以后程序员的出路（范例文件：daima\16\16-11\...\MyThread2.java）。

本范例是范例 16-10 的升级版，对范例 16-10 的类 MyThread1 进行了改进，使用方法 setName()设置变量 name 的值是"成为架构师"，代码如下。

```
public class MyThread2 implements Runnable{
    private String name;
```

```
    public void setName(String name) {
        this.name = name;
    }
    public void run() {
        System.out.println("35 岁的程序员的出路是" + name);
    }
    public static void main(String[] args){
        MyThread2 myThread = new MyThread2();
        myThread.setName("成为架构师");                        //使用方法 setName()传递数据
        Thread thread = new Thread(myThread);
        thread.start();
    }
}
```

输出结果如下。

35 岁的程序员的出路是成为架构师

16.6 数 据 同 步

接下来将要介绍数据同步的问题，先从下面这个存在 Bug 的航空公司售票系统谈起。

16.6.1 一个有问题的程序

知识讲解

在一个 Java 程序中，如果某个类中的代码可能运行于多线程环境下，那么就要考虑线程同步的问题。请看下面的实例代码，找出这个程序的问题所在。

范例导学

范例 16-12：航空公司售票系统存在的 Bug（范例文件：daima\16\16-12\...\PlaneTicket.java）。
本实例设置了 4 个线程，同时售卖同一飞机的机票，代码如下。

```
public class PlaneTicket implements Runnable {
    int size = 20;                                         //设置机票总数
    int num = 1;                                           //设置机票号
    private final int MAX_SALES_PER_THREAD = 6;            //每个线程最多的销售次数
    public void run() {
        int sales = 0;                                     //当前线程销售的售票次数
        while (sales < MAX_SALES_PER_THREAD && size > 0) {    //限制每个线程的销售次数,限制售票总数
            if (size > 0) {                                //判断当前机票总数是否大于0
                try {
                    Thread.sleep(500);                     //使当前线程休眠 500 毫秒
                } catch (Exception e) {
                    e.printStackTrace();
                }
                //票数减 1
                System.out.println(Thread.currentThread().getName() + "——机票" + num);
                num++;                                     //机票号加 1
                size--;                                    //机票总数减 1
                sales++;                                   //当前线程的售票次数加 1
            }
```

```
        }
    }
    public static void main(String[] args) {
        PlaneTicket t = new PlaneTicket();                  //实例化类对象
        Thread tA = new Thread(t, "线程1");                 //以类对象 t 实例化第 1 个线程
        Thread tB = new Thread(t, "线程2");                 //以类对象 t 实例化第 2 个线程
        Thread tC = new Thread(t, "线程3");                 //以类对象 t 实例化第 3 个线程
        Thread tD = new Thread(t, "线程4");                 //以类对象 t 实例化第 4 个线程
        tA.start();                                         //启动线程 tA
        tB.start();                                         //启动线程 tB
        tC.start();                                         //启动线程 tC
        tD.start();                                         //启动线程 tD
    }
}
```

输出结果如下。

```
线程 4——机票 1
线程 3——机票 1
线程 1——机票 1
线程 2——机票 1
线程 1——机票 5
线程 3——机票 5
线程 4——机票 5
线程 2——机票 5
线程 1——机票 9
线程 4——机票 10
线程 3——机票 10
线程 2——机票 12
线程 1——机票 13
线程 4——机票 14
线程 3——机票 14
线程 2——机票 16
线程 1——机票 17
线程 3——机票 18
线程 4——机票 18
线程 2——机票 20
线程 1——机票 21
线程 4——机票 22
线程 3——机票 22
```

通过执行结果可知，上述代码出现了同一张票多次售卖、部分票丢失、售票总数超出设置的机票总数等情况，严重不符合实际需求。这便是线程不同步所带来的问题！

编程实战

实战案例 16-12-01：非同步的银行存款系统　设计一个银行存款系统，账户原有 100 元，用两个线程同时循环地向该账户存款 10 次，每次存款 10 元，要求展示线程的不同步问题。

实战案例 16-12-02：信用卡账单系统　设计一个信用卡账户的账单系统，设置信用额度上限为 100 万元，初始信用额也为 100 万元，然后模拟多次透支和多次存款操作，要求展示线程的不同步问题。

16.6.2　使用 synchronized 实现线程同步

知识讲解

通过范例 16-12 可以看到，当多个线程访问同一资源的时候，如果都对资源进行修改或更新操作，

就容易引发线程安全问题。为了解决这种问题，Java 提供了线程同步机制，进而保证了任意时刻都只能有一个线程访问资源数据。Java 的线程同步机制是通过关键字 synchronized 来实现的，该关键字可以用来修饰一个代码块，也可以用来修饰方法，被 synchronized 修饰的代码块称为同步代码块，被 synchronized 修饰的方法称为同步方法。

1. 同步代码块

在 Java 程序中，当多个线程使用同一个共享资源时，可以将处理共享资源的代码放置在一个使用关键字 synchronized 来修饰的代码块中，这个代码块就称为同步代码块，其语法格式如下。

```
synchronized (obj) {
    …                                                 //要同步的代码块
}
```

这里的 obj 是一个锁对象，可以是开发人员定义的任意一个对象，它是同步代码块的关键元素，称为同步锁。Java 中的每个对象都内置一个同步锁，当线程运行到 synchronized 同步代码块时，就会获得当前执行的代码块里面的同步锁。如果一个线程获得该同步锁，其他线程就无法再次获得这个对象的同步锁，直到该线程释放同步锁。所谓释放同步锁，是指线程退出了 synchronized 同步代码块。具体来说，就是当第 1 个线程执行同步代码块时，会先检查同步监视器的标志位，默认情况下标志位为 1，标志位为 1 的时候线程会执行同步代码块，同时将标志位改为 0；当第 2 个线程执行该同步代码块时，先检查标志位，如果检查到标志位为 0，该线程就会进入阻塞状态；当第 1 个线程执行完该同步代码块内的代码时，将标志位重新改为 1，第 2 个线程进入该同步代码块并执行。显然，使用同步代码块可以很好地解决线程安全问题。

注意：在使用 synchronized 同步代码块时，只能使用对象作为它的参数，简单类型的变量(如 int、char、boolean 等)不能作为它的参数。但是，synchronized 同步代码块的参数可以是 this，表示使用当前对象实例作为同步锁。

2. 同步方法

除同步代码块外，Java 还提供了同步方法，使用同步方法同样可以解决线程安全的问题。所谓同步方法，就是用关键字 synchronized 修饰的方法，定义语法如下。

```
[修饰符] synchronized 返回值类型 方法名 ([参数列表]){ }
```

当某个对象调用了同步方法时，该对象上的其他同步方法必须等待该同步方法执行完毕后才能被执行。在多线程中使用同步方法的途径有两种：第一种是将每个能访问共享资源的方法定义为同步方法，然后在方法 run()中调用该同步方法；第二种则是直接将方法 run()定义为同步方法。

范例导学

范例 16-13：解决航空公司售票系统的问题（范例文件：**daima\16\16-13\...\PlaneTicket1.java**）。
本范例对范例 16-12 的代码进行了优化，将共享的数据资源定义为由 synchronized 修饰的同步代码块，以实现线程同步的功能，代码如下。

```
public class PlaneTicket1 implements Runnable {
    int size = 20;                                    //设置机票总数
    int num = 1;                                      //设置机票号
    private final int MAX SALES PER THREAD = 6;        //每个线程最多的销售次数
    public void run() {
```

```
            int sales = 0;                                        //当前线程销售的售票次数
            while (sales < MAX_SALES_PER_THREAD && size > 0) {    //限制每个线程的销售次数,限制售票总数
                synchronized (this) {                             //设置同步代码块
                    if (size > 0) {                               //判断当前机票总数是否大于 0
                        try {
                            Thread.sleep(500);                    //使当前线程休眠 500 毫秒
                        } catch (Exception e) {
                            e.printStackTrace();
                        }
                        //票数减 1
                        System.out.println(Thread.currentThread().getName() + "——机票" + num);
                        num++;                                    //机票号加 1
                        size--;                                   //机票总数减 1
                        sales++;                                  //当前线程的售票次数加 1
                    }
                }
            }
        }
    public static void main(String[] args) {
        PlaneTicket1 t = new PlaneTicket1();                      //实例化类对象
        //以该类对象分别实例化 4 个线程
        Thread tA = new Thread(t, "线程 1");
        Thread tB = new Thread(t, "线程 2");
        Thread tC = new Thread(t, "线程 3");
        Thread tD = new Thread(t, "线程 4");
        tA.start();                                               //分别启动 4 个线程
        tB.start();
        tC.start();
        tD.start();
    }
}
```

输出结果如下。

```
线程 1——机票 1
线程 1——机票 2
线程 1——机票 3
线程 1——机票 4
线程 1——机票 5
线程 1——机票 6
线程 4——机票 7
线程 3——机票 8
线程 3——机票 9
线程 3——机票 10
线程 3——机票 11
线程 3——机票 12
线程 3——机票 13
线程 2——机票 14
线程 2——机票 15
线程 2——机票 16
线程 2——机票 17
线程 2——机票 18
线程 2——机票 19
线程 4——机票 20
```

通过执行结果可知，上述代码可以正确模拟航空公司售票系统的工作，避免了范例 16-12 中出现的类似问题。

编程实战

实战案例 16-13-01：使用同步代码块实现线程同步　使用同步代码块优化实战案例 16-12-01 的代

码，解决其中的线程不同步问题。

实战案例 16-13-02：使用同步方法实现线程同步 使用同步方法优化实战案例 16-12-02 的代码，解决其中的线程不同步问题。

16.6.3 线程锁

在多线程编程中，线程锁是一种用于控制多个线程对共享资源访问的机制。通过使用线程锁，可以确保在任意时刻只有一个线程能够访问特定的资源，从而避免出现数据不一致或其他线程安全问题。

前面已经讲解了 synchronized 关键字，它可以隐式地使用对象的内置锁。另外，Java 还提供了 java.util.concurrent.locks.Lock 接口及其实现类（如 ReentrantLock），可以实现比 synchronized 更灵活的锁操作。下面的代码演示了使用 ReentrantLock 解决线程同步问题的过程。

```java
import java.util.concurrent.locks.Lock;
import java.util.concurrent.locks.ReentrantLock;
public class BankAccount {
    private double balance;                              //账户余额
    private Lock lock = new ReentrantLock();             //创建锁对象
    public BankAccount(double initialBalance) {
        this.balance = initialBalance;
    }
    public void deposit(double amount) {                 //存款方法
        lock.lock();                                     //获取锁
        try {
            if (amount > 0) {
                balance += amount;
                System.out.println(Thread.currentThread().getName() + " 存入 " + amount +
                        " 元，当前余额: " + balance + " 元");
            }
        } finally {
            lock.unlock();                               //释放锁
        }
    }
    public void withdraw(double amount) {                //取款方法
        lock.lock();                                     //获取锁
        try {
            if (amount > 0 && amount <= balance) {
                balance -= amount;
                System.out.println(Thread.currentThread().getName() + " 取出 " + amount +
                        " 元，当前余额: " + balance + " 元");
            } else {
                System.out.println(Thread.currentThread().getName() + " 取款失败，当前余额不足! ");
            }
        } finally {
            lock.unlock();                               //释放锁
        }
    }
    public static void main(String[] args) {
        BankAccount account = new BankAccount(1000);     //创建银行账户，初始余额为 1000 元
        Thread thread1 = new Thread(() -> {              //创建多个线程模拟多个用户操作账户
            for (int i = 0; i < 5; i++) {
                account.withdraw(200);
            }
        }, "用户 A");
        Thread thread2 = new Thread(() -> {
```

```
        for (int i = 0; i < 5; i++) {
            account.deposit(300);
        }
    }, "用户 B");
    thread1.start();
    thread2.start();
    }
}
```

在上述代码中，使用 ReentrantLock 保证了操作的原子性和线程安全性，即使多个线程同时对账户进行存取款操作，也不会出现数据不一致的问题。输出结果如下。

```
用户 A 取出 200.0 元，当前余额：800.0 元
用户 A 取出 200.0 元，当前余额：600.0 元
用户 A 取出 200.0 元，当前余额：400.0 元
用户 A 取出 200.0 元，当前余额：200.0 元
用户 A 取出 200.0 元，当前余额：0.0 元
用户 B 存入 300.0 元，当前余额：300.0 元
用户 B 存入 300.0 元，当前余额：600.0 元
用户 B 存入 300.0 元，当前余额：900.0 元
用户 B 存入 300.0 元，当前余额：1200.0 元
用户 B 存入 300.0 元，当前余额：1500.0 元
```

线程锁的优点在于它提供了更灵活的锁操作，例如可以尝试非阻塞地获取锁、可中断地获取锁等。然而，不当使用锁可能导致死锁等问题，因此在设计多线程程序时需要谨慎考虑锁的使用场景和方式。

16.7 综合实战——快递包裹分拣系统

范例功能

本范例综合使用 Java 多线程技术模拟了一个"快递包裹分拣系统"，这个系统使用多线程来处理包裹的分拣任务，涉及线程的创建、生命周期、数据传递、同步等知识点，通过控制台展示执行结果。

学习目标

通过实现"快递包裹分拣系统"，掌握 Java 多线程的基本概念及其应用，包括线程的创建与管理、生命周期、数据同步与共享，以及在实际场景中如何通过合理的设计实现线程间的数据传递与安全访问，从而加深对 Java 多线程技术的理解。

具体实现

创建一个 Package 类来表示包裹。在类 SortingService 中使用集合（ArrayList）存储待分拣的包裹，并使用 ReentrantLock 确保对该集合的访问是线程安全的，以避免数据竞争。接下来，通过继承类 Thread 创建多个分拣员线程，它们通过循环从集合中取出包裹进行处理，并在控制台输出每个分拣员的操作。编写实例文件 SortingSystem.java，为了节省本书篇幅，不再列出此文件的具体代码。输出结果如下。

```
包裹 包裹 1 已添加到分拣系统。
包裹 包裹 2 已添加到分拣系统。
...                          //省略包裹 2~包裹 9 添加到分拣系统的输出
包裹 包裹 10 已添加到分拣系统。
```

分拣员 A 正在分拣包裹 包裹 1。
分拣员 C 正在分拣包裹 包裹 2。
分拣员 B 正在分拣包裹 包裹 3。
分拣员 B 正在分拣包裹 包裹 4。
分拣员 C 正在分拣包裹 包裹 5。
分拣员 A 正在分拣包裹 包裹 6。
分拣员 A 正在分拣包裹 包裹 7。
分拣员 C 正在分拣包裹 包裹 8。
分拣员 B 正在分拣包裹 包裹 9。
分拣员 C 正在分拣包裹 包裹 10。
分拣员 B 没有包裹可以分拣。
分拣员 A 没有包裹可以分拣。
分拣员 A 没有包裹可以分拣。
分拣员 B 没有包裹可以分拣。
分拣员 C 没有包裹可以分拣。
所有包裹分拣操作已完成。

17 chapter

第 17 章　网络编程

互联网深度重塑了人们的生活模式，大众早已对网络高速传播信息所带来的诸多便利习以为常。网络通信作为信息传递的关键环节，在互联网领域发挥着举足轻重的作用。Java 作为一门重要的面向对象高级编程语言，在网络通信领域具有显著优势，它凭借丰富的内置包以及诸多特性，能够开发出功能强大的网络程序。本章将详细讲解使用 Java 语言开发网络程序的基本知识，具体知识架构如下。

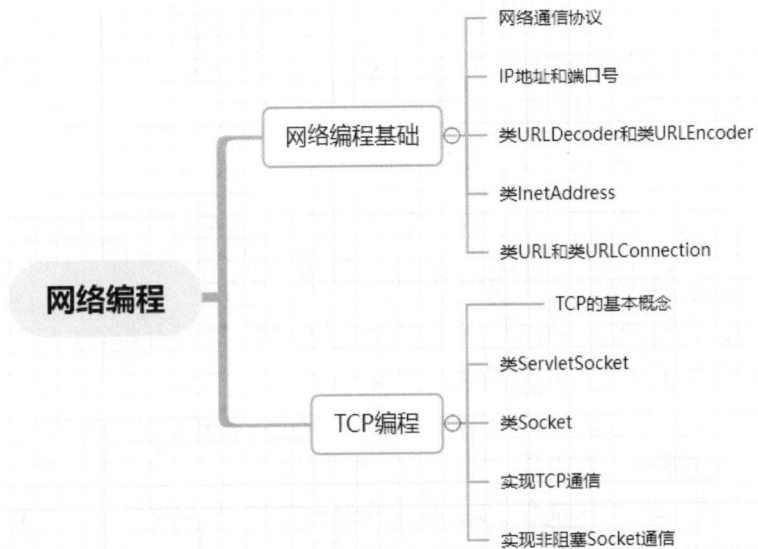

17.1　网络编程基础

在开始学习网络编程之前，首先来了解一些网络编程的基础知识。

17.1.1　网络通信协议

互联网已深度嵌入现代社会的各个角落，为人们的生活带来了极大便利。从网上冲浪获取信息、用微信畅快聊天，到足不出户网上购物，这些便捷体验都得益于互联网的蓬勃发展。在借助网络进行通信时，遵循一定的约定至关重要，否则，缺乏规则约束的网络就如同没有交通规则的马路，极易陷入瘫痪状态。互联网中的这些约定，被统称为网络通信协议。

最早的互联网络通信协议是开放系统互联，又称为 OSI（open system interconnection），是由国际标准化组织 ISO 于 1987 年发起的，力求将网络简化，并以模块化的方式来设计网络。OSI 把计算机网络分成七层，分别为物理层、数据链路层、网络层、传输层、会话层、表示层和应用层。目前运用最为广泛的网络通信协议是 IP（internet protocol）协议，又称为互联网协议，它能提供完善的网络连接功能。与 IP 紧密配合的是 TCP（transmission control protocol），即传输控制协议，它规定了一种可靠的数据信息传输服务机制。TCP 与 IP 是在同一时期作为协议来设计的，功能互补，统称为 TCP/IP，它是事实上的国际标准。TCP/IP 模型将网络分为五层，分别为物理层、数据链路层、网络层、传输层和应用层，每层分别实现不同的通信功能，它与 OSI 的七层模型的对应关系和各层对应协议如图 17-1 所示。

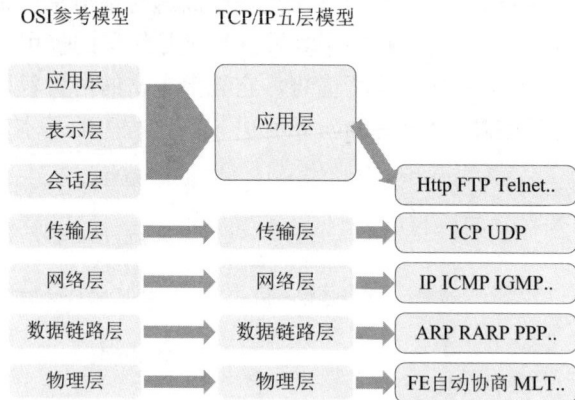

图 17-1　TCP/IP 各层对应的协议

图 17-1 列举了 TCP/IP 模型的分层以及各层所对应的协议，下面对各层进行简单介绍。

❏ 物理层：利用传输介质为数据链路层提供物理连接，作用是实现相邻计算机节点之间比特流的透明传输，尽可能屏蔽掉具体传输介质与物理设备的差异，使其上面的数据链路层不必考虑网络的具体传输介质是什么。

❏ 数据链路层：是 OSI 模型的第二层，位于物理层之上、网络层之下，在 TCP/IP 模型中也占据关键位置。它主要负责相邻网络节点间的数据通信，具体功能包括：封装数据成帧，实施差错控制和流量控制，管理多点接入网络中的发送权，以及建立、维持和终止数据链路连接。

❏ 网络层：是整个 TCP/IP 的核心，它主要用于将传输的数据进行分组，并将分组数据发送到目标计算机或者网络。

❏ 传输层：是通信子网和资源子网的接口和桥梁，起到承上启下的作用。主要任务是为应用层提供服务，根据不同的应用需求，在传输数据时可采用不同的机制。当采用 TCP（传输控制协议）时，向用户提供端到端的差错和流量控制，保证报文的正确传输；采用 UDP（用户数据报协议）时，则提供无连接、不可靠的尽力而为的数据传输服务。

❏ 应用层：应用层作为和用户交互的最高层，其任务是为互联网中的各种网络应用提供服务，主要是规定应用进程在通信时所遵循的协议。在目前主流的 TCP/IP 应用架构中，以客户端/服务端模型为主，提供服务的程序叫服务端，接收服务的程序叫客户端。在该模式下，技术人员会在主机上预先部署好服务程序，等待接收客户端的请求，而客户端可以随时向服务端发送请求。当然，服务端可能会不可避免地出现异常、超出负载等情况，此时客户端可以在等待合适的时间间隔后重新发送请求。

注意：TCP/IP 模型既可以看作四层模型，也可以看作五层模型，这取决于具体的描述方式和应用场景。在经典的描述中，TCP/IP 被描述为四层模型，这更贴近其实际设计；在教学场景中，为了更清晰地描述网络通信的过程，TCP/IP 也会被扩展为五层模型，这更符合 OSI 七层模型的划分方式。

17.1.2 IP 地址和端口号

当今的互联网已经发展成一个巨大无比的网络系统，其中存在着数以亿计的设备，包括个人计算机、手机、平板电脑等，为了能够准确、快速地建立连接和通信，需要为每台计算机指定一个标识号，就像人们的身份证号一样，进而来指定接收或发送数据的设备。在 TCP/IP 中，这个标识号就是 IP 地址（internet protocol address），它能唯一地标识互联网上的所有设备。

IP 是 TCP/IP 体系中的网络层协议。设计 IP 的目的是提高网络的可扩展性，具体作用如下。

❑ 有效地解决互联网发展过程中面临的诸多问题，实现大规模、异构网络的互联互通。

❑ 分割顶层网络应用和底层网络技术之间的耦合关系，以利于两者的独立发展。

根据端到端的设计原则，IP 只为主机提供一种无连接、不可靠的、尽力而为的数据包传输服务。

IP 地址是指互联网协议地址，即网际协议地址。它是互联网协议提供的一种统一的地址格式，为互联网上的每一个网络和每一台主机分配一个逻辑地址，以此来屏蔽物理地址的差异。目前使用的 IP 地址主要是 IPv4，它由一个 32 位整数表示（4 个字节），如 01111011001110001001100111001110，这样的数字极不便于用户识别和记忆，所以通常会把它分成 4 组，每 8 位为一组，用圆点隔开，转换成一个 0～255 的十进制整数，如 192.168.0.1。随着互联网的迅速发展，IPv4 正面临资源枯竭的问题，所以 IPv6 随之而出，它使用 16 个字节表示 IP 地址，所拥有的地址容量是 IPv4 的 2^{96} 倍，可以很好地解决 IP 地址不够用的问题。

通过 IP 地址可以唯一标识网络上的一个通信设备，但一个通信设备可以由多个通信程序同时提供网络服务，如数据库服务、FTP 服务、Web 服务等，这时就需要通过端口号来区分相同计算机所提供的这些不同的服务。端口号是一个 16 位的二进制整数，取值范围为 0～65535，通常分为如下 3 类。

❑ 公认端口（well known ports）：0～1023，它们紧密绑定一些特定的服务，用于一些知名的网络服务和应用，用户的普通应用程序需要使用 1024 以上的端口号，避免端口号冲突。

❑ 注册端口（registered ports）：1024～49151，它们松散地绑定一些服务。应用程序通常应该使用这个范围内的端口，例如 Tomcat 端口是 8080、MySQL 端口是 3306。

❑ 动态和/或私有端口（dynamic and/or private ports）：49152～65535，这些端口是应用程序使用的动态端口，应用程序一般不会主动使用这些端口。

综上所述，当两台网络设备上的应用程序进行通信的时候，先要根据 IP 地址找到网络位置，然后根据端口号找到具体的应用程序。

17.1.3 类 URLDecoder 和类 URLEncoder

URL 是 uniform resource locator 的缩写，意为统一资源定位器，它是指向互联网"资源"的指针。资源可以是简单的文件或目录，也可以是更为复杂的对象引用，例如对数据库或搜索引擎的查询。简单地说，在万维网上，每一个信息资源都有统一的且在网上唯一的地址，该地址就叫 URL。URL 一般由协议名、主机、端口和资源组成，具体格式如下。

```
protocol ://hostname[:port]/path/[:parameters][?query]#fragment
```

在上述格式中，带方括号的部分为可选项。例如，下面就是一个 URL 地址。

```
http://www.163.com
```

讲到 URL 地址，就不得不提一种叫 application/x-www-form-urlencoded MIME 的字符串。当 URL 地址里包含非西欧字符的字符串（如中文）时，系统就会将这些非西欧字符串转换成 application/x-www-form-urlencoded MIME 字符串。例如，当在百度搜索引擎中搜索"零基础案例学"时，浏览器网址栏就会出现一串看似乱码的内容，如图 17-2 所示，这就是 application/x-www-form-urlencoded MIME 字符串。

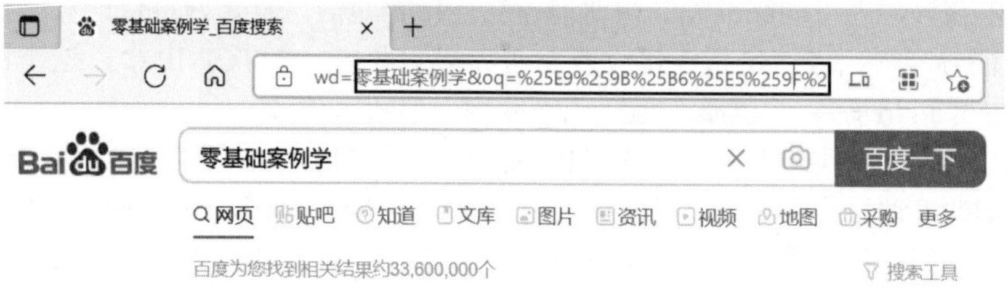

图 17-2　application/x-www-form-urlencoded MIME 字符串

包 java.net 提供了类 URLDecoder 和类 URLEncoder，这两个类提供了普通字符串和 application/x-www-form-urlencoded MIME 字符串相互转换的静态方法，具体如下。

- ❑ 类 URLDecoder：提供一个 decode(String s,String enc)静态方法，可以将 application/x-www-form-urlencoded MIME 字符串转换成普通字符串。
- ❑ 类 URLEncoder：提供一个 encode(String s,String enc)静态方法，可以将普通字符串转换成 application/x-www-form-urlencoded MIME 字符串。

📢**注意**：在现实应用中，无须转换仅包含西欧字符的普通字符串和 application/x-www-form-urlencoded MIME 字符串。但是需要转换包含中文字符的普通字符串，转换的方法是每个中文字符占 2 个字节，每个字节可以转换成两个十六进制的数字，所以每个中文字将转换成"%XX%XX"的形式。当采用不同的字符集时，每个中文字符对应的字节数并不完全相同，所以使用类 URLEncoder 和类 URLDecoder 进行转换时也需要指定字符集。

17.1.4　类 InetAddress

📚 **知识讲解**

在 Java 程序中，使用类 InetAddress 表示 IP 地址，在类 InetAddress 中还有如下两个子类。

- ❑ Inet4Address：代表 internet protocol version 4（IPv4，具有 32 位、4 字节的地址长度）地址。
- ❑ Inet6Address：代表 internet protocol version 6（IPv6，具有 128 位、16 字节的地址长度）地址。因为 IPv6 可以容纳更多的 IP 地址，所以在将来会逐渐取代 IPv4。

类 InetAddress 中没有提供对应构造方法，而是提供了如下两个静态方法来获取 InetAddress 实例。

- ❑ getByName(String host)：根据主机获取对应的 InetAddress 对象，其中 host 可以是 IP 地址，也可以是域名。

❑   getByAddress(byte[] addr)：根据原始 IP 地址获取对应的 InetAddress 对象。

方法是 Java 类的核心，虽然很多类没有构造方法，但是通过它们提供的内置方法可以实现对应的功能。在 InetAddress 中，可以通过如下 3 种方法获取 InetAddress 实例对应的 IP 地址和主机名。

❑   getCanonicalHostName()：获取此 IP 地址的全限定域名。

❑   getHostAddress()：返回该 InetAddress 实例对应的 IP 地址字符串（以字符串形式）。

❑   getHostName()：获取此 IP 地址的主机名。

另外，在类 InetAddress 中还包含了如下重要方法。

❑   getLocalHost()：获取本机 IP 地址对应的 InetAddress 实例。

❑   isReachable(int timeout)：测试是否可以到达目标地址。

范例导学

范例 17-1：在聊天记录中显示 IP 信息（范例文件：**daima\17\17-1\...\InetAddressTest.java**）。

本实例创建了两个 InetAddress 对象实例，ip 和 local，分别表示聊天会话的双方，代码如下。

```java
import java.net.*;
public class InetAddressTest{
    public static void main(String[] args)
        throws Exception{
        InetAddress ip = InetAddress.getByName("www.baidu.com"); //根据主机名来获取对应的实例
        System.out.println("同学A: 小菜啊, 你能访问百度吗? " + ip.isReachable(2000));
                                                    //判断是否可达
        System.out.println(ip.getHostAddress());                 //获取该实例的IP字符串
        InetAddress local = InetAddress.getByAddress(new byte[]   //根据原始IP地址来获取对应的实例
        {127,0,0,1});
        System.out.println("小菜: A啊, 你能访问本地服务器吗? " + local.isReachable(5000));
        System.out.println(local.getCanonicalHostName());        //获取该实例对应的全限定域名
    }
}
```

输出结果如下。

```
同学A: 小菜啊, 你能访问百度吗? true
110.242.69.21
小菜: A啊, 你能访问本地服务器吗? true
127.0.0.1
```

编程实战

实战案例 17-1-01：普通字符和 MIME 字符的转换   调用类 URLDecoder 和类 URLEncoder 的静态方法实现普通字符串和 MIME 字符串的相互转换。

实战案例 17-1-02：获取计算机名和 IP 地址   使用类 InetAddress 的内置方法获取当前的计算机名和 IP 地址。

实战案例 17-1-03：获取某网址的 IP 地址   使用类 InetAddress 的内置方法获取某网址对应的 IP 地址。

17.1.5   类 URL 和类 URLConnection

知识讲解

在包 java.net 中，通过类 URL 和类 URLConnection 提供了以编程方式访问 Web 服务的功能。

1. 类 URL

Java 提供了类 URL，该类提供了多个构造方法用于创建 URL 对象，一旦获得了 URL 对象，就可以调用如下方法来访问该 URL 对应的资源。

- ❏ getFile()：获取此 URL 的资源名。
- ❏ getHost()：获取此 URL 的主机名。
- ❏ getPath()：获取此 URL 的路径部分。
- ❏ getPort()：获取此 URL 的端口号。
- ❏ getProtocol()：获取此 URL 的协议名称。
- ❏ getQuery()：获取此 URL 的查询字符串部分。
- ❏ openConnection()：返回一个 URLConnection 对象，它表示到 URL 所引用的远程对象的连接。
- ❏ openStream()：打开与此 URL 的连接，并返回一个用于读取该 URL 资源的 InputStream。

📢**注意**：Java 提供了类 URI（uniform resource identifiers），其实例代表一个统一资源标识符。Java 的 URI 不能用于定位任何资源，它的唯一作用就是解析。URL 不仅标识了资源的位置，还提供了打开到该资源的连接并获取输入流的能力，因此可以将 URL 理解为 URI 的一种特例。

2. 类 URLConnection

在 Java 程序中创建一个与指定 URL 地址的连接后，可以进一步发送请求并读取此 URL 引用的资源。在包 java.net 中，专门定义了类 URLConnection 来表示与 URL 建立的通信连接，该类的对象使用 URL 类的方法 openConnection() 获得。

建立 URL 连接并获取目标 URL 地址资源的操作步骤如下。

（1）创建 URL 对象实例。

（2）通过调用 URL 对象的方法 openConnection() 创建 URLConnection 对象。

（3）设置 URLConnection 对象的参数和请求属性。

（4）如果只是发送 GET 方式的请求，使用方法 connect() 建立和远程资源之间的实际连接；如果需要发送 POST 方式的请求，需要获取 URLConnection 实例对应的输出流来发送请求参数。

（5）访问远程资源的头字段或通过输入流读取远程资源的数据。

在建立和远程资源的实际连接之前，需要设置请求头字段，类 URLConnection 提供了如下方法来满足这一需求。

- ❏ setAllowUserInteraction()：设置该 URLConnection 的 allowUserInteraction 请求头字段的值。
- ❏ setDoInput()：设置该 URLConnection 的 doInput 请求头字段的值。
- ❏ setDoOutput()：设置该 URLConnection 的 doOutput 请求头字段的值。
- ❏ setIfModifiedSince()：设置该 URLConnection 的 ifModifiedSince 请求头字段的值。
- ❏ setUseCaches()：设置该 URLConnection 的 useCaches 请求头字段的值。

除此之外，类 URLConnection 还提供如下方法来设置或增加通用头字段。

- ❏ setRequestProperty(String key, String value)：设置该 URLConnection 的 key 请求头字段的值为 value。
- ❏ addRequestProperty(String key, String value)：为该 URLConnection 的 key 请求头字段增加值 value，该方法并不会覆盖原请求头字段的值，而是将新值追加到原请求头字段中。

当发现远程资源可以使用后，可以使用类 URLConnection 提供的如下方法访问头字段和内容。

- ❏ getContent()：获取该 URLConnection 的内容。
- ❏ getHeaderField(String name)：获取指定响应头字段的值。
- ❏ getInputStream()：返回该 URLConnection 对应输入流，用于获取此 URL 连接的内容。
- ❏ getOutputStream()：返回该 URLConnection 对应输出流，用于向 URLConnection 发送请求参数。
- ❏ getHeaderField：根据响应头字段来返回对应的值。

因为在程序中需要经常访问某些头字段，所以类 URLConnection 提供了如下方法来访问特定响应头字段的值。

- ❏ getContentEncoding()：获取 content-encoding 响应头字段的值。
- ❏ getContentLength()：获取 content-length 响应头字段的值。
- ❏ getContentType()：获取 content-type 响应头字段的值。
- ❏ getDate()：获取 date 响应头字段的值。
- ❏ getExpiration()：获取 expires 响应头字段的值。
- ❏ getLastModified()：获取 last-modified 响应头字段的值。

◀》**注意**：如果既要使用输入流读取 URLConnection 响应的内容，又要使用输出流发送请求参数，则一定要先使用输出流，再使用输入流。另外，无论是发送 GET 请求，还是发送 POST 请求，程序获取 URLConnection 响应的方式完全一样。如果程序可以确定远程响应是字符流，则可以使用字符流来读取；如果程序无法确定远程响应是字符流，则使用字节流读取即可。

📖 范例导学

范例 17-2：开发多线程网络素材图片下载系统（范例文件：daima\17\17-2\...\Download.java）。
本实例创建了 InputStream 对象实例 isArr，然后下载指定 URL 地址的素材图片，代码如下。

```java
import java.io.*;
import java.net.*;
class DownThread extends Thread{                      //定义下载内容的线程类 DownThread
    private final int BUFF_LEN = 32;                  //定义字节数组的长度
    private long kaishi;                              //定义下载的起始点
    private long jieshu;                              //定义下载的结束点
    private InputStream is;                           //下载资源对应的输入流
    private RandomAccessFile mm ;                     //将下载的字节输出到 mm 中
    //构造方法，传入输入流、输出流、下载起始点、下载结束点
    public DownThread(long start , long end , InputStream is , RandomAccessFile raf){
        System.out.println(start + "---->" + end); //输出该线程负责下载的字节位置
        this.kaishi = start;
        this.jieshu = end;
        this.is = is;
        this.mm = raf;
    }
    public void run(){
        try{
            is.skip(kaishi);
            mm.seek(kaishi);
            byte[] buff = new byte[BUFF_LEN];         //定义读取输入流内容的缓存数组
            long contentLen = jieshu - kaishi;        //本线程负责下载资源的大小
            long times = contentLen / BUFF_LEN + 4; //定义最多需要读取几次就可以完成本线程的下载
            int hasRead = 0;                          //实际读取的字节数
```

```java
                for (int i = 0; i < times ; i++){
                    hasRead = is.read(buff);
                    if (hasRead < 0){                        //如果读取的字节数小于0，则退出循环
                        break;
                    }
                    mm.write(buff , 0 , hasRead);
                }
            }
            catch (Exception ex){
                ex.printStackTrace();
            }
            finally{                                         //使用 finally 块关闭当前线程的输入/输出流
                try{
                    if (is != null){
                        is.close();
                    }
                    if (mm != null){
                        mm.close();
                    }
                }
                catch (Exception ex){
                    ex.printStackTrace();
                }
            }
        }
    }
}
public class Download{
    public static void main(String[] args){
        final int DOWN_THREAD_NUM = 4;
        final String OUT_FILE_NAME = "down.jpg";
        InputStream[] isArr = new InputStream[DOWN_THREAD_NUM];
        RandomAccessFile[] outArr = new RandomAccessFile[DOWN_THREAD_NUM];
        try{
            //创建一个 URL 对象
            URL url = new URL("https://ss1.bdstatic.com/"
                + "70cFuXSh_Q1YnxGkpoWK1HF6hhy/it/u=845306564,3617231263&fm=27&gp=0.jpg");
            isArr[0] = url.openStream();                     //以此 URL 对象打开第一个输入流
            long fileLen = getFileLength(url);
            System.out.println("素材图片的大小: " + fileLen);
            //以输出文件名创建第一个 RandomAccessFile 输出流
            outArr[0] = new RandomAccessFile(OUT_FILE_NAME , "rw");
            for (int i = 0 ; i < fileLen ; i++ ){           //创建一个与下载资源相同大小的空文件
                outArr[0].write(0);
            }
            long numPerThred = fileLen / DOWN_THREAD_NUM;    //每线程应该下载的字节数
            long left = fileLen % DOWN_THREAD_NUM;           //整除后剩下的余数
            for (int i = 0 ; i < DOWN_THREAD_NUM; i++){
                //为每个线程打开一个输入流、一个RandomAccessFile 对象，让每个线程分别负责下载资源的不同部分
                if (i != 0){
                    isArr[i] = url.openStream();             //以 URL 打开多个输入流
                    //以指定输出文件创建多个 RandomAccessFile 对象
                    outArr[i] = new RandomAccessFile(OUT_FILE_NAME , "rw");
                }
                if (i == DOWN_THREAD_NUM - 1 ){              //分别启动多个线程下载网络资源
                    //最后一个线程下载指定的 numPerThred+left 个字节
                    new DownThread(i * numPerThred , (i + 1) * numPerThred +
                                left, isArr[i] , outArr[i]).start();
                }
                else{
                    //每个线程负责下载 numPerThred 个字节
```

```
                        new DownThread(i * numPerThred , (i + 1) *
                                numPerThred, isArr[i] , outArr[i]).start();
                }
            }
        }
        catch (Exception ex){
            ex.printStackTrace();
        }
    }
    //定义获取指定网络资源的长度的方法
    public static long getFileLength(URL url) throws Exception{
        long length = 0;
        URLConnection con = url.openConnection();          //打开该 URL 对应的 URLConnection
        long size = con.getContentLength();                //获取连接 URL 资源的长度
        length = size;
        return length;
    }
}
```

上述代码定义了线程类 DownThread，该线程从 InputStream 中读取从 kaishi 开始、到 jieshu 结束的所有字节数据，并写入 RandomAccessFile 对象。线程类 DownThread 的 run()就是一个简单的输入、输出实现。类 Download 中的方法 main()负责按如下步骤来实现多线程下载。

（1）创建 URL 对象，获取指定 URL 对象所指向资源的大小（由方法 getFileLength()实现），此处用到了类 URLConnection，该类代表 Java 应用程序和 URL 之间的通信连接。

（2）在本地磁盘上创建一个与网络资源相同大小的空文件。

（3）计算每条线程应该下载网络资源的哪个部分（从哪个字节开始，到哪个字节结束）。

（4）依次创建、启动多条线程来下载网络资源的指定部分。

输出结果如下。

```
素材图片的大小: 19825
0---->4956
4956---->9912
9912---->14868
14868---->19825
```

编程实战

实战案例 17-2-01：提取 URL 协议名称　编写一个程序，该程序可以分别获取输入网址的主机名称和协议名称。

实战案例 17-2-02：获取指定 URL 资源的大小　建立和指定 URL 地址的连接，然后获取该资源的内容长度（即文件大小）。

17.2　TCP 编程

TCP/IP 是一种可靠的网络协议，能够在通信的两端建立 Socket，形成网络虚拟链路。一旦建立链路，两端的程序就可以通过该链路进行通信。Java 对 TCP 进行了良好的封装，提供 Socket 对象代表通信端口，并通过 Socket 生成 I/O 流实现网络通信。

17.2.1 TCP 的基本概念

TCP 是一种端对端的网络传输协议，是一种面向连接的、可靠的、基于字节流的传输层通信协议。TCP 分别在通信的两端创建一个 Socket，形成可以进行通信的虚拟链路。TCP 通信严格区分客户端与服务器端，通信过程中必须先由客户端发起连接请求至服务器端，服务器端不能主动连接客户端。如果客户端没有发送连接请求，服务器端将一直处于等待状态。

与 TCP 相对应，还有一种常用的通信协议 UDP（user datagram protocol，用户数据报文协议），它是一种不可靠的网络协议，在通信实例双方各自创建一个 Socket，但是这两个 Socket 之间并没有虚拟链路，它们只是发送、接收数据报文的对象。

TCP 是可靠的，而 UDP 是不可靠的。在某些场景中，如用户登录，必须使用 TCP，因为需要明确答复是否登录成功。然而，在一些其他场景中，如网络游戏，用户是否接收到数据并不是那么关键。例如，当玩家射出一颗子弹时，其他玩家是否看到完全取决于当前的网络环境。如果网络卡顿，可能会出现玩家已经被射杀但界面仍未刷新的情况。这种对实时性要求较高而对可靠性要求相对较低的场景，适合使用 UDP。限于篇幅，本书仅对基于 TCP 的网络编程展开讲解。

Java 提供了两个用于实现 TCP 程序的类，一个是表示服务器端的类 ServerSocket，另一个是表示客户端的类 Socket。在通信时，必须先通过"三次握手"建立 TCP 连接，形成数据传输通道，具体过程如下。

❑ 第一次握手：客户端向服务器端发送连接请求，等待服务器端确认。

❑ 第二次握手：服务器端收到连接请求后，向客户端返回确认响应，通知客户端请求已收到。

❑ 第三次握手：客户端收到服务器的确认响应后，再次向服务器端发送确认信息，表示连接已完成。

TCP 的"三次握手"保证了两台通信设备之间的无差别传输，在连接中可以进行大量数据的传输，传输完毕后要释放已建立的连接。值得注意的是，虽然 TCP 是一种可靠的网络通信协议，数据传输安全且完整，但是效率比较低。一些对完整性和安全性要求较高的数据采用 TCP 传输，如文件传输和下载，如果文件下载不完全，会导致文件损坏而无法打开。

17.2.2 类 ServerSocket

在 Java 程序中，可以使用类 ServerSocket 来实现服务器端程序，接收其他通信实体（客户端或其他服务器端）的连接请求。ServerSocket 对象用于监听来自客户端的 Socket 连接请求，如果没有客户端尝试连接，它会一直处于等待状态。类 ServerSocket 中提供了如下方法。

❑ accept()：监听客户端连接请求，如果接收到一个客户端 Socket 的连接请求，该方法将返回一个与客户端 Socket 对应的 Socket，否则该方法将一直处于等待状态，线程也被阻塞。

❑ close()：关闭建立的连接。

❑ getInetAddress()：返回远程计算机的 IP 地址。

❑ isClosed()：检查远程连接是否关闭。

在 Java 程序中，可以使用 ServerSocket 类提供的如下构造方法创建 ServerSocket 对象。

❑ ServerSocket(int port)：用指定的端口 port 来创建一个 ServerSocket 对象。该端口应该有一个

有效的端口整数值：0～65535。

❑ ServerSocket(int port,int backlog)：创建一个绑定到指定端口的 ServerSocket 对象。与上一个构造方法相比，增加了一个用来改变连接队列长度的参数 backlog。

❑ ServerSocket(int port,int backlog,InetAddress localAddr)：在存在多个 IP 地址的情况下，允许通过 localAddr 参数将 ServerSocket 对象绑定到指定的 IP 地址。

在通常情况下，服务器不会只接收一个客户端请求，而是不断地接收来自客户端的所有请求，所以在 Java 程序中可以通过循环来不断地调用类 ServerSocket 的 accept()方法。例如下面的代码。

```
ServerSocket ss = new ServerSocket(30000); //创建一个 ServerSocket 对象, 用于监听客户端 Socket 的连接请求
while (true){                              //采用循环不断接收来自客户端的请求
    Socket s = ss.accept();               //每当接收到客户端 Socket 的请求时, 服务器端也对应产生一个 Socket
    ...                                   //下面就可以使用 Socket 进行通信了
}
ss.close();                               //连接完成后不要忘记关闭
```

17.2.3 类 Socket

Socket 的英文原义是"孔"或"插座"。在网络编程中，网络上的两个程序通过一个双向的通信连接实现数据的交换，这个连接的一端称为一个 Socket。Socket 是通信的基石，是支持 TCP/IP 的网络通信的基本操作单元。类 Socket 中提供如下两个重要的构造方法。

❑ Socket(InetAddress/String remoteAddress, int port)：创建连接到指定远程主机、远程端口的 Socket，该构造方法默认使用本地主机的任意一个可用 IP 地址，系统动态分配一个本地端口号，没有指定本地绑定地址和端口。

❑ Socket(InetAddress/String remoteAddress, int port, InetAddress localAddr, int localPort)：创建连接到指定远程主机、远程端口的 Socket，并指定本地 IP 地址和端口号。当本地主机有多个 IP 地址时，可以使用该构造方法。

使用类 Socket 的构造方法指定远程主机时，既可以使用 InetAddress 来指定，也可以直接使用 String 对象来指定，在 Java 中通常使用 String 对象（如"192.168.2.23"）来指定远程 IP。当本地主机只有一个 IP 地址时，使用上述第一个构造方法更为简单。例如以下代码。

```
Socket s = new Socket("127.0.0.1" , 30000);
```

执行上述代码会连接到指定服务器，在服务器端和客户端产生一对互相连接的 Socket，连接到远程主机的 IP 地址是 127.0.0.1，此 IP 地址总是代表本机的 IP 地址。因为示例程序的服务器端、客户端都是在本机运行，所以 Socket 连接到远程主机的 IP 地址使用 127.0.0.1。

在 Java 程序中，当客户端和服务器端产生了对应的 Socket 之后，程序无须再区分服务器、客户端，而是通过各自的 Socket 进行通信。在 Socket 中提供如下两个方法来获取输入流和输出流。

❑ getInputStream()：返回该 Socket 对象对应的输入流，让程序通过该输入流从 Socket 中取出数据。

❑ getOutputStream()：返回该 Socket 对象对应的输出流，让程序通过该输出流向 Socket 中输出数据。

17.2.4 实现 TCP 通信

知识讲解

Socket 客户端和服务器端之间的 TCP 通信过程可以分为如下 3 个步骤。

（1）服务器端监听：服务器端 Socket 处于等待连接的状态，实时监控网络状态。

（2）客户端请求：由客户端的 Socket 提出连接请求，要连接的目标是服务器端的 Socket。为此，客户端必须首先描述它要连接的服务器的 Socket，指出服务器端的地址和端口号，然后向服务器端提出连接请求。

（3）连接确认：当服务器端 Socket 监听到（或者接收到）客户端的连接请求，它就响应客户端的请求，建立一个新的线程，把服务器端的描述发给客户端，一旦客户端确认了此描述，连接便建立成功。然后服务器端继续处于监听状态，继续接收其他客户端的连接请求。

在实际应用中，服务器端为每个连接单独启动一个独立线程，这样有助于提升通信过程的性能和并发处理能力。即便某条线程在处理某个客户端请求时被阻塞，也不会影响其他客户端请求的处理，因为各客户端都有独立线程负责。同时，客户端也需要启动独立线程来读取服务器端数据，避免读取操作阻塞发送的请求或处理用户输入等其他操作。通过这种多线程机制，服务器端和客户端能够实现高效的并发处理，提升通信过程的流畅性和响应速度。

范例导学

范例 17-3：开发一个简易的多线程网络聊天室程序（范例文件：daima\17\17-3\...\IServer.java、Serverxian.java、IClient.java、Clientxian.java）。

开发一个聊天室程序，在服务器端包含多条线程，其中每个 Socket 对应一条线程，该线程负责读取 Socket 对应输入流的数据（从客户端发送过来的数据），并将读到的数据向每个 Socket 输出流发送一遍（将一个客户端发送的数据"广播"给其他客户端）。在服务器端程序中，使用 List 集合来保存所有的 Socket。

本程序为服务器端提供了如下两个类。

❑ IServer：负责 ServerSocket 监听的主类。

❑ Serverxian：负责处理每个 Socket 通信的线程类。

本程序的每个客户端包含如下两个线程。

❑ 客户端主程序 IClient：负责读取 Socket 对应输入流中的数据（从服务器端发送过来的数据），并将这些数据打印输出。

❑ 客户端的线程处理程序 Clientxian：负责读取用户的键盘输入，并将用户输入的数据写入 Socket 对应的输出流中。

整个程序的实现过程如下。

（1）编写范例文件 IServer.java，创建一个 ServerSocket 对象实例 ss，代码如下。

```
package liao.server;
import java.net.*;
import java.io.*;
import java.util.*;
public class IServer{                          //定义保存所有 Socket 的 ArrayList
```

```
public static ArrayList<Socket> socketList = new ArrayList<Socket>();
public static void main(String[] args) throws IOException{
    ServerSocket ss = new ServerSocket(30000);
    while(true){
        Socket s = ss.accept();                  //此行代码会阻塞，将一直等待连接
        socketList.add(s);
        //每当客户端连接后启动一个 Serverxian 线程为该客户端服务
        new Thread(new Serverxian(s)).start();
    }
}
}
```

在上述代码中，服务器端的功能是接收客户端 Socket 的连接请求，每当客户端 Socket 连接到该 ServerSocket，程序会将对应的 Socket 加入 socketList 集合中保存，并为该 Socket 启动一条 Serverxian 线程，该线程负责处理该 Socket 所有的通信任务。

（2）编写服务器端线程类文件 Serverxian.java，代码如下。

```
package liao.server;
import java.io.BufferedReader;
import java.io.IOException;
import java.io.InputStreamReader;
import java.io.PrintStream;
import java.net.Socket;
public class Serverxian implements Runnable {     //负责处理每个线程通信的线程类
    Socket s = null;                              //定义当前线程所处理的 Socket
    BufferedReader br = null;                      //该线程处理的 Socket 所对应的输入流
    public Serverxian(Socket s)
        throws IOException{
        this.s = s;
        //初始化该 Socket 对应的输入流
        br = new BufferedReader(new InputStreamReader(s.getInputStream()));
    }
    public void run(){
        try{
            String content = null;
            //采用循环语句不断从 Socket 中读取客户端发送过来的数据
            while ((content = readFromClient()) != null){
                //遍历 socketList 中的每个 Socket，将读到的内容向每个 Socket 发送一次
                for (Socket s : IServer.socketList){
                    PrintStream ps = new PrintStream(s.getOutputStream());
                    ps.println(content);
                }
            }
        }
        catch (IOException e){
            //e.printStackTrace();
        }
    }
    private String readFromClient(){          //定义读取客户端数据的方法
        try{
            return br.readLine();
        }
        catch (IOException e){                 //如果捕捉到异常，表明该 Socket 对应的客户端已经关闭
            IServer.socketList.remove(s);      //删除该 Socket
        }
        return null;
    }
}
```

在上述代码中，服务器端线程类会不断使用方法 readFromClient()读取客户端数据。如果读取数据过程中捕获到 IOException 异常，则说明此 Socket 对应的客户端 Socket 出现了问题，程序会将此 Socket 从 socketList 中删除。当服务器线程读到客户端数据之后会遍历整个 socketList 集合，并将该数据向 socketList 集合中的每个 Socket 发送一次。

（3）编写客户端主程序文件 IClient.java，代码如下。

```java
package liao.client;
import java.net.*;
import java.io.*;
public class IClient{
    public static void main(String[] args)
        throws IOException {
        Socket s = s = new Socket("127.0.0.1" , 30000);
        //客户端启动 Clientxian 线程，不断读取来自服务器的数据
        new Thread(new Clientxian(s)).start();
        //获取该 Socket 对应的输出流
        PrintStream ps = new PrintStream(s.getOutputStream());
        String line = null;
        BufferedReader br = new BufferedReader(new InputStreamReader(System.in));
                                                                //不断读取键盘输入
        while ((line = br.readLine()) != null){
            //将用户的键盘输入内容写入 Socket 对应的输出流
            ps.println(line);
        }
    }
}
```

在上述代码中，当线程读到用户键盘输入的内容后，会将用户键盘输入的内容写入该 Socket 对应的输出流。当主线程使用 Socket 连接到服务器之后，会启动 Clientxian 线程，该线程负责处理从服务器接收数据的操作。

（4）编写客户端的线程处理文件 Clientxian.java，此线程负责读取 Socket 输入流中的内容，并将这些内容在控制台打印出来，代码如下。

```java
package liao.client;
import java.io.BufferedReader;
import java.io.IOException;
import java.io.InputStreamReader;
import java.net.Socket;
public class Clientxian implements Runnable{
    private Socket s;                          //该线程负责处理的 Socket
    BufferedReader br = null;                  //该线程处理的 Socket 所对应的输入流
    public Clientxian(Socket s)
        throws IOException{
        this.s = s;
        br = new BufferedReader(
            new InputStreamReader(s.getInputStream()));
    }
    public void run(){
        try{
            String content = null;
            while ((content = br.readLine()) != null){
                                //不断读取 Socket 输入流中的内容，打印输出这些内容
                System.out.println(content);
            }
        }
        catch (Exception e){
```

```
            e.printStackTrace();
        }
    }
}
```

上述代码能够不断获取 Socket 输入流中的内容。当获取 Socket 输入流中的内容后，程序直接将这些内容打印到控制台。

运行上述程序中的类 IServer，该类运行后作为本应用的服务器端，不会看到任何输出。接着可以在能访问到服务器端的计算机上编译运行 IClient.java 启动多个聊天室客户端。此时，在任意客户端通过键盘输入一些内容后按 Enter 键，将可以看到所有客户端（包括自己）都会收到刚刚输入的内容。例如，在任意客户端输入下面的内容。

你好

所有客户端（包括输入内容的客户端）都会在控制台收到如下内容。

你好

◀》 注意：这里需要说明如下两点。

❖ 笔者使用 Eclipse 编写了上述 Java 程序。代码编写完成后，首先在 Eclipse 中运行类 IServer，以启动服务器端。接下来，分别在 Eclipse 和命令行界面中编译并运行类 IClient（在编译 IClient.java 之前，先编译 Clientxian.java），从而启动了两个客户端。这样，在任意一个客户端输入"你好"并按 Enter 键，所有客户端（包括自己）都会收到消息"你好"。

❖ 在运行类 IServer 时，可能会遇到服务器端口被占用的问题，导致服务器无法正常启动，并抛出类似以下的异常。

```
Exception in thread "main" java.net.BindException: Address already in use: bind
```

该异常是上一次运行类 IServer 后端口 30000 一直被占用导致的，如果想再次测试运行类 IServer，可换一个端口（如 30001）。计算机重启后，被占用的端口会被释放。

17.2.5 实现非阻塞 Socket 通信

📚 **知识讲解**

虽然前面介绍的 Socket 客户端/服务器端通信很简单，但是存在一个弊端：通信的一方必须在接收到对方发来的消息后才能编辑自己的消息，然后发出自己的消息；同样，对方也要等收到这条消息后才能发送新的消息。这就好比聊天的时候，两个人只能一人一句地聊天，不能一个人连续说。上述通信模式被称为阻塞模式。因为 Socket 处于阻塞模式，所以在主线程创建连接或者发送消息时，其一直处于挂起状态。如果不想让主线程一直处于等待状态，就需要创建新的线程处理。为了解决上述问题，Java 提供了内置类库 NIO 开发非阻塞模式 Socket 网络通信程序。非阻塞模式同阻塞模式相反，类似于异步模式，当一端发送消息时，发出消息的线程不会被挂起，而是继续执行。

在 Java 的 NIO 中，通过如下 5 个类实现非阻塞式的 Socket 通信功能。

❑ 类 Selector：选择器类 Selector 管理着一个被注册的通道集合的信息和它们的就绪状态。通道是和选择器一起被注册的，并且使用选择器更新通道的就绪状态。Selector 是 SelectableChannel 对象的多路复用器，所有希望采用非阻塞方式进行通信的 Channel 都应该注册到 Selector 对象。可通过调用此类的静态方法 open()来创建 Selector 实例，该方法将使用系统默认的 Selector 返回新的 Selector。Selector 可以同时监控多个 SelectableChannel 的 I/O 状况，是非阻塞 I/O 的核心。除此之外，Selector 还提供了和 select()相关的方法。

> select()：监控所有注册的 Channel，当其中需要处理 I/O 操作时，该方法返回，并将对应的 SelectionKey 加入被选择的 SelectionKey 集合中，该方法返回这些 Channel 的数量。

> select(long timeout)：可以设置超时长的 select()操作。

> selectNow()：执行一个立即返回的 select()操作，该方法不会阻塞线程。

> wakeup()：使一个还未返回的 select()方法立刻返回。

❏ 类 SelectionKey：选择键类 SelectionKey 封装了特定的通道与特定的选择器的注册关系。选择键对象被 SelectableChannel.register()返回并提供一个表示这种注册关系的标记。选择键包含了两个比特集（以整数的形式进行编码），指示了该注册关系所关心的通道操作，以及通道已经准备好的操作。一个 Selector 实例有如下 3 类 SelectionKey 集合。

> 所有 SelectionKey 集合：可以通过 keys()方法返回所有的 SelectionKey 集合，代表了当前注册在该 Selector 上的 Channel。注意，这里所有的 SelectionKey 集合包括下面介绍的当前被选择的 SelectionKey 集合和被取消的 SelectionKey 集合。

> 被选择的 SelectionKey 集合：代表了所有可通过方法 select()监测到、需要进行 I/O 处理的 Channel，这个集合可以通过 selectedKeys()返回。

> 被取消的 SelectionKey 集合：代表了所有被取消注册关系的 Channel，在下一次执行方法 select()时，这些 Channel 对应的 SelectionKey 会被彻底删除，程序通常无须直接访问这类集合。

❏ 类 SelectableChannel：是一个抽象类，提供了实现通道的可选择性所需要的公共方法。SelectableChannel 是所有支持就绪检查的通道类的父类，它可以被注册到 Selector 对象上。一个通道可以被注册到多个选择器上，但对每个选择器而言只能被注册一次。这个类提供了如下方法来设置和返回该 Channel 的模式状态。

> configureBlocking(boolean block)：设置是否采用阻塞模式。

> isBlocking()：返回该 Channel 是否为阻塞模式。

另外，SelectableChannel 类还提供了如下方法获取它的注册状态。

> isRegistered()：返回该 Channel 是否已注册在一个或多个 Selector 上。

> keyFor(Selector sel)：返回该通道和指定 Selector 之间的注册关系，如果不存在注册关系则返回 null。

❏ 类 ServerSocketChannel：支持非阻塞操作，其功能和类 ServerSocket 相对应，提供了 TCP 的 I/O 接口，只支持 OP_ACCEPT 操作。该类同样提供了方法 accept()，功能相当于类 ServerSocket 提供的方法 accept()。

❏ 类 SocketChannel：支持非阻塞操作，其功能和类 Socket 相对应，提供了 TCP 的 I/O 接口，支持 OP_CONNECT、OP_READ 和 OP_WRITE 操作。另外，这个类还实现了 ByteChannel 接口、ScatteringByteChannel 接口和 GatheringByteChannel 接口，所以可以直接通过 SocketChannel 读写 ByteBuffer 对象。

范例导学

范例 17-4：使用非阻塞 Socket 开发一个聊天室系统（范例文件：daima\17\17-4\...\FeizuServer.java、FeizuClient.java）。

本实例继续以聊天室系统为例，演示非阻塞 Socket 通信在 Java 应用项目中的实现过程。目标是在服务器端使用循环语句不断获取 Selector 的方法 select() 的返回值，当该返回值大于 0 时就处理该 Selector 上被选择 SelectionKey 所对应的 Channel。在具体实现时，服务器端使用 ServerSocketChannel 监听客户端的连接请求，程序先调用它的方法 socket() 获得关联 ServerSocket 对象，再用该 ServerSocket 对象绑定到指定监听的 IP 和端口。最后在服务器端调用 Selector 的方法 select() 监听所有 Channel 上的 I/O 操作。具体步骤如下。

（1）编写服务器端文件 FeizuServer.java，功能是使用 ServerSocketChannel 监听客户端的连接请求，代码如下。

```
package feizu;
import java.io.*;
import java.nio.*;
import java.nio.channels.*;
import java.net.*;
import java.nio.charset.*;
public class FeizuServer{
    private Selector selector = null;                   //用于检测所有 Channel 状态的 Selector
    private Charset charset = Charset.forName("UTF-8");  //定义实现编码、解码的字符集对象
    public void init()throws IOException  {
        selector = Selector.open();
        //通过 open() 方法打开一个未绑定的 ServerSocketChannel 实例
        ServerSocketChannel server = ServerSocketChannel.open();
        InetSocketAddress isa = new InetSocketAddress("127.0.0.1", 30000);
        server.socket().bind(isa);                      //将该 ServerSocketChannel 绑定到指定 IP
        server.configureBlocking(false);                //设置 ServerSocket 以非阻塞方式工作
        server.register(selector, SelectionKey.OP_ACCEPT);  //将 server 注册到指定 Selector 对象
        while (selector.select() > 0) {
            //依次处理 selector 上的每个已选择的 SelectionKey
            for (SelectionKey sk : selector.selectedKeys()){
                //从 selector 上已选择的 Key 集中删除正在处理的 SelectionKey
                selector.selectedKeys().remove(sk);
                if (sk.isAcceptable()){                 //如果 sk 对应的通道包含客户端的连接请求
                    //调用 accept() 方法接收连接，产生服务器端对应的 SocketChannel
                    SocketChannel sc = server.accept();
                    sc.configureBlocking(false);        //设置采用非阻塞模式
                    //将该 SocketChannel 也注册到 selector
                    sc.register(selector, SelectionKey.OP_READ);
                    //将 sk 对应的 Channel 设置为准备接收其他请求
                    sk.interestOps(SelectionKey.OP_ACCEPT);
                }
                if (sk.isReadable()){                   //如果 sk 对应的通道有数据需要读取
                    //获取该 SelectionKey 对应的 Channel，该 Channel 中有可读的数据
                    SocketChannel sc = (SocketChannel)sk.channel();
                    //定义准备执行读取数据的 ByteBuffer
                    ByteBuffer buff = ByteBuffer.allocate(1024);
                    String content = "";
                    try{                                //开始读取数据
                        while(sc.read(buff) > 0){
                            buff.flip();
```

```
                            content += charset.decode(buff);
                        }
                        //打印从该 sk 对应的 Channel 里读取到的数据
                        System.out.println("=====" + content);
                        //将 sk 对应的 Channel 设置为准备下一次读取
                        sk.interestOps(SelectionKey.OP_READ);
                    }
                    //如果捕捉到该 sk 对应的 Channel 出现了异常,即表明该 Channel
                    //对应的 Client 出现了问题,所以从 Selector 中取消 sk 的注册
                    catch (IOException ex){
                        sk.cancel();                    //从 Selector 中删除指定的 SelectionKey
                        if (sk.channel() != null){
                            sk.channel().close();
                        }
                    }
                    //若 content 长度大于 0,即聊天信息不为空,则用 for 遍历该 selector 里注册的所有 SelectKey
                    if (content.length() > 0){
                        for (SelectionKey key : selector.keys()){
                            Channel targetChannel = key.channel();
                                                    //获取该 key 对应的 Channel
                            //如果该 channel 是 SocketChannel 对象
                            if (targetChannel instanceof SocketChannel){
                                //将读到的内容写入该 Channel 中
                                SocketChannel dest = (SocketChannel)targetChannel;
                                dest.write(charset.encode(content));
                            }
                        }
                    }
                }
            }
        }
    }
    public static void main(String[] args) throws IOException{
        new FeizuServer().init();
    }
}
```

在上述代码中,启动程序时马上建立一个可监听连接请求的 ServerSocketChannel,并将该 Channel 注册到指定 Selector,接着直接采用循环不断监控 Selector 对象的方法 select()的返回值。当该返回值大于 0 时,处理该 Selector 上所有被选择的 SelectionKey。在处理指定的 SelectionKey 之后,立即从该 Selector 中被选择的 SelectionKey 集合中删除该 SelectionKey。服务器端的 Selector 仅需要进行监听连接和读取数据两种操作。在处理连接操作时,只需将接收连接后产生的 SocketChannel 注册到指定的 Selector 对象。在处理读取的数据时,系统先从该 Socket 中读取数据,再将数据写入 Selector 上注册的所有 Channel 中。

(2)编写客户端程序 FeizuClient.java,本实例的客户端程序需要实现如下两个线程。

❏ 读取用户通过键盘输入的信息,并将输入的内容写入 SocketChannel 中。

❏ 不断查询 Selector 对象的方法 select()的返回值。

客户端文件 FeizuClient.java 的代码如下。

```
package feizu;
import java.io.*;
import java.net.*;
import java.nio.*;
import java.nio.channels.*;
import java.nio.charset.*;
```

```
import java.util.*;
public class FeizuClient{
    private Selector selector = null;          //定义检测SocketChannel的Selector对象
    private Charset charset = Charset.forName("UTF-8");        //定义处理编码和解码的字符集
    private SocketChannel sc = null;           //客户端SocketChannel
    public void init()throws IOException{
        selector = Selector.open();
        InetSocketAddress isa = new InetSocketAddress("127.0.0.1", 30000);
        //调用open()静态方法创建连接到指定主机的SocketChannel
        sc = SocketChannel.open(isa);
        sc.configureBlocking(false);           //设置该sc以非阻塞方式工作
        sc.register(selector, SelectionKey.OP_READ);//将SocketChannel对象注册到指定Selector
        new ClientThread().start();            //启动读取服务器端数据的线程
        Scanner scan = new Scanner(System.in); //创建键盘输入流
        while (scan.hasNextLine()){
            String line = scan.nextLine();     //读取键盘输入
            sc.write(charset.encode(line));    //将键盘输入的内容输出到SocketChannel中
        }
    }
    //定义读取服务器数据的线程
    private class ClientThread extends Thread{
        public void run(){
            try{
                while (selector.select() > 0) {
                    //遍历每个有可用I/O操作的Channel对应的SelectionKey
                    for (SelectionKey sk : selector.selectedKeys()){
                        selector.selectedKeys().remove(sk);      //删除正在处理的SelectionKey
                        //如果该SelectionKey对应的Channel中有可读的数据
                        if (sk.isReadable()){
                            //使用NIO读取Channel中的数据
                            SocketChannel sc = (SocketChannel)sk.channel();
                            ByteBuffer buff = ByteBuffer.allocate(1024);
                            String content = "";
                            while(sc.read(buff) > 0){
                                sc.read(buff);
                                buff.flip();
                                content += charset.decode(buff);
                            }
                            System.out.println("聊天信息: " + content);  //打印输出读取的内容
                            sk.interestOps(SelectionKey.OP_READ);     //为下一次读取做准备
                        }
                    }
                }
            }
            catch (IOException ex){
                ex.printStackTrace();
            }
        }
    }
    public static void main(String[] args) throws IOException{
        new FeizuClient().init();
    }
}
```

在上述客户端代码中只有一个SocketChannel，此SocketChannel注册到指定的Selector后，程序会启动另一个线程来监测该Selector。

与范例17-3一样，本实例实现了将一个客户端发送的数据"广播"给所有客户端（包括自己）的功能。例如，在任意客户端输入如下内容。

很高兴认识你

该内容会被发送给服务器端，而服务器端的 Selector 监听到连接请求后，会读取 SocketChannel 传来的数据，即"很高兴认识你"，然后遍历 Selector 上所有的 SocketChannel，将该内容"广播"给所有客户端（包括输入内容的客户端）。所有客户端接收到该"广播"后，会打印输出如下内容。

聊天信息：很高兴认识你

不同的是，本范例使用 NIO 编程，客户端用户可以连续输入信息，无须等待收到服务器端的返回信息后再输入，通信效率得到了极大的提升。

17.3　综合实战——在线文件传输系统

范例功能

设计一个基于 TCP 编程的简单的在线文件传输系统，该系统包含一个服务器端和一个客户端，客户端可以向服务器端发送指定的 txt 文件，服务器端接收文件并保存。

学习目标

理解 Java 网络编程的基础知识，进一步掌握网络编程在软件项目中的实现方法和技巧。

具体实现

在计算机 D 盘中分别创建文件夹"上传"和"下载"，并在文件夹"上传"下创建文件"测试文件.txt"。然后，分别编写服务器端程序 FileServer.java 和客户端程序 FileClient.java。客户端将文件"测试文件.txt"发送到服务端，服务器端则接收该文件并保存到文件夹"下载"中。

18 第 18 章 数据库编程

数据库是组织、存储和管理数据的核心组件，用于支撑计算机软件系统的数据需求。通过对数据库进行增、删、改、查等操作，可构建动态交互的软件程序。例如，在线商城系统中，商品信息存储于数据库中，添加、删除、修改或查询商品仅需操作对应的数据记录。Java 通过 JDBC 与数据库建立连接，并借助 SQL 语句实现数据操作。本章将系统介绍 Java 开发数据库程序的核心知识，具体知识架构如下。

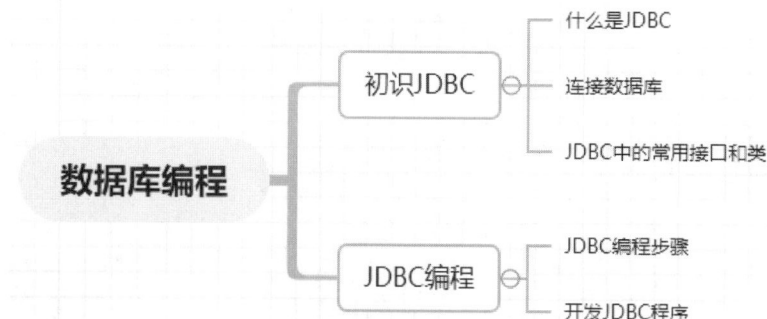

18.1 初识 JDBC

在 Java 技术体系中，JDBC（Java database connectivity）是连接数据库的标准工具。若缺乏该工具，Java 程序将无法直接与数据库交互。对于 JDBC，了解其核心功能与使用方法即可满足开发需求，无须深入探究其内部实现细节。本节将简要介绍 JDBC 的基础知识，为后续学习奠定基础。

18.1.1 什么是 JDBC

在学习 JDBC 之前，需要先了解什么是数据库和 SQL 语句。

❑ 数据库：是按数据结构组织、存储和管理数据的持久化系统，具备长期存储、结构化、可共享和统一管理的特性，其核心功能在于解决数据冗余并提升独立性。当前流行的关系型数据库包括 Access（桌面级，适合小型应用）、MySQL（开源，广泛用于 Web 开发）、Oracle（企业级，强调高可靠性）和 SQL Server（微软生态，支持复杂业务场景），它们通过表与关系模型实现高效的数据管理。

❑ SQL 语句：结构化查询语言，是用于管理和操作关系型数据库的标准语言，支持数据定义（如表创建）、数据操作（如增、删、改、查）及数据控制（如权限管理），广泛应用于数据存储、检索、更新及数据库结构维护等场景。

若使用 Java 程序操作数据库，就需要借助 JDBC 实现，它是 Java 数据库编程接口。JDBC API 提供了一组标准的接口和类，开发者可通过调用这些接口和类访问不同类型的数据库，并执行 SQL 语句完成数据的增、删、改、查操作。JDBC 屏蔽了底层实现细节，开发者仅需关注业务逻辑即可，无须处理数据库驱动的具体实现。

18.1.2 连接数据库

目前，市场上的数据库产品的种类众多，例如 Oracle、MySQL 和 SQL Server 等。对于不同的数据库产品，Java 程序需要通过特定的数据库驱动实现连接。为了方便开发者针对不同的数据库产品开发 Java 数据库程序，各数据库厂商均提供了符合 JDBC 规范的驱动程序，如图 18-1 所示。

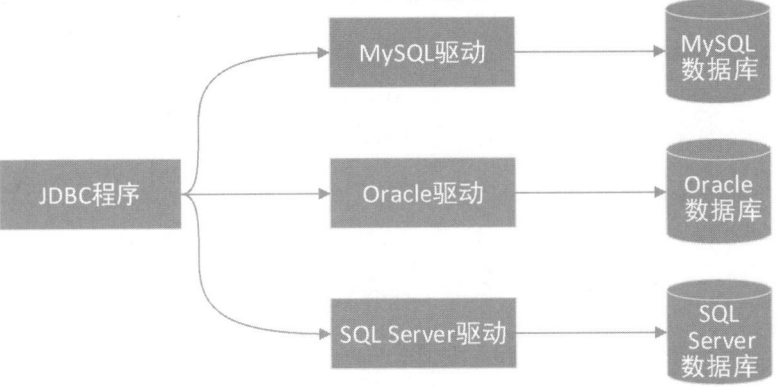

图 18-1　厂商驱动连接数据库

当然，在使用这些数据库之前，首先需要下载和安装对应的程序并进行必要的配置，然后再安装对应的驱动程序。本书基于 MySQL 数据库讲解 Java 数据库编程，需要下载、安装并配置 MySQL。为了简化流程，推荐使用 AppServ 集成环境，它整合了 Apache（HTTP 服务器软件）、MySQL（数据库管理系统）、phpMyAdmin（MySQL 的图形化管理工具）等，支持一键部署与跨平台使用，安装时建议将端口设置为 8080 并配置强密码账户，完成后通过 http://127.0.0.1:8080/ 即可快速访问 phpMyAdmin 并进行数据库操作，使开发者能聚焦 Java 编程开发而无须处理复杂的环境配置。

在 Java 应用中操作 MySQL 数据库时，仅需要安装 MySQL 官方提供的 JDBC 驱动程序，即可通过标准化的 JDBC API 实现数据库连接与操作，无须关注底层通信细节。这一特性同样适用于 Oracle、SQL Server 等其他主流数据库。

一般情况下，有以下两种连接数据库的常用方式。

❑　安装相应厂商的数据库驱动：开发者需要访问各数据库厂商的官方网站下载驱动包。

❑　使用 JDBC-ODBC 桥驱动器：在 Windows 系统中，需要先配置 ODBC（open database connectivity，开放数据库互联）数据源以连接目标数据库，JDBC 通过桥接驱动与已配置的 ODBC 数据源建立通信。该方式借助 ODBC 的数据库抽象层，理论上可连接 ODBC 支持的任意数据库类型，其对应的驱动实现被称为 JDBC-ODBC 桥驱动。

尽管 JDBC-ODBC 桥接操作简便，但其平台依赖性和技术滞后性显著地影响了程序的可移植性。本书推荐使用数据库厂商原生驱动进行开发，该方式不仅支持全操作系统部署，还能获得厂商持续的技术支持与性能优化。

使用厂商驱动连接数据库的基本流程如下。

（1）访问相应的数据库厂商网站下载驱动，或者从 Maven 官网下载驱动包，然后将下载的驱动包复制到项目中。例如 MySQL，可从 Maven 网站下载其驱动包（https://mvnrepository.com/）。进入 Maven 网站，在其最上方的搜索栏目中输入 MySQL Connector Java，单击 Search 按钮，如图 18-2 所示。

图 18-2　进入 Maven 网站搜索 MySQL Connector Java

（2）在弹出的页面中找到"MySQL Connector Java"，单击其对应链接，如图 18-3 所示。

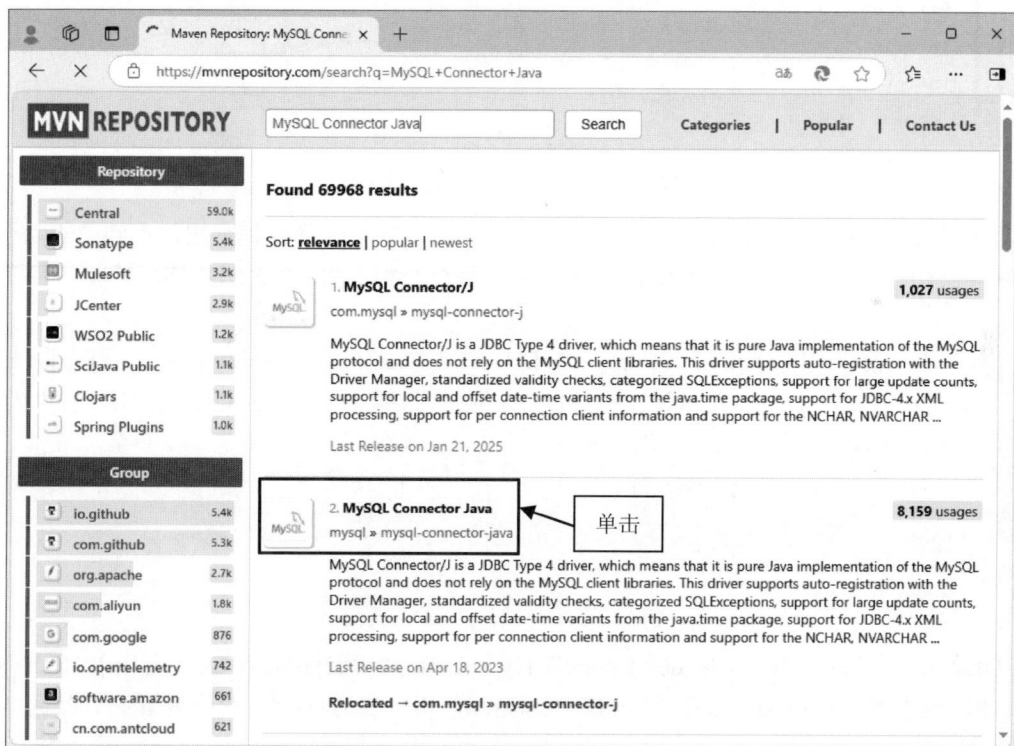

图 18-3　进入 MySQL Connector Java

（3）在弹出的页面中，通过下拉列表可以选择适合自己的驱动版本。本书下载的版本号为 8.0.17，单击页面中的"8.0.17"，即可进入对应的下载页面，如图 18-4 所示。单击图 18-4 中的"jar (2.2 MB)"

链接开始下载，下载成功后可得到驱动程序文件 mysql-connector-java-8.0.17.jar。

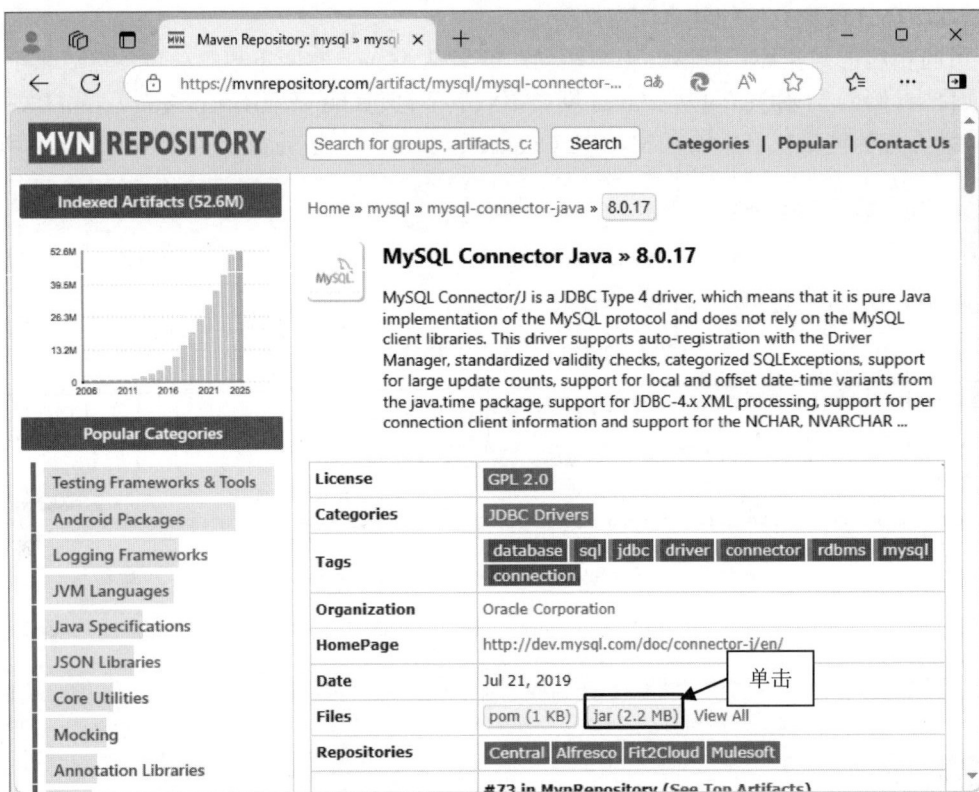

图 18-4　下载合适版本的 MySQL 驱动

（4）在 JDBC 代码中设定特定的驱动程序名称、URL、数据库账号和密码。不同的驱动程序和不同的数据库应该采用不同的驱动程序名称、URL、数据库账号和密码。常见的数据库的驱动名称和 URL 如下。

❑　MySQL：驱动程序为 com.mysql.cj.jdbc.Driver，URL 为 jdbc:mysql://[host:port] /[database][?参数名 1][=参数值 1][&参数名 2][=参数值 2]。例如，连接本机的 MySQL 数据库，名称为 school，用户名为 root，密码为 root，代码如下。

```
Class.forName("com.mysql.cj.jdbc.Driver");
String url =
  "jdbc:mysql://localhost:3306/school?serverTimezone=UTC&useUnicode=true&characterEncoding=UTF-8";
String user = "root";
String password = "root";
Connection conn = DriverManager.getConnection(url,user,password);
```

❑　Oracle：驱动程序为 oracle.jdbc.OracleDriver，URL 为 jdbc: oracle: thin: @ [ip]: 1521: [sid]。例如，连接本机的 Oracle 数据库，SID 为 school，用户名为 scott，密码为 tiger，代码如下。

```
Class.forName("oracle.jdbc.OracleDriver");
String user = "scott";
String password = "tiger";
String url = "jdbc:oracle:thin:@localhost:1521:school";
Class.forName("oracle.jdbc.driver.OracleDriver");
Connection conn=DriverManager.getConnection(url,user,password);
```

- □ SQL Server：驱动程序为 com.microsoft.sqlserver.jdbc.SQLServerDriver，URL 为 jdbc:sqlserver://[ip]:1433;DatabaseName=[DBName]。例如，连接本机的 SQL Server 数据库，名称为 school，用户名为 sa，密码为 sa，代码如下。

```
Class.forName("com.microsoft.sqlserver.jdbc.SQLServerDriver");
String user = "sa";
String password = "sa";
String url = "jdbc:sqlserver://localhost:1433;DatabaseName=school";
Class.forName("com.microsoft.jdbc.sqlserver.SQLServerDriver");
Connection conn = DriverManager.getConnection(url,user,password);
```

18.1.3 JDBC 中的常用接口和类

在 Java 应用中，JDBC 通过一组标准化的接口与类为开发者提供了与数据库交互的抽象层，支持统一执行 SQL 操作，其核心 API 如下。

1. 接口 Driver

在 JDBC 中，接口 java.sql.Driver 作为所有数据库驱动的核心契约，由不同数据库厂商提供具体实现（如 MySQL 的 com.mysql.cj.jdbc.Driver）。开发者无须直接操作这些实现类，而是通过类 DriverManager 自动加载并管理驱动实例，从而实现数据库连接的透明化。

2. 类 DriverManager

类 DriverManager 是 JDBC 驱动的管理器，其核心功能是通过匹配已注册的驱动程序，为应用程序提供与数据库交互的 Connection 实例。类 DriverManager 中的常用内置方法如表 18-1 所示。

表 18-1 类 DriverManager 中的常用方法

方　　法	说　　明
static void deregisterDriver(Driver driver)	从已注册的驱动程序列表中移除指定的 Driver 实例
static Connection getConnection(String url)	根据给定的数据库 URL 建立连接（需依赖驱动自动识别）
static Connection getConnection(String url, Properties info)	使用包含连接参数（如用户名、密码等键值对）的 Properties 对象建立数据库连接
static Connection getConnection(String url, String user, String password)	根据数据库 URL、用户名和密码建立连接
static int getLoginTimeout()	获取驱动程序尝试连接数据库时的超时时间（单位：秒）
static void registerDriver(Driver driver)	手动注册一个 Driver 实例到 DriverManager
static void setLoginTimeout(int seconds)	设置驱动程序尝试连接数据库的超时时间（单位：秒）

3. 接口 Connection

Connection 对象代表与数据库的物理连接会话，是执行 SQL 操作的前提。所有数据库交互（如查询、更新）均需要通过有效的 Connection 实例发起。接口 Connection 中的常用方法如表 18-2 所示。

表 18-2 接口 Connection 中的常用方法

方　　法	说　　明
void abort(Executor executor)	终止当前连接

方　　法	说　　明
void clearWarnings()	清除此前报告的警告信息
void close()	立即释放连接资源
void commit()	提交当前事务
Statement createStatement()	创建基础 Statement 对象，用于执行静态 SQL 语句
Statement createStatement(int resultSetType, int resultSetConcurrency)	创建 Statement 对象，生成具有指定类型和并发性的 ResultSet
Statement createStatement(int resultSetType, int resultSetConcurrency, int resultSetHoldability)	创建 Statement 对象，生成具有指定类型、并发性及可保持性的 ResultSet
boolean getAutoCommit()	获取当前自动提交模式（true 表示自动提交，false 需要手动管理事务）
DatabaseMetaData getMetaData()	获取数据库的元数据信息
int getNetworkTimeout()	获取网络超时时间（单位：毫秒，0 表示无限制）
boolean isClosed()	检查连接是否已关闭
boolean isReadOnly()	检查连接是否处于只读模式
boolean isValid(int timeout)	检查连接是否有效（超时时间单位：秒，返回 true 表示连接可用）
CallableStatement prepareCall(String sql)	创建 CallableStatement 对象，用于调用存储过程或函数
void rollback()	回滚当前事务，撤销未提交的更改
void setClientInfo(Properties properties)	设置客户端信息属性
void setClientInfo(String name, String value)	设置单个客户端信息属性键值对
void setReadOnly(boolean readOnly)	将连接设置为只读模式
void setTransactionIsolation(int level)	设置事务隔离级别

4. 接口 Statement

Statement 是用于执行 SQL 语句的工具接口，支持执行数据定义语句（DDL）、数据控制语句（DCL）、数据操作语句（DML）以及查询语句。执行查询时，Statement 会返回包含结果的 ResultSet 对象。接口 Statement 中的常用方法如表 18-3 所示。

表 18-3　接口 Statement 中的常用方法

方　　法	说　　明
void addBatch(String sql)	将给定的 SQL 命令添加到批处理命令列表中（用于批量执行）
void close()	立即释放 Statement 对象的数据库和 JDBC 资源
boolean execute(String sql)	执行任意 SQL 语句，可能返回多个结果
boolean execute(String sql, int autoGeneratedKeys)	执行 SQL 语句，是否返回自动生成的主键，返回值表示被执行的 SQL 语句是否产生结果集
ResultSet executeQuery(String sql)	执行查询并返回 ResultSet 对象
int executeUpdate(String sql)	执行更新操作，返回受影响的行数
Connection getConnection()	获取创建此 Statement 对象的 Connection 实例
default long getLargeMaxRows()	获取此 Statement 生成的 ResultSet 可包含的最大行数

方　　法	说　　明
long getLargeUpdateCount()	获取当前结果的更新计数（若结果为 ResultSet 或无更多结果，则返回-1）
default long getMaxRows()	获取当前 Statement 对象所能返回的最大行数限制
int getUpdateCount()	获取当前结果的更新计数（若结果为 ResultSet 或无更多结果，则返回-1）

5. 接口 PreparedStatement

PreparedStatement 是 Statement 的子接口，用于执行预编译的 SQL 语句。通过预编译，数据库仅需解析一次 SQL 语句结构，后续执行时仅需替换参数值，从而显著提升性能（尤其在重复执行相同的 SQL 模板时）。与 Statement 相比，PreparedStatement 无须每次执行时重新传入完整的 SQL 字符串，但需通过 setXxx()方法为 SQL 中的参数占位符（如?）绑定具体值。接口 PreparedStatement 中的常用内置方法如表 18-4 所示。

表 18-4　接口 PreparedStatement 中的常用内置方法

方　　法	说　　明
boolean execute()	执行预编译的 SQL 语句，可能返回多个结果（包括 ResultSet 或更新计数）
default long executeLargeUpdate()	执行预编译的 DML 语句或 DDL 语句，返回受影响的行数
ResultSet executeQuery()	执行预编译的 SQL 查询语句，返回包含查询结果的 ResultSet 对象
int executeUpdate()	执行预编译的 DML 语句或 DDL 语句，返回受影响的行数

6. 接口 CallableStatement

CallableStatement 是 PreparedStatement 的子接口（间接继承自 Statement），专用于调用数据库存储过程。使用 CallableStatement 时，需要通过连接对象创建该接口的实例，并绑定存储过程的参数，随后执行存储过程并处理其返回值。接口 CallableStatement 中的常用方法如表 18-5 所示。

表 18-5　接口 CallableStatement 中的常用方法

方　　法	说　　明
int getInt(int parameterIndex)	根据参数索引获取存储过程输出参数或返回值
int getInt(String parameterName)	根据参数名称获取存储过程输出参数或返回值
void registerOutParameter(int parameterIndex, int sqlType)	注册存储过程输出参数的 SQL 类型，用于获取返回值
String getString(int parameterIndex)	根据参数索引获取存储过程输出参数或返回值
String getString(String parameterName)	根据参数名称获取存储过程输出参数或返回值

CallableStatement 对象为所有的数据库系统提供了一种标准的形式去调用数据库中已存在的存储过程，调用存储过程的语法格式如下。

```
{ call 存储过程名(?, ?, ...)}
```

7. 接口 ResultSet

ResultSet 接口表示数据库查询结果集，通常通过执行查询语句生成。该对象维护一个指向当前数据行的游标（初始位置在第一行之前），支持通过方法 next()逐行遍历结果集。接口 ResultSet 中的常用方法如表 18-6 所示。

表 18-6　接口 ResultSet 中的常用内置方法

方　　法	说　　明
void close() throws SQLExce plIon	释放 ResultSet 对象所占用的数据库和 JDBC 资源
boolean absolute(int row)	将游标移动到指定行（row 为正数时表示绝对行号，row 为负数时表示倒数行号），返回 true 表示移动成功
void beforeFirst()	将游标移动到首行之前（初始位置），无返回值
boolean first()	将游标移动到首行，返回 true 表示首行存在
boolean previous()	将游标移动到上一行，返回 true 表示移动成功
boolean next()	将游标移动到下一行，返回 true 表示移动成功
boolean last()	将游标移动到最后一行，返回 true 表示最后一行存在
void afterLast()	将游标移动到最后一行之后，无返回值

◀》**注意**：在 JDK 1.4 以前，采用默认方法创建的 Statement 所查询到的 ResultSet 不支持 absolute()、previous()等移动记录指针的方法，它只支持 next()这个移动记录指针的方法，即 ResultSet 的记录指针只能向下移动，而且每次只能移动一格。从 JDK 1.5 以后就避免了这个问题，程序采用默认方法创建的 Statement 所查询得到的 ResultSet 也支持 absolute()、previous()等方法。

18.2　JDBC 编程

经过前面的学习，读者已经了解了 JDBC API 的基础知识。本节将详细讲解在 Java 程序中使用 JDBC 开发数据库程序的知识。

18.2.1　JDBC 编程步骤

使用 JDBC 开发数据库程序的基本步骤如下。

（1）加载数据库驱动。用 Class 类的静态方法 forName()加载数据库驱动，例如下面的代码。

```
Class.forName(driverClass);
```

在上述代码中，driverClass 是数据库驱动类所对应的字符串。例如，加载 MySQL 数据库的代码如下。

```
Class.forName("com.mysql.cj.jdbc.Driver");
```

（2）建立数据库连接。通过 Connection 建立数据库连接，首先创建 Connection 接口类的对象。

```
Connection conn =DriverManager.getConnection(url, user, password);
```

在使用 DriverManager 获取数据库连接时需要传入 3 个参数，分别表示连接数据库的 URL、登录数据库的用户名和密码。其中用户名和密码通常由数据库管理员设置，而连接数据库的 URL 则遵循一定的写法。例如，连接 MySQL 数据库时的 URL 写法如下。

```
jdbc:mysql://127.0.0.1:3306/im?characterEncoding=UTF-8&serverTimezone=UT
```

其中 user 和 password 分别为登录数据库的用户名和密码。

（3）创建运行对象。通过 Connection 对象创建 Statement 对象，可以通过如下 3 个方法创建。

❑ createStatement()：创建基本的 Statement 对象。

❑ prepareStatement(String sql)：依据传入的 SQL 语句创建预编译的 PreparedStatement 对象。

❑ prepareCall(String sql)：依据传入的 SQL 语句创建 CallableStatement 对象。

（4）运行 SQL 语句。运行对象 Statement 或 PreparedStatement 提供了如下两个常用的方法运行 SQL 语句。

❑ executeQuery(String sql)：该方法用于运行实现查询功能的 SQL 语句，返回类型为 ResultSet（结果集）。例如以下代码。

```
ResultSet rs =st.executeQuery(sql);
```

❑ executeUpdate(String sql)：该方法用于运行实现增、删、改功能的 SQL 语句，返回类型为 int，即受影响的行数。例如以下代码。

```
int flag = st.executeUpdate(sql);
```

（5）操作结果集。假设运行的 SQL 语句是查询语句，则运行结果将返回一个 ResultSet 对象，在该对象中保存了 SQL 语句查询的结果。程序能够通过操作该 ResultSet 对象取出查询结果。在 ResultSet 对象中，主要提供了如下两类方法。

❑ next()、previous()、first()、last()、beforeFirst()、afterLast()、absolute()等移动记录指针的方法。

❑ getXxx()方法获取记录指针指向行、特定列的值。该类方法既能够使用列索引作为参数，也能够使用列名称作为参数。使用列索引作为参数性能更好，而使用列名称作为参数可读性更好。

（6）回收数据库资源。关闭 ResultSet、Statement 和 Connection 等资源。

18.2.2　开发 JDBC 程序

知识讲解

本节将通过一个具体实例来详细讲解使用 JDBC 建立和 MySQL 数据库的连接，并查询数据库中的指定数据。

范例导学

范例 18-1：查询数据库中语文成绩最高的 3 名学生的信息（范例文件：daima\18\18-1\...\Student. java、MySQLConn.java）。

本实例通过方法 getConnection()建立和指定 MySQL 数据库的连接，使用 SQL 语句查询数据库中成绩最高的 3 名学生的信息，具体步骤如下。

（1）创建数据库。在 MySQL 中创建数据库 db_database18，然后创建数据表 tb_student，表中保存的数据信息如图 18-5 所示。

（2）下载 MySQL 驱动。按照第 18.1.2 节给出的步骤下载 MySQL 驱动。

（3）将 MySQL 驱动加载到 Eclipse 中，其具体操作方法如下：

❑ 启动 Eclipse，创建一个名为 jar 的包（package）。

图 18-5　数据表 tb_student 中的数据信息

❑ 选择下载的驱动文件并将其复制。在 Eclipse 中选择名为 jar 的包，单击鼠标右键，在弹出的快捷菜单中选择 Paste 命令，如图 18-6 所示。

❑ 在 Eclipse 中选择复制的 MySQL 驱动文件，单击鼠标右键，在弹出的快捷菜单中依次选择 Build Path、Add to Build Path 命令，将 MySQL 驱动加载到当前项目中，如图 18-7 所示。

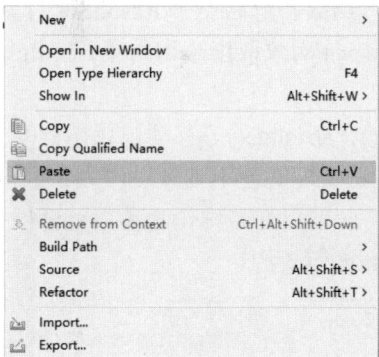

图 18-6　复制并粘贴 MySQL 驱动

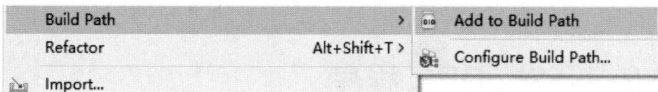

图 18-7　选择命令

（4）编写范例文件 Student.java 实现实体类，实体类的主要职责是存储和管理系统内部与数据库相关的信息，代码如下。

```java
public class Student {
    private int id;
    private String name;
    private String className;
    private String sex;
    public String getSex() {
        return sex;
    }
    public void setSex(String sex) {
        this.sex = sex;
    }
    private float math;
    private float english;
    private float chinese;
    public int getId() {
        return id;
    }
    public void setId(int id) {
        this.id = id;
```

```
    }
    public String getName() {
        return name;
    }
    public void setName(String name) {
        this.name = name;
    }
    public String getClassName() {
        return className;
    }
    public void setClassName(String className) {
        this.className = className;
    }
    public float getMath() {
        return math;
    }
    public void setMath(float math) {
        this.math = math;
    }
    public float getEnglish() {
        return english;
    }
    public void setEnglish(float english) {
        this.english = english;
    }
    public float getChinese() {
        return chinese;
    }
    public void setChinese(float chinese) {
        this.chinese = chinese;
    }
}
```

上述实体类代码建立了实体类方法和数据库表 tb_student 中每一个字段的映射，便于开发者使用
Java 操作数据库中的信息。

（5）编写范例文件 MySQLConn.java，建立和 MySQL 数据库的连接，并查询数据表 tb_student 中
chinese 最高的 3 条信息，代码如下。

```
import java.sql.*;
import java.util.ArrayList;
import java.util.List;
public class MySQLConn {
    Connection conn = null;
    public Connection getConnection() {
        try {
            Class.forName("com.mysql.cj.jdbc.Driver");          //加载 MySQL 数据库驱动
            //定义连接数据库的 URL
            String url =
            "jdbc:mysql://localhost:3306/db_database18 ?useSSL=false&serverTimezone=UTC";
            String user = "root";                              //定义连接数据库的用户名
            String passWord = "rootmysql";                     //定义连接数据库的密码
            conn = DriverManager.getConnection(url, user, passWord);    //连接
        } catch (Exception e) {
            e.printStackTrace();
        }
        return conn;
    }
    //定义按指定条件降序查询数据的方法
    public List getOrderDesc() {
        List list = new ArrayList();                           //定义用于保存返回值的 List 集合
```

```
        conn = getConnection();                              //获取数据库连接
        try {
            Statement staement = conn.createStatement();
            //定义查询数据表中前 3 条记录的 SQL 语句
            String sql = "select * from tb_student order by chinese  desc limit 0,3";
            ResultSet set = staement.executeQuery(sql);       //执行查询语句并返回查询结果集
            while (set.next()) {                              //循环遍历查询结果集
                Student student = new Student();              //定义与数据库对应的 JavaBean 对象
                student.setId(set.getInt(1));                 //设置对象属性值
                student.setName(set.getString("name"));
                student.setSex(set.getString("sex"));
                student.setClassName(set.getString("className"));
                student.setChinese(set.getFloat("chinese"));
                list.add(student);                            //将 JavaBean 添加到集合中
            }
        } catch (Exception e) {
            e.printStackTrace();
        }
        return list;
    }
    public static void main(String[] args) {
        MySQLConn mySqlConn = new MySQLConn();
        List list = mySqlConn.getOrderDesc();
        System.out.println("查询语文成绩排在前 3 名的同学: ");
        for(int i = 0;i<list.size();i++){
            Student student = (Student)list.get(i);
            System.out.println("编号为: "+student.getId()+", 姓名: "+student.getName()+
                ", 性别: "+student.getSex()+", 语文成绩: "+student.getChinese());
        }
    }
}
```

输出结果如下。

```
查询语文成绩排在前 3 名的同学:
编号为: 6, 姓名: 赵四, 性别: 男, 语文成绩: 95.0
编号为: 3, 姓名: 陈玉, 性别: 男, 语文成绩: 90.0
编号为: 2, 姓名: 王梅, 性别: 女, 语文成绩: 86.0
```

编程实战

实战案例 18-1-01：查询年龄大于 20 岁的学生信息　在 MySQL 中创建 student_db 数据库，并创建 students 表，包含 id（自增主键）、学号、名字、年龄、成绩等字段。在数据库表 tb_student 中保存学生的信息，使用 SQL 语句查询数据库中年龄大于 20 岁的学生信息。

实战案例 18-1-02：查询学生的信息并分别计算总成绩和平均成绩　使用实战案例 18-1-01 创建的数据库和数据表，先查询并打印输出所有的学生信息，然后分别计算学生的总成绩和平均成绩。

18.3　综合实战——学生信息管理系统

范例功能

本实例使用 Java 技术实现了一个控制台版的简易学生信息管理系统，使用 JDBC 操作 MySQL 数据库，实现对学生信息数据的增加、删除、查询等操作。同时，程序具备异常处理功能，如数据类型校验、空数据处理等，确保程序的健壮性。

学习目标

掌握 JDBC 数据库操作，学习如何使用 JDBC 连接 MySQL 数据库，实现数据的增加、删除、查询等操作；理解 SQL 语句的使用，熟悉 SELECT、INSERT、DELETE 等基本操作，并能够在 Java 程序中执行 SQL 语句；学会使用 try-catch 处理数据库操作可能遇到的异常，如数据类型校验、空数据处理等。

具体实现

本实例的实现步骤如下。

（1）创建数据库及表：在 MySQL 中创建保持学生信息的数据库，并创建对应数据表，数据表中可根据实际需求设置合法字段。笔者设计本实例时为数据表预置了 id（自增主键）、学号、名字、年龄、成绩等字段。

（2）配置 JDBC 连接：在 Java 程序中，使用 JDBC 的 Connection 对象连接数据库。

（3）实现控制台交互：通过 Scanner 获取用户输入，提供查询（1）、添加（2）、删除（3）、退出（0）等功能选择。

（4）编写逻辑代码，实现查询数据、添加数据、删除数据等操作。

输出结果如下。

```
请选择操作:
1 - 查询学生信息
2 - 添加学生信息
3 - 删除学生信息
0 - 退出
请输入您的选择: 1

查询结果:
id    学号  名字  年龄  成绩
2     S002 李四  19    80
3     S003 王五  20    88
4     S004 赵六  21    76
5     S005 孙七  22    99
6     S03  GUAN 21    100

请选择操作:
1 - 查询学生信息
2 - 添加学生信息
3 - 删除学生信息
0 - 退出
请输入您的选择: 2
请输入学号: s03
请输入名字: guan
请输入年龄: 21
请输入成绩: 98
添加成功!

...                          //省略后续输出
```